中国农业标准经典收藏系列

U0385187

中国农业行业标准汇编

（2019）

植保分册

农业标准出版分社　编

中国农业出版社

北　京

主　　编：刘　伟

副主编：冀　刚

编写人员（按姓氏笔画排序）：

　　　　刘　伟　杨桂华　杨晓改

　　　　廖　宁　冀　刚

出 版 说 明

　　自 2010 年以来，农业标准出版分社陆续推出了《中国农业标准经典收藏系列》，将 2004—2016 年由我社出版的 3 900 多项标准汇编成册，得到了广大读者的一致好评。无论从阅读方式还是从参考使用上，都给读者带来了很大方便。为了加大农业标准的宣贯力度，扩大标准汇编本的影响，满足和方便读者的需要，我们在总结以往出版经验的基础上策划了《中国农业行业标准汇编（2019）》。

　　本次汇编对 2017 年出版的 211 项农业标准进行了专业细分与组合，根据专业不同分为种植业、畜牧兽医、植保、农机、综合和水产 6 个分册。

　　本书收录了外来入侵植物监测和防治、病毒鉴定技术、化学农药、农药田间药效试验准则、病虫害防治技术等方面的农业行业标准 60 项。并在书后附有 2017 年发布的 5 个标准公告供参考。

　　特别声明：

　　1. 汇编本着尊重原著的原则，除明显差错外，对标准中所涉及的有关量、符号、单位和编写体例均未做统一改动。

　　2. 从印制工艺的角度考虑，原标准中的彩色部分在此只给出黑白图片。

　　3. 本辑所收录的个别标准，由于专业交叉特性，故同时归于不同分册当中。

　　本书可供农业生产人员、标准管理干部和科研人员使用，也可供有关农业院校师生参考。

农业标准出版分社

2018 年 11 月

目　录

附录

ICS 65.100
B 17

中华人民共和国农业行业标准

NY/T 1464.63—2017

农药田间药效试验准则
第63部分：杀虫剂防治枸杞刺皮瘿螨

Pesticide guidelines for the field efficacy trials—
Part 63：Insecticides against *Aculops lycii* Kuang

2017-06-12 发布　　　　　　　　　　　　　　　　2017-10-01 实施

中华人民共和国农业部 发布

前　言

NY/T 1464《农药田间药效试验准则》拟分为如下部分：
——第1部分：杀虫剂防治飞蝗；
——第2部分：杀虫剂防治水稻稻水象甲；
——第3部分：杀虫剂防治棉盲蝽；
——第4部分：杀虫剂防治梨黄粉蚜；
——第5部分：杀虫剂防治苹果绵蚜；
——第6部分：杀虫剂防治蔬菜蓟马；
——第7部分：杀菌剂防治烟草炭疽病；
——第8部分：杀菌剂防治番茄病毒病；
——第9部分：杀菌剂防治辣椒病毒病；
——第10部分：杀菌剂防治蘑菇湿泡病；
——第11部分：杀菌剂防治香蕉黑星病；
——第12部分：杀菌剂防治葡萄白粉病；
——第13部分：杀菌剂防治葡萄炭疽病；
——第14部分：杀菌剂防治水稻立枯病；
——第15部分：杀菌剂防治小麦赤霉病；
——第16部分：杀菌剂防治小麦根腐病；
——第17部分：除草剂防治绿豆田杂草；
——第18部分：除草剂防治芝麻田杂草；
——第19部分：除草剂防治枸杞地杂草；
——第20部分：除草剂防治番茄田杂草；
——第21部分：除草剂防治黄瓜田杂草；
——第22部分：除草剂防治大蒜田杂草；
——第23部分：除草剂防治苜蓿田杂草；
——第24部分：除草剂防治红小豆田杂草；
——第25部分：除草剂防治烟草苗床杂草；
——第26部分：棉花催枯剂试验；
——第27部分：杀虫剂防治十字花科蔬菜蚜虫；
——第28部分：杀虫剂防治林木天牛；
——第29部分：杀虫剂防治松褐天牛；
——第30部分：杀菌剂防治烟草角斑病；
——第31部分：杀菌剂防治生姜姜瘟病；
——第32部分：杀菌剂防治番茄青枯病；
——第33部分：杀菌剂防治豇豆锈病；
——第34部分：杀菌剂防治茄子黄萎病；
——第35部分：除草剂防治直播蔬菜田杂草；
——第36部分：除草剂防治菠萝地杂草；
——第37部分：杀虫剂防治蘑菇菌蛆和害螨；

——第 38 部分:杀菌剂防治黄瓜黑星病;
——第 39 部分:杀菌剂防治莴苣霜霉病;
——第 40 部分:除草剂防治免耕小麦田杂草;
——第 41 部分:除草剂防治免耕油菜田杂草;
——第 42 部分:杀虫剂防治马铃薯二十八星瓢虫;
——第 43 部分:杀虫剂防治蔬菜烟粉虱;
——第 44 部分:杀菌剂防治烟草野火病;
——第 45 部分:杀菌剂防治三七圆斑病;
——第 46 部分:杀菌剂防治草坪草叶斑病;
——第 47 部分:除草剂防治林业防火道杂草;
——第 48 部分:植物生长调节剂调控月季生长;
——第 49 部分:杀菌剂防治烟草青枯病;
——第 50 部分:植物生长调节剂调控菊花生长;
——第 51 部分:杀虫剂防治柑橘树蚜虫;
——第 52 部分:杀虫剂防治枣树盲蝽;
——第 53 部分:杀菌剂防治十字花科蔬菜根肿病;
——第 54 部分:杀菌剂防治水稻稻曲病;
——第 55 部分:除草剂防治姜田杂草;
——第 56 部分:杀虫剂防治枸杞蚜虫;
——第 57 部分:杀菌剂防治平菇轮枝霉褐斑病;
——第 58 部分:植物生长调节剂调控枣树坐果;
——第 59 部分:杀虫剂防治茭白螟虫;
——第 60 部分:杀虫剂防治姜(储藏期)异型眼蕈蚊幼虫;
——第 61 部分:除草剂防治高粱田杂草;
——第 62 部分:植物生长调节剂促进西瓜生长;
——第 63 部分:杀虫剂防治枸杞刺皮瘿螨;
——第 64 部分:杀菌剂防治五加科植物黑斑病;
——第 65 部分:杀菌剂防治茭白锈病;
——第 66 部分:除草剂防治谷子田杂草;
——第 67 部分:植物生长调节剂保鲜水果。

本部分为 NY/T 1464 的第 63 部分。

本部分按照 GB/T 1.1—2009 给出的规则起草。

本部分由农业部种植业管理司提出并归口。

本部分起草单位:农业部农药检定所、新疆生产建设兵团农业技术推广总站。

本部分主要起草人:赵冰梅、何静、杨峻、李红、郭明程、朱春雨、曹艳。

农药田间药效试验准则
第63部分：杀虫剂防治枸杞刺皮瘿螨

1 范围

本部分规定了杀虫剂防治枸杞刺皮瘿螨(*Aculops lycii* Kuang)田间药效小区试验的方法和基本要求。

本部分适用于杀虫剂防治枸杞刺皮瘿螨的登记用田间药效小区试验及药效评价。

2 试验条件

2.1 试验对象、作物

试验对象为枸杞刺皮瘿螨。记录试验地枸杞刺皮瘿螨的发育期(指成螨、若螨、卵)。

试验作物为枸杞,记录品种名称、树龄、生育期、种植密度。

2.2 环境条件

试验地应选择有代表性的、刺皮瘿螨发生为害程度中等的枸杞园进行,所有试验小区的栽培条件(如土壤类型、肥料、耕作、株行距等)应一致,且符合当地良好农业生产规范。

3 试验设计和安排

3.1 药剂

3.1.1 试验药剂

注明试验药剂通用名(中文、英文)或代号、剂型、含量、生产企业。

试验药剂处理不少于3个剂量(以有效浓度 mg/L 表示),注明稀释倍数,或依据试验委托方和试验承担方签订的试验协议规定增加其他剂量处理。

3.1.2 对照药剂

对照药剂须是已登记注册、并在实践中证明有效的药剂,其类型、作用方式应与试验药剂相同或相近。对照药剂按登记剂量施用,特殊情况可视试验目的而定。

试验药剂为混剂时,应设混剂中各单剂为对照药剂,混剂组分中单剂未登记时,须设一当地常用药剂作为对照药剂。

记录对照药剂通用名、剂型、含量、生产企业、施用量。

3.2 空白对照

设无药剂处理作为空白对照。

3.3 小区安排

3.3.1 小区排列

试验药剂、对照药剂和空白对照的小区处理采用随机区组排列,记录小区排列图。特殊情况须加以说明。

3.3.2 小区面积和重复

小区面积:每小区至少3株枸杞树。

小区间设置保护行或隔离带。

重复次数:不少于4次重复。

4 施药

4.1 施药方法

按协议要求或标签说明进行。施药方法应与当地的农业栽培管理措施相适应。

4.2 施药器械

选择常用的器械施药，或按协议要求选择器械。记录所用器械类型和操作条件(操作压力、喷头类型及喷孔口径)等资料。施药应保证药量准确，分布均匀。用药量偏差应不超过10%。

4.3 施药时间和次数

按协议要求进行。在枸杞刺皮瘿螨为害期施药一次，可用10倍手持放大镜随机取样调查叶片，平均每片叶不低于3头活螨时施药。施药后24 h，如遇中到大雨，应重做试验。记录施药时间。

4.4 使用剂量和容量

按协议要求或标签注明的使用浓度进行施药，通常药剂中的有效成分含量表示为mg/kg或mg/L。用于喷雾时，应记录用药倍数和单株枸杞树平均施用的药液量。

4.5 防治其他病虫草害的药剂要求

试验期间如需使用其他药剂防治试验对象以外的病、虫、草害，应选择对试验药剂和试验对象无影响的药剂，且必须与试验药剂和对照药剂分开使用，并对所有试验小区进行均一处理，使这些药剂的干扰控制在最小程度，记录这类药剂的准确信息(如药剂名称、含量、剂型、生产企业、施用剂量、施用方法、施用时间、防治对象等)。

5 调查

5.1 药效调查

5.1.1 调查方法

每小区至少调查3株，每株在东、南、西、北、中5个方位各摘取1片~2片叶片。将所摘叶片放入玻璃培养皿中保湿，在解剖镜下逐一镜检记载叶片上的活螨数量。

5.1.2 调查时间和次数

施药前调查基数，施药后1 d~3 d、7 d、10 d~14 d各调查一次。根据试验协议要求和试验药剂特点，可增加调查次数或延长调查时间。

5.2 对作物的直接影响

观察药剂对作物有无药害，如有药害发生，记录药害的症状、类型和程度。此外，也要记录对作物有益的影响(如加速成熟、增加活力等)。

用下列方式记录药害：

a) 如果药害能被计数或测量，要用绝对数值表示，如梢长。

b) 在其他情况下，可按下列两种方法估计药害的程度和频率：

1) 按照药害分级方法，记录每小区药害情况，以－、＋、＋＋、＋＋＋、＋＋＋＋表示。

药害分级方法：

－：无药害；

＋：轻度药害，不影响作物正常生长；

＋＋：中度药害，可复原，不会造成作物减产；

＋＋＋：重度药害，影响作物正常生长，作物产量和质量造成一定程度的损失；

＋＋＋＋：严重药害，作物生长受阻，作物产量和质量损失严重。

2) 将药剂处理区与空白对照组相比，评价其药害的百分率。同时，要准确描述作物的药害症状(矮化、褪绿、畸形、落叶、落花、落果、干斑等)，并提供实物照片或视频录像等资料。

5.3 对其他生物的影响

5.3.1 对其他病虫害的影响

对其他病虫害任何一种影响均应记录,包括有益和无益的影响。

5.3.2 对其他非靶标生物的影响

记录药剂对试验区内野生生物及有益昆虫的影响。

5.4 其他资料

5.4.1 气象资料

试验期间应从试验地或最近的气象站获得降雨(日降雨量以 mm 表示)和温度(日平均温度、最高温度和最低温度,以℃表示)的资料,在特殊情况下需要附加资料。

整个试验期间影响试验结果的恶劣气候因素,如严重或长期的干旱、暴雨、冰雹等均应记录。

5.4.2 土壤资料

土壤类型、肥力、地形、灌溉情况、作物及杂草覆盖情况等资料均应记录。

6 药效计算方法

防治效果按式(1)和式(2)计算。

$$P_n = \frac{n_0 - n_1}{n_0} \times 100 \quad \text{(1)}$$

式中:

P_n——虫口减退率,单位为百分率(%);

n_0——施药前活虫数,单位为头;

n_1——施药后活虫数,单位为头。

$$P = \frac{PT - CK}{100 - CK} \times 100 \quad \text{(2)}$$

式中:

P——防治效果,单位为百分率(%);

PT——药剂处理区虫口减退率,单位为百分率(%);

CK——空白对照区虫口减退率,单位为百分率(%)。

防治效果也可按式(3)计算。

$$P = \left(1 - \frac{CK_0 \times PT_1}{CK_1 \times PT_0}\right) \times 100 \quad \text{(3)}$$

式中:

CK_0——空白对照区药前活虫数,单位为头;

CK_1——空白对照区药后活虫数,单位为头;

PT_0——药剂处理区药前活虫数,单位为头;

PT_1——药剂处理区药后活虫数,单位为头。

计算结果保留小数点后 2 位。结果应用邓肯氏新复极差(DMRT)法进行统计分析。

7 结果与报告编写

根据结果对药剂进行分析、评价,写出正式试验报告,列出原始数据。

ICS 65.100
B 17

中华人民共和国农业行业标准

NY/T 1464.64—2017

农药田间药效试验准则
第64部分：杀菌剂防治五加科植物黑斑病

Pesticide guidelines for the field efficacy trials—
Part 64：Fungicides against Alternaria black spot disease of Araliaceae plants

2017-06-12 发布   2017-10-01 实施

中华人民共和国农业部 发布

前　言

NY/T 1464《农药田间药效试验准则》拟分为如下部分：
——第1部分：杀虫剂防治飞蝗；
——第2部分：杀虫剂防治水稻稻水象甲；
——第3部分：杀虫剂防治棉盲蝽；
——第4部分：杀虫剂防治梨黄粉蚜；
——第5部分：杀虫剂防治苹果绵蚜；
——第6部分：杀虫剂防治蔬菜蓟马；
——第7部分：杀菌剂防治烟草炭疽病；
——第8部分：杀菌剂防治番茄病毒病；
——第9部分：杀菌剂防治辣椒病毒病；
——第10部分：杀菌剂防治蘑菇湿泡病；
——第11部分：杀菌剂防治香蕉黑星病；
——第12部分：杀菌剂防治葡萄白粉病；
——第13部分：杀菌剂防治葡萄炭疽病；
——第14部分：杀菌剂防治水稻立枯病；
——第15部分：杀菌剂防治小麦赤霉病；
——第16部分：杀菌剂防治小麦根腐病；
——第17部分：除草剂防治绿豆田杂草；
——第18部分：除草剂防治芝麻田杂草；
——第19部分：除草剂防治枸杞地杂草；
——第20部分：除草剂防治番茄田杂草；
——第21部分：除草剂防治黄瓜田杂草；
——第22部分：除草剂防治大蒜田杂草；
——第23部分：除草剂防治苜蓿田杂草；
——第24部分：除草剂防治红小豆田杂草；
——第25部分：除草剂防治烟草苗床杂草；
——第26部分：棉花催枯剂试验；
——第27部分：杀虫剂防治十字花科蔬菜蚜虫；
——第28部分：杀虫剂防治林木天牛；
——第29部分：杀虫剂防治松褐天牛；
——第30部分：杀菌剂防治烟草角斑病；
——第31部分：杀菌剂防治生姜姜瘟病；
——第32部分：杀菌剂防治番茄青枯病；
——第33部分：杀菌剂防治豇豆锈病；
——第34部分：杀菌剂防治茄子黄萎病；
——第35部分：除草剂防治直播蔬菜田杂草；
——第36部分：除草剂防治菠萝地杂草；
——第37部分：杀虫剂防治蘑菇菌蛆和害螨；

——第38部分:杀菌剂防治黄瓜黑星病;
——第39部分:杀菌剂防治莴苣霜霉病;
——第40部分:除草剂防治免耕小麦田杂草;
——第41部分:除草剂防治免耕油菜田杂草;
——第42部分:杀虫剂防治马铃薯二十八星瓢虫;
——第43部分:杀虫剂防治蔬菜烟粉虱;
——第44部分:杀菌剂防治烟草野火病;
——第45部分:杀菌剂防治三七圆斑病;
——第46部分:杀菌剂防治草坪草叶斑病;
——第47部分:除草剂防治林业防火道杂草;
——第48部分:植物生长调节剂调控月季生长;
——第49部分:杀菌剂防治烟草青枯病;
——第50部分:植物生长调节剂调控菊花生长;
——第51部分:杀虫剂防治柑橘树蚜虫;
——第52部分:杀虫剂防治枣树盲蝽;
——第53部分:杀菌剂防治十字花科蔬菜根肿病;
——第54部分:杀菌剂防治水稻稻曲病;
——第55部分:除草剂防治姜田杂草;
——第56部分:杀虫剂防治枸杞蚜虫;
——第57部分:杀菌剂防治平菇轮枝霉褐斑病;
——第58部分:植物生长调节剂调控枣树坐果;
——第59部分:杀虫剂防治茭白螟虫;
——第60部分:杀虫剂防治姜(储藏期)异型眼蕈蚊幼虫;
——第61部分:除草剂防治高粱田杂草;
——第62部分:植物生长调节剂促进西瓜生长;
——第63部分:杀虫剂防治枸杞刺皮瘿螨;
——第64部分:杀菌剂防治五加科植物黑斑病;
——第65部分:杀菌剂防治茭白锈病;
——第66部分:除草剂防治谷子田杂草;
——第67部分:植物生长调节剂保鲜水果。

本部分为 NY/T 1464 的第 64 部分。

本部分按照 GB/T 1.1—2009 给出的规则起草。

本部分由农业部种植业管理司提出并归口。

本部分起草单位:农业部农药检定所、吉林农业大学。

本部分主要起草人:高洁、张楠、陈长卿、卢宝慧、杨丽娜、袁善奎、陈立平。

农药田间药效试验准则
第64部分:杀菌剂防治五加科植物黑斑病

1 范围

本部分规定了杀菌剂防治五加科植物黑斑病田间药效小区试验的试验条件、试验设计与安排、施药、调查、计算方法、结果与报告的编写。

本部分适用于包括人参黑斑病（*Alternaria panax* Whetzel）、西洋参黑斑病（*A. panax* Whetzel）和三七黑斑病（*A. teniuis*）登记用田间小区药效试验及评价。其他试验参照本部分执行。

2 试验条件

2.1 试验对象、作物和品种的选择

试验对象为五加科植物黑斑病（*Alternaria* spp.）。

试验作物为人参（*Panax ginseng*）、西洋参（*P. quinquefolius*）和三七（*P. notoginseng*）。

选择感病品种，记录感病品种的名称。

2.2 环境条件

试验要选择在历年发病的种植地区，所有试验小区的栽培条件（品种、土壤类型、施肥、种植期、种植密度、种植年限、遮阳条件等）应一致，且符合当地良好的农业规范（GAP）。

3 试验设计和安排

3.1 药剂

3.1.1 试验药剂

注明药剂的通用名（中文、英文）或代号、剂型、含量和生产厂家。

试验药剂处理不少于3个剂量（以有效成分 g/hm² 表示），或依据试验委托方与试验承担方签订的试验协议要求设置。

3.1.2 对照药剂

对照药剂须是已登记注册，无登记注册对照药剂时应选用当地常用药剂，并在实践中证明安全有效的药剂，其类型、作用方式应与试验药剂相同或相近。对照药剂按登记剂量施用，无登记剂量则按当地常用剂量施用，特殊情况可视试验目的而定。

试验药剂为单剂时，至少设另一已登记单剂药剂或当地常用单剂为对照药剂；试验药剂为混剂时，应设混剂中各单剂为对照药剂，如混剂中的单剂均未登记注册时还须含一当地常用药剂作为对照药剂。

注明对照药剂的商品名或代号、通用名（中文或英文）、剂型、有效成分含量和生产企业。

3.1.3 空白对照

设无药剂清水处理作为空白对照。

3.2 小区安排

3.2.1 小区排列

试验药剂、对照药剂和空白对照的小区处理采用随机区组排列，特殊情况应加以说明。

3.2.2 小区面积和重复

小区面积:8 m²～15 m²。

重复次数:不少于 4 次重复。

4 施药

4.1 施药方法

按协议要求和标签说明进行,施药应与当地科学的农业实践相适应。

4.2 施药器械

选用生产中常用的器械,记录所用器械的类型和操作条件(如工作压力、喷孔口径)的全部资料。施药应保证药量准确,分布均匀。用药量偏差不应超过 10%。

4.3 施药时间和次数

按协议要求及标签说明进行,记录施药次数和每次施药的日期及作物的生育期。通常在发病前或始见病斑时进行第一次施药,进一步施药视作物生长过程中病害发生情况和药剂持效期来决定或依据协议要求进行。

4.4 施药剂量和容量

按协议要求及标签注明的施药剂量和用水量进行施药。药剂的剂量以有效成分 g/hm^2 或有效浓度 mg/kg 表示,用水量以 L/hm^2 表示。协议上没有说明用水量时,可根据试验药剂的作用方式、喷雾器类型,并结合当地经验确定用水量。

4.5 防治其他病虫害药剂的要求

如使用其他药剂,应选择对试验药剂和试验对象无影响的药剂,并对所有小区进行均一处理,而且应与试验药剂和对照药剂分开使用,使这些药剂的干扰控制在最小程度。记录这类药剂施用的准确信息(如药剂中文或英文通用名、有效成分含量、剂型、生产企业、施用剂量、施用方法、施用时间、防治对象等)。

5 调查

5.1 药效调查

5.1.1 调查方法

5.1.1.1 叶部病斑

每小区随机选择 5 点调查,每点调查 10 株的所有叶片,以每一掌状复叶单一叶片上病斑面积占整个单叶面积的百分率来分级,记录总叶片数、各级病叶数。

分级方法(以叶片为单位):

0 级:无病斑;

1 级:病斑面积占整个叶面积的 5% 以下;

3 级:病斑面积占整个叶面积的 5.1%～10%;

5 级:病斑面积占整个叶面积的 10.1%～20%;

7 级:病斑面积占整个叶面积的 20.1%～50%;

9 级:病斑面积占整个叶面积的 50% 以上。

5.1.1.2 茎部病斑

每小区随机选择 5 点调查,每点调查 10 株植物茎秆,以病斑长度和凹陷程度来分级,记录总株数、各级病株数。

0 级:无病斑;

1 级:茎部可见病斑,病斑长度≤5 mm,病斑不凹陷;

3 级:病斑长度 5.1 mm～10 mm,病斑出现凹陷;

5 级:病斑长度 10.1 mm～20 mm,病斑凹陷;

7级:病斑长度 20.1 mm～30 mm,病斑凹陷严重;

9级:病斑长度大于 30 mm,病斑凹陷导致茎秆倒折。

5.1.2 调查时间及次数

施药前调查病情基数。依据病害发展情况和要求决定施药期间的调查时间和次数。一般下次施药前及末次施药后 7 d～14 d 调查防治效果,持效期长的药剂,可继续调查或根据协议要求继续进行调查。

5.2 对作物的影响调查

观察作物是否有药害产生,如有药害,要记录药害的类型和程度。此外,也应记录对作物的其他有益影响(如促进成熟,刺激生长等)。

按下列方式记录药害:

a) 如果药害能被测量或计算,要用绝对数值表示,例如株高、植株重量等。

b) 在其他情况下,可按下列两种方法估计药害的程度和频率,同时,要准确描述作物的药害症状(如矮化、褪绿、畸形等),并提供实物照片、录像等。

1) 按照药害分级方法记录每小区的药害情况,—、+、++、+++、++++表示。

药害分级方法:

—:无药害;

+:轻度药害,不影响作物正常生长;

++:明显药害,可复原,不会造成作物减产;

+++:高度药害,影响作物正常生长,对作物产量和质量造成一定程度的损失;

++++:严重药害,作物生长受阻,产量和质量损失严重。

2) 将药剂处理区与空白对照区比较,评价其药害百分率。

5.3 对其他生物的影响调查

5.3.1 对其他病虫害的影响

药剂对其他病虫害任何一种影响均应记录,包括有益和无益的影响。

5.3.2 对其他非靶标生物的影响

记录药剂对试验区内有益昆虫及其他非靶标生物的影响。

5.4 产品的产量和品质调查

收获时测量小区中间 4 m² 的产量,折算成每个小区的产量,用 kg/hm² 表示。品质性状根据试验委托方需要测定。

5.5 其他资料

5.5.1 气象资料

试验期间应从试验地或最近的气象站获得降雨(日降雨量以 mm 表示)和温度(日平均温度、最高温度和最低温度,以℃表示)的资料。

整个试验期间影响试验结果的恶劣气候因素,例如严重和长期的干旱、暴雨、冰雹等均应记录。

5.5.2 土壤资料

记录土壤类型、pH、有机质含量、水分(如干、湿或涝等)、土壤的覆盖物(如作物前茬、塑料薄膜或秸秆覆盖、杂草)等资料。

6 计算方法

病情指数按式(1)计算。

$$X = \frac{\sum (N_i \times i)}{N \times 9} \times 100 \quad \cdots\cdots\cdots\cdots\cdots\cdots\cdots\cdots\cdots (1)$$

式中:

X ——病情指数；

N_i——各级病叶(株)数，单位为片或株；

i ——相对级数值；

N ——调查总叶(株)数，单位为片或株。

若施药前进行病情基数调查，防治效果按式(2)计算。

$$P = \left(1 - \frac{PT_1 - PT_0}{CK_1 - CK_0}\right) \times 100 \quad \cdots\cdots\cdots\cdots\cdots\cdots\cdots\cdots\cdots\cdots (2)$$

式中：

P ——防治效果，单位为百分率(%)；

PT_0——药剂处理区施药前病情指数；

PT_1——药剂处理区施药后病情指数；

CK_0——空白对照区施药前病情指数；

CK_1——空白对照区施药后病情指数。

若施药前无病情基数，防治效果按式(3)计算。

$$P = \frac{CK_1 - PT_1}{CK_1} \times 100 \cdots\cdots\cdots\cdots\cdots\cdots\cdots\cdots\cdots\cdots\cdots (3)$$

计算结果保留小数点后 2 位。结果应用邓肯氏新复极差(DMRT)法进行统计分析。

7 结果与报告编写

根据结果进行分析、评价，写出正式试验报告，列出原始数据。

ICS 65.100
B 17

中华人民共和国农业行业标准

NY/T 1464.65—2017

农药田间药效试验准则
第65部分：杀菌剂防治茭白锈病

Pesticide guidelines for the field efficacy trials—
Part 65：Fungicides against rust on *Zizania latifolia*

2017-06-12 发布 2017-10-01 实施

中华人民共和国农业部 发布

前　言

NY/T 1464《农药田间药效试验准则》拟分为如下部分：

——第 38 部分:杀菌剂防治黄瓜黑星病;
——第 39 部分:杀菌剂防治莴苣霜霉病;
——第 40 部分:除草剂防治免耕小麦田杂草;
——第 41 部分:除草剂防治免耕油菜田杂草;
——第 42 部分:杀虫剂防治马铃薯二十八星瓢虫;
——第 43 部分:杀虫剂防治蔬菜烟粉虱;
——第 44 部分:杀菌剂防治烟草野火病;
——第 45 部分:杀菌剂防治三七圆斑病;
——第 46 部分:杀菌剂防治草坪草叶斑病;
——第 47 部分:除草剂防治林业防火道杂草;
——第 48 部分:植物生长调节剂调控月季生长;
——第 49 部分:杀菌剂防治烟草青枯病;
——第 50 部分:植物生长调节剂调控菊花生长;
——第 51 部分:杀虫剂防治柑橘树蚜虫;
——第 52 部分:杀虫剂防治枣树盲蝽;
——第 53 部分:杀菌剂防治十字花科蔬菜根肿病;
——第 54 部分:杀菌剂防治水稻稻曲病;
——第 55 部分:除草剂防治姜田杂草;
——第 56 部分:杀虫剂防治枸杞蚜虫;
——第 57 部分:杀菌剂防治平菇轮枝霉褐斑病;
——第 58 部分:植物生长调节剂调控枣树坐果;
——第 59 部分:杀虫剂防治茭白螟虫;
——第 60 部分:杀虫剂防治姜(储藏期)异型眼蕈蚊幼虫;
——第 61 部分:除草剂防治高粱田杂草;
——第 62 部分:植物生长调节剂促进西瓜生长;
——第 63 部分:杀虫剂防治枸杞刺皮瘿螨;
——第 64 部分:杀菌剂防治五加科植物黑斑病;
——第 65 部分:杀菌剂防治茭白锈病;
——第 66 部分:除草剂防治谷子田杂草;
——第 67 部分:植物生长调节剂保鲜水果。
本部分为 NY/T 1464 的第 65 部分。
本部分按照 GB/T 1.1—2009 给出的规则起草。
本部分由农业部种植业管理司提出并归口。
本部分起草单位:农业部农药检定所、浙江省农药检定管理所。
本部分主要起草人:宋会鸣、张楠、徐勇、陈立平、黄雅俊、袁善奎、何静。

农药田间药效试验准则
第65部分:杀菌剂防治茭白锈病

1 范围

本部分规定了杀菌剂防治茭白锈病(*Uromyces coronatus* Miyabeet Nishida)田间药效小区试验的方法和基本要求。

本部分适用于杀菌剂防治茭白锈病登记用田间药效小区试验及药效评价。

2 试验条件

2.1 试验对象、作物和品种的选择

试验对象为茭白锈病(*Uromyces coronatus*)。

试验作物为茭白。选择当地感病品种,记录品种名称。

2.2 环境条件

田间试验应选择有代表性的、易感病的茭白田进行。所有试验小区的栽培条件(如土壤类型、肥料、耕作、株行距、水深等)应均匀一致,且符合当地良好农业规范(GAP)。

3 试验设计和安排

3.1 药剂

3.1.1 试验药剂

注明试验药剂通用名(中文、英文)或代号、剂型、含量、生产企业。

试验药剂处理不少于3个剂量(以有效成分 g/hm² 表示),或依据试验委托方与试验承担方签订的试验协议要求设置。

3.1.2 对照药剂

对照药剂须已登记注册,无登记注册对照药剂时应选用当地常用的、并在实践中证明安全有效的药剂,其类型、作用方式应与试验药剂相同或相近。对照药剂按登记剂量施用,无登记剂量则按当地常用剂量施用,特殊情况可视试验目的而定。

试验药剂为单剂时,至少设另一已登记单剂药剂或当地常用单剂为对照药剂;试验药剂为混剂时,应设混剂中各单剂为对照药剂,如混剂中的单剂均未登记注册时还须含一当地常用药剂作为对照药剂。

注明对照药剂的商品名或代号、通用名(中文或英文)、剂型、有效成分含量和生产企业。

3.1.3 空白对照

设无药剂的清水处理作为空白对照。

3.2 小区安排

3.2.1 小区排列

试验药剂、对照药剂和空白对照的小区处理采用随机区组排列,记录小区排列图,特殊情况应加以说明。

3.2.2 小区面积和重复

小区面积:30 m²～50 m²。

重复次数:不少于4次重复。

小区之间筑起小田埂,以防止药剂干扰邻近小区。

4 施药

4.1 施药方法

按协议要求及标签说明进行。施药方法要符合当地科学的农业生产实际。

4.2 施药器械

选用生产中常用的器械,或按协议要求选择器械。记录所用器械的类型和操作条件(如工作压力、喷孔口径)的全部资料。施药应保证药量准确,分布均匀。用药量偏差不应超过 10%。

4.3 施药时间和次数

按协议要求及标签说明进行。一般在茭白锈病发病前或发病初期第一次施药,间隔 7 d~10 d 施药 1 次,再次施药视作物生长过程中病害发生情况和药剂持效期而定,建议施药次数 1 次~2 次,茭白孕茭前 20 d 停止用药。记录施药次数、每次施药日期及茭白生育期。施药后 24 h,如遇中到大雨,应重做试验。

4.4 施药剂量和用水量

按协议要求及标签注明的施药剂量和用水量进行施药。药剂的剂量以有效成分 g/hm^2 表示,用水量以 L/hm^2 表示。协议上没有说明用水量时,可根据试验药剂的作用方式、喷雾器类型,并结合当地经验确定用水量。

4.5 防治其他病虫草害的药剂要求

如使用其他药剂,应选择对试验药剂和试验对象无影响的药剂,并对所有小区进行均一处理,而且应与试验药剂和对照药剂分开使用,使这些药剂的干扰控制在最小程度。记录这类药剂施用的准确信息(如药剂中文或英文通用名、有效成分含量、剂型、生产企业、施用剂量、施用方法、施用时间、防治对象等)。

5 调查

5.1 药效调查

5.1.1 调查方法

每小区随机选有代表性五点或对角线五点取样调查,每点调查 5 株,共计调查 25 株,调查所有叶片,以每片叶上病斑面积占整个叶面积的百分率分级。

分级方法:

0 级:无病;

1 级:病斑面积占整片叶面积的 5% 以下;

3 级:病斑面积占整片叶面积的 5.1%~25%;

5 级:病斑面积占整片叶面积的 25.1%~50%;

7 级:病斑面积占整片叶面积的 50.1%~75%;

9 级:病斑面积占整片叶面积的 75.1% 以上。

试验小区如果发生其他叶部病害,如胡麻斑病、纹枯病、灰心斑病等,也须加以说明。

5.1.2 调查时间及次数

第一次施药前调查病情基数,再次调查的时间和次数根据病害发生情况、药剂的持效期以及试验协议的要求确定。通常最后一次调查在末次施药后 7 d~14 d 进行。

5.2 对作物的直接影响

观察药剂对作物有无药害,如有药害发生,记录药害的症状、类型和程度。此外,也要记录对作物有益的影响(如提早孕茭、增加活力等)。

用下列方式记录药害：

a) 如果药害能被测量或计算，要用绝对数值表示，如株高、分蘖等。

b) 在其他情况下，可按下列两种方法估计药害的程度和频率：

    1) 按照药害分级方法，记录每小区药害情况，以－、＋、＋＋、＋＋＋、＋＋＋＋表示。

       药害分级方法：

       －:无药害；

       ＋:轻度药害，不影响作物正常生长；

       ＋＋:中度药害，可复原，不会造成作物减产；

       ＋＋＋:重度药害，影响作物正常生长，对作物产量和质量造成一定程度的损失；

       ＋＋＋＋:严重药害，作物生长受阻，作物产量和质量损失严重。

    2) 将药剂处理区与空白对照区相比，评价其药害的百分率。同时，要准确描述作物的药害症状（矮化、褪绿、畸形、延迟孕荚、抑制孕荚或不孕荚等），并提供实物照片或视频录像等资料。

5.3 对其他生物的影响调查

5.3.1 对其他病虫害的影响

药剂对其他病虫害的任何一种影响均应记录，包括有益和无益的影响。

5.3.2 对其他非靶标生物的影响

记录药剂对试验区内有益昆虫及其他非靶标生物的影响。

5.4 产量调查

每小区随机选 5 点或对角线 5 点取样调查，每点调查 3 穴，共计调查 15 穴，产量以 kg/hm² 表示。

5.5 其他资料

5.5.1 气象资料

试验期间应从试验地或最近的气象站获得降雨（日降雨量以 mm 表示）和温度（日平均温度、最高温度和最低温度，以℃表示）的资料，在特殊情况下需要附加资料。

整个试验期间影响试验结果的恶劣气候因素，如严重或长期的干旱、暴雨、冰雹等均应记录。

5.5.2 土壤资料

记录水层深度、土壤类型、土壤肥力、作物产量水平及杂草覆盖情况等资料。

6 药效计算方法

病情指数按式(1)计算。

$$X = \frac{\sum (N_i \times i)}{N \times 9} \times 100 \quad \cdots\cdots\cdots\cdots\cdots\cdots\cdots\cdots (1)$$

式中：

X——病情指数；

N_i——各级病叶数，单位为片；

i——相对级数值；

N——调查总叶数，单位为片。

若施药前进行病情基数调查，防治效果按式(2)计算。

$$P = \left(1 - \frac{PT_1 - PT_0}{CK_1 - CK_0}\right) \times 100 \quad \cdots\cdots\cdots\cdots\cdots\cdots\cdots\cdots (2)$$

式中：

P——防治效果，单位为百分率(%)；

PT_0——药剂处理区施药前病情指数；

PT_1——药剂处理区施药后病情指数；

CK_0——空白对照区施药前病情指数；

CK_1——空白对照区施药后病情指数。

若施药前无病情基数，防治效果按式（3）计算。

$$P = \frac{CK_1 - PT_1}{CK_1} \times 100 \cdots\cdots\cdots\cdots\cdots\cdots\cdots\cdots\cdots\cdots\cdots\cdots\cdots\cdots (3)$$

计算结果保留小数点后 2 位。结果应用邓肯氏新复极差（DMRT）法进行统计分析。

7 结果与报告编写

根据结果进行分析、评价，写出正式试验报告，列出原始数据。

———————————

ICS 65.100
B 17

中华人民共和国农业行业标准

NY/T 1464.66—2017

农药田间药效试验准则
第66部分：除草剂防治谷子田杂草

Pesticide guidelines for the field efficacy trials—
Part 66：Weed control of herbicides in millet fields

2017-06-12 发布   2017-10-01 实施

中华人民共和国农业部 发布

前　言

NY/T 1464《农药田间药效试验准则》拟分为如下部分：
——第1部分:杀虫剂防治飞蝗;
——第2部分:杀虫剂防治水稻稻水象甲;
——第3部分:杀虫剂防治棉盲蝽;
——第4部分:杀虫剂防治梨黄粉蚜;
——第5部分:杀虫剂防治苹果绵蚜;
——第6部分:杀虫剂防治蔬菜蓟马;
——第7部分:杀菌剂防治烟草炭疽病;
——第8部分:杀菌剂防治番茄病毒病;
——第9部分:杀菌剂防治辣椒病毒病;
——第10部分:杀菌剂防治蘑菇湿泡病;
——第11部分:杀菌剂防治香蕉黑星病;
——第12部分:杀菌剂防治葡萄白粉病;
——第13部分:杀菌剂防治葡萄炭疽病;
——第14部分:杀菌剂防治水稻立枯病;
——第15部分:杀菌剂防治小麦赤霉病;
——第16部分:杀菌剂防治小麦根腐病;
——第17部分:除草剂防治绿豆田杂草;
——第18部分:除草剂防治芝麻田杂草;
——第19部分:除草剂防治枸杞地杂草;
——第20部分:除草剂防治番茄田杂草;
——第21部分:除草剂防治黄瓜田杂草;
——第22部分:除草剂防治大蒜田杂草;
——第23部分:除草剂防治苜蓿田杂草;
——第24部分:除草剂防治红小豆田杂草;
——第25部分:除草剂防治烟草苗床杂草;
——第26部分:棉花催枯剂试验;
——第27部分:杀虫剂防治十字花科蔬菜蚜虫;
——第28部分:杀虫剂防治林木天牛;
——第29部分:杀虫剂防治松褐天牛;
——第30部分:杀菌剂防治烟草角斑病;
——第31部分:杀菌剂防治生姜姜瘟病;
——第32部分:杀菌剂防治番茄青枯病;
——第33部分:杀菌剂防治豇豆锈病;
——第34部分:杀菌剂防治茄子黄萎病;
——第35部分:除草剂防治直播蔬菜田杂草;
——第36部分:除草剂防治菠萝地杂草;
——第37部分:杀虫剂防治蘑菇菌蛆和害螨;

——第 38 部分:杀菌剂防治黄瓜黑星病;
——第 39 部分:杀菌剂防治莴苣霜霉病;
——第 40 部分:除草剂防治免耕小麦田杂草;
——第 41 部分:除草剂防治免耕油菜田杂草;
——第 42 部分:杀虫剂防治马铃薯二十八星瓢虫;
——第 43 部分:杀虫剂防治蔬菜烟粉虱;
——第 44 部分:杀菌剂防治烟草野火病;
——第 45 部分:杀菌剂防治三七圆斑病;
——第 46 部分:杀菌剂防治草坪草叶斑病;
——第 47 部分:除草剂防治林业防火道杂草;
——第 48 部分:植物生长调节剂调控月季生长;
——第 49 部分:杀菌剂防治烟草青枯病;
——第 50 部分:植物生长调节剂调控菊花生长;
——第 51 部分:杀虫剂防治柑橘树蚜虫;
——第 52 部分:杀虫剂防治枣树盲蝽;
——第 53 部分:杀菌剂防治十字花科蔬菜根肿病;
——第 54 部分:杀菌剂防治水稻稻曲病;
——第 55 部分:除草剂防治姜田杂草;
——第 56 部分:杀虫剂防治枸杞蚜虫;
——第 57 部分:杀菌剂防治平菇轮枝霉褐斑病;
——第 58 部分:植物生长调节剂调控枣树坐果;
——第 59 部分:杀虫剂防治茭白螟虫;
——第 60 部分:杀虫剂防治姜(储藏期)异型眼蕈蚊幼虫;
——第 61 部分:除草剂防治高粱田杂草;
——第 62 部分:植物生长调节剂促进西瓜生长;
——第 63 部分:杀虫剂防治枸杞刺皮瘿螨;
——第 64 部分:杀菌剂防治五加科植物黑斑病;
——第 65 部分:杀菌剂防治茭白锈病;
——第 66 部分:除草剂防治谷子田杂草;
——第 67 部分:植物生长调节剂保鲜水果。
本部分为 NY/T 1464 的第 66 部分。
本部分按照 GB/T 1.1—2009 给出的规则起草。
本部分由农业部种植业管理司提出并归口。
本部分起草单位:农业部农药检定所、黑龙江省农药管理检定站。
本部分主要起草人:金焕贵、张佳、陈亿兵、袁善奎、何静、马长山、聂东兴。

农药田间药效试验准则
第 66 部分:除草剂防治谷子田杂草

1 范围

本部分规定了除草剂防治谷子田杂草田间药效小区试验的方法和基本要求。

本部分适用于除草剂防治谷子田杂草的登记用田间药效小区试验及安全性评价。

2 试验条件

2.1 作物和栽培品种的选择

记录谷子品种和栽培类型,选择当地广泛种植的常规品种。

2.2 试验对象杂草的选择

试验地杂草须有代表性,杂草群落组成须同待测除草剂的杀草谱相一致,杂草发生密度应满足试验需要,且分布均匀。

2.3 栽培条件

所有试验小区的土壤条件(土壤类型、有机质含量、pH、墒情、肥力等)和耕作措施必须一致,且符合当地科学的农业实践(GAP)。谷子的播种期、播种量、播种深度、株行距等栽培措施应符合当地生产实际。

避免选择影响谷子生长或影响供试药剂效果的田块。

3 试验设计和安排

3.1 药剂

3.1.1 试验药剂及处理

注明试验药剂通用名(中文、英文)或代号、剂型、含量、生产企业。

试验药剂处理设高、中、低量及中量的倍量共 4 个剂量(以有效成分 g/hm² 表示),或依据试验委托方和试验承担方签订的试验协议规定增加其他剂量处理。

3.1.2 对照药剂

对照药剂应为已登记注册,并在生产实践中证明有较好安全性和除草效果的产品,其类型、作用方式应与试验药剂相近。对照药剂按登记使用剂量和处理方法,特殊情况可视试验目的而定。

试验药剂为单剂,至少设另一当地常用单剂为对照药剂;试验药剂为混剂时,应设混剂各组分单制剂及当地常用药剂作为对照药剂。

注明对照药剂通用名、剂型、含量、生产企业和处理剂量(以有效成分 g/hm² 表示)。

3.1.3 其他

试验另设人工除草和空白对照处理。

3.2 小区安排

3.2.1 小区排列

试验药剂、对照药剂、人工除草对照和空白对照的处理小区采用随机区组排列。特殊情况,如防除多年生杂草的试验,为了避免杂草分布不均匀的干扰,小区可根据实际情况采用相应的不规则排列,并加以说明。

3.2.2 小区面积和重复

小区面积:20 m²～30 m²,小区形状为长方形。小区间设置保护行。

重复次数:不少于 4 次重复。

4 施药

4.1 使用方法

按协议要求及标签说明进行,常用喷雾法。施药方法要符合当地科学的农业生产实际。

4.2 施药器械

采用喷雾法施药时,须选择压力稳定、带扇形喷头的喷雾器进行施药,且保证药剂均匀分布到整个试验小区内。记录所用器械类型和操作条件(操作压力、喷头类型和高度、喷孔口径、小区喷液量、混土深度)等全部资料。

应保证药量准确,同一处理重复小区间用药量偏差不超过 10%,超过 10% 的要记录。

4.3 施药时间和次数

按协议要求及标签说明进行,必须符合谷子和杂草的生长发育特点。施药时间分为:

a) 谷子播种前(混土或不混土);

b) 谷子播后苗前(混土或不混土);

c) 谷子苗期。

试验药剂通常施药一次(需多次施药应说明和沟通)。记录施药的日期和时间,以及施药时杂草和谷子的生长状态(生育时期、叶龄、株高、分蘖数等)。如果在标签(或协议)上没有特别注明施药时间,应根据试验目的和试验药剂的作用特性进行试验。

4.4 施药剂量和用水量

按协议要求及标签注明的施药剂量和用水量进行施药。药剂的剂量以有效成分 g/hm² 表示,用水量以 L/hm² 表示。协议上没有说明用水量时,可根据试验药剂的作用方式、喷雾器类型,并结合当地经验确定用水量。

4.5 防治病虫和非靶标杂草所用农药的资料要求

如果使用其他药剂,应选择对试验药剂、防除对象和谷子无影响的药剂,并对所有小区进行均一处理。必须与试验药剂和对照药剂分开使用,使这些药剂的干扰控制在最小程度。记录这类药剂施用的准确数据(如药剂名称、施药时间、施药剂量等)。

5 调查、记录和测量方法

5.1 杂草调查

5.1.1 调查方法

详细地描述造成杂草伤害的症状(如生长抑制、失绿、畸形等),以准确说明药剂的作用方式。

记录小区的杂草种群量,如杂草种类(中文名及拉丁学名)、杂草株数、覆盖度或杂草重量等,用如下绝对值法或估计值法:

a) 绝对值(数测)调查法:计算每种杂草总株数或地上部鲜重,对整个小区进行调查或在每个小区随机选择 3 个～4 个点,每点 0.25 m²～1.00 m² 方块进行抽样调查。在某些情况下,也可调查杂草的特殊器官(例如单子叶大龄杂草的分蘖数)等。

b) 估计值(目测)调查法:每个药剂处理区同本重复的空白对照区进行比较,估计相对杂草种群量。这种调查方法包括杂草群落总体和分草种调查,可用杂草数量、覆盖度、高度和长势(例如实际的杂草量)等指标。估计结果可以用简单的百分率表示(0 为无草,100% 为与空白对照区杂草同等),也可等量换算成表示杂草防除百分率效果(0 为无防治效果,100% 为杂草全部防治)。还应记录空白对照区杂草种类和株数覆盖度绝对值。为了克服准确估计百分率和使用齐次方差的困难,可以采用下列分级标准进行调查:

1级:无草;

2级:相当于空白对照区的0%～2.5%;

3级:相当于空白对照区的2.6%～5%;

4级:相当于空白对照区的5.1%～10%;

5级:相当于空白对照区的10.1%～15%;

6级:相当于空白对照区的15.1%～25%;

7级:相当于空白对照区的25.1%～35%;

8级:相当于空白对照区的35.1%～67.5%;

9级:相当于空白对照区的67.6%～100%。

本分级范围可直接应用,不需转换成估计值百分率的平均值。

5.1.2 调查时间和次数

根据谷子的栽培类型、药剂特点和施药时期而不同,具体调查时间和次数如下:

a) 谷子播种前、播后苗前施药:

第一次调查:施药后15 d～20 d,空白对照区杂草基本出齐苗后,调查株数防效。

第二次调查:施药后30 d～40 d,空白对照区杂草生长旺盛期,调查株数和鲜重防效。

第三次调查:谷子抽穗前,目测杂草覆盖度(杂草再生情况)。

b) 谷子苗期施药:

第一次调查:施药当天,分种类调查杂草基数。

第二次调查:施药后15 d～20 d,调查株数防效。

第三次调查:施药后30 d～40 d,试验药剂药效发挥最好时,调查株数和鲜重防效。

第四次调查:谷子抽穗前,目测杂草覆盖度。

5.2 作物调查

5.2.1 调查方法

观察药剂对谷子生长有无药害。如有药害,记录药害的类型和程度。可按下列要求记录:

a) 详细记录出现药害的时间和药害症状(如推迟出苗、生长抑制、失绿、枯斑、畸形、延迟成熟)等。

b) 记录环境因素(栽培方法、倒伏、病虫危害、恶劣天气如长久高温、干旱或冷冻害等)对药害的影响。

c) 如果药害能被计数或测量,则用绝对数值表示,例如出苗率、出现药害的株率或植株高度、鲜重等。

d) 在其他情况下,可按下列两种方法估计药害的程度和频率:

1) 将药剂处理区与人工除草区比较,评价药害百分率。

2) 按药害分级标准给每个小区药害定级:

1级:谷子生长正常,无任何受害症状;

2级:谷子轻微药害,药害株率少于10%,不影响产量;

3级:谷子中等药害,以后能恢复,不影响产量;

4级:谷子较重药害,难以恢复,造成明显减产;

5级:谷子严重药害,不能恢复,造成严重减产或绝产。

5.2.2 调查时间和次数

调查时间和次数根据施药时期而不同,具体如下:

a) 播种前、播后苗前施药:

第一次调查:人工除草区谷子出苗期。

第二次调查:人工除草区谷子齐苗后。

第三次调查:人工除草区谷子生长旺盛期或试验药剂药效发挥最好时。

第四次调查:谷子抽穗前。

第五次调查:收获前。

b) 谷子苗期施药:

第一次调查:施药后 3 d~5 d。

第二次调查:施药后 7 d~15 d。

第三次调查:施药后 20 d~30 d。

第四次调查:谷子抽穗前。

第五次调查:收获前。

5.3 产量和品质调查

分区收获测产,测小区中间段,面积不小于小区面积的 1/2,产量以 kg/hm² 表示。

如果有要求,对谷子的品质按相关标准等级评定。

5.4 对其他非靶标生物的影响

记录对非靶标生物的影响等。

5.5 气象及土壤资料

5.5.1 气象资料

记录施药当天和施药前 10 d 与施药后 15 d 的温度(日平均温度、最高温度和最低温度,以℃表示)、降雨(日降雨量以 mm 表示)、风力(以 m/s 表示)、日照时数(以 h/d 表示)等气象资料。气象资料可以在试验地记录,也可以到试验点附近的气象站获取。

记录整个试验期间的恶劣天气,如严重或持续干旱、低温寡照、暴雨、大风、冰雹等。

5.5.2 土壤资料

记录土壤类型(尽可能记录其成分)、有机质含量、pH、土壤湿度(干湿程度、积水)及耕作质量等。记录前茬作物及前茬使用过的除草剂。

5.6 田间管理资料

记录整地、施肥、灌水、病虫害防治等田间耕作、管理和农事活动,应对其时间、次数、用量及方法等进行记录。

记录人工除草小区的除草时间、次数等。

6 药效计算方法

谷子播种前、播后苗前施药每次调查和苗期施药第三次调查,各处理的株数或鲜重防效按式(1)计算;谷子苗期施药第二次调查,各处理的株数防效按式(2)计算。

$$E = \frac{C-T}{C} \times 100 \quad\cdots\cdots\cdots\cdots\cdots\cdots\cdots\cdots\cdots (1)$$

式中:

E——防治效果,单位为百分率(%);

C——空白对照区活草数或鲜重,单位为株或克(g);

T——处理区残存杂草数或鲜重,单位为株或克(g)。

$$E = \frac{X_0 - X_1}{X_0} \times 100 \quad\cdots\cdots\cdots\cdots\cdots\cdots\cdots\cdots\cdots (2)$$

式中:

X_0——用药前处理区杂草数,单位为株;

X_1——用药后处理区残存杂草数,单位为株。

试验药效计算数据保留小数点后 2 位。

7 结果与报告编写

试验所获得的数据(药效、安全行等)应用生物学统计方法进行分析(采用 DMRT 法)。

用规范格式写出试验报告,并对结果加以分析说明,提出应用效果评价(产品特性、药效、安全性、适用时期和剂量、注意事项等)的各结论性意见。试验报告应列出原始数据。如果药剂在试验中表现出长持效期的迹象,则应进行后茬作物安全性试验。

————————————

ICS 65.100
B 17

中华人民共和国农业行业标准

NY/T 1464.67—2017

农药田间药效试验准则
第67部分：植物生长调节剂保鲜水果

Pesticide guidelines for the field efficacy trials—
Part 67：Plant growth regulator trials on storage of fruits

2017-06-12 发布   2017-10-01 实施

中华人民共和国农业部 发布

NY/T 1464.67—2017

前　言

NY/T 1464《农药田间药效试验准则》拟分为如下部分：
——第 1 部分:杀虫剂防治飞蝗;
——第 2 部分:杀虫剂防治水稻稻水象甲;
——第 3 部分:杀虫剂防治棉盲蝽;
——第 4 部分:杀虫剂防治梨黄粉蚜;
——第 5 部分:杀虫剂防治苹果绵蚜;
——第 6 部分:杀虫剂防治蔬菜蓟马;
——第 7 部分:杀菌剂防治烟草炭疽病;
——第 8 部分:杀菌剂防治番茄病毒病;
——第 9 部分:杀菌剂防治辣椒病毒病;
——第 10 部分:杀菌剂防治蘑菇湿泡病;
——第 11 部分:杀菌剂防治香蕉黑星病;
——第 12 部分:杀菌剂防治葡萄白粉病;
——第 13 部分:杀菌剂防治葡萄炭疽病;
——第 14 部分:杀菌剂防治水稻立枯病;
——第 15 部分:杀菌剂防治小麦赤霉病;
——第 16 部分:杀菌剂防治小麦根腐病;
——第 17 部分:除草剂防治绿豆田杂草;
——第 18 部分:除草剂防治芝麻田杂草;
——第 19 部分:除草剂防治枸杞地杂草;
——第 20 部分:除草剂防治番茄田杂草;
——第 21 部分:除草剂防治黄瓜田杂草;
——第 22 部分:除草剂防治大蒜田杂草;
——第 23 部分:除草剂防治苜蓿田杂草;
——第 24 部分:除草剂防治红小豆田杂草;
——第 25 部分:除草剂防治烟草苗床杂草;
——第 26 部分:棉花催枯剂试验;
——第 27 部分:杀虫剂防治十字花科蔬菜蚜虫;
——第 28 部分:杀虫剂防治林木天牛;
——第 29 部分:杀虫剂防治松褐天牛;
——第 30 部分:杀菌剂防治烟草角斑病;
——第 31 部分:杀菌剂防治生姜姜瘟病;
——第 32 部分:杀菌剂防治番茄青枯病;
——第 33 部分:杀菌剂防治豇豆锈病;
——第 34 部分:杀菌剂防治茄子黄萎病;
——第 35 部分:除草剂防治直播蔬菜田杂草;
——第 36 部分:除草剂防治菠萝地杂草;
——第 37 部分:杀虫剂防治蘑菇菌蛆和害螨;

32

——第38部分:杀菌剂防治黄瓜黑星病;

——第39部分:杀菌剂防治莴苣霜霉病;

——第40部分:除草剂防治免耕小麦田杂草;

——第41部分:除草剂防治免耕油菜田杂草;

——第42部分:杀虫剂防治马铃薯二十八星瓢虫;

——第43部分:杀虫剂防治蔬菜烟粉虱;

——第44部分:杀菌剂防治烟草野火病;

——第45部分:杀菌剂防治三七圆斑病;

——第46部分:杀菌剂防治草坪草叶斑病;

——第47部分:除草剂防治林业防火道杂草;

——第48部分:植物生长调节剂调控月季生长;

——第49部分:杀菌剂防治烟草青枯病;

——第50部分:植物生长调节剂调控菊花生长;

——第51部分:杀虫剂防治柑橘树蚜虫;

——第52部分:杀虫剂防治枣树盲蝽;

——第53部分:杀菌剂防治十字花科蔬菜根肿病;

——第54部分:杀菌剂防治水稻稻曲病;

——第55部分:除草剂防治姜田杂草;

——第56部分:杀虫剂防治枸杞蚜虫;

——第57部分:杀菌剂防治平菇轮枝霉褐斑病;

——第58部分:植物生长调节剂调控枣树坐果;

——第59部分:杀虫剂防治茭白螟虫;

——第60部分:杀虫剂防治姜(储藏期)异型眼蕈蚊幼虫;

——第61部分:除草剂防治高粱田杂草;

——第62部分:植物生长调节剂促进西瓜生长;

——第63部分:杀虫剂防治枸杞刺皮瘿螨;

——第64部分:杀菌剂防治五加科植物黑斑病;

——第65部分:杀菌剂防治茭白锈病;

——第66部分:除草剂防治谷子田杂草;

——第67部分:植物生长调节剂保鲜水果。

本部分为 NY/T 1464 的第 67 部分。

本部分按照 GB/T 1.1—2009 给出的规则起草。

本部分由农业部种植业管理司提出并归口。

本部分起草单位:农业部农药检定所、中国农业科学院植物保护研究所。

本部分主要起草人:杨峻、李香菊、崔海兰、何静、张佳、于惠林、聂东兴。

农药田间药效试验准则
第 67 部分:植物生长调节剂保鲜水果

1 范围

本部分规定了植物生长调节剂保鲜水果药效小区试验的方法和要求。

本部分适用于植物生长调节剂采后保鲜水果的登记用田间药效小区试验及药效评价。

2 试验条件

2.1 作物和栽培品种

选用当地广泛种植的常规品种或试验特别要求的品种,注明供试水果的种类和品种名称。按照试验要求的果实成熟度,采集品种特征明显、等级一致、果皮完整、无病虫害和生理性病害的果实,必要时对果柄(果穗)进行修整。

2.2 栽培条件

所有供试果实试材需在同一块地采集,树龄、土壤条件、耕作栽培管理、病虫害防治措施等需保持一致,且符合当地的良好农业规范(GAP)。

2.3 存放条件

按协议要求及标签说明选择果实存放场所及储藏环境。所有供试果实试材需在同样环境条件(温度、湿度、光照等)存放,包装方法、规格及包装材料需一致,且不能影响药效。

3 试验设计和安排

3.1 试验处理

需包括试验药剂、对照药剂、空白对照等处理。

3.2 试验药剂

试验药剂信息包括通用名(中文、英文)或代号、剂型、含量、生产企业和处理剂量。

试验药剂处理设高、中、低及中量的倍量共 4 个剂量,或依据试验委托方和试验承担方签订的试验协议规定增加其他剂量处理。

3.3 对照药剂

对照药剂应为已登记注册、并经实践证明有理想药效和安全性的产品,其类型、作用方式应与试验药剂相近。

对照药剂按登记剂量使用。特殊情况可视试验目的而定。

如试验药剂为单剂,至少设另一当地常用单剂为对照药剂;如试验药剂为混剂时,应设各单剂及当地常用药剂作为对照药剂。特殊情况可视试验目的而定。

对照药剂信息包括通用名(中文、英文)、剂型、含量、生产企业和处理剂量。

3.4 处理安排

试验药剂、对照药剂、空白对照各处理需采取随机区组排列。如果试验药剂或对照药剂有挥发性,应保证处理之间不因药剂挥发而影响药效。如果试验处理采用不规则排列,应加以说明。

3.5 果实数量和重复

果实数量:单果重 500 g 以下时,每处理 10 kg~20 kg;单果重 500 g 以上时,每处理不低于 20 个果实。特殊情况下(大果或小果)的果实数量也应满足试验要求。

重复次数:不少于4次重复。

4 施药处理

4.1 使用方法

按协议要求及标签说明进行。施药方法需与药剂作用方式相一致并切合当地的农业生产实际。

4.2 施药器械

根据药剂特性及使用方法(熏蒸、喷洒、涂抹、浸泡等),选择适宜的施药器械及果实包装箱类型,且保证药剂均匀分布到试验指定着药部位。

记录所用器械类型和操作条件(果实包装箱容积、材质、操作方法)等全部资料。

应保证药量准确,用药量偏差不超过5%。

4.3 施药时间和次数

按协议要求及标签说明进行。记录施药次数和时间。

4.4 施药剂量和用水量

按协议要求及标签注明的剂量和用水量进行施药。施药剂量以 mg/m^3、mg/kg 或稀释倍数等表示。

4.5 防治病虫草害的药剂要求

果树生长过程中,如果必须使用其他药剂,应选择对试验药剂和果树生长无影响的药剂,并均匀处理。记录所用药剂的名称、施药时间、施药剂量等。果实储藏期间除供试药剂外,不能使用其他药剂。

5 调查与记录

5.1 药效调查

5.1.1 耐储性调查:果实硬度、好果数、总果数及总果重。计算失重率、平均单果重(不含烂果)和果实腐烂率。

5.1.2 营养品质测定:水分、可溶性固形物、可滴定酸、可溶性糖、维生素C及不同供试水果的特有营养品质指标。

5.1.3 感官分析:果实颜色、风味、甜度、酸度及供试水果品种的其他典型感官评价指标。

5.1.4 其他调查:果实生理性病害等。

5.1.5 果实失重率、腐烂率和生理性病害调查,需调查每处理的所有果实;其他指标调查,每次随机抽取处理果实的1/10进行。每次调查,均需剔除烂果。

5.2 安全性调查

调查药剂对水果有无药害。如果有药害,观察并准确描述果实药害症状(裂果、褐斑、落粒等),记录药害的类型和程度。

如果药害能被测量或计算,用绝对数值表示,计算药害百分率;并将每一药剂处理同空白对照区比较,评价药害情况。

5.3 调查时间和次数

按照果实的耐储藏性及储藏条件的不同,调查3次～4次(即试验周期较短时,第二次调查与第三次调查可合并进行)。

第一次调查:施药前。

第二次调查:药效初显期。

第三次调查:药效明显期。

第四次调查:施药处理果实商品性变差时。

5.4 对其他非靶标生物的影响记录

记录对非靶标生物的影响,如药剂对周边益虫、害虫、其他非靶标植物等的影响。

5.5 气象资料记录

所有处理试验期间的环境条件需保持一致。记录施药当天和施药期间试验场所的气象因子,包括温度(日平均温度、最高温度和最低温度,以℃表示)和相对湿度(日平均湿度,以%表示)。

5.6 试验环境记录

记录试验环境类型(储藏室、实验室、温室、恒温箱等)及相关指标。

6 计算公式与数据分析

6.1 平均单果重按式(1)计算。

$$AW = \frac{TW}{TN} \quad\text{···} \quad (1)$$

式中:

AW——平均单果重,单位为克(g);

TW——好果总重量,单位为克(g);

TN——好果总数,单位为个。

6.2 果实失重率按式(2)计算。

$$ML = \frac{MB - MA}{MB} \times 100 \quad\text{·······························} \quad (2)$$

式中:

ML——果实失重率,单位为百分率(%);

MB——施药前平均单果重,单位为克(g);

MA——调查时平均单果重,单位为克(g)。

6.3 果实腐烂率按式(3)计算。

$$DI = \frac{DF}{TF} \times 100 \quad\text{··} \quad (3)$$

式中:

DI——果实腐烂率,单位为百分率(%);

DF——腐烂果数,单位为个;

TF——总果数,单位为个。

以上计算结果保留小数点后2位。试验所获得的结果应用生物学统计方法进行分析(采用DMRT法)。

7 结果与报告编写

根据试验结果,对产品特点、药效、安全性及关键使用技术进行评价,写出正式试验报告,列出原始数据。

ICS 65.020
B 16

中华人民共和国农业行业标准

NY/T 1611—2017
代替 NY/T 1611—2008

玉米螟测报技术规范

Technical specification for forecast technology of the corn borer

2017-12-22 发布

2018-06-01 实施

中华人民共和国农业部 发布

NY/T 1611—2017

前　言

本标准按照 GB/T 1.1—2009 给出的规则起草。

本标准代替 NY/T 1611—2008《玉米螟测报技术规范》。与 NY/T 1611—2008 相比,除编辑性修改外主要技术变化如下:

——玉米螟发生世代分区由正文移至附录;

——对玉米螟发生程度分级指标进行了修改,末代以百株虫量、其他各代虫株率改为被害株率,调整了各代分级指标数值;

——删除了第一、第二代幼虫剥秆调查内容,改为调查被害株;

——卵和幼虫普查用 5 点取样、每点取 20 株代替原来的棋盘式 10 点取样、每点 10 株的内容;

——性诱技术中诱捕器由原来的水盆改为干式新型诱捕器,其类型、设置方法和设置地点进行了规定;

——越冬基数调查每种储存类型随机取样 5 点以上、每点剖查不少于 20 株(穗),改为每种储存类型随机取样 5 点、每点调查 20 株(穗),删除每点调查虫量不少于 20 头的规定;

——删除了冬前基数调查死亡原因的内容,即按真菌、细菌、蜂寄生、蝇寄生及其他等进行辨别;

——玉米螟化蛹和羽化进度调查只在越冬代中进行,删除越冬代调查死亡率、死蛹数和死幼虫数等内容,不再计算死亡率,简化了计算公式;

——根据生产上大螟危害范围扩大,秸秆中有一定数量的大螟越冬幼虫的实际情况,增加了大螟调查,对相应表格进行了调整。

本标准由农业部种植业管理司提出并归口。

本标准起草单位:全国农业技术推广服务中心、山东省植物保护总站、河北省植保植检站。

本标准主要起草人:刘杰、姜玉英、曾娟、纪国强、刘莉、杨万海、王春荣、谈孝凤、张振铎、杨桦、魏新政、马晓静。

本标准所代替标准的历次版本发布情况为:

——NY/T 1611—2008。

玉米螟测报技术规范

1 范围

本标准规定了玉米螟发生程度分级指标、越冬基数调查、越冬代化蛹和羽化进度调查、成虫数量调查、卵量调查、幼虫和作物被害情况普查、预报方法、测报资料收集、汇总和汇报等方面的技术方法。

本标准适用于玉米田玉米螟调查和预报。

2 发生程度分级指标

玉米螟发生程度分为5级,即轻发生(1级)、偏轻发生(2级)、中等发生(3级)、偏重发生(4级)、大发生(5级)。各地玉米全生育期玉米螟发生代次不一(玉米螟发生世代分区参见附录A),末代(当地发生的最后一代)以虫口密度为指标,末代以外的其他各代以被害株率为指标;以玉米螟发生面积占玉米种植面积的比率即发生面积比率作为参考指标。各级具体数值见表1。

表1 玉米螟发生程度分级指标

发生指标		轻发生 (1级)	偏轻发生 (2级)	中等发生 (3级)	偏重发生 (4级)	大发生 (5级)
末代	虫口密度(Y),头/百株	$1 \leqslant Y \leqslant 10$	$10 < Y \leqslant 30$	$30 < Y \leqslant 50$	$50 < Y \leqslant 80$	$Y > 80$
其他代	被害株率(X),%	$1 \leqslant X \leqslant 5$	$5 < X \leqslant 10$	$10 < X \leqslant 30$	$30 < X \leqslant 50$	$X > 50$
发生面积比率(Z),%		$Z \leqslant 20$	$Z > 20$	$Z > 30$	$Z > 40$	$Z > 50$

3 越冬基数调查

3.1 冬前基数调查

3.1.1 调查时间

在玉米收获后、储存秸秆或穗轴时调查,每年调查一次,时间相对固定。

3.1.2 调查地点

选取玉米秸秆或穗轴不同储存类型且储存量较集中的地点进行调查。

3.1.3 调查方法

每种储存类型随机取样5点,每点剖查20株(穗)。剖查方法为,在被害秸秆或穗轴蛀孔的上方或下方,用小刀划一纵向裂缝,撬开秸秆或穗轴,将虫取出。

记载玉米螟等螟虫活虫数量,分别计算各种螟虫的冬前百秆活虫数。根据当地玉米秸秆、穗轴等寄主作物的储存量(率),用加权平均法计算当地玉米螟冬前平均百秆活虫数。结果记入玉米螟越冬基数冬前调查表(见附录B的表B.1)。

同时,选择一批含虫量大、冬季储存安全的秸秆,按当地习惯堆存,备做翌年春季调查化蛹、羽化进度用。

3.2 冬后基数调查

3.2.1 调查时间

在春季化蛹前调查一次,即一代区5月中旬,二代区5月上旬,三代区4月中旬,四代区3月中旬,五代、六代、七代区3月上旬。

3.2.2 调查地点

在冬前调查的同一地点的玉米秸秆上进行。

3.2.3 调查方法

方法同 3.1.3,调查玉米螟和其他螟虫活虫和死虫数量,计算其死亡率和百秆活虫数。结果记入玉米螟越冬基数冬后调查表(见表 B.2)。

4 越冬代化蛹和羽化进度调查

4.1 调查时间

在冬后基数调查时开始,每 5 d 调查一次,化蛹率达 90% 以上时停止。

4.2 调查地点

在冬前选留的秸秆上进行。

4.3 调查方法

方法同 3.1.3,每次剖查的活虫不少于 30 头,检查活虫或蛹(壳)及其数量,按式(1)、式(2)分别计算化蛹率、羽化率,结果记入玉米螟化蛹和羽化进度调查表(见表 B.3)。

$$A = \frac{P + P_m}{P + P_m + L} \times 100 \quad\cdots\cdots\cdots\cdots\cdots\cdots\cdots (1)$$

式中:

A ——化蛹率,单位为百分率(%);

P ——活蛹数,单位为头;

P_m ——蛹壳数,单位为头;

L ——活幼虫数,单位为头。

$$B = \frac{P_m}{P + P_m + L} \times 100 \quad\cdots\cdots\cdots\cdots\cdots\cdots\cdots (2)$$

式中:

B ——羽化率,单位为百分率(%)。

5 成虫数量调查

5.1 调查时间

一代区 5 月中旬,二代区 5 月上旬,三代区 4 月下旬,四代区 3 月中旬,五代、六代、七代区 3 月上旬开始,至成虫终见为止。

5.2 灯诱

5.2.1 调查地点和环境

在长势好的玉米田块附近,安装 1 台自动虫情测报灯(或普通黑光灯),要求其四周没有高大建筑物或树木遮挡,并远离路灯和其他光源,灯管下端与地表面垂直距离为 1.5 m,每年更换一次灯管。

5.2.2 调查方法

每天检查统计灯下的玉米螟成虫雌、雄蛾数量,并注明当晚气象要素,结果记入玉米螟成虫灯诱记载表(见表 B.4)。

5.3 性诱

5.3.1 诱捕器设置方法

诱捕器应设在玉米田附近的杂草或矮秆作物田等玉米螟栖息交尾场所。设置 3 台钟罩倒置漏斗式诱捕器,诱捕器放置于田边方便操作的田埂上。诱捕器高度,玉米拔节前底端高出作物冠层 20 cm,拔节后距离地面 1.5 m;各台诱捕器相距至少 50 m,呈直线排列,放置诱捕器的田埂走向最好与当地季风风向垂直。诱芯(玉米螟性诱剂组分和含量参见附录 C),每 30 d 更换一次。

5.3.2 调查方法

每天上午检查统计诱捕器中玉米螟数量,结果记入玉米螟成虫性诱记载表(见表B.5)。

6 卵量调查

6.1 卵量和卵孵化情况系统调查

6.1.1 调查时间

在各代成虫始见5 d后开始,每3 d调查一次卵量,至成虫或卵终见日3 d后停止;在各代成虫产卵盛期(卵量呈数倍增加时),每3 d调查一次卵孵化情况。

6.1.2 调查地点

选择长势好、种植主栽品种的2块~3块玉米田,每块田面积不小于0.33 hm²,固定为系统调查田。

6.1.3 调查方法

每块田对角线5点取样,每点固定调查20株。初次调查时逐叶观察,尤应注意检查叶背面中脉附近,发现卵块后用记号笔标记,每块田随机标记10块~30块卵(不到10块时全部标记),留待以后观察卵被寄生情况。调查时,区别玉米螟正常卵块、寄生卵块,结果记入玉米螟卵量系统调查记载表(见表B.6)。当各代成虫产卵盛期时,分别调查卵粒数和孵化卵粒数量,按式(3)计算卵孵化率,结果记入玉米螟卵孵化情况调查表(见表B.7)。

$$D = \frac{E_i}{E} \times 100 \cdots\cdots\cdots\cdots\cdots\cdots\cdots\cdots\cdots\cdots\cdots\cdots\cdots\cdots\cdots\cdots\cdots (3)$$

式中:

D ——孵化率,单位为百分率(%);

E_i ——孵化卵粒数,单位为粒;

E ——卵粒数,单位为粒。

6.2 卵量普查

6.2.1 调查时间

在系统调查田出现产卵高峰时,进行大田卵量普查。

6.2.2 调查地点

每个县选择玉米种植面积大的3个~5个乡镇开展普查,每个乡镇选择有代表性的玉米田5块~10块。

6.2.3 调查方法

每块田对角线5点取样,每点20株,逐叶观察,尤应注意检查叶背面中脉附近,区分正常卵块、寄生卵块和孵化卵块数等,并计算出平均百株有效(即正常)卵块数,结果记入玉米螟卵量普查表(见表B.8)。

7 幼虫和作物被害情况普查

7.1 调查时间

在玉米大喇叭口期、灌浆期、收获前各调查一次。

7.2 调查地点

每县(市、区)依据不同生态类型、作物布局等,选择玉米种植面积大的3个~5个乡镇开展普查,每个乡镇选择有代表性的玉米田5块~10块。

7.3 调查方法

每块田采用对角线5点取样,每点20株。玉米大喇叭口期和灌浆期各调查一次被害株率;玉米收获期调查(末代),观察植株茎秆和雌穗等处是否有蛀孔,发现蛀孔则用小刀在蛀孔的上方或下方划一纵向裂缝,撬开茎秆将虫取出,分别判别幼虫种类和数量,将结果记入玉米螟幼虫数量和危害调查表(见表 B.9)。

8 预报方法

8.1 发生期预报

8.1.1 期距法

依据化蛹、羽化进度调查中蛹和成虫的始盛期、高峰期,按各地虫态历期来推算卵、幼虫发生危害的始盛期、高峰期。

8.1.2 积温法

依据化蛹进度调查中化蛹始盛期、高峰期,利用玉米螟卵和幼虫的发育起点、有效积温,结合气象预报,用有效积温公式,计算卵和幼虫发生时期。

8.2 发生程度预报

8.2.1 第一代发生程度预报

根据越冬代基数、存活率,越冬代蛾量,一代发生期降水、温度等气象情况,结合玉米种植面积、品种布局及其长势,做出第一代发生程度预报。

8.2.2 第二代以后各代发生程度预报

8.2.2.1 综合分析预报

根据前一代危害的轻重、残虫量、春播与夏播玉米种植面积、品种布局及其长势等因素,结合气象条件,预报下一代发生程度。

8.2.2.2 数理统计预报

各地可利用本地多年历史虫情、气象和栽培资料,建立预测模型,进行数理统计预报。

9 测报资料收集、汇总和汇报

9.1 资料收集

玉米栽培面积和其主要栽培品种,玉米播种期和各期播种的玉米面积;当地气象台(站)主要气象要素的预测值和实测值。

9.2 测报资料汇总

对玉米螟发生期和发生量进行统计汇总,记载玉米种植和玉米螟发生及防治情况,总结发生特点,进行原因分析,记入玉米螟发生防治基本情况记载表(见表 B.10)。

9.3 测报资料汇报

全国区域性测报站每年定时填写玉米螟测报模式报表(见附录 D)报上级测报部门。

附　录　A

（资料性附录）

玉米螟发生世代分区

A.1　一代区：北方春玉米北部及较高海拔地区，即40°N以北、海拔＞500 m的地区，包括兴安岭山地及长白山等地。

A.2　一至二代区：海拔＜200 m的三江平原、松嫩平原、新疆北部等春玉米种植区。

A.3　二代区：北方春玉米南部，包括辽河平原、辽西走廊、辽东半岛以及40°N以南的内蒙古南部、河北北部、山西和陕西大部、宁夏、甘肃和西北内陆玉米区的吐鲁番盆地、塔里木河流域及低纬度、低海拔的云贵高原北部、四川山区等地。

A.4　三代区：黄淮海平原春、夏玉米区，以及云贵高原南部和新疆南部等地。

A.5　四代区：长江中下游平原中南部、四川盆地、江南丘陵等地。

A.6　五至六代区：北回归线（23.5°N）至25°N，包括江西南部、福建南部、台湾等地。

A.7　六至七代区：北回归线以南，包括广东、广西丘陵等地。

附 录 B

（规范性附录）

玉米螟调查资料表册

B.1 玉米螟越冬基数冬前调查表

见表 B.1。

表 B.1 玉米螟越冬基数冬前调查表

调查日期，月/日	调查地点	调查秆数，秆	玉米螟活虫数，头	桃蛀螟活虫数，头	大螟活虫数，头	高粱条螟活虫数，头	百秆活虫数，头				备注
							玉米螟	桃蛀螟	大螟	高粱条螟	

B.2 玉米螟越冬基数冬后调查表

见表 B.2。

表 B.2 玉米螟越冬基数冬后调查表

调查日期，月/日	调查地点	调查秆数，秆	活虫数量，头		死虫数量，头		死亡率，%		百秆活虫数，头		备注
			玉米螟	其他螟虫	玉米螟	其他螟虫	玉米螟	其他螟虫	玉米螟	其他螟虫	

B.3 越冬代玉米螟化蛹和羽化进度调查表

见表 B.3。

表 B.3 越冬代玉米螟化蛹和羽化进度调查表

调查日期，月/日	调查地点	调查虫数，头			化蛹率，%	羽化率，%	备注
		活虫	活蛹	蛹壳			

B.4 玉米螟成虫灯诱记载表

见表 B.4。

表 B.4 玉米螟成虫灯诱记载表

调查日期，月/日	调查地点	代别	灯下成虫数量，头				当晚气象情况	备注
			雌蛾	雄蛾	合计	累计		

B.5 玉米螟成虫性诱记载表

见表 B.5。

表 B.5 玉米螟成虫性诱记载表

调查日期，月/日	调查地点	代别	诱测数量，头					备注
			诱捕器 1	诱捕器 2	诱捕器 3	平均	累计	

B.6 玉米螟卵量系统调查记载表

见表 B.6。

表 B.6 玉米螟卵量系统调查记载表

调查日期，月/日	调查地点	品种	播期	生育期	代别	调查株数，株	正常卵块数，块	寄生卵块数，块	备注
注：目测半数以上卵粒被寄生者即为寄生卵块，不足半数的则为正常卵块。									

B.7 玉米螟卵孵化情况调查表

见表 B.7。

表 B.7 玉米螟卵孵化情况调查表

调查日期，月/日	调查地点	卵块号	卵粒数，粒	孵化卵粒数，粒	孵化率，%	备注

B.8 玉米螟卵量普查表

见表 B.8。

表 B.8 玉米螟卵量普查表

调查日期，月/日	调查地点	类型田	品种	播期	生育期	代别	调查株数，株	卵块数，块			平均百株有效卵块数，块	备注
								正常卵块	寄生卵块	孵化卵块		

B.9 玉米螟幼虫数量和危害调查表

见表 B.9。

表 B.9 玉米螟幼虫数量和危害调查表

调查日期，月/日	调查地点	生育期	代别	调查株数，株	被害株数，株	被害株率，%	活虫数，头				备注
							玉米螟	桃蛀螟	大螟	高粱条螟	

B.10 玉米螟发生防治基本情况记载表

见表 B.10。

表 B.10 玉米螟发生防治基本情况记载表

耕地面积____hm²
玉米播种面积____hm² 其中:春播玉米____hm²,夏播玉米____hm² 玉米主栽品种_____

发生面积累计____hm²;发生程度____级
其中:____代____hm²____级;____代____hm²____级;
  ____代____hm²____级;____代____hm²____级;
  ____代____hm²____级;____代____hm²____级。

防治面积累计____hm²,占发生面积____%
其中:____代____hm²;____代____hm²;
  ____代____hm²;____代____hm²;
  ____代____hm²;____代____hm²。
挽回损失____t;   实际损失____t。

简述发生概况和特点:

附 录 C

（资料性附录）

玉米螟性诱剂组分和含量

C.1 亚洲玉米螟性信息素主要有效成分为顺12-十四碳烯乙酸酯、反12-十四碳烯乙酸酯，配比为47：53，每枚诱芯有效成分含量100 μg，载体类型为毛细管。

C.2 欧洲玉米螟性信息素主要有效成分为顺11-十四碳烯乙酸酯、反11-十四碳烯乙酸酯，配比为97：3，每枚诱芯有效成分含量500 μg，载体类型为毛细管。

附　录　D
（规范性附录）
玉米螟测报模式报表

D.1　玉米螟冬前基数模式报表

见表D.1。

表D.1　玉米螟冬前基数模式报表

要求汇报时间：11月30日前

序号	编报项目	编报内容
1	填报单位	
2	调查日期	
3	调查乡镇数，个	
4	调查总秆数，秆	
5	平均百秆活虫数，头	
6	平均百秆活虫最高数值和年份，头，年	
7	平均百秆活虫数比最高年份数量增减比率，±%	
8	平均百秆活虫数比历年平均值增减比率，±%	
9	秸秆储存率，%	
10	秸秆储存率比历年平均值增减比率，±%	
11	预计一代玉米螟发生程度，级	
12	预计一代发生面积，hm²	

D.2　玉米螟冬后基数模式报表

见表D.2。

表D.2　玉米螟冬后基数模式报表

要求汇报时间：5月1日前

序号	编报项目	编报内容
1	编报单位	
2	调查日期	
3	春玉米播种面积，hm²	
4	春玉米播种面积比历年平均值增减比率，±%	
5	调查乡镇数，个	
6	调查总秆数，秆	
7	平均百秆活虫数，头	
8	平均百秆活虫数比历年平均值增减比率，±%	
9	平均百秆活虫数比上年值增减比率，±%	
10	越冬幼虫死亡率，%	
11	越冬幼虫死亡率比历年平均值增减比率，±%	
12	越冬幼虫死亡率比上年值增减比率，±%	
13	平均化蛹率，%	
14	预计成虫羽化盛期，月/日—月/日	
15	成虫羽化高峰期比历年平均值早晚天数，±d	
16	预计一代发生程度，级	
17	预计一代发生面积，hm²	
18	预计防治适期，月/日—月/日	

D.3 一代玉米螟发生情况模式报表

见表 D.3。

表 D.3 一代玉米螟发生情况模式报表

汇报时间:7月10日前

序号	编报项目	编报内容
1	填报单位	
2	调查日期	
3	灯诱越冬代成虫数量,头/台	
4	灯诱越冬代成虫数量比历年平均值增减比率,±%	
5	灯诱越冬代成虫数量比上年增减比率,±%	
6	性诱越冬代成虫数量,头/台	
7	性诱越冬代成虫数量比历年平均值增减比率,±%	
8	性诱越冬代成虫数量比上年增减比率,±%	
9	平均百株一代有效卵块数,块	
10	百株一代有效卵块数比历年平均值增减比率,±%	
11	百株一代有效卵块数比上年值增减比率,±%	
12	平均百株活虫数,头	
13	平均百株活虫数比历年平均值增减比率,±%	
14	平均百株活虫数比上年值增减比率,±%	
15	预计化蛹盛期,月/日—月/日	
16	预计一代成虫羽化盛期,月/日—月/日	
17	预计二代发生面积,hm²	
18	预计二代发生程度,级	

D.4 二代玉米螟发生情况模式报表

见表 D.4。

表 D.4 二代玉米螟发生情况模式报表

汇报时间:8月10日前

序号	编报项目	编报内容
1	填报单位	
2	调查日期	
3	灯诱一代成虫数量,头/台	
4	灯诱一代成虫数量比历年平均值增减比率,±%	
5	灯诱一代成虫数量比上年增减比率,±%	
6	性诱一代成虫数量,头/台	
7	性诱一代成虫数量比历年平均值增减比率,±%	
8	性诱一代成虫数量比上年增减比率,±%	
9	平均百株二代有效卵块数,块	
10	平均百株二代有效卵块数比历年平均值增减比率,±%	
11	平均百株二代有效卵块数比上年值增减比率,±%	
12	平均百株活虫数,头	
13	平均百株活虫数比历年平均值增减比率,±%	
14	平均百株活虫数比上年值增减比率,±%	
15	预计化蛹盛期,月/日—月/日	
16	预计二代成虫羽化盛期,月/日—月/日	
17	预计三代发生面积,hm²	
18	预计三代发生程度,级	

ICS 65.100
B 17

中华人民共和国农业行业标准

NY/T 1859.9—2017

农药抗性风险评估
第9部分：蚜虫对新烟碱类杀虫剂抗性
风险评估

Guidelines on the risk assessment for pesticide resistance—
Part 9：The risk assessment of aphid resistance to neonicotinoid insecticides

2017-06-12 发布   2017-10-01 实施

中华人民共和国农业部 发布

前　言

NY/T 1859《农药抗性风险评估》拟分为如下部分：
——第1部分：总则；
——第2部分：卵菌对杀菌剂抗药性风险评估；
——第3部分：蚜虫对拟除虫菊酯类杀虫剂抗药性风险评估；
——第4部分：乙酰乳酸合成酶抑制剂类除草剂抗性风险评估；
——第5部分：十字花科蔬菜小菜蛾抗药性风险评估；
——第6部分：灰霉病菌抗药性风险评估；
——第7部分：乙酰辅酶A羧化酶除草剂抗性风险评估；
——第8部分：霜霉病菌抗药性风险评估；
——第9部分：蚜虫对新烟碱类杀虫剂抗性风险评估；
——第10部分：专性寄生病原真菌对杀菌剂抗性风险评估；
——第11部分：植物病原细菌对杀菌剂抗性风险评估；
——第12部分：小麦田杂草对除草剂抗性风险评估。

本部分为NY/T 1859的第9部分。

本部分按照GB/T 1.1—2009给出的规则起草。

本部分由农业部种植业管理司提出并归口。

本部分起草单位：农业部农药检定所、中国农业大学。

本部分主要起草人：杨峻、高希武、郭明程、汤秋伶、李芬、刘晓兰、夏文。

农药抗性风险评估
第9部分:蚜虫对新烟碱类杀虫剂抗性风险评估

1 范围

本部分规定了农药登记用蚜虫对新烟碱类杀虫剂抗性风险评估的原则和要求。

本部分适用于新烟碱类药剂登记前或登记后在人为可控条件下对蚜虫类昆虫抗药性风险评估。

2 规范性引用文件

下列文件对于本文件的引用是必不可少的。凡是注日期的引用文件,仅注日期的版本适用于本文件。凡是不注日期的引用文件,其最新版本(包括所有的修订单)适用于本文件。

NY/T 1154.1 农药室内生物测定实验准则 第1部分:触杀活性试验点滴法

NY/T 1154.6 农药室内生物测定实验准则 第6部分:杀虫活性试验浸虫法

3 术语和定义

NY/T 1667.1~1667.8 界定的以及下列术语和定义适用于本文件。

3.1

叶片浸渍法 leaf dipping method

室温条件下将浸过药液的叶片或叶碟(直径2 cm或3 cm)置于保湿的容器中,昆虫通过接触和取食带毒叶片而进行生物测定的方法。该方法又称叶片药膜法,由于常使用制成圆形的叶片用于试验,又称叶碟法。

3.2

点滴法 topical application method

用丙酮溶解杀虫剂原药,并稀释到所需系列浓度,利用点滴器将药剂的丙酮液施于昆虫身体背面的方法。

3.3

抗性选育 resistance selection

用杀虫药剂继代处理昆虫种群,使昆虫种群对处理药剂忍受能力逐渐增加的过程,每次处理死亡率一般控制在40%~80%。

3.4

亚致死剂量 sublethal dose

一般认为昆虫个体受到一定剂量杀虫剂的毒害但未引起死亡,仍具有一定行为能力,此剂量就是杀虫剂的亚致死剂量,基本分布在$LC_1 \sim LC_{50}$之间。对个体,亚致死剂量是一个剂量区间,它不引起昆虫死亡,但对昆虫正常的行为或生理活动带来影响;对种群,这个区间的剂量能引起种群的增长率的升高或降低。

3.5

现实遗传力 realized heritability

群体抗药性的表型方差(或表型变异量)中遗传成分所占的比重。

3.6

适合度 fitness

昆虫在一定环境条件下存活和繁殖的能力。

3.7

敏感性基线 sensitivity base-line

通过生物测定方法得到的昆虫敏感品系对药剂的剂量反应曲线。

3.8

抗药性风险 resistance risk

某种杀虫剂应用后,昆虫群体对其产生抗药性而造成不良后果的可能性。

4 抗药性风险评估

4.1 抗药性风险的影响因子

4.1.1 药剂

新烟碱类杀虫剂主要作用于烟碱型乙酰胆碱受体,作用靶标单一,极易受昆虫单基因或寡基因突变的影响,理论上属于中等至高等抗性风险农药。

4.1.2 靶标生物

蚜虫类昆虫繁殖周期短,数量大,多食性,可远距离迁飞扩散,如果长时间连续单一药剂防治极易产生抗药性,理论上属于高等抗性风险昆虫。

4.1.3 农事操作风险

大面积种植某种蚜虫的寄主作物、单作或连作的农事操作抗性风险高。凡是有利于增加药剂选择压力和加重蚜虫发生的施药技术及栽培耕作措施均会增加抗性风险。

4.2 抗性风险评估内容

4.2.1 药剂使用情况及靶标生物交互抗性

调查该药剂(或同类药剂)在当地的使用历史、使用频率,同类药剂是否有抗性现象,当地是否采取了抗药性治理措施;依据其他相关药剂的抗性现状及毒力测定结果,分析是否与该药剂具有交互抗性。

4.2.2 靶标生物产生抗药性的潜能

按照 NY/T 1154.6 的规定,采用叶片浸渍法或浸虫法或按照 NY/T 1154.1 的规定,采用点滴法建立靶标蚜虫对评估药剂的敏感性基线;用与建立敏感性基线相同的方法在室内抗性筛选至少 10 代,计算现实遗传力(见附录 A、参见附录 B)以及不同选择强度下抗性产生 10 倍所需代数;如果筛选 10 代已产生 5 倍以上抗性,测定种群适合度(见附录 C)是否变化。

4.2.3 杀虫剂对靶标生物的亚致死效应

采用叶片浸渍法确定药剂对靶标蚜虫的亚致死剂量(一般取 LC_{25}),根据计算结果确定处理试虫时所采用的浓度。亚致死剂量处理靶标蚜虫后 48 h 检查死亡率,并用空白对照数据进行死亡率校正,空白对照为含相应乳化剂的蒸馏水。同时,将健康活成虫转移到未经任何药剂处理的干净寄主上,单头饲养,每日观察记录每头蚜虫产蚜量,并将新生若蚜及时移出直至成虫死亡,即为 F_0 代;F_1 代为从 F_0 代的对照组和处理组同一天所产新生若蚜中随机挑取,在不经任何处理的寄主上单头饲养,饲养方法与条件同 F_0,每日观察记录蚜虫龄期、死亡时间,并及时移出蚜虫所蜕的皮。待进入成蚜后,每日观察记录产蚜量,并移除当日新产的若蚜,直至成蚜死亡。根据所记录数据,构建种群生命表,计算对照组与处理组各生命表参数(见附录 D)并据此来判断靶标蚜虫对杀虫剂是否存在亚致死效应。蚜虫对新烟碱类药剂亚致死效应参见附录 E。

4.2.4 田间抗性产生的风险

如果抗性蚜虫种群(或筛选后种群)适合度不明显低于敏感种群(或筛选前种群),该药剂田间使用具有抗性风险(见附录 F)。采用与建立敏感性基线相同的方法,用死亡率小于 25% 的亚致死剂量处理蚜虫,测定处理组的适合度,如果其适合度明显高于对照组,该药剂田间使用具有抗性风险。

4.2.5 抗性风险级别分析

4.2.5.1 高等抗性风险

如果有同类药剂使用的历史并产生了抗性、现实遗传力≥ 0.2,筛选后种群适合度至少不低于筛选前、亚致死剂量处理后适合度没有显著降低,该药剂为高等风险药剂。

4.2.5.2 中等抗性风险

如果有同类药剂使用历史、$0.1\leq$现实遗传力<0.2,筛选后种群适合度至少不低于筛选前、亚致死剂量处理后适合度没有显著降低,该药剂为中等风险药剂。

4.2.5.3 低等抗性风险

如果没有同类药剂使用历史、现实遗传力<0.1,筛选后种群适合度明显低于筛选前、亚致死剂量处理后适合度有显著降低,该药剂为低等风险药剂。

5 抗性风险管理

5.1 一般原则

防治蚜虫类昆虫,对于高等抗性风险的药剂,农药生产企业需要为登记的产品提供抗性风险评估资料及管理措施,并在产品标签和使用说明书上注明如何避免和降低抗性风险。对于中等抗性风险的药剂,鼓励农药生产企业为登记的产品提供抗性风险评估资料及管理措施,并在产品标签和使用说明书上注明如何避免和降低抗性风险。

对高等抗性风险的药剂,抗性风险管理需要农药生产(经营)企业、登记管理部门、植保推广部门和使用者等共同参与。

5.2 抗性风险管理措施

5.2.1 有害生物综合治理

采用农业防治、生物防治、物理防治及其他有利于减轻蚜虫发生和危害的非化学防治措施,必须时采用化学防治措施进行综合治理。

5.2.2 限制性使用技术

限定新烟碱类农药的年使用或连续使用次数。对于高抗性风险药剂暂停使用或在不与中等抗性药剂交叉使用的情况下,使用次数不多于2次;对于中等抗性风险药剂使用次数不多于5次。

5.2.3 混合用药

利用新烟碱类杀虫剂与潜在抗药性机制不同的拟除虫菊酯、有机磷、氨基甲酸酯类等杀虫剂,进行混合使用,延缓抗药性发展。混合用药时,药剂组分的选择、配比以及混合的程序等应符合农药相容性和延缓抗药性的要求。

5.2.4 轮换用药

轮换使用新烟碱类杀虫剂与抗性机制类型不同的药剂,以延缓蚜虫对新烟碱类杀虫剂抗性的发展。

5.2.5 负交互抗性药剂的使用

使用通过试验证明与新烟碱类杀虫剂具有负交互抗性的药剂,以治理蚜虫对新烟碱类杀虫剂抗性的发展。

5.2.6 监测抗性发生和发展

对于高、中等抗性风险的新烟碱类杀虫剂应实施抗药性监测。

5.2.7 产品标签标注

在产品标签上标注抗性风险级别,对于高、中等抗性风险的新烟碱类杀虫剂,应标明抗性风险管理措施。

附 录 A

（规范性附录）

现实遗传力的计算

A.1 现实遗传力按式（A.1）计算。

$$h^2 = R/S \quad\text{………………………………………………………（A.1）}$$

式中：

h^2——现实遗传力；

R——选择效应；

S——选择差异。

A.2 选择效应按式（A.2）计算。

$$R = [\log(\text{终 } LC_{50} \text{ 或} LD_{50}) - \log(\text{初 } LC_{50} \text{ 或} LD_{50})]/N \quad\text{………………（A.2）}$$

式中：

LC_{50}——致死中浓度；

LD_{50}——致死中量；

N——选择代数。

A.3 选择差异按式（A.3）计算。

$$S = i\delta_p \quad\text{………………………………………………………（A.3）}$$

式中：

i——选择强度；

δ_p——表现型的平均离差。

A.4 表现型的平均离差按式（A.4）计算。

$$\delta_p = [1/2(b_1 + b_2)]^{-1} \quad\text{………………………………………（A.4）}$$

式中：

b_1——种群初始毒力回归方程斜率；

b_2——种群筛选后毒力回归方程斜率。

A.5 选择强度按式（A.5）计算。

$$i \approx 1.583 - 0.019\,333\,6p + 0.000\,042\,8p^2 + 3.651\,94/p \quad\text{…………（A.5）}$$

式中：

p——平均选择存活率（$10 < p < 80$，$p = 100 - q$，q 为平均校正死亡率）。

A.6 通过对式（A.1）～式（A.5）的进一步简化得到式（A.6）。

$$h^2 = \frac{(b_1 + b_2) \times \log(RR)}{2Ni} \quad\text{………………………………（A.6）}$$

式中：

RR——种群筛选后抗性倍数，$RR =$ 种群筛选后 $LD_{50}(LC_{50})/$ 种群初始 $LD_{50}(LC_{50})$。

A.7 根据现实遗传力 h^2，预测筛选后抗性上升 x 倍所需代数按式（A.7）计算。

$$G_x = \lg x/(h^2 \times S) \quad\text{………………………………………（A.7）}$$

式中：

G_x——抗性上升 x 倍所需代数；

x——抗性上升倍数。

在不同选择压力（$50\% \sim 99\%$）下，抗性上升 10 倍所需的代数 $G = R^{-1} = 1/(h^2 \times S)$。

附　录　B

（资料性附录）

蚜虫对几种新烟碱类杀虫剂的现实遗传力

蚜虫对几种新烟碱类杀虫剂的现实遗传力（h^2）见表 B.1。

表 B.1　蚜虫对几种新烟碱类杀虫剂的现实遗传力（h^2）

药剂种类	蚜虫种类	选择代数（N）	种群初始 LC_{50}，mg/L	筛选后 LC_{50}，mg/L	初始斜率（b_1）	筛选后斜率（b_2）	平均选择存活率（p）	现实遗传力（h^2）	参考文献
吡虫啉	桃蚜	12	2.63	179.20	0.75	1.18	40.00	0.15	李婷,2011
	桃蚜	18	7.69	125.05	1.85	1.53	30.00	0.10	陈亮,2005
吡虫啉	棉蚜	27	0.32	7.99	1.76	1.50	50.50	0.11	杨焕青,2009
	棉蚜	40	0.35	14.66	4.77	3.09	34.07	0.15	郭天凤,2014
	棉蚜	75	0.35	25.40	3.62	2.10	30.00～40.00	0.06～0.07	陈小坤,2014
啶虫脒	棉蚜	40	0.31	14.82	4.15	3.01	32.21	0.13	郭天凤,2014
吡虫啉	大豆蚜	19	1.11	23.96	1.10	2.03	51.77	0.14	杨帅,2012
	大豆蚜	40	2.70	86.09	1.43	1.70	10.50	0.03	周正堂,2012
	麦长管蚜	32	5.88	148.20	1.26	2.05	30.00	0.06	邱高辉,2007

附　录　C

（规范性附录）

适合度的计算

适合度按式（C.1）计算。

$$W = N_i / N_{i-1} \quad\cdots\cdots\cdots\cdots\cdots\cdots\cdots\cdots\cdots\cdots\cdots\cdots\cdots\cdots\cdots\cdots\text{（C.1）}$$

式中：

W　——适合度；

N_i　——本代种群的个体总数量；

N_{i-1}——上一代种群的个体总数量。

附 录 D

（规范性附录）

种群生命表主要参数的计算

设 x 为 1 d 为单位时间间隔，l_x 表示任何一个个体在 x 期间的存活率，m_x 是在 x 期间平均每头雌蚜的产蚜数。计算各个生命表参数方法如下：

l_x 表示任何一个个体在 x 期间的存活率，称为特定龄期存活率，按式（D.1）计算。

$$l_x = \sum_{j=1}^{k} s_{xj} \quad\cdots\cdots\cdots\cdots\cdots\cdots\cdots\cdots\cdots\cdots\cdots\cdots\cdots\cdots\cdots\cdots\cdots \text{（D.1）}$$

式中：

s_{xj}——新出生个体活到第 j 阶段第 x d 的概率；

k ——$j=1$ 时的个体总数。

m_x 是在 x 期间平均每头雌蚜的产蚜数，即特定龄期繁殖率 m_x，按式（D.2）计算。

$$m_x = \frac{\sum\limits_{j=1}^{k} s_{xj}\, f_{xj}}{\sum\limits_{j=1}^{k} s_{xj}} \quad\cdots\cdots\cdots\cdots\cdots\cdots\cdots\cdots\cdots\cdots\cdots\cdots\cdots\cdots \text{（D.2）}$$

内禀增长率（r_m），龄期从 0 d 开始计算，按式（D.3）计算。

$$\sum_{x=0}^{\infty} e^{-r(x+1)}\, l_x\, m_x = 1 \quad\cdots\cdots\cdots\cdots\cdots\cdots\cdots\cdots\cdots\cdots\cdots\cdots \text{（D.3）}$$

净增值率（R_0），按式（D.4）计算。

$$R_0 = \sum_{x=0}^{\infty} l_x\, m_x \quad\cdots\cdots\cdots\cdots\cdots\cdots\cdots\cdots\cdots\cdots\cdots\cdots\cdots\cdots \text{（D.4）}$$

平均世代时间（T），按式（D.5）计算。

$$T = \ln R_0 / r \quad\cdots\cdots\cdots\cdots\cdots\cdots\cdots\cdots\cdots\cdots\cdots\cdots\cdots\cdots\cdots\cdots \text{（D.5）}$$

周限增长率（λ），按式（D.6）计算。

$$\lambda = e^r \quad\cdots\cdots\cdots\cdots\cdots\cdots\cdots\cdots\cdots\cdots\cdots\cdots\cdots\cdots\cdots\cdots\cdots\cdots \text{（D.6）}$$

种群加倍时间（DT），按式（D.7）计算。

$$DT = \ln(2) / r_m \quad\cdots\cdots\cdots\cdots\cdots\cdots\cdots\cdots\cdots\cdots\cdots\cdots\cdots\cdots \text{（D.7）}$$

附　录　E

（资料性附录）

蚜虫对新烟碱类药剂亚致死效应

E.1 新烟碱类药剂亚致死剂量处理后对 F_0 成蚜寿命及产蚜量的影响

见表 E.1。

表 E.1　新烟碱类药剂亚致死剂量处理后对 F_0 成蚜寿命及产蚜量的影响

蚜虫种类	处理	寿命,d	产蚜数 Mean±SE,（头/雌）	参考文献
棉蚜 F_0	对照	22.58±0.28a	32.69±0.89a	亓永凤,2012
	烯啶虫胺 LC$_{10}$(0.044 mg/L)	20.46±0.13b	26.38±0.86b	亓永凤,2012
	烯啶虫胺 LC$_{30}$(0.20 mg/L)	17.99±0.88c	21.53±0.61c	亓永凤,2012
棉蚜 F_0	对照	14.16±0.59a	14.28±0.84a	Chen et al.,2016
	氟啶虫胺腈 LC$_{25}$(0.050 mg/L)	14.25±0.64a	14.30±0.84a	Chen et al.,2016
禾谷缢管蚜 F_0	对照	8.44±0.67a	35.75±3.01a	于文鑫,2015
	氟啶虫胺腈 LC$_{25}$(0.35 mg/L)	9.05±0.95a	30.39±3.64a	于文鑫,2015
麦长管蚜 F_0	对照	3.79±0.32a	8.54±1.44a	于文鑫,2015
	氟啶虫胺腈 LC$_{25}$(1.30 mg/L)	3.69±0.28a	9.00±1.33a	于文鑫,2015
禾谷缢管蚜 F_0	对照	12.84±1.03a	49.44±3.50a	杨婷,2009
	吡虫啉 LC$_5$(0.10 mg/L)	12.67±1.57a	40.21±4.93a	杨婷,2009
	吡虫啉 LC$_{25}$(0.80 mg/L)	14.38±1.39a	54.92±4.69a	杨婷,2009
麦长管蚜 F_0	对照	14.41±0.98a	14.74±1.61a	杨婷,2009
	吡虫啉 LC$_5$(0.30 mg/L)	16.76±1.75a	15.30±2.11a	杨婷,2009
	吡虫啉 LC$_{25}$(4.10 mg/L)	12.19±1.00a	12.50±1.59a	杨婷,2009
桃蚜 F_0	对照	10.58±0.60a	14.92±1.20a	Tang et al.,2015
	氟啶虫胺腈 LC$_{25}$(0.009 mg/L)	10.48±0.78a	14.03±0.99a	Tang et al.,2015
桃蚜 F_0	对照	11.89±0.85c	27.26±2.23c	曾春祥等,2006
	吡虫啉 LC$_{10}$(0.58 mg/L)	8.62±0.83b	13.91±1.61b	曾春祥等,2006
	吡虫啉 LC$_{20}$(1.43 mg/L)	3.71±0.59a	4.53±1.10a	曾春祥等,2006
	吡虫啉 LC$_{30}$(2.73 mg/L)	4.93±1.02a	7.64±2.00a	曾春祥等,2006
豌豆蚜 F_0	对照	8.07±2.66a	26.53±3.26a	惠婧婧等,2009
	吡虫啉 LC$_{20}$(3.29 mg/L)	4.72±1.50b	6.67±2.62b	惠婧婧等,2009
	吡虫啉 LC$_{30}$(4.38 mg/L)	3.92±1.52b	4.87±2.08c	惠婧婧等,2009
	吡虫啉 LC$_{40}$(5.59 mg/L)	2.32±1.28c	2.30±1.56d	惠婧婧等,2009
注：同组同列数据后不同字母表示经 Tukey-Kramer 检验差异显著（$P<0.05$）。				

E.2 新烟碱类药剂亚致死剂量处理后对蚜虫后代发育历期、产蚜量和寿命的影响

见表 E.2。

表 E.2 新烟碱类药剂亚致死剂量处理后对蚜虫后代发育历期、产蚜量和寿命的影响

蚜虫种类	处理	发育历期 Mean±SE,d					寿命,d	产蚜数 Mean±SE,头/雌	参考文献
		一龄若虫	二龄若虫	三龄若虫	四龄若虫	生殖前期			
棉蚜 F1	对照	1.10±0.07a	1.22±0.06a	1.29±0.11a	1.52±0.03a	0.41±0.05a	24.76±1.29a	27.54±0.47a	亓永凤,2012
	烯啶虫胺 LC10(0.04 mg/L)	1.10±0.04a	1.26±0.05a	1.34±0.08a	1.58±0.04a	0.31±0.04a	25.54±0.82a	31.57±0.54b	亓永凤,2012
	烯啶虫胺 LC30(0.20 mg/L)	1.10±0.05a	1.27±0.04a	1.41±0.06a	1.59±0.04a	0.28±0.03a	26.38±0.35a	31.85±0.49b	亓永凤,2012
棉蚜 F1	对照	2.04±0.10a	1.55±0.13a	1.57±0.13a	1.57±0.09a	0.40±0.01a	17.79±1.15a	16.88±1.78a	Chen et al.,2016
	氟啶虫胺腈 LC25(0.05 mg/L)	2.15±0.13a	1.90±0.19a	1.80±0.19a	1.84±0.12a	0.65±0.15a	16.54±1.49a	14.81±1.42a	Chenet al.,2016
桃蚜 F1	对照	2.01±0.07a	1.80±0.07a	1.80±0.07a	1.95±0.06a	0.88±0.06a	14.8±0.66a	46.95±2.33a	Tang et al.,2015
	氟啶虫胺腈 LC25(0.01 mg/L)	2.17±0.06a	1.87±0.08a	1.91±0.07a	1.92±0.07a	0.94±0.08a	15.78±0.62a	49.95±2.32a	Tang et al.,2015
桃蚜 F1	对照	1.31±0.01a	2.11±0.07a	2.11±0.07a	0.80±0.07b	0.55±0.03a	11.61±0.74a	33.46±2.87b	曾春祥等,2006
	吡虫啉 LC10(0.58 mg/L)	1.44±0.08a	2.38±0.09a	2.38±0.14b	0.72±0.06b	0.53±0.04a	11.06±0.58a	33.32±2.39b	曾春祥等,2006
	吡虫啉 LC20(1.43 mg/L)	1.41±0.08a	2.43±0.09b	2.45±0.12ab	0.65±0.06ab	0.55±0.09a	10.63±0.48a	25.60±3.24a	曾春祥等,2006
	吡虫啉 LC30(2.731 mg/L)	1.37±0.09a	2.39±0.07b	2.52±0.09b	0.53±0.03b	0.50±0.09a	11.21±0.55a	28.65±2.03ab	曾春祥等,2006
禾谷缢管蚜 F1	对照	0.86±0.05a	1.14±0.05a	0.94±0.05a	1.27±0.09a	0.48±0.08a	17.91±1.24a	71.90±3.33a	于文鑫,2015
	氟啶虫胺腈 LC25(0.35 mg/L)	0.75±0.08a	1.02±0.05a	1.23±0.07b	1.18±0.07a	0.10±0.04b	18.86±1.22a	69.37±3.39a	于文鑫,2015
麦长管蚜 F1	对照	1.50±0.11a	1.73±0.09a	1.67±0.09a	1.74±0.10a	0.49±0.09a	15.07±0.92a	18.50±1.95a	于文鑫,2015
	氟啶虫胺腈 LC25(1.30 mg/L)	1.67±0.10a	1.57±0.11a	1.96±0.10b	1.79±0.11a	0.50±0.085a	13.80±0.80a	14.51±1.72a	于文鑫,2015
禾谷缢管蚜 F1	对照	1.67±0.10a	1.42±0.08a	1.04±0.07a	1.38±0.09a	0.54±0.09a	17.38±1.54a	60.50±3.74a	杨婷,2009
	吡虫啉 LC5(0.10 mg/L)	1.89±0.13a	1.32±0.11a	1.15±0.10a	1.556±0.11a	0.39±0.08ab	16.44±1.05a	64.70±2.87a	杨婷,2009
	吡虫啉 LC25(0.80 mg/L)	1.60±0.12a	1.54±0.10a	1.08±0.10a	1.44±0.14a	0.17±0.04b	15.25±1.28a	59.00±4.25a	杨婷,2009
麦长管蚜 F1	对照	1.83±0.10a	2.22±0.11a	2.46±0.12a	2.41±0.09a	1.46±0.12a	18.30±0.94a	23.44±2.00a	杨婷,2009
	吡虫啉 LC5(0.30 mg/L)	2.03±0.12a	2.15±0.11a	2.08±0.17a	2.68±0.21a	1.11±0.18a	17.59±1.16a	28.36±2.75a	杨婷,2009
	吡虫啉 LC25(4.10 mg/L)	1.87±0.07a	1.93±0.13a	2.09±0.14a	2.43±0.15a	1.16±0.17a	15.88±0.91a	27.00±2.51a	杨婷,2009
大豆蚜 F1	对照	2.77±1.36a	1.29±0.11a	1.12±0.08a	1.27±0.10a	0.91±0.12a	16.65±1.79a	23.71±4.94a	高君晓,2008
	吡虫啉 LC10(0.5 mg/L)	2.73±0.12a	1.07±0.07a	1.13±0.09a	1.77±0.10b	0.90±0.05a	20.73±1.38a	35.27±3.78a	高君晓,2008
大豆蚜 F2	对照	2.70±0.15b	1.50±0.09a	1.57±0.10b	1.27±0.08a	0.93±0.12a	20.64±0.83a	37.64±2.72a	高君晓,2008
	吡虫啉 LC10(0.5 mg/L)	2.00±0.00b	2.00±0.00b	1.06±0.56a	1.28±0.08a	1.06±0.13a	19.67±1.13a	35.67±2.62a	高君晓,2008
大豆蚜 F1	对照	1.98±0.20b	1.36±0.17a	1.08±0.06a	1.36±0.29ab	0.58±0.14a	21.38±0.87bc	60.42±2.68b	李锦钰,2012
	吡虫啉(0.05 mg/L)	2.08±0.09b	1.26±0.15a	1.28±0.10bc	1.16±0.08a	0.38±0.07a	20.28±0.82b	77.34±2.58c	李锦钰,2012
	吡虫啉(0.1 mg/L)	1.60±0.06a	1.38±0.04a	1.02±0.00a	1.18±0.04a	0.26±0.04a	19.78±1.03b	62.66±3.81b	李锦钰,2012
	吡虫啉(0.15 mg/L)	2.06±0.07b	1.50±0.08a	1.50±0.12c	1.64±0.06ab	1.16±0.13b	23.12±0.55c	64.14±2.68b	李锦钰,2012
	吡虫啉(0.2 mg/L)	2.16±0.12b	1.56±0.13a	1.36±0.08c	1.88±0.33b	0.96±0.19b	15.56±0.77a	34.40±1.63a	李锦钰,2012
	吡虫啉(0.25 mg/L)	2.08±0.10b	1.58±0.09a	1.62±0.02c	1.89±0.12b	1.10±0.11b	19.39±1.98b	49.29±2.47a	李锦钰,2012

表 E.2 (续)

蚜虫种类	处理	发育历期 Mean±SE,d					寿命,d	产蚜数 Mean±SE,头/雌	参考文献
		一龄若虫	二龄若虫	三龄若虫	四龄若虫	生殖前期			
豌豆蚜 F₁	对照	1.42±0.47a	1.42±0.62b	1.25±0.43b	1.62±0.94b	—	8.95±3.76a	32.57±5.98a	惠婧婧等,2009
	吡虫啉 LC₂₀(3.291 mg/L)	1.45±0.53a	1.82±0.64a	1.55±0.84ab	1.85±0.54ab	—	8.55±1.30a	27.77±5.95b	惠婧婧等,2009
	吡虫啉 LC₃₀(4.378 mg/L)	1.52±0.64a	1.85±0.60a	1.72±0.41a	2.07±0.60a	—	7.97±4.21a	24.83±4.88b	惠婧婧等,2009
	吡虫啉 LC₄₀(5.587 mg/L)	1.43±0.41a	1.83±0.81a	1.85±0.59a	1.78±3.13a	—	8.23±3.70a	26.87±6.23b	惠婧婧等,2009

注：同组同列数据后不同字母表示经 Tukey-Kramer 检验差异显著（$P<0.05$）。

E.3 新烟碱类药剂亚致死剂量处理成蚜对后代生命表参数的影响

见表 E.3。

表 E.3 新烟碱类药剂亚致死剂量处理成蚜对后代生命表参数的影响

蚜虫种类	处理	净生殖率(R_0)	平均世代历期(T)	内禀增长率(r_m)	周限增长率(λ)	种群加倍时间(DT)	参考文献
大豆蚜 F₁	对照	29.61±1.30b	13.58±0.28ab	0.25±0.00b	1.28±0.00b	2.77±0.04a	李锦钰,2012
	吡虫啉 LC10(0.05 mg/L)	37.51±1.44c	14.22±0.162b	0.26±0.01b	1.29±0.01b	1.73±0.06a	李锦钰,2012
	吡虫啉 LC10(0.10 mg/L)	29.56±1.71b	12.955±0.50a	0.26±0.01b	1.30±0.01b	2.65±0.06a	李锦钰,2012
	吡虫啉 LC10(0.15 mg/L)	28.62±2.06b	16.00±0.34c	0.21±0.00a	1.24±0.01a	3.28±0.06b	李锦钰,2012
	吡虫啉 LC10(0.20 mg/L)	16.20±1.58a	13.17±0.13b	0.21±0.01a	1.23±0.01a	3.30±0.12b	李锦钰,2012
	吡虫啉 LC10(0.25 mg/L)	18.73±1.23a	13.71±0.25ab	0.21±0.00a	1.24±0.00a	3.17±0.04b	李锦钰,2012
棉蚜 F₁	对照	28.08±0.82a	13.86±0.84a	0.24±0.02a	1.28±0.02a	2.88±0.19a	亓永凤,2012
	烯啶虫胺 LC₁₀(0.04 mg/L)	31.66±0.44ab	13.39±0.47a	0.26±0.01a	1.30±0.01a	2.69±0.08a	亓永凤,2012
	烯啶虫胺 LC₃₀(0.20 mg/L)	34.02±2.07b	15.52±0.87a	0.23±0.01a	1.26±0.01a	3.05±0.12a	亓永凤,2012
棉蚜 F₁	对照	12.44±0.02a	11.00±0.00b	0.23±0.00a	1.26±0.00a	3.03±0.01a	Chen et al.,2016
	氟啶虫胺腈 LC₂₅(0.05 mg/L)	8.48±0.01b	13.21±0.01a	0.16±0.00b	1.18±0.00b	4.28±0.02b	Chen et al.,2016
桃蚜 F₁	对照	37.82±2.62a	13.63±0.18a	0.26±0.01a	1.305±0.008a	2.60±0.09a	Tang et al.,2015
	氟啶虫胺腈 LC₂₅(0.01 mg/L)	43.34±2.63b	14.65±0.20b	0.26±0.01b	1.293±0.007b	2.70±0.06b	Tang et al.,2015
禾谷缢管蚜 F₁	对照	56.20	11.33	0.36	1.43	1.95	杨婷,2009
	吡虫啉 LC₅(0.10 mg/L)	60.18	11.61	0.35	1.42	1.97	杨婷,2009
	吡虫啉 LC₂₅(0.80 mg/L)	51.63	11.35	0.347	1.42	2.00	杨婷,2009
麦长管蚜 F₁	对照	20.19	16.44	0.18	1.20	3.79	杨婷,2009
	吡虫啉 LC₅(0.30 mg/L)	24.43	15.34	0.21	1.23	3.33	杨婷,2009
	吡虫啉 LC₂₅(4.10 mg/L)	23.41	14.85	0.21	1.24	3.26	杨婷,2009

注：同组同列数据后不同字母表示经 Tukey-Kramer 检验差异显著（$P<0.05$）。

附　录　F

（规范性附录）

相对适合度的计算

抗性种群是否存在适合度代价主要与敏感种群比较相同的种群参数而得出结论。

相对适合度按式(F.1)计算。

$$W_{相对} = W_{抗性} / W_{敏感} \quad\text{……………………………………………} \text{(F.1)}$$

式中：

$W_{相对}$——相对适合度；

$W_{抗性}$——抗性种群的种群参数 r_m 或 R_0 或 λ；

$W_{敏感}$——敏感种群的种群参数 r_m 或 R_0 或 λ。

ICS 65.100
B 17

中华人民共和国农业行业标准

NY/T 1859.10—2017

农药抗性风险评估
第10部分：专性寄生病原真菌对
杀菌剂抗性风险评估

Guidelines on the risk assessment for pesticide resistance—
Part 10：The risk assessment for fungicide resistance in obligate
parasitic fungi

2017-06-12 发布   2017-10-01 实施

中华人民共和国农业部 发布

前　言

NY/T 1859《农药抗性风险评估》拟分为如下部分：
——第1部分：总则；
——第2部分：卵菌对杀菌剂抗药性风险评估；
——第3部分：蚜虫对拟除虫菊酯类农药抗药性风险评估；
——第4部分：乙酰乳酸合成酶抑制剂类除草剂抗性风险评估；
——第5部分：十字花科蔬菜小菜蛾抗药性风险评估；
——第6部分：灰霉病菌抗药性风险评估；
——第7部分：乙酰辅酶A羧化酶除草剂抗性风险评估；
——第8部分：霜霉病菌抗药性风险评估；
——第9部分：蚜虫类对新烟碱类杀虫剂抗性风险评估；
——第10部分：专性寄生病原真菌对杀菌剂抗性风险评估；
——第11部分：植物病原细菌对杀菌剂抗性风险评估；
——第12部分：小麦田杂草对除草剂抗性风险评估。
本部分为NY/T 1859的第10部分。
本部分按照GB/T 1.1—2009给出的规则起草。
本部分由农业部种植业管理司提出并归口。
本部分起草单位：农业部农药检定所、中国农业大学。
本部分主要起草人：刘西莉、何静、刘鹏飞、杨峻、黄中乔、陈立平、张灿。

农药抗性风险评估
第 10 部分：专性寄生病原真菌对杀菌剂抗性风险评估

1 范围

本部分规定了专性寄生病原真菌对杀菌剂抗性风险评估的基本要求、方法及抗药性风险的管理。

本部分适用于白粉菌、锈菌等专性寄生病原真菌对具有直接作用方式的杀菌剂抗性风险评估的农药登记试验。其他试验可参照本部分执行。

2 规范性引用文件

下列文件对于本文件的应用是必不可少的。凡是注日期的引用文件，仅注日期的版本适用于本文件。凡是不注日期的引用文件，其最新版本（包括所有的修订单）适用于本文件。

NY/T 1859.1—2010 农药抗性风险评估 第 1 部分：总则

NY/T 1156.4 农药室内生物测定试验准则 第 4 部分：防治小麦白粉病试验

NY/T 1156.11 农药室内生物测定试验准则 第 11 部分：防治瓜类白粉病试验

NY/T 1156.15 农药室内生物测定试验准则 第 15 部分：防治麦类叶锈病试验

3 术语和定义

NY/T 1667.1～1667.8 界定的以及下列术语和定义适用于本文件。

3.1

药剂驯化 fungicide adaption

用杀菌药剂亚致死剂量连续对病原菌进行处理，使其对处理药剂忍受能力增强的过程。

3.2

紫外诱变 UV-mutagenesis

用紫外线照射病原菌的菌丝、孢子，诱发病原菌发生与抗药性相关的突变。

3.3

抗药性突变频率 frequency of fungicide resistant mutant

供试靶标病原菌群体中发生抗药性突变的菌株数所占的比率。

3.4

最小抑制浓度 minimum inhibitory concentration(MIC)

可完全抑制病原菌孢子萌发或菌丝生长的最低药剂浓度。

3.5

抗性指数 resistance factor

抗药性菌株对该药剂的敏感性参数（一般以 EC_{50} 或 MIC 表示）与其亲本或野生敏感菌株敏感性参数或与敏感基线的平均 EC_{50} 或 MIC 的比值。

3.6

适合度 fitness

病原菌在存活、生长、致病和繁殖等方面的能力。

3.7

交互抗药性 cross-resistance

病原菌对某一杀菌剂产生抗性时,由于相同或相近的抗药性机制,也对其他未接触过的杀菌剂表现抗性的现象,也称正交互抗药性。

3.8

负交互抗药性 negative cross-resistance

病原菌对一种杀菌剂产生抗性时,对其他杀菌剂表现为更加敏感的现象。

4 抗性风险评估

4.1 抗性风险的影响因子

4.1.1 药剂

多作用位点、非选择性杀菌剂如硫黄、石硫合剂、百菌清等在理论上属于低抗性风险的药剂;单作用位点、选择性强的杀菌剂如醚菌酯、嘧菌酯、啶氧菌酯、吡唑醚菌酯等甲氧基丙烯酸酯类杀菌剂,多菌灵、苯菌灵、甲基硫菌灵等苯并咪唑类杀菌剂理论上属于高抗性风险药剂。用于白粉病、锈病防治的其他杀菌剂,如三唑酮、己唑醇、戊唑醇、苯醚甲环唑、腈菌唑、氟环唑等三唑类杀菌剂,丁苯吗啉、十三吗啉等吗啉类杀菌剂,氯苯嘧啶醇、乙嘧酚、叶锈特等杂环类杀菌剂理论上属于中等抗性风险的药剂。

4.1.2 靶标生物

专性寄生病原真菌指在离体条件下尚不能利用培养基培养,只能寄生在寄主作物上才能生存的病原真菌。这类真菌数量较少,但危害严重,如白粉菌和锈菌等。其中,主要包括引起小麦白粉病的禾本科布氏白粉菌小麦专化型(*Blumeria graminis* f. sp. *tritici*),引起黄瓜白粉病的瓜类单丝壳白粉菌(*Erysiphe cichoracearum*),引起葡萄白粉病的葡萄钩丝壳菌(*Uncinula necator*),引起小麦锈病的条形柄锈菌小麦专化型(*Puccinia striiformis* f. sp. *tritici*)、隐匿柄锈菌小麦专化型(*P. recondita* f. sp. *tritici*)、禾锈菌小麦专化型(*P. graminis* f. sp. *tritici*)等,该类真菌离体培养较为困难,但其病菌繁殖周期较短,再侵染频繁,主要通过气流传播,国际杀菌剂抗药性行动委员会(Fungicide Resistance Action Committee,FRAC)将其归为高抗药性风险的病原菌。

4.1.3 农事操作及生态环境风险

大面积种植感病品种以及单作或连作等有利于病害发生和流行的种植方式和生态环境条件增加抗药性风险;单一使用作用机理相同的杀菌剂以及增加药剂选择压力的施药方法均会增加抗药性风险。

4.2 抗性风险评估内容

4.2.1 敏感基线的建立

从未使用过某种药剂及其相同作用机理药剂的多个代表性地区采集供试菌株(≥60 株)。按照 NY/T 1156.4、NY/T 1156.11 和 NY/T 1156.15 中的盆栽法或者离体组织法测定其对该药剂的敏感性(EC_{50} 或 MIC)。如果供试菌株敏感性呈单峰分布,则这些菌株可视为野生敏感菌株,其对药剂的敏感性(EC_{50} 或 MIC)的平均值可作为靶标菌对该药剂敏感基线的 EC_{50} 或 MIC 参数。具体方法见附录 A。

4.2.2 药剂特性及交互抗性

明确待评估药剂所属类型、作用方式及其活性和持效期;调查该药剂(或同类药剂)在当地使用的历史、使用频率;同类药剂是否产生抗药性的现象;当地是否采取了抗药性治理措施。参考以上调查结果,并依据对敏感菌株和抗药性菌株毒力测定结果,分析该药剂是否与生产上常用药剂之间具有交互抗药性或负交互抗药性。

4.2.3 靶标病原菌产生抗药性的潜能

采用紫外诱变、药剂驯化的方法对 3 个以上代表性亲本菌株在室内进行抗药性菌株的筛选。紫外诱变时以紫外线照射后孢子存活率为5%~10%的照射剂量处理,以杀菌剂MIC剂量进行抗药性突变体筛选;药剂驯化时须先将健康作物叶片(或叶盘)在接近MIC浓度的药液中浸泡,之后将靶标菌孢子悬浮液接种于带药叶片表面,培养数天,待其发病并产生孢子(夏孢子或担孢子)后,将孢子洗脱重新接种到用药液处理过的健康叶片上,并逐渐提高药剂浓度。在含药浓度逐步提高的带药叶片上连续培养多代之后,将在含MIC药剂浓度之上还能生长的菌体,确定为疑似突变体。将疑似突变体在无药健康叶片上转接继代培养3代后测定其对杀菌剂的敏感性,抗药性生物学性状能够稳定遗传的菌株作为抗性菌株。靶标菌产生抗药性的潜能以抗药性突变频率和抗性指数表示。

抗药性突变频率X按式(1)计算。

$$X = \frac{N_1}{N_2} \times 100 \quad \cdots\cdots\cdots\cdots\cdots\cdots\cdots\cdots\cdots\cdots\cdots\cdots\cdots \quad (1)$$

式中:

X——抗药性突变频率,单位为百分率(%);

N_1——筛选获得的抗药性菌体数量,单位为个;

N_2——用于抗药性筛选的供试靶标病原菌群体数量总和,单位为个。

抗性指数(resistance factor,RF)按式(2)计算。

$$RF = \frac{E_1}{E_2} \quad \cdots\cdots\cdots\cdots\cdots\cdots\cdots\cdots\cdots\cdots\cdots\cdots\cdots \quad (2)$$

式中:

E_1——抗性菌株对该药剂的敏感性(EC_{50}),单位为微克每毫升($\mu g/mL$);

E_2——亲本菌株对该药剂的敏感性(EC_{50}),单位为微克每毫升($\mu g/mL$)。

4.2.4 抗药性菌株的适合度测定

测定靶标病原菌的存活能力、孢子产生能力、孢子萌发能力、致病力和竞争力等适合度相关的生物学性状指标,比较抗药性菌株和敏感菌株(包括亲本菌株)有无差异。具体方法见附录B。如果抗性群体的适合度明显低于敏感群体(包括亲本菌株),则抗性群体在田间难以形成优势种群。如果抗性群体的适合度接近或高于敏感群体(包括亲本菌株),则在药剂选择压力情况下,抗性群体在田间能够形成优势种群。如果抗性群体的适合度明显高于敏感群体(包括亲本菌株),在没有药剂选择压力的情况下,抗性群体在田间也容易形成优势种群。

4.2.5 抗性风险级别分析

依据抗药性菌株的突变频率、抗性指数和适合度测定结果,并结合交互抗药性、药剂的活性及其作用机制和病害特征等研究结果,预测药剂在田间推广使用后,靶标菌对其产生抗性的风险。

4.2.5.1 高等抗性风险

如果药剂持效期长、作用位点单一或者作用机制不明、田间有同类药剂使用的历史、靶标病原菌易于产生抗药性突变、抗性指数很高,抗药性菌株适合度接近或高于敏感群体(包括亲本菌株),且防治对象为气流和雨水传播的多循环病害,则靶标菌对该药剂的抗性风险级别为高等风险。

4.2.5.2 中等抗性风险

如果药剂作用位点单一或者作用机制不明、田间有同类药剂使用的历史、靶标菌易于产生抗药性突变、抗性指数低—中等、抗药性菌株适合度低于或接近敏感群体(包括亲本菌株),则靶标菌对该药剂的抗性风险级别为中—高等风险。

4.2.5.3 低等抗性风险

如果药剂为多作用位点或药剂虽为单作用位点,但田间没有同类药剂使用的历史、抗药性菌株突变频率较低、抗性指数低、抗药性菌株的适合度显著低于敏感群体(包括亲本菌株),则靶标菌对该药剂的抗性风险级别为低等风险。

5 抗性风险管理

5.1 抗性风险的可接受性

确定抗性风险的级别后,要考虑抗性风险的可接受性。属于低等抗性风险级别的药剂,一般不需要采取抗性管理措施;属于中等抗性风险级别的药剂,必要时应考虑采取抗性风险管理措施;属于高等抗性风险级别的药剂,应采取抗性风险管理措施。

5.2 抗性风险管理的一般原则

对于高等或中等抗性风险的药剂,农药生产企业需要为登记的产品提供抗性风险评估资料及管理措施,需在产品标签和使用说明书上注明如何避免和降低抗性风险,并在续展登记时提供抗药性监测资料。对于低等抗性风险的药剂,农药生产企业需要为登记的产品提供抗性风险评估资料,并在产品标签和使用说明书上注明抗性风险等级。

5.3 抗性风险管理措施

5.3.1 有害生物综合治理

除了采取化学防治措施外,还利用轮作、抗性品种、生物防治以及其他有利于减轻病害发生和危害的非化学防治措施。

5.3.2 杀菌剂限制性使用技术

对于高、中等抗性风险的药剂应规定每个生长季节使用次数,并且建议不要连续使用。对于单作用位点、选择性强的高等抗性风险药剂,如多菌灵等苯并咪唑类杀菌剂、嘧菌酯等甲氧基丙烯酸酯类杀菌剂,每个生长季节使用次数2次~3次。对于中等抗性风险的药剂,如三唑酮、戊唑醇、氟环唑等三唑类药剂,丁苯吗啉、十三吗啉等吗啉类杀菌剂,氯苯嘧啶醇、乙嘧酚等杂环类杀菌剂,每个生长季节使用3次~4次。

5.3.3 混合用药

利用抗药性机制或作用机制不同的药剂进行混合使用,延缓抗药性发展。如醚菌酯、嘧菌酯等甲氧基丙烯酸酯类杀菌剂可分别与百菌清等多作用位点杀菌剂或三唑酮、戊唑醇、氟环唑、腈菌唑等三唑类杀菌剂或丁苯吗啉、十三吗啉等吗啉类杀菌剂或氯苯嘧啶醇、乙嘧酚等杂环类杀菌剂混合使用,有利于延缓抗药性的发展。混合用药时,药剂组分的选择、配比、用量以及混合的程序等要符合农药兼容性和延缓抗药性的要求。

5.3.4 轮换用药

采用抗药性机制或作用机制不同的药剂进行轮换使用。如醚菌酯、嘧菌酯等甲氧基丙烯酸酯类杀菌剂可分别与百菌清等多作用位点杀菌剂或三唑酮、戊唑醇、氟环唑、腈菌唑等三唑类杀菌剂或丁苯吗啉、十三吗啉等吗啉类杀菌剂或氯苯嘧啶醇、乙嘧酚等杂环类杀菌剂轮换使用,延缓抗药性的发展。轮换使用时药剂组合的选择要符合延缓抗药性的要求。

5.3.5 使用负交互抗性药剂

使用通过试验证明与供试药剂具有负交互抗性的杀菌剂防治病害。

5.3.6 监测抗药性发生和发展

对于高、中等抗性风险的杀菌剂应实施抗药性发生和发展监测。

5.3.7 产品标签标注

在产品标签上标注抗性风险级别,对高、中等抗性风险的杀菌剂应标明相应抗性风险管理的措施。

附 录 A
（规范性附录）
敏感基线的建立

A.1 建立敏感基线是风险评估中的一项最基本的内容,可以作为衡量田间抗药性菌株发生和发展的重要依据。从未施用过供试药剂及其同类药剂的不同地区采集靶标菌的病样,进行菌株的分离和纯化,测定该病原菌群体对供试药剂的敏感性,建立敏感基线。

A.2 敏感基线建立要求有一定数量的样本量,Leung 等(1993)认为建立敏感基线所需的样本大小必须满足以后进行敏感性检测时 90% 以上的敏感菌株分布在该敏感基线内。相关研究中一般进行敏感性测定所选用的样本大于 60 株。该样本分别代表了不同地区的样本特点。

A.3 将所有供试菌株对某种药剂的敏感性(EC_{50})划分成不同区段(一般 5 个~7 个区段),首先确定全部供试菌株对某种药剂的敏感性(EC_{50})分布范围(例如从较小的 a 到较大的 b),再写出浓度区段(等差数列)$a, a+(b-a)/n, a+2(b-a)/n, a+3(b-a)/n, a+4(b-a)/n, \cdots, a+(k-1)\times(b-a)/n$($n$ 为区段数,k 为数列的序数)。每个区段均对应有不同菌株数或菌株出现频率,以菌株出现频率(%)为纵轴,以药剂浓度区段中值为横轴,画出菌株敏感性分布的光滑曲线图,由 n 个点连成,如每一点以 (x, y) 来表示,则 x 代表浓度区段中值,y 代表该区段中菌株数占全部供试菌株数的百分率(频率)。

A.4 敏感基线在外观上呈一条平滑的单峰曲线,全部供试菌株对药剂敏感性(EC_{50})的平均值,即平均 EC_{50} 可作为抗性菌株的抗性频率和抗性水平等指标检测或监测的依据。

附　录　B
（规范性附录）
抗药性菌株的适合度测定

适合度是指抗药性病原菌在存活、生长、致病、繁殖等方面与敏感群体的生存竞争能力。试验中通过测定靶标病原菌的抗药性状的稳定性、孢子产生能力、孢子萌发能力、致病力、竞争力等适合度相关的生物学性状指标，比较不同抗性水平的抗性菌株和敏感菌株（包括亲本菌株）有无差异，来评价抗药性菌株的适合度。如果抗性群体的适合度明显低于敏感群体（包括亲本菌株），则该药剂田间使用后靶标菌对其产生抗性的风险较低。如果抗性群体的适合度接近或高于敏感群体（包括亲本菌株），则靶标菌对该药剂具有一定的田间抗性风险。如果抗性群体的适合度明显高于敏感群体（包括亲本菌株），则靶标菌对该药剂产生抗性的风险较高。

B.1　抗药菌株的稳定性

将抗药突变体和亲本敏感菌株接种在未经过药剂处理的健康叶片上，待发病产生孢子（如锈病夏孢子或担孢子）后进行转代培养。分别测量各菌株第1代、第5代和第10代对药剂的敏感性。比较培养不同代数后菌株对药剂敏感性有无明显的变化。

B.2　孢子产生能力

将同浓度的抗药突变体和亲本敏感菌株孢子（夏孢子或担孢子）悬浮液同时接种在未经过药剂处理的健康叶片上，待发病产生新孢子后，用无菌水将所有孢子洗脱下来，血球计数板测定孢子浓度。统计分析抗性菌株与其亲本菌株之间产孢子能力的差异。每个菌株重复4次，每次不少于50个接种点。

B.3　孢子萌发能力

将孢子（夏孢子或担孢子）悬浮液稀释成适当浓度（10倍×10倍显微镜下每个视野50个～100个孢子左右），取40 μL于凹玻片中，在合适的培养温度和时间下培养，调查抗药性菌株和亲本敏感菌株的孢子萌发率。统计分析抗性菌株与其亲本菌株的孢子萌发率的差异。每菌株重复4次。各重复随机观察3个以上视野，调查孢子总数不少于200个。

B.4　致病力

将相同浓度的抗药突变体和亲本敏感菌株孢子（夏孢子或担孢子）悬浮液同时接种在未经过药剂处理的健康叶片上，待发病后进行病情调查，比较抗药突变体和亲本敏感菌株发病率与病斑面积的差异。每个菌株重复4次，每次不少于50个接种点。

B.5　竞争力

选择产孢能力、孢子萌发能力或致病力相当的抗性菌株和敏感菌株，制备同等浓度的孢子悬浮液，分别按照1∶0、3∶1、1∶1、1∶3和0∶1的比例混合，接种在未经药液处理和用亲本敏感菌株最小抑制浓度（MIC）处理的健康叶片上，置于适合的环境下培养，待其充分发病后分别测量病斑面积，然后将未经过药剂处理的叶片上的孢子洗脱。按上述方法继续培养多代，根据用药处理过的叶片发病面积估算抗药性突变体在混合群体中的比例。每个处理重复4次，每次不少于50个接种点。

抗药性突变体在混合群体中的比例 Y 按式（B.1）计算，计算结果保留整数。

$$Y = \frac{A_1}{A_2} \times 100 \quad \cdots\cdots\cdots\cdots\cdots\cdots\cdots\cdots\cdots\cdots\cdots\cdots\cdots (B.1)$$

式中：

Y ——抗药性突变体在混合群体中的比例，单位为百分率（％）；

A_1——药剂处理叶片的发病面积，单位为平方毫米（mm²）；

A_2——未用药剂处理叶片的发病面积，单位为平方毫米（mm²）。

ICS 65.100
B 17

中华人民共和国农业行业标准

NY/T 1859.11—2017

农药抗性风险评估

第11部分：植物病原细菌对杀菌剂抗性

风险评估

Guidelines on the risk assessment for pesticide resistance—
Part 11：The risk assessment for resistance to bactericides in
plant pathogenic bacteria

2017-06-12 发布

2017-10-01 实施

中华人民共和国农业部 发布

前　言

NY/T 1859《农药抗性风险评估》拟分为如下部分：

——第1部分：总则；

——第2部分：卵菌对杀菌剂抗药性风险评估；

——第3部分：蚜虫对拟除虫菊酯类杀虫剂抗药性风险评估；

——第4部分：乙酰乳酸合成酶抑制剂类除草剂抗性风险评估；

——第5部分：十字花科蔬菜小菜蛾抗药性风险评估；

——第6部分：灰霉病菌抗药性风险评估；

——第7部分：乙酰辅酶A羧化酶除草剂抗性风险评估；

——第8部分：霜霉病菌抗药性风险评估；

——第9部分：蚜虫对新烟碱类杀虫剂抗性风险评估；

——第10部分：专性寄生病原真菌对杀菌剂抗性风险评估；

——第11部分：植物病原细菌对杀菌剂抗性风险评估；

——第12部分：小麦田杂草对除草剂抗性风险评估。

本部分为NY/T 1859的第11部分。

本部分按照GB/T 1.1—2009给出的规则起草。

本部分由农业部种植业管理司提出并归口。

本部分起草单位：农业部农药检定所、南京农业大学。

本部分主要起草人：周明国、侯毅平、袁善奎、王建新、段亚冰、张楠、何静。

农药抗性风险评估
第 11 部分：植物病原细菌对杀菌剂抗性风险评估

1 范围

本部分规定了植物病原细菌对杀菌剂抗性风险评估的基本要求、方法及抗药性风险的管理。

本部分适用于水稻白叶枯病菌、柑橘溃疡病菌等农作物和经济作物重要病原细菌对杀菌剂抗性风险评估的农药登记试验。其他试验可参照本部分执行。

2 规范性引用文件

下列文件对于本文件的应用是必不可少的。凡是注日期的应用文件，仅注日期的版本适用于本文件。凡是不注日期的引用文件，其最新版本（包括所有的修订单）适用于本文件。

NY/T 1156.16 农药室内生物测定试验准则 第 16 部分：抑制细菌生长量试验浑浊度法

3 术语和定义

NY/T 1667.1～1667.8 界定的以及下列术语和定义适用于本文件。

3.1

药剂驯化 bactericide adaption

用杀菌剂亚致死剂量连续对病原菌处理，使其对处理药剂忍受能力增加的过程。

3.2

紫外诱变 UV-mutagenesis

用紫外线照射植物病原细菌，诱发病原细菌发生与抗药性相关的突变。

3.3

抗药性突变频率 frequency of bactericide resistant mutant

供试靶标病原菌群体中发生抗药性突变的菌株所占的比率。

3.4

最小抑制浓度 minimum inhibitory concentration(MIC)

可完全抑制植物病原细菌生长的最低药剂浓度。

3.5

抗性指数 resistance factor

抗药性菌株对该药剂的敏感性参数（一般以 EC_{50} 或 MIC 表示）与其亲本或野生敏感菌株敏感性参数的比值。

3.6

适合度 fitness

病原细菌在存活、生长、致病和繁殖等方面的能力。

3.7

交互抗药性 cross-resistance

病原细菌对某一杀菌剂产生抗性时，由于相同或相近的抗药性机制，对其他甚至未接触过的杀菌剂也表现抗性的现象，也称正交互抗药性。

3.8

负交互抗药性　negative cross-resistance

病原细菌对一种杀菌剂产生抗性时，对其他杀菌剂表现为更加敏感的现象。

4　抗药性风险评估

4.1　抗药性风险的影响因子

4.1.1　药剂

多作用位点、非选择性杀菌剂如氢氧化铜、王铜、氧化亚铜、波尔多液、碱式硫酸铜、硫酸铜钙等在理论上属于低等抗性风险的药剂；单作用位点、选择性强及抗性水平中等或较低的其他药剂，如噻唑锌、喹啉铜、春雷霉素、噻菌铜等均属于中等抗性风险的药剂；单作用位点、选择性强及抗性水平高的杀菌剂如链霉素、叶枯唑等理论上属于高等抗性风险的药剂。

4.1.2　靶标生物

水稻白叶枯病菌（*Xanthomonas oryzae* pv. *oryzae*）、水稻细菌性条斑病菌（*Xanthomonas oryzae* pv. *oryzicola*）、黄瓜细菌性角斑病菌（*Pseudomonas syringae* pv. *lachrymans*）、大白菜软腐病菌（*Erwinia carotovora*）、柑橘溃疡病菌（*Xanthomonas citri* subsp. *citri*）、茄科青枯病菌（*Ralstonia solanacearum*）、瓜类果斑病菌（*Acidovorax avenae* subsp. *citrulli*）和番茄溃疡病菌（*Clavibacter michiganensis* subsp. *michiganensis*）等农作物和经济作物重要病原细菌。

4.1.3　农事操作及生态环境风险

大面积种植感病品种以及利于病害流行的农事操作及生态环境条件增加抗药性风险；单一使用作用机理相同的杀菌剂，增加药剂选择压力有利于抗药性的产生和发展。

4.2　抗性风险评估内容

4.2.1　敏感基线的建立

从未使用过某种药剂及相同作用机理药剂的多个代表性地区采集供试菌株（≥100 株）。按照 NY/T 1156.16 的规定，以浑浊度法测定各菌株生长对药剂的敏感性（EC_{50} 或 MIC）。如果供试菌株敏感性呈单峰分布，则这些菌株可视为野生敏感菌株，其对药剂的敏感性（EC_{50} 或 MIC）的平均值可作为靶标菌对该药剂敏感基线的 EC_{50} 或 MIC 参考值。具体方法见附录 A。

4.2.2　药剂特性及交互抗性

调查该药剂（或同类药剂）在当地使用的历史、使用频率；同类药剂是否有抗药性的现象；当地是否采取了抗药性治理措施。参考以上调查结果，并依据对敏感菌株和抗药性菌株毒力测定结果，分析该药剂是否与生产上常用药剂之间具有交互抗药性或负交互抗药性。

4.2.3　靶标病原细菌产生抗药性的潜能

采用紫外诱变、药剂驯化的方法对 3 个以上代表性亲本菌株在室内进行抗药性突变体的诱导。紫外诱变时以紫外光照射后植物病原细菌致死率为 90%～99% 的照射剂量处理，以杀菌剂 MIC 剂量进行抗药性突变体筛选；针对杀菌剂的不同作用方式，选择离体药剂驯化或活体药剂驯化。离体药剂驯化时将一定浓度的植物病原细菌涂布于含有 MIC 药剂浓度的平板上，培养数天，将长出的植物病原细菌重新接种到含药平板上，并逐渐提高药剂浓度，连续培养多代之后，将在含 MIC 药剂浓度之上还能生长的菌体，确定为疑似抗药性突变体。在无药平板上转接，继代培养 3 代后测定其对杀菌剂的敏感性，抗药性生物学性状能够稳定遗传的菌株作为抗药性菌株；活体药剂驯化时需先测定亲本菌株的 EC_{50} 和最小抑制浓度（MIC），先将健康作物叶片（或果实）喷洒至 MIC 的药剂浓度，之后将靶标菌剪叶或针刺接种于带药叶片正面，培养数天，待其发病后，分离回收叶片上的病原菌，将回收的单菌落活化后重新接种到用药液处理过的健康叶片上，并逐渐提高药剂浓度，连续培养多代之后，将在含 MIC 药剂浓度的叶片之上还能生长和致病的菌体，确定为疑似抗药性突变体。在无药健康叶片上转接，继代培养 3 代后测定其对杀菌剂的敏感性,抗药性生物学性状能够稳定遗传的菌株作为抗药性菌株。靶标病原菌产生抗药性的潜能以抗性突变频率和抗性指数表示。

抗药性突变频率 X 按式(1)计算。

$$X = \frac{N_1}{N_2} \times 100 \quad \cdots\cdots\cdots\cdots\cdots\cdots\cdots\cdots\cdots\cdots\cdots\cdots\cdots \quad (1)$$

式中:

X ——抗药性突变频率,单位为百分率(%);

N_1——筛选获得的抗药性菌体数量,单位为个;

N_2——用于抗药性筛选的供试靶标病原菌群体数量总和,单位为个。

抗性指数 RF 按式(2)计算。

$$RF = \frac{E_1}{E_2} \cdots\cdots\cdots\cdots\cdots\cdots\cdots\cdots\cdots\cdots\cdots\cdots\cdots\cdots\cdots \quad (2)$$

式中:

E_1 ——抗性菌株对该药剂的敏感性(EC_{50}),单位为微克每毫升($\mu g/mL$);

E_2 ——亲本菌株对该药剂的敏感性(EC_{50}),单位为微克每毫升($\mu g/mL$)。

4.2.4 抗药性菌株的适合度测定

如果筛选获得田间或室内抗药突变体,测定抗药突变体的存活、生长、繁殖、致病力和竞争力等适合度相关的生物学性状指标,比较抗药性菌株和敏感菌株(包括亲本菌株)有无差异(具体测定方法见附录 A)。

4.2.5 抗性风险级别分析

依据抗药性菌株的突变频率、抗性指数和适合度测定结果,并结合交互抗药性、抗性遗传、药剂的活性及其作用机制和病害特征等研究结果,预测药剂在田间推广使用后,病原菌对其产生抗性的风险。

4.2.5.1 高等抗性风险

如果药剂持效期长、作用位点单一或者作用机制不明、田间有同类药剂使用的历史、靶标病原菌易于产生抗药性突变、抗性指数很高,抗药性菌株适合度接近或高于敏感群体(包括亲本菌株),且防治对象为雨水传播的多循环病害,则病原菌对该药剂的抗性风险为高等风险。

4.2.5.2 中等抗性风险

如果药剂作用位点单一或者作用机制不明、田间有同类药剂使用的历史、靶标菌易于产生抗药性突变、抗性指数低—中等、抗药性菌株适合度低于或接近敏感群体(包括亲本菌株),则病原菌对该药剂的抗性风险为中等风险。

4.2.5.3 低等抗性风险

如果药剂为多作用位点或药剂虽然为单作用位点,但田间没有同类药剂使用的历史、抗性菌株突变频率较低、抗性指数低、抗药性菌株的适合度显著低于敏感群体亲本菌株,则病原菌对该药剂的抗性风险为低等风险。

5 抗性风险管理

5.1 抗性风险的可接受性

确定抗性风险的级别后,要考虑抗性风险的可接受性。属于低等抗性风险级别的药剂,一般不需要采取抗性管理措施;属于中等抗性风险的药剂,必要时应考虑采取抗性风险管理措施;属于高等抗性风险级别的药剂,应采取抗性风险管理措施。

5.2 抗性风险管理的一般原则

对于高等或中等抗性风险的药剂,农药生产企业需要为登记的产品提供抗性风险评估资料及管理措施,需在产品标签和使用说明书上注明如何避免和降低抗性风险,并在续展登记时提供抗药性监测资料。对于低等抗性风险的药剂,农药生产企业需要为登记的产品提供抗性风险评估资料,并在产品标签和使用说明书上注明抗性风险等级。

5.3 抗性风险管理措施

5.3.1 有害生物综合治理

除了采取化学防治措施外,还利用轮作、抗性品种、生物防治以及其他有利于减轻病害发生和危害的非化学防治措施。

5.3.2 杀菌剂限制性使用技术

对于高、中等抗性风险的药剂应规定每个生长季节使用次数。对于单作用位点、选择性强的高等抗性风险药剂,使用1次~2次。对于中等抗性风险的药剂,使用2次~3次。

5.3.3 混合用药

利用抗药性机制不同的药剂进行混合使用,延缓抗药性发展。混合用药时,药剂组分的选择、配比、用量以及混合的程序等要符合农药兼容性和延缓抗药性的要求。

5.3.4 轮换用药

采用抗药性机制或作用机制不同的药剂进行轮换使用。轮换使用时药剂组合的选择要符合延缓抗药性的要求。

5.3.5 使用负交互抗性药剂

使用通过试验证明与供试药剂具有负交互抗性的杀菌剂防治病害。

5.3.6 监测抗药性发生和发展

对于高、中等抗性风险的杀菌剂应实施抗药性发生和发展监测。

5.3.7 产品标签标注

在产品标签上标注抗性风险级别,并标明相应抗性风险管理的措施。

附　录　A

（规范性附录）

病原细菌对杀菌剂敏感性基线、交互抗性及抗性菌株适合度测定方法

A.1　靶标病原细菌对杀菌剂敏感性基线的建立

建立敏感基线是风险评估中的一项最基本的内容，可以作为衡量田间抗药性菌株发生和发展的重要依据。从未施用过供试药剂及其同类药剂的不同地区采集靶标菌的病样，进行菌株的分离和纯化，测定该病原菌群体对供试药剂的敏感性，建立敏感基线。

敏感基线建立要求有一定数量的样本量，Leung 等（1993）认为建立敏感基线所需的样本大小必须满足以后进行敏感性检测时 90% 以上的敏感菌株分布在该敏感基线内。相关研究中一般进行敏感性测定所选用的样本大于 100 株。该样本分别代表了不同地区的样本特点。

将所有供试菌株对某种药剂的敏感性（EC_{50}）划分成不同区段（一般 5 个～7 个区段），首先确定全部供试菌株对某种药剂的敏感性（EC_{50}）分布范围（例如从较小的 a 到较大的 b），再写出浓度区段（等差数列）$a, a+(b-a)/n, a+2(b-a)/n, a+3(b-a)/n, a+4(b-a)/n, \cdots, a+(k-1)\times(b-a)/n$（$n$ 为区段数，k 为数列的序数）。每个区段均对应有不同菌株数或菌株出现频率，以菌株出现频率（%）为纵轴，以药剂浓度区段中值为横轴，画出菌株敏感性分布的光滑曲线图，由 n 个点连成，如每一点以（x, y）来表示，则 x 代表浓度区段中值，y 代表该区段中菌株数占全部供试菌株数的百分率（频率）。

敏感基线在外观上呈一条平滑的单峰曲线，表明不同菌株对同一药剂的敏感性不尽相同。菌株敏感性呈近似单峰分布，则这些菌株可视为野生敏感菌株，其对药剂的敏感性（EC_{50}）的平均值可作为该靶标菌对该药剂敏感基线的 EC_{50}。平均 EC_{50} 可作为抗性菌株的抗性频率和抗性水平等指标检测或监测的依据。

A.2　交互抗药性测定

调查该药剂（或同类药剂）在当地使用的历史、使用频率；同类药剂是否有抗药性的现象；当地是否采取了抗药性治理措施。参考以上调查结果，并依据对敏感菌株和抗性菌株毒力测定结果分析该药剂是否与生产上常用药剂具有交互抗性。

进行毒力测定时，理论上应选择生产上用于靶标病害防治的不同作用机制的几类药剂，包括一些杀菌谱比较广的保护性杀菌剂，每类药剂可选择 1 种～2 种。通常需选取抗药突变体及其亲本菌株、其他敏感菌株以进行交互抗药性研究。直接作用方式的杀菌剂（例如链霉素）在离体条件下测定其交互抗性模式，间接作用方式的杀菌剂（例如叶枯唑）需要在活体植株上测定其交互抗性模式。敏感菌株选择不同地区不同敏感性 5 株以上，抗性菌株尽量涵盖各抗性水平，供试菌株总数在 20 株以上。测定其对两种供试药剂的敏感性（EC_{50}）。分析两种药剂对抗性菌株和敏感菌株的毒力作用有无相关性，如有，说明这两种药剂之间存在交互抗药性；反之，则说明不存在交互抗药性。交互抗药性研究可揭示研究药剂与生产上常用药剂之间的交互抗药性情况，指导田间科学用药，便于进行抗药性治理。此外，还可据此推测未知作用机制的药剂可能存在的作用机制。

研究新杀菌剂与生产上其他药剂的交互抗性情况，可为指导生产上科学轮换和混合用药提供重要参考，便于进行抗性治理。此外，还可据此推测未知作用机制的药剂可能存在的作用机制。

A.3 抗药性菌株的适合度测定

A.3.1 抗药菌株的稳定性

将抗性突变体和其亲本菌株分别转移至不含药剂的 NA 平板上,待菌落长好后(称为第 1 代次),用接种环随机取一环,将其划线转移到新的 NA 平板上培养,共计转移 10 代次。10 代次转移完成后,在 NA 平板进行单菌落划线,每个菌株随机挑取 3 个单菌落,检查这些抗性菌株的后代对药剂的 EC_{50} 和 MIC,计算平均值,比较培养 10 代后突变体对药剂敏感性有无明显变化。

注:对于活体抗药性突变体来说,需要在活体植株传代后测定其抗药性稳定性。

A.3.2 抗药菌株的生长能力

取 200 μL 浊度为 100(约 $1×10^7$ CFU/mL)的菌悬液加至 80 mL NB 培养基中,置于 28℃、170 r/min摇床培育,每隔一定时间后测量细菌悬浮液在 625 nm 波长下的吸光光度值,至吸光光度值不再上升,每个菌株做 3 个重复。以时间为横坐标,吸光值的对数值为纵坐标,绘制生长曲线。选取生长曲线上形成近似直线时的时间值,根据细菌对数生长期生长速率常数 R 的计算公式,建立直线回归方程,并计算生长速率常数 R。用 Duncan 氏新复极差测验分析菌株间生长速率的差异。细菌对数生长期生长速率常数 R 按式(A.1)计算。

$$R = \frac{3.322 \times (\lg x_2 - \lg x_1)}{t_2 - t_1} \quad\cdots\cdots\cdots\cdots\cdots (A.1)$$

式中:

t_1,t_2 ——测定时间,单位为分钟(min);

x_1,x_2 ——分别为 t_1 和 t_2 时间测得的吸光度值。

A.3.3 抗药菌株的致病力

将抗药性突变体和亲本菌株经过 NA 平板活化培养后,挑取单菌落接种于 NB 培养液中振荡培养至对数生长期(28℃,170 r/min),采用 Kauffman et al(1973)的剪叶接种法进行接种。15 d 后检查病斑长度。对照用清水接种。每个菌株重复 3 次,每次不少于 20 个接种点。

A.3.4 抗药菌株的竞争能力

采用配对竞争生长的方法(Enne et al.,2005),敏感菌株和抗性菌株各取 200 μL 浊度为 100(约 $1×10^7$ CFU/mL)的菌悬液,混合加至 80 mL NB 培养基中,每个混合处理重复 3 次,并分别将上述菌株的菌悬液 200 μL 不做混合加至 40 mL 液体培养基中,作为对照。将上述处理置于 28℃、170 r/min 摇床培育。每 2 d 将菌悬液稀释 400 倍转代培养,共计转代 7 次。

取各处理第 1、第 3、第 5、第 7 代菌悬液,适当稀释并均匀涂布在 NA 平板上,培养后挑取单菌落。用灭过菌的牙签随机挑取单菌落至含链霉素 100 μg/mL 的 NA 平板上,待其生长 2 d 后检测抗药性突变体所占比例,参考 Maree et al.(2002)和 Reynolds(2000)的方法计算抗性菌株相对适合度(relative fitness)W。

抗性菌株相对适合度 W 按式(A.2)计算。

$$W = 1 + S \quad\cdots\cdots\cdots\cdots\cdots (A.2)$$

式中:

W ——相对适合度;

S ——选择系数(selection coefficient)。

选择系数 S 按(A.3)计算。

$$\ln\left[\frac{M(t)}{W(t)}\right] - \ln\left[\frac{M(0)}{W(0)}\right] = TSt \quad\cdots\cdots\cdots\cdots\cdots (A.3)$$

式中:

$\frac{M(0)}{W(0)}$ ——初始时间时抗性菌株和敏感菌株的比率;

$\dfrac{M(t)}{W(t)}$——转代 t 次后抗性菌株和敏感菌株的比率；

T ——每次转代中包含的扩增代数，$T=\ln(400)/\ln(2)=8.6445$；

t ——转代次数。

——————————————

ICS 65.100
B 17

中华人民共和国农业行业标准

NY/T 1859.12—2017

农药抗性风险评估
第12部分：小麦田杂草对除草剂抗性
风险评估

Guidelines on the risk assessment for pesticide resistance—
Part 12：The risk assessment of weed resistance to herbicides in wheat field

2017-06-12 发布

2017-10-01 实施

中华人民共和国农业部 发布

前　言

NY/T 1859《农药抗性风险评估》拟分为如下部分：

——第1部分：总则；

——第2部分：卵菌对杀菌剂抗药性风险评估；

——第3部分：蚜虫对拟除虫菊酯类杀虫剂抗药性风险评估；

——第4部分：乙酰乳酸合成酶抑制剂类除草剂抗性风险评估；

——第5部分：十字花科蔬菜小菜蛾抗药性风险评估；

——第6部分：灰霉病菌抗药性风险评估；

——第7部分：乙酰辅酶A羧化酶除草剂抗性风险评估；

——第8部分：霜霉病菌抗药性风险评估；

——第9部分：蚜虫对新烟碱类杀虫剂抗性风险评估；

——第10部分：专性寄生病原真菌对杀菌剂抗性风险评估；

——第11部分：植物病原细菌对杀菌剂抗性风险评估；

——第12部分：小麦田杂草对除草剂抗性风险评估；

本部分为NY/T 1859的第12部分。

本部分按照GB/T 1.1—2009给出的规则起草。

本部分由农业部种植业管理司提出并归口。

本部分起草单位：农业部农药检定所、泰安市农业科学研究院、山东农业大学。

本部分主要起草人：路兴涛、杨峻、王金信、聂东兴、张佳、吴翠霞、何静。

农药抗性风险评估
第 12 部分:小麦田杂草对除草剂抗性风险评估

1 范围

本部分规定了小麦田杂草对除草剂抗性风险评估的基本要求、方法及抗性风险的管理。

本部分适用于小麦田杂草对除草剂抗性风险评估的农药登记试验。小麦田杂草对除草剂的抗性监测、鉴定及治理可参照本部分执行。

2 规范性引用文件

下列文件对于本文件的应用是必不可少的。凡是注日期的引用文件,仅注日期的版本适用于本文件。凡是不注日期的引用文件,其最新版本(包括所有的修订单)适用于本文件。

NY/T 1155.3 农药室内生物测定试验准则 除草剂 第 3 部分:活性测定试验土壤喷雾法

NY/T 1155.4 农药室内生物测定试验准则 除草剂 第 4 部分:活性测定试验茎叶喷雾法

3 术语和定义

NY/T 1667.1~1667.8 界定的以及下列术语和定义适用于本文件。

3.1

整株生物测定法 whole-plant bioassay

通过整株杂草生物量对除草剂系列浓度的反应,建立除草剂剂量与杂草生物量的关系,以杂草生物量受除草剂的抑制程度来评价其对除草剂抗性的方法。

3.2

生长抑制中量 herbicide rate required for 50% growth reduction(GR_{50})

使杂草生物量降低 50% 的除草剂剂量。

3.3

适合度 fitness

杂草在一定环境条件下存活和繁殖的能力。

3.4

抗性指数 resistance index(RI)

杂草抗性生物型对除草剂的 GR_{50} 与敏感生物型 GR_{50} 的比值。

4 抗性风险评估

4.1 抗性风险影响因子

4.1.1 药剂

磺酰脲类、磺酰胺类、芳氧苯氧基丙酸酯类等除草剂,作用位点单一,选择性强,理论上属于高等抗性风险药剂;苯氧羧酸类、苯甲酸类、吡啶类等除草剂,理论上为中等抗性风险药剂;二苯醚类、三唑啉酮类、取代脲类、苯腈类、酰胺类等除草剂,理论上为低等抗性风险药剂。

4.1.2 靶标杂草

世代周期短、种子数量大、繁殖率高、异花授粉、种群中抗药性突变频率高、适合度高的靶标杂草抗性风险高。

4.1.3 农事操作

相同作用机制的除草剂连续多年应用,连作、免耕和浅旋耕等栽培耕作措施均会增加抗药性风险。

4.2 抗性风险评估内容

4.2.1 敏感基线的建立

在从未使用过与待评估药剂相同作用机理除草剂的地区采集 20 个～50 个杂草种群,按照 NY/T 1155.3 和 NY/T 1155.4 中的方法测定其对待评估除草剂的敏感性,用 GR_{50} 表示。若供试杂草种群的敏感性分布频率为单峰分布,即可将该杂草种群视为敏感种群,其对待评估除草剂敏感性(GR_{50})的平均值则可作为靶标杂草对该药剂敏感基线的 GR_{50}。

4.2.2 疑似抗性种群敏感性测定

按照 NY/T 1155.3 和 NY/T 1155.4 中的方法测定疑似抗性种群对待评估除草剂的敏感性,用 GR_{50} 表示,计算抗性指数 RI。

$RI \leqslant 1.00$,表明供试杂草种群对待评估除草剂未产生抗性;$1.00 < RI < 10.00$,表明供试杂草种群对待评估除草剂为中等抗性;$RI \geqslant 10.00$,表明供试杂草种群对待评估除草剂为高等抗性。

4.2.3 药剂特性

明确待评估除草剂的结构类型、作用方式、作用机制、用药方法、杀草谱、活性及持效期;调查该药剂及其同类药剂在当地的使用历史,包括使用年限、使用频率;杂草对该(类)药剂是否存在抗性现象。

4.2.4 靶标杂草的交互抗性

根据整株生物测定法的数据,结合 4.2.3 中调查结果,分析靶标杂草对待评估除草剂以外的其他药剂的交互抗性。

4.2.5 抗性生物型杂草的适合度

测定靶标杂草的种子萌发力、相对生长速率、净同化率、竞争力等与适合度相关的生物学性状指标,具体方法见附录 A,评估待测杂草的适合度。

4.2.6 抗性风险级别分析

根据农药的类别,靶标杂草产生抗药性的速度、频率,适合度及抗药性产生可能导致的后果,将抗性风险分为高、中、低 3 个级别。

4.2.6.1 高等抗性风险

如果药剂作用位点单一、靶标易产生突变、田间有同类药剂使用历史、$RI \geqslant 10.00$ 且有交互抗性、抗性生物型适合度接近或高于敏感生物型,则该药剂的田间使用风险级别为高等风险。

4.2.6.2 中等抗性风险

如果药剂作用位点单一、靶标易产生突变、田间有同类药剂使用历史、$1.00 < RI < 10.00$、抗性生物型适合度低于敏感生物型,则该药剂的田间使用风险级别为中等风险。

4.2.6.3 低等抗性风险

如果药剂为多作用位点或作用位点不确定、田间没有同类药剂使用历史、$RI \leqslant 1.00$、抗性生物型适合度显著低于敏感生物型,则该药剂的田间使用风险级别为低等风险。

5 抗性风险管理

5.1 一般原则

对于高等抗性风险除草剂,农药生产企业需要为登记的产品提供抗性风险评估资料及管理措施,并在产品标签和使用说明书上注明相应的可能产生抗性的杂草种类、是否存在交互抗性的药剂及如何规避抗性风险。对于中等抗性风险的药剂,鼓励农药生产企业为登记的产品提供抗性风险评估资料及管理措施,并在产品标签和使用说明书上注明相应的抗性杂草种类、是否存在交互抗性的药剂及如何规避抗性风险。低等抗性风险除草剂不需要采取抗性管理措施。

5.2 抗性风险管理措施

5.2.1 杂草综合治理

利用生态控草、轮作及合理耕作、机械除草及人工除草等措施防除杂草,减少化学除草剂的使用次数。

5.2.2 除草剂限用技术

限定除草剂品种的年使用或连续使用次数、使用时间、使用剂量、使用区域范围、施药方法等。

5.2.3 轮换用药

不同作用机制的除草剂轮换使用,延缓杂草抗药性的发展。

5.2.4 合理混用

选择两种或两种以上不同作用机制的除草剂合理混用,延缓杂草抗药性的发展。

5.2.5 监测抗药性发生和发展

对于中、高等抗性风险的除草剂进行抗药性监测。

5.2.6 产品标签标注

在产品标签上标注抗性风险级别、抗性杂草种类,并标明相应抗性风险管理的措施。

附　录　A
（规范性附录）
抗药性杂草的适合度评估

试验中通过测定靶标杂草在最适条件下的种子萌发动态、营养生长时期的生长特性及室内盆栽条件下的竞争能力，比较抗性生物型和敏感生物型之间有无差异，来评价抗性生物型的适合度。若抗性生物型的适合度接近或高于敏感生物型，则该除草剂具有一定的田间抗性风险；若抗性生物型的适合度明显低于敏感生物型，则该除草剂田间使用后杂草对其产生抗药性的风险会相对降低。

A.1　最适条件下种子萌发动态

A.1.1　萌发条件

采集杂草种子，于采集 1 d～10 d 和室温储存 6 个月～12 个月后分别进行种子萌发动态监测。将杂草种子置于含有滤纸的培养皿中，加入适量去离子水催芽。根据杂草种类、生物学特性选择适宜萌发条件。待种子胚芽可见，记录萌发时间与数量，比较敏感生物型和抗性生物型的种子萌发动态差异。每个生物型重复 4 次，每次 50 粒～100 粒。

A.1.2　数据处理

最适条件下种子的萌发动态用三参数曲线进行拟合，按式（A.1）计算。

$$y = \frac{a}{1 + e^{-\left(\frac{x - t_{50}}{b}\right)}} \quad\cdots\cdots\cdots\cdots\cdots\cdots\cdots\cdots\cdots\cdots\cdots \text{（A.1）}$$

式中：

y ——累计萌发率，单位为百分率（%）；

a ——最大萌发率，单位为百分率（%）；

x ——检测时间，单位为天（d）；

t_{50}——萌发率达到 50% 所用时间，单位为天（d）；

b ——曲线斜率。

A.2　营养生长时期生长特性

A.2.1　试材培养

将未使用过除草剂的农田土壤采回，风干、过筛后装盆，盆内干土定量 4/5 处。采用盆钵底部渗灌方式，使土壤完全湿润。将靶标杂草种子按上述方法催芽，出芽后移栽入花盆中，置于温室内培养。盆钵底部渗灌方式补水，保持土壤湿度。

A.2.2　试验方法

每盆移栽 5 株，各生物型 40 盆。自杂草 3 叶～5 叶期起，每隔 5 d～10 d 剪取地上部分并测定叶面积，烘干后称量干重，连续测定 10 次。各杂草生物型每次剪取 4 盆。

A.2.3　数据处理

相对生长速率（relative growth rate，RGR）表示单位重量干物质在单位时间内的增长量，按式（A.2）进行计算，计算结果保留小数点后 2 位。

$$\text{RGR} = \frac{\ln w_2 - \ln w_1}{t_2 - t_1} \quad\cdots\cdots\cdots\cdots\cdots\cdots\cdots\cdots\cdots\cdots \text{（A.2）}$$

式中：

w_1 ——t_1 时间的干物质量,单位为克(g);

w_2 ——t_2 时间的干物质量,单位为克(g)。

净同化率(net assimilation rate,NAR)表示单位叶面积在单位时间内的干物质增长量,按式(A.3)进行计算,计算结果保留小数点后 2 位。

$$NAR = \frac{\ln L_2 - \ln L_1}{L_2 - L_1} \times \frac{w_2 - w_1}{t_2 - t_1} \quad\cdots\cdots\cdots\cdots\cdots\cdots\cdots (A.3)$$

式中:

L_1 ——t_1 时间的叶面积,单位为平方厘米(cm^2);

L_2 ——t_2 时间的叶面积,单位为平方厘米(cm^2)。

叶面积比(leaf area rate,LAR)表示单位干重的叶面积,按式(A.4)进行计算,计算结果保留小数点后 2 位。

$$LAR = \frac{\ln w_2 - \ln w_1}{w_2 - w_1} \times \frac{L_2 - L_1}{\ln L_2 - \ln L_1} \quad\cdots\cdots\cdots\cdots\cdots\cdots (A.4)$$

组合分析中,用三次多项式模型分别对各种群动态的 RGR、NAR 与 LAR 进行拟合,拟合曲线按式(A.5)计算。

$$y = y_0 + ax + bx^2 + cx^3 \quad\cdots\cdots\cdots\cdots\cdots\cdots\cdots\cdots\cdots (A.5)$$

式中:

y ——RGR、NAR 或 LAR;

x ——时间,单位为天(d);

y_0 ——$x=0$ 时的 y 值;

a、b 与 c ——RGR、NAR 或 LAR 的增长速率。

A.3 竞争能力对比

A.3.1 试验设计

采用盆栽法,将敏感、抗性生物型杂草作为目标植物,小麦作为竞争植物,通过设计不同种植密度的小麦来探究不同生物型杂草对环境资源压力产生的反应。

选择供试杂草种子和常规小麦品种,分别催芽,同时将出芽的杂草与小麦按试验设计密度移栽入花盆中。杂草密度固定,杂草与小麦密度按等比数列设置 5 组以上处理,另设一个全草处理,每个处理重复 4 次。于小麦自然生长季节培养,将花盆置于室外,按需定量浇水施肥。于小麦成熟后,测定不同处理下各生物型杂草的结实数、生物量及与之对应的小麦生物量。

A.3.2 数据处理

试验所得数据经 SigmaPlot 12.5 数据处理软件采用非线性双曲线模型进行拟合,拟合曲线按式(A.6)计算。

$$y = \frac{a}{1 + bx} \quad\cdots\cdots\cdots\cdots\cdots\cdots\cdots\cdots\cdots\cdots (A.6)$$

式中:

y ——竞争作用下的杂草生物量,单位为克(g);

a ——无竞争条件下杂草的生物量,单位为克(g);

b ——曲线斜率。

利用数据处理软件,采用 Tukey's HSD test($\alpha = 0.05$)对所得数据进行单因素方差分析。

ICS 65.020
B 17

中华人民共和国农业行业标准

NY/T 2882.8—2017

农药登记 环境风险评估指南
第8部分:土壤生物

Guidance on environmental risk assessment for pesticide registration—
Part 8: soil organisms

2017-12-22 发布

2018-06-01 实施

中华人民共和国农业部 发布

前　言

NY/T 2882《农药登记　环境风险评估指南》分为 8 个部分：

——第 1 部分:总则;

——第 2 部分:水生生态系统;

——第 3 部分:鸟类;

——第 4 部分:蜜蜂;

——第 5 部分:家蚕;

——第 6 部分:地下水;

——第 7 部分:非靶标节肢动物;

——第 8 部分:土壤生物。

本部分为 NY/T 2882 的第 8 部分。

本部分按照 GB/T 1.1—2009 给出的规则起草。

请注意本文件的某些内容可能涉及专利。本文件的发布机构不承担识别这些专利的责任。

本部分由农业部种植业管理司提出并归口。

本部分起草单位:农业部农药检定所、环境保护部南京环境科学研究所。

本部分主要起草人:姜锦林、曲甍甍、周军英、周艳明、程燕、姜辉、单正军。

农药登记 环境风险评估指南
第8部分：土壤生物

1 范围

本部分规定了农药对土壤生物影响的风险评估原则、程序和方法。

本部分适用于为化学农药以及有效成分化学结构明确的生物源农药登记而进行的对土壤生物影响的风险评估。

2 规范性引用文件

下列文件对于本文件的应用是必不可少的。凡是注日期的引用文件，仅注日期的版本适用于本文件。凡是不注日期的引用文件，其最新版本（包括所有的修改单）适用于本文件。

GB/T 31270.1 化学农药环境安全评价试验准则 第1部分：土壤降解试验

GB/T 31270.15 化学农药环境安全评价试验准则 第15部分：蚯蚓急性毒性试验

GB/T 31270.16 化学农药环境安全评价试验准则 第16部分：土壤微生物毒性试验

NY/T 2882.1 农药登记 环境风险评估指南 第1部分：总则

NY/T 2882.6—2016 农药登记 环境风险评估指南 第6部分：地下水

NY/T 3091 化学农药 蚯蚓繁殖试验准则

NY/T 3149 化学农药 旱田田间消散试验准则

ISO 11268-3:2014 土质污染物对蚯蚓效应—第3部分：野外条件下效应测定导则（Effects of pollutants on earthworms—Part 3：Guidance on the determination of effects in field situations）

OECD No.56 化学品测试及评估导则 有机质分解袋试验指南（Guidance document on the breakdown of organic matter in titter bags）

OECD No.217 化学品测试导则 土壤微生物：碳转化测试（Soil microorganisms：carbon transformation test）

3 术语和定义

NY/T 2882.1界定的以及下列术语和定义适用于本文件。

3.1

土壤生物 soil organisms

用于评估的土壤生物，包括了各种蚯蚓、土壤微生物以及各种小型节肢动物等生活在土壤中的生物。

3.2

半数致死浓度 median lethal concentration（LC_{50}）

引起50%土壤供试生物死亡时的供试物浓度，用LC_{50}表示。

注：单位为毫克有效成分每千克干土（mg a.i./kg干土）。

3.3

降解半衰期 half-life time of degradation（DT_{50}）

农药在土壤环境介质中降解量达1/2时所需的时间，用DT_{50}表示。

3.4

无可观测生态不良效应用量 **no observed ecologically adverse effect rate(*NOEAER*)**

不会在某项高级试验研究(如半田间/田间试验)中观测到持久不良效应的最大供试农药用量,用 *NOEAER* 表示。

注:单位为克有效成分每公顷(g a. i. / hm²)。

3.5

蚯蚓田间试验 **earthworm field test**

当农药对土壤生物初级风险评估结果表明风险不可接受时,在田间自然条件下观察农药使用对蚯蚓长期影响的试验过程。

4 基本原则

农药对土壤生物的风险评估应遵循以下原则:

a) 本部分是以保护土壤生物为目标的风险评估,关注易受农药影响的相关土壤生物,根据对农药的敏感性、生态价值、关注度等原则,重点关注其代表的土壤生态价值和功能。结合管理目标,风险评估的目的是重要土壤生物生存和繁殖、土壤生态价值和功能不应受到影响,或者只能受到短暂影响,确保土壤生态系统中土壤资源的可持续性。

b) 农药对土壤生物的风险评估采用分级评估方法,用风险商值(*RQ*)表征风险。

5 评估程序和方法

5.1 概述

农药对土壤生物的环境风险评估流程按照附录 A 的图 A.1 规定执行。

5.2 问题阐述

5.2.1 风险估计

根据农药使用方法确定对土壤生物暴露的可能性。当根据使用方法不能排除土壤生物受到农药的暴露时,应进行风险评估。当农药存在主要代谢物,且主要代谢物对土壤生物的毒性数据可获得时,还应对主要代谢物开展风险评估。

用于多种作物或多种防治对象的农药,当针对每种作物或防治对象的施药方法、施药量或频率、施药时间等不同时,可对其使用方法分组评估:

a) 分组时,应考虑作物种类、施药剂量、施药次数和施药时间等因素;

b) 根据分组确定对土壤生物风险的最高情况,并对该分组开展风险评估;

c) 当风险最高的分组对土壤生物的风险可接受时,认为该农药对土壤生物的风险可接受;

d) 当风险最高的分组对土壤生物的风险不可接受时,还应对其他分组开展风险评估,从而明确何种条件下该农药对土壤生物的风险可接受。

5.2.2 数据收集

针对本部分的保护目标收集供试物尽可能多的数据,包括生态毒理、环境归趋、理化性质及使用方法等方面的数据,并对数据进行初步分析,以确保有充足的数据进行初级暴露分析和效应分析。

5.2.3 计划简述

根据已获得的相关信息和数据拟订风险评估方案,简要说明风险评估的内容、方法和步骤。

5.3 暴露分析

5.3.1 暴露分析的一般方法

5.3.1.1 分级暴露分析方法

暴露分析采用分级方法,通常采用适当的环境暴露模型进行暴露分析,也可使用田间实际监测数据；或者，在田间试验中，为体现保守性，也可直接使用农药的田间推荐最大施用量进行分析：

a) 初级暴露分析一般采用简单模型，如 PECsoil_SFO_China（xls）（输入参数和输出值参见附录 B）预测土壤中农药暴露量。

b) 高级暴露分析采用更细致的暴露模型、半田间试验或实际监测获得土壤中农药暴露量。针对特定场景点已建立的可用于土壤特定深度（0 cm～5 cm 或 0 cm～20 cm）暴露量输出的高级暴露模型有 PRAESS 模型（输入参数和输出值参见附录 C）和 China‐PEARL 模型（输入参数和输出值见 NY/T 2882.6—2016 的附录 B）。

c) 使用模型进行暴露分析时，应当依据不同农药使用技术和方法、不同场景和模型参数进行。

5.3.1.2 农药土壤累积暴露风险分析

根据 GB/T 31270.1 获得的农药活性成分在 20℃时的降解半衰期（DT_{50}）是否大于 180 d 来判断是否触发农药土壤生物累积暴露风险分析，以选择用于初级暴露分析和高级暴露分析的 PEC。当有田间消散研究结果时，也可按照 NY/T 3149 或其他适用的试验准则得出的土壤降解半衰期（$DegT_{50}$）或消散半衰期（$DisT_{50}$）是否大于 180 d 来判断是否触发活性成分累积暴露风险分析。当 $DT_{50} > 180$ d 时，可选择初级慢性暴露分析得到的预测土壤环境累积浓度（PEC_{accu}）作为 PEC，或直接应用高级暴露分析模型得到的 PEC_{twa} 作为 PEC。

5.3.2 暴露分析模型运用

5.3.2.1 场景点的选择

根据需评估农药的登记作物和防治对象选择具有代表性的场景点，除有资料表明该防治对象局限在某些特定场景的情况外，应选择所有具有该作物的场景点。本部分 PRAESS 模型和 China‐PEARL 模型采用的旱地作物场景信息见该软件使用手册。

5.3.2.2 模型参数

本部分 PRAESS 模型的输入参数和输出值参见附录 C，China‐PEARL 模型输入参数和输出值按照 NY/T 2882.6—2016 附录 E 中表 E.1 的规定执行。

5.3.2.3 施药方法

根据待评估农药推荐的使用方法（包括施药方式、施药时间、施药次数、施药间隔和施药剂量等）确定模型选择的最大施药剂量、最多施药次数和最短施药间隔。

5.3.3 初级暴露分析

5.3.3.1 初级暴露分析的一般方法

对土壤生物的初级暴露分析可根据本部分推荐的不同模型计算预测土壤环境浓度（PEC），在模型模拟分析过程中，一般选择较保守的输入参数或模型默认参数以获得初级 PEC。

5.3.3.2 初级急性暴露分析

初级急性暴露分析是基于农药田间推荐最大施用量计算最坏条件下农药对土壤生物的急性暴露 PEC。主要考虑以下因素：

a) 农药产品有效成分含量以及单次施用允许的最大施用量；

b) 施用次数；

c) 作物对农药的截留；

d) 土壤深度和土壤容重；

e) 多次施用间隔期间农药的降解。PECsoil_SFO_China 模型可同时输出预测土壤环境浓度的浓度峰值（PEC_{max}）和时间加权平均浓度（PEC_{twa}）。在多次农药施用的条件下，应考虑最后一次施药后土壤中农药的 PEC 值。初级急性暴露分析使用 PEC_{max} 作为预测土壤环境浓度。

5.3.3.3 初级慢性暴露分析

初级慢性暴露分析可用初级或高级暴露模型计算的 PEC_{accu} 或 PEC_{twa} 作为预测土壤环境浓度，

PEC_{twa} 的时间窗口应根据效应分析选择的生态毒性试验周期确定。若产品性质表明活性成分对土壤生物存在累积暴露风险($DT_{50}>180$ d),使用 PEC_{accu} 作为预测土壤环境浓度,否则使用 PEC_{twa} 作为预测土壤环境浓度。当农药对土壤生物的实际效应为下列情况时,应使用 PEC_{max} 作为预测土壤环境浓度:

  a) 所采用的生态毒性试验终点是基于农药对供试生物生命周期中某一短期特定阶段的影响,且有证据表明,这一时期可能发生农药的暴露;

  b) 所采用的生态毒性试验终点为:急性毒性死亡率终点与慢性毒性终点比值(急性 LC_{50}/慢性 $NOEC$)<10。

5.3.4　高级暴露分析

通过对初级暴露评估模型进行更为细致的参数优化(如更多农药理化参数、施药方法和时间、作物冠层和具体环境条件变化等信息),以获得更接近实际情况的 PEC。当有可用的作物拦截系数、雨水冲刷系数、田间消散试验和实地监测数据时,均可作为高级暴露分析模型参数优化选项;或在高级暴露分析中直接使用 PRAESS(参见附录 C)或 China-PEARL 模型输出的 PEC_{twa} 作为预测土壤环境浓度。

5.4　效应分析

5.4.1　效应分析的一般方法

采用生态毒理学研究得出的毒性终点及相应的不确定性因子进行预测无效应浓度($PNEC$)计算,$PNEC$ 按式(1)计算。

$$PNEC = \frac{End\,point}{UF} \quad\text{……………………………………………}（1）$$

式中:

$PNEC$　　——预测无效应浓度,单位为毫克每千克干土(mg/kg 干土);

$End\,point$——试验毒性终点,如 LC_{50}、EC_{25}、$NOEC$、$NOEAER$ 等;

UF　　　——不确定性因子。

5.4.2　确定毒性终点

5.4.2.1　初级效应分析中的毒性终点

在初级效应评估中,选择急性和慢性毒性试验的毒性终点,应遵循以下原则:

  a) 当同一土壤生物物种(或土壤微生物)具有多个毒性终点数据,对于同一种化合物可用时,选择有效毒性数据的几何平均值;

  b) 当某一农药制剂的毒性相对原药或其他制剂显著增加或降低(5 倍)毒性时,使用该制剂的毒性终点评估制剂对土壤生物的风险。

5.4.2.2　高级效应分析中的毒性终点

在高级效应评估中,当通过细化暴露条件进行毒性效应试验得出的同一土壤生物物种(或土壤微生物)具有多个毒性终点数据时,选择有效毒性数据的几何平均值。高级效应评估中,考虑保护土壤功能和土壤生物,应分别进行有机质分解袋试验(按照 OECD No.56 的规定执行)或者蚯蚓田间试验(按照 ISO 11268-3 的规定执行)获得相应高级效应分析所需的毒性终点。

5.4.3　初级效应评估

5.4.3.1　初级急性效应评估

初级急性效应评估主要针对蚯蚓急性毒性试验和土壤微生物毒性试验数据。初级效应数据是进行初级急性效应评估时必须提供的最基本的数据。相关的评估受体、评估终点、测试时间、测试方法等参见附录 D 中的表 D.1。

当有证据表明受试农药对其他土壤功能指标(如碳转化)有更大影响时,可选择补充额外的效应评估试验,参见表 D.2。

5.4.3.2 初级慢性效应评估

初级急性风险评估中,对蚯蚓等土壤生物初级急性风险 $RQ>1$,或受试农药在土壤中有累积风险,即 $DT_{50}>180$ d 时,需要对土壤生物进行初级慢性效应评估。一般情况下,初级慢性效应评估只需要进行蚯蚓慢性繁殖试验,试验相关的评估受体、评估终点、测试时间、测试方法等参见表 D.3。当出于保护某区域土壤特定生物物种或土壤生物多样性时,也可选择补充额外的土壤生物物种进行初级慢性效应评估。

5.4.4 高级效应评估

当初级风险评估结果不可接受时($RQ>1$),需要进行高级效应评估试验。高级效应评估中,可通过细化暴露条件进行优化效应试验,以获得受试土壤生物在更接近现实暴露条件下的毒性终点值。高级效应评估试验可根据不同的试验目的采用下列方法,试验相关的评估受体、评估终点、测试时间、测试方法等参见表 D.4。

针对土壤功能高级效应评估,可使用有机质分解袋试验(按照 OECD No.56 的规定执行)。

针对土壤生物高级效应评估,可使用蚯蚓田间试验(按照 ISO 11268-3 的规定执行)。蚯蚓田间试验需以当地田间具代表性的土壤中所有种类的蚯蚓作为评估受体。

5.5 不确定性因子

评估中采用的不确定性因子见附录 E 中的表 E.1～表 E.2。

5.6 风险表征

风险商值(RQ)按式(2)计算。

$$RQ = \frac{PEC}{PNEC} \quad\cdots\cdots (2)$$

式中:

RQ ——风险商值;

PEC ——预测土壤环境浓度,单位为毫克每千克干土(mg/kg 干土);

$PNEC$——土壤生物预测无效应浓度,单位为毫克每千克干土(mg/kg 干土)。

当 $RQ\leq1$,风险可接受;当 $RQ>1$,则表明风险不可接受,可进行高一级风险评估。

6 风险降低措施

当风险评估结果表明农药对土壤生物的风险不可接受时,应采取适当的风险降低措施以使风险可接受,且应当在农药标签上注明相应的风险降低措施。通常所采取的风险降低措施不应降低农药的使用效果,且应具有可行性。

附 录 A

（规范性附录）

农药对土壤生物的环境风险评估总体流程

农药对土壤生物的环境风险评估总体流程见图 A.1。

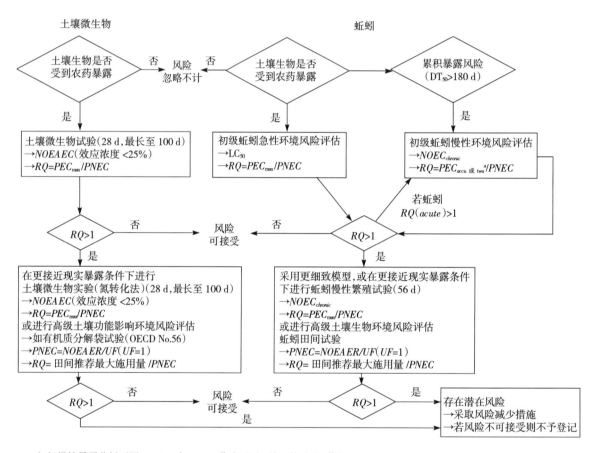

a 初级慢性暴露分析可用 PEC_{accu} 或 PEC_{twa} 作为预测土壤环境浓度，若产品性质表明活性成分存在累积暴露风险（$DT_{50} > 180$ d），
使用 PEC_{accu} 作为预测土壤环境浓度，否则使用 PEC_{twa} 作为预测土壤环境浓度。当农药对土壤生物的实际效应为下列情况时，
也可使用 PEC_{max} 作为预测环境浓度：
——所采用的生态毒性试验终点是基于农药对供试生物生命周期中某一短期特定阶段的影响，且有证据表明，这一时期可能发生农
药的暴露；
——所采用的生态毒性试验终点为：急性毒性死亡率终点与慢性毒性终点比值（急性 LC_{50}/慢性 $NOEC$）<10。

图 A.1 农药对土壤生物环境风险评估程序

附　录　B
（资料性附录）
PECsoil_SFO_China 模型的输入参数和输出值

B.1　PECsoil_SFO_China 模型的输入参数

见表 B.1。

表 B.1　PECsoil_SFO_China 模型的输入参数

参数项（英文）	参数项（中文）	单位	默认值	备　注
农药参数选项　Chemical parameters				
Name of compound	农药名称	—	—	农药的名称
Active ingredient content in product	农药产品有效成分含量	%	—	农药产品有效成分含量
Half-life in soil	土壤半衰期	d	—	土壤降解半衰期或消散半衰期
土壤参数选项　Soil parameters				
Soil density	土壤容重	kg/m^3	$1\,500\ kg/m^3$	一般取 $1\,500\ kg/m^3$
Depth	土壤深度	m	0.05 m 或者 0.20 m	农药产品有效成分均匀分布在土壤表层，喷洒的农药可认为是分布在 0 m～0.05 m 的土壤表层（PEC_{max}，PEC_{act} 和 PEC_{twa}），而通过与土壤混合施用的农药，或农药在土壤中有累积暴露风险（$DT_{50} > 180$ d），可认为是分布在土壤表层的 0 m～0.20 m 的范围内（PEC_{accu}）
作物参数选项　Crops parameters				
Name of crops	作物名称	—	—	作物的名称
Interception	作物截留系数	—	—	当直接施药于土壤表面时，拦截系数为 0；当直接施药于不同作物冠层时，农药截留与作物种类及其生长阶段相关，拦截系数的取值与所选的相关作物对应（见该软件使用手册）
农药施用参数选项　Application parameters				
Number of applications	施用次数	—	—	农药施用次数
Application rate	施用量	g/hm^2	—	农药单次施用的最大量
Time after 1st application	施用时间	—	—	相对于第一次施药后的时间
Time interval	施用间隔期	d	—	多次施药的间隔时间

B.2 PECsoil_SFO_China 模型的输出结果

见表 B.2。

表 B.2 PECsoil_SFO_China 模型的输出结果

输出项(英文)	输出项(中文)	单位	备 注
$PEC_{soil,ini,n}$	第 n 次施药后第 0 d 的土壤初始 PEC	mg/kg	第 n 次施药后第 0 d 的土壤初始 PEC,等同于最大浓度 PEC_{max}
$PEC_{soil,accu,overall}$	总预测土壤累积浓度	mg/kg	针对具有累积暴露风险的农药活性成分,连续施药后土壤农药中活性成分的累积浓度下,第 n 次施药后的土壤最大 PEC
$PEC_{soil,accu,twa28}$	第 n 次施药后 28 d 的预测土壤时间加权平均累积浓度	mg/kg	针对具有累积暴露风险的农药活性成分,连续施药后土壤农药中活性成分的累积浓度下,第 n 次施药后 28 d 的土壤时间加权平均浓度
$PEC_{soil,accu,twa56}$	第 n 次施药后 56 d 的预测土壤时间加权平均累积浓度	mg/kg	针对具有累积暴露风险的农药活性成分,连续施药后土壤农药中活性成分的累积浓度下,第 n 次施药后 56 d 的土壤时间加权平均浓度
$PEC_{soil,act}$	预测土壤实际浓度	mg/kg	单次和多次施药下,距第一次施药后不同时段(峰值、1 d、2 d、4 d、7 d、14 d、21 d、28 d、50 d、56 d、100 d)、特定深度(0 cm~5 cm 或 0 cm~20 cm)土壤中的农药最大浓度
$PEC_{soil,twa}$	预测土壤时间加权平均浓度	mg/kg	单次和多次施药下,距第一次施药后不同时段(峰值、1 d、2 d、4 d、7 d、14 d、21 d、28 d、50 d、56 d、100 d)、特定深度(0 cm~5 cm 或 0 cm~20 cm)土壤中的农药的时间加权平均浓度

附　录　C
（资料性附录）
PRAESS 模型的输入参数和输出值

C.1　PRAESS 中土壤暴露模拟模块的输入参数

见表 C.1。

表 C.1　PRAESS 中土壤暴露模拟模块的输入参数

参数项（英文）	参数项（中文）	单位	默认值	备　注
陆生行为参数选项卡　Terrestrial EFATE chemical parameters				
Chemical name	农药名称	—	—	农药的名称
Molecular weight	相对分子质量	—	—	化学式中各个原子的相对质量的总和
Solubility	水中溶解度	mg/L	—	范围：0.001～(1.0×10⁶)。如果测量温度未指定，默认为 20℃；如果存在多个数值，取算术平均数
Plant uptake factor	植物吸收因子	—	0.5	被植物吸收的农药的百分数，用小数表示
Partition coefficient method	分配系数（Koc/Kd/Kss）	mL/g	—	Koc 是以有机碳含量表示的土壤吸附常数，Kss 是表面活性剂分配系数，Kd 是土壤吸附常数。如果有多个数值，取几何平均值
Degradation	降解	d	—	土壤降解半衰期。如果有多个数值，取几何平均值
Vapour pressure or henry's K	蒸汽压或亨利常数	mPa	—	气体对液体的压强或关于气体在液体中溶解度的常数。如果测量温度未指定，默认为 20℃；如果存在多个数值，取算术平均数；如果没有数据，取 0 mPa，20℃
Use foliar processes?　是否使用叶面过程？	Foliar half-life　叶面半衰期	d	10 d	作物叶面上的农药减少一半所需的时间
	Foliar washoff coefficient　叶面淋洗系数	—	0.1	降雨导致作物叶面上农药流失的比率
Use non-linear adsorption?　是否使用非线性吸附？	Freundlich exponent freundlich　吸附指数	—	0.9	范围：0.1～1.5
Use temperature and/or moisture corrected half-life?　是否使用温湿度校正半衰期？	Q10 factor　Q10 因子	—	2.58	温度上升 10℃，降解速率的增长
	Q10 temperature　Q10 温度	℃	20℃	基准温度
	Moisture exponent　湿度指数	—	0.7	降解—湿度关系式（Walker，1974）指数
	Moisture content　水分含量	%	100%	土壤含水量与土壤田间持水量的比值

表 C.1（续）

参数项（英文）	参数项（中文）	单位	默认值	备　注
Simulate ET using crop coefficients?	是否使用作物系数模拟蒸发蒸腾？	—	—	土壤蒸发和作物蒸腾的总的耗水量。如果考虑蒸散作用的影响，就勾选；反之，则不选
Simulate volatilization? 是否模拟挥发？	Not simulated 不模拟	—	—	根据实际情况勾选
	Terrestrial only 只模拟陆生相的挥发	—	—	
	Aquatic only 只模拟水相的挥发	—	—	
	Terrestrial and aquatic 同时模拟陆生和水生相的挥发	—	—	
农药施用参数选项卡　Application parameters				
Number of applications	施用次数	—	—	范围：1～26
Application timing	施用时间	—	—	有相对于种植（relative to planting）、发芽（relative to emergence）、成熟（relative to maturity）、收获（relative to harvest）的时间和具体日期（on specific date）可以选择
Application units	施用量单位	kg/hm^2 或 bs/ac	—	1 bs/ac＝1.12 kg/hm^2
Application type	施用类型	—	—	可以选择空中喷雾（aerial spray）、地面喷雾（ground spray）、颗粒剂（granular）等施用类型
CAM	农药施用模式标签	—	1	施药时，农药以怎样的方式施用至土壤或叶面，与土壤吸收深度密切相关。范围：1～10，通常选1或2
Incorp.	土壤吸收深度	cm	4 cm	施药当时农药在土壤中的分布情况，与农药施用模式相关
Drift	飘移百分比	%	0%	农药施用后飘移进入水体的百分数
Efficiency	施用效率	%	100%	喷洒农药时进入农田的部分作用在作物上百分数

C.2　PRAESS 中土壤暴露模拟模块的输出结果

见表 C.2。

表 C.2　PRAESS 中土壤暴露模拟模块的输出结果

输出项（英文）	输出项（中文）	单位	备　注
Dissolved soil conc. (PRZM)	土壤水中的农药浓度	$\mu g/L$	不同时段（峰值、96 h、14 d、21 d、28 d、56 d、60 d、90 d）、不同深度（0 cm～5 cm、0 cm～20 cm、20 cm～40 cm、40 cm～60 cm、60 cm～100 cm）土壤水中的第90百分位农药浓度
Total soil conc. (PRZM)	土壤中农药的总浓度	$\mu g/L$	不同时段（峰值、96 h、14 d、21 d、28 d、56 d、60 d、90 d）、不同深度（0 cm～5 cm、0 cm～20 cm、20 cm～40 cm、40 cm～60 cm、60 cm～100 cm）土壤中的第90百分位农药浓度

附　录　D
（资料性附录）
农药土壤生物风险评估效应评估试验相关信息

农药土壤生物风险评估效应分析中相关的受试生物、评估终点、测试时间和测试方法等信息见表D.1、表D.2、表D.3和表D.4。

表D.1　初级急性效评估试验相关信息

试验名称	受试生物	评价终点	时间	试验准则
蚯蚓急性毒性测试	赤子爱胜蚯蚓（Eisenia fetida）	LC_{50}	14 d	GB/T 31270.15
土壤微生物毒性试验（土壤氮转化测试）	土壤微生物	$NOEC$[a]	28 d,最长至100 d	GB/T 31270.16

[a]　土壤氮转化测试得到的$NOEC$（无可观察效应浓度；在28 d或最长为100 d后,效应浓度应<25%）。

表D.2　额外初级急性效应评估试验相关信息

试验名称	受试生物	评估终点	时间	试验准则	备　注
土壤碳转化测试	土壤微生物	$NOEC$	28 d,最长至100 d	OECD No.217	在农药土壤生物风险评估中,该项测试结果往往不如氮转化测试结果敏感,因而较少进行该项测试,除非特定情况表明农药施用会对碳转化有影响

表D.3　初级慢性效应评估试验相关信息

试验名称	受试生物	评估终点	时间	试验准则	备　注
蚯蚓繁殖测试	赤子爱胜蚯蚓（Eisenia fetida）	$NOEC$	56 d	NY/T 3091	初级急性效应评估中RQ（LC_{50}）>1,或受试农药的DT_{50}>180 d时,需要进行该项测试

表D.4　高级效应评估试验相关信息

试验名称	受试生物	评估终点	时间	试验准则	备　注
有机质分解袋试验[a]	土壤微生物	$NOEAER$[b]	6个月,最长至1年	OECD No.56	初级效应评估中,土壤氮转化试验RQ>1,需要进行该项测试
蚯蚓田间试验[a]	田间研究位点所有种类的蚯蚓	$NOEAER$[c]	1年	ISO 11268-3	初级效应评估中,土壤动物慢性效应试验RQ>1

[a]　有机质分解袋试验和蚯蚓田间试验RQ=田间推荐最大施药量/$PNEC$,$PNEC$=$NOEAER$/UF,UF=1。
[b]　在试验有机物降解过程中,出现无可观察生态不良效应的施药量。
[c]　在蚯蚓田间试验过程中,出现无可观察生态不良效应的施药量。

附 录 E
（规范性附录）
效应分析的毒性数据终点值、不确定因子和相应 PEC 选择

效应分析的毒性数据终点、不确定性因子和相应 PEC 选择原则见表 E.1 和表 E.2。

表 E.1 初级效应评估采用的毒性数据终点、不确定性因子和相应 PEC 选择

试验类型	毒性终点	不确定性因子	PEC
蚯蚓急性毒性试验	LC_{50}	10^a	PEC_{max}
土壤氮转化测试	$NOEC^b$	1	PEC_{max}
蚯蚓慢性繁殖毒性试验	$NOEC$	5^c	PEC_{max}^d，PEC_{accu} 或 PEC_{twa}
额外初级慢性效应试验^e	$NOEC$	5^c	PEC_{max}，PEC_{accu} 或 PEC_{twa}

 a 该不确定性因子使用前提条件是：0 cm～5 cm 的土层计算的 PEC。
 b 在 28 d 或最长为 100 d 后，效应浓度＜25%。
 c 该不确定性因子应与用于计算 0 cm～5 cm 土壤层的 PEC_{max}，PEC_{accu} 或 PEC_{twa}（可以包括用于计算 0 cm～20 cm 的 $PEC_{plateau}$）一起使用，其中 PEC_{accu}（0 cm～20 cm）＝PEC_{max}（0 cm～5 cm）＋$PEC_{plateau}$（0 cm～20 cm）。
 d 初级慢性暴露分析中，当农药对土壤生物的实际效应为下列情况时，也可使用 PEC_{max} 作为预测环境浓度。
  ——所采用的生态毒性试验终点是基于农药对供试生物生命周期中某一短期特定阶段的影响，且有证据表明，这一时期可能发生农药的暴露。
  ——所采用的生态毒性试验终点为：急性毒性死亡率终点与慢性毒性终点比值（急性 LC_{50}/慢性 $NOEC$）＜10。
 e 一般情况下不需要补充额外初级慢性效应试验，但若因管理需要，或出于保护某区域土壤特定生物物种或土壤生物多样性的考虑，可选择补充额外土壤生物物种初级慢性效应试验，UF 值同蚯蚓慢性繁殖毒性试验。

表 E.2 高级效应评估采用的毒性数据终点、不确定性因子和相应 PEC 选择

试验类型	毒性终点	不确定性因子	PEC
有机质分解袋试验	$NOEAER$	1	田间推荐最大施用量
蚯蚓田间试验	$NOEAER$	1	田间推荐最大施用量

参 考 文 献

[1]Boesten J J T I,Bromilow R,Capri E,et al,2012. Scientific opinion on the science behind the guidance for scenario selection and scenario parameterisation for predicting environmental concentrations of plant protection products in soil [J]. EFSA Journal,10(2):2562.

[2]Chapman P M,Fairbrother A,Brown D,1998. A critical evaluation of safety (uncertainty) factors for ecological risk assessment[J]. Environ Toxicol Chem(17):99‐108.

[3]Christl H,Bendall J,Bergtold M,et al,2016. Recalibration of the earthworm tier 1 risk assessment of plant protection products[J]. Integr Environ Assess Manag(9999):1‐8.

[4]Dinter A,Coulson M,Heimbach F,et al,2008. Technical experiences made with the litter bag test as required for the risk assessment of plant protection products in soil[J]. J Soils Sediments(8):333‐339.

[5]GB/T 27860 化学品高效液相色谱法估算土壤和污泥的吸附系数,2011.

[6]GB/T 21852 化学品分配系数(正辛醇-水)高效液相色谱法试验,2008.

[7]GB/T 21853 化学品分配系数(正辛醇-水)摇瓶法试验,2008.

[8]EPPO,2002. Environmental risk assessment scheme for plant protection products. Chapter 8. Soil organisms and functions. EPPO Bull,in prep.

[9] European Commission,2002. Guidance documenton terrestrial ecotoxicology under Council Directive 91/414/EEC.

[10]FOCUS,1996. Soil persistence models and EU registration. Final report of the work of the Soil Modelling Work group of FOCUS (Forum for the Co-ordination of pesticide rate models and their use). European Commision Document 7617/Ⅵ/96,77.

[11]FOCUS,1997. Soil persistence models and EU registration. Report of the FOCUS soil modelling workgroup. Available at FOCUS website http://viso. ei. jrc. it/focus.

[12]OECD Guidelines for testing of chemicals. No. 104. Vapour pressure,2006.

[13]OECD Guidelines for testing of chemicals. No. 105. Water solubility,1995.

[14]OECD Guidelines for the testing of chemicals. No. 217. Soil microorganisms: carbon transformationtest,2000.

[15]USEPA,2003. Guidance for Developing Ecological Soil Screening Levels. OSWER Directive 9285. 7‐55.

ICS 65.020
B 16

中华人民共和国农业行业标准

NY/T 3076—2017

外来入侵植物监测技术规程　大薸

Code of practice for monitoring alien species—
Pistia stratiotes L.

2017-06-12 发布

2017-10-01 实施

中华人民共和国农业部 发布

目 次

前　言

本标准按照 GB/T 1.1—2009 给出的规则起草。

请注意本文件的某些内容可能涉及专利。本文件的发布机构不承担识别这些专利的责任。

本标准由农业部科技教育司提出并归口。

本标准起草单位：中国农业科学院农业环境与可持续发展研究所、农业部农业生态与资源保护总站。

本标准主要起草人：付卫东、张国良、张宏斌、宋振、王忠辉、孙玉芳、张瑞海。

外来入侵植物监测技术规程 大藻

1 范围

本标准规定了对大藻进行调查、监测的程序和方法。

本标准适用于水库、湖泊、池塘、河流等适生区生境开展对大藻的监测。

本标准适用于农业环境保护、水产养殖、交通运输等管理部门开展对大藻的调查和监测工作。

2 规范性引用文件

下列文件对于本文件的应用是必不可少的。凡是注日期的引用文件,仅注日期的版本适用于本文件。凡是不注日期的引用文件,其最新版本(包括所有的修改单)适用于本文件。

NY/T 1861—2010 外来草本植物普查技术规程

3 术语和定义

下列术语和定义适用于本文件。

3.1

适生区 suitable geographic distribution area

在自然条件下,能够满足一个物种生长、繁殖并可维持一定种群规模的生态区域,包括物种的发生区及潜在发生区(潜在扩散区域)。

3.2

水域 water area

指陆地水域和水利设施用地,包括河流、湖泊、水库、坑塘、苇地、滩涂、沟渠、水工建筑物等。

4 监测区的划分

4.1 开展监测的行政区域内的大藻适生区即为监测区。

4.2 以县级行政区域作为适生区划分的基本单位。县级行政区域内有大藻发生,无论发生面积大或小,该区域即为大藻发生区。

4.3 潜在发生区的划分以农业部外来物种主管部门指定的专家团队做出的详细风险分析报告为准。

4.4 大藻识别特征参见附录A。

5 发生区的监测

5.1 监测点的确定

在开展监测的行政区域内,依次选取20%的下一级行政区域直至乡镇(有大藻发生),每个乡镇随机选取3个行政村,设立监测点。大藻发生区实际数量低于设置标准的,只选实际发生的区域。

5.2 监测内容

监测内容包括大藻的发生盖度、面积、扩散趋势、生态影响、经济危害等。

5.3 监测时间

每年在苗期(4月~5月)和花期(7月~8月)对大藻进行2次监测调查。

5.4 监测用具

照相机或摄像机、全球定位系统(GPS)或定位仪、采集箱或塑料桶、船只、米尺、样方框、标签卡、镰形刀、铅笔、橡皮、小刀、防护用具等。

5.5 种群调查方法

已知大藻发生区域的种群调查一般采用选择样方和样线法。在调查方法确定后,在此后的监测中不可更改。

5.5.1 样方法

5.5.1.1 在监测点选取 1 个～3 个发生的典型生境(河流、池塘、湖泊)设置样地,在每个样地内选取 20 个以上的样方,采用随机或对角线或"Z"字形取样法;发生在一些较难监测的水域生境,可适当减少样方数,但不低于 10 个。

5.5.1.2 样方间距≥5 m。

5.5.1.3 每个样方面积 0.25 m²～1 m²,样方为正方形。

5.5.1.4 对样方内的所有植物种类、数量及盖度进行调查,调查结果按附录 B 的要求记录和整理。

5.5.1.5 该方法多用于大藻发生面积较大的水域,如湖泊、大型水库等生境。

5.5.2 样线法

5.5.2.1 在监测点选取 1 个～3 个发生的典型生境设置样地,根据生境类型的实际情况设置样线,常见生境中样线的选取方案见附录 C。

5.5.2.2 每条样线选 50 个等距样点。

5.5.2.3 样点半径 15 cm 内的植物为该样点的样本植物。

5.5.2.4 记录样点内植物种类及株数,按附录 D 的要求记录和整理。

5.5.2.5 该方法多用于大藻发生面积较小的水域,如水稻田、池塘等生境。

5.6 危害等级划分

根据大藻的盖度(样方法)或频度(样线法),将大藻的危害分为 3 个等级:
——1 级:轻度发生,盖度或频度<5%;
——2 级:中度发生,盖度或频度 5%～20%;
——3 级:重度发生,盖度或频度>20%。

5.7 发生面积调查方法

5.7.1 对发生在水稻田、小型水库、池塘、沟渠等具有明显边界的生境内的大藻,其发生面积以相应地块的面积累计计算,或划定包含所有发生点的区域,以整个区域的面积进行计算。

5.7.2 对发生在江、河沿线等没有明显边界的大藻,持定位仪沿其分布边缘走完一个闭合轨迹后,将定位仪计算出的面积作为其发生面积,其中,江、河的河堤的面积也计入其发生面积。

5.7.3 对发生地地理环境复杂(如湖泊、大型水库等大型水域),人力不便或无法实地踏查或使用定位仪计算面积的,可使用目测法、通过咨询当地国土资源部门(测绘部门)或者熟悉当地基本情况的基层人员,获取其发生面积。

5.7.4 调查的结果按附录 E 的要求记录。

5.8 生态影响评价方法

5.8.1 在生态影响评价中,通过比较相同样地中大藻及主要伴生植物在不同监测时间的重要值的变化,反映大藻的竞争性和侵占性;通过比较相同样地在不同监测时间的生物多样性指数的变化,反映大藻入侵对生物多样性的影响。

5.8.2 监测中采用样线法时,通过生物多样性指数的变化反映大藻的影响。

5.8.3 生态影响评价中重要值、生物多样性指数等指标的计算,应按照 NY/T 1861—2010 第 7 章的规定执行。

5.9 经济损失调查方法

5.9.1 调查内容

通过查阅权威部门公布的统计数据,结合对大藻入侵区实地调查,包括各个生境发生面积和农业产量、水产养殖、农产品质量、航运、水电等的损失及人工打捞、机械打捞、农药防控、生防防治等费用。

5.9.2 经济损失估算

估算方法参见附录F。

6 潜在发生区的监测

6.1 监测点的确定

在开展监测的行政区域内,依次选取20%的下一级行政区域至地市级,在选取的地市级行政区域中依次选择20%的县(均为潜在分布区)和乡镇,每个乡镇随机选取3个行政村进行调查。县级潜在分布区不足选取标准的,全部选取。

6.2 监测内容

调查大藻是否发生。在潜在发生区监测到大藻发生后,应立即调查其发生情况,并按照第5章规定的方法开展监测。

6.3 监测时间

根据离监测点较近的发生区或气候特点与监测区相似的发生区大藻的生长特性,或根据文献资料进行估计,选择花期(7月~8月)进行。

6.4 调查方法

6.4.1 踏查结合走访调查

对按照6.1中确定的监测点(行政村)进行走访和踏查,调查结果按附录G中表G.1的格式记录。

6.4.2 定点调查

6.4.2.1 对监测点(行政村)内大藻的常发生境(水稻田、河道、沟渠、湖泊、水库、池塘等)进行重点监测。

6.4.2.2 对园艺/花卉公司、水生植物种苗生产基地、水产养殖场等有对外贸易或国内调运活动频繁的高风险场所及周边,尤其是与大藻发生区之间存在水生种苗、种子、水产品等可能夹带大藻种子的货物调运活动的地区及周边,进行定点或跟踪调查。

6.4.2.3 调查结果按表G.2的格式记录。

7 标本采集、制作、鉴定、保存和处理

7.1 在监测过程中发现的疑似大藻而无法当场鉴定的植物,应采集制作成标本,并记录其生境、全株、茎、叶、花、果、水下部分等信息。标本采集和制作的方法应符合NY/T 1861—2010中附录G的规定。

7.2 标本采集、运输、制作等过程中,植物活体部分均不可遗撒或随意丢弃,在运输中应特别注意密封。标本制作中掉落或不用的植物部分,一律进行无害化处理。

7.3 疑似大藻的植物带回后,应首先根据相关资料自行鉴定。自行鉴定结果不确定或仍不能做出鉴定的,选择制作效果较好的标本并附上照片,寄送给有关专家进行鉴定。

7.4 大藻标本应妥善保存于县级以上的监测负责部门,以备复核。重复的或无需保存的标本应集中销毁,不得随意丢弃。

8 监测结果上报与数据保存

8.1 发生区的监测结果应于监测结束后或送交鉴定的标本鉴定结果返回后7 d内汇总上报。

8.2 潜在发生区发现大藻后,应于3 d内将初步结果上报,包括监测人、监测时间、监测地点或范围、初

步发现大藻的生境、发生面积和造成的危害等信息,并在详细情况调查完成后 7 d 内上报完整的监测报告。

8.3 监测中所有原始数据、记录表(附录 B~附录 G)、照片等均应进行整理后妥善保存于县级以上的监测负责部门,以备复核。

附　录　A
（资料性附录）
大藻的形态特征

　　大藻为天南星科、天南星亚科、大漠属,漂浮于水面的多年生草本植物,须根发达,悬垂水中。主茎短缩,叶簇生于其上,呈莲座状。叶倒卵状楔形,长 2 cm～8 cm,先端钝圆而呈微波状,基部有柔毛,两面被微毛。花期 6 月～7 月,花序生于叶腋间,总花梗短,佛焰苞长约 1.2 cm,背面被毛;肉穗花序,稍短于佛焰苞,雌花在下,仅有 1 雌蕊,贴生于佛焰苞,雄花 2 朵～8 朵生于上部,与佛焰苞分离。果为浆果,内含种子 10 粒～15 粒,椭圆形,黄褐色。大藻形态图见图 A.1。

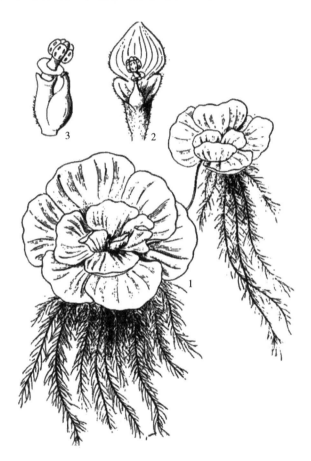

说明:
1——植株;
2——肉穗花序;
3——去佛焰苞的花序。

图 A.1　大藻形态图(《中国植物志》)

附　录　B

（规范性附录）

大藻监测样方调查结果记录格式

B.1　样方法调查大藻及其伴生植物群落调查记录表

大藻发生区种群监测的样地调查结果按表 B.1 的格式记录。

表 B.1　样方法调查大藻及其伴生植物种群调查记录表

调查日期：＿＿＿＿＿＿＿＿＿＿＿＿＿　表格编号[a]：＿＿＿＿＿＿＿＿＿＿＿＿＿＿＿＿

调查小区位置：＿＿＿省＿＿＿市＿＿＿县＿＿＿乡（镇）/街道＿＿＿村；经纬度：＿＿＿＿＿＿＿＿＿

调查小区生境类型：＿＿＿＿＿＿＿＿＿样地大小：＿＿＿＿＿＿＿＿（m²）样方序号：＿＿＿＿＿＿＿＿

调查人：＿＿＿＿＿＿工作单位：＿＿＿＿＿＿＿＿＿＿＿职务/职称：＿＿＿＿＿＿＿＿＿

联系方式：（固定电话＿＿＿＿＿＿移动电话＿＿＿＿＿＿电子邮件＿＿＿＿＿＿）

植物种类序号	植物种类名称	株数	盖度[b]，%
1			
2			
3			
[a]　表格编号以监测点编号＋监测年份后 2 位＋样地编号＋样方序号＋1 组成。确定监测点和样地时，自行确定其编号。 [b]　样方内某种植物所有植株的冠层投影面积占该样方面积的比例。通过估算获得。				

B.2　样方法大藻种群调查结果汇总表

根据表 B.1 的调查结果，按表 B.2 的格式进行汇总整理。

表 B.2　样方法大藻种群调查结果汇总表

汇总日期：＿＿＿＿＿＿＿＿＿＿＿　表格编号[a]：＿＿＿＿＿＿＿＿＿＿＿＿

汇总人：＿＿＿＿＿＿工作单位：＿＿＿＿＿＿职务/职称：＿＿＿＿＿＿＿＿

联系方式：（固定电话＿＿＿＿＿＿移动电话＿＿＿＿＿＿电子邮件＿＿＿＿＿＿）

植物种类序号	植物种类名称	样地内的株数	出现的样方数	样地内的平均盖度，%
1				
2				
3				
[a]　表格编号以监测点编号＋监测年份后 2 位＋样地编号＋99＋2 组成。					

附 录 C
（规范性附录）
大藻监测样线法中样线选取方案

大藻监测样线法中不同生境中的样线选取方案见表C.1。

表C.1 样线法中不同生境中的样线选取方案

单位为米

生境类型	样线选取方法	样线长度	点距
水稻田	对角线	50～100	1～2
江、河	沿两岸各取一条(可为曲线)	50～100	1～2
河道	沿两岸各取一条(可为曲线)	50～100	1～2
沟渠	沿两岸各取一条(可为曲线)	50～100	1～2
湖泊	对角线,取对角线不便或无法实现时可使用S形、V形、N形、W形曲线	50～100	1～2
水库	对角线,取对角线不便或无法实现时可使用S形、V形、N形、W形曲线	50～100	1～2
池塘	对角线,取对角线不便或无法实现时可使用S形、V形、N形、W形曲线	50～100	1～2

附 录 D

（规范性附录）

大藻监测样线法调查结果记录格式

D.1 样线法大藻种群调查记录表

见表D.1。

表D.1 样线法大藻种群调查记录表

调查日期：_____ 表格编号[a]：_____

监测点位置：_____省_____市_____县_____乡(镇)/街道_____村;

经纬度：_____ 生境类型：_____ 样地大小：_____(m²)

调查人：_____ 工作单位：_____ 职务/职称：_____

联系方式：(固定电话_____ 移动电话_____ 电子邮件_____)

样点序号[b]	植物名称Ⅰ	株数	植物名称Ⅱ	株数	植物名称Ⅲ	株数	…
1							
2							
3							
a 表格编号以监测点编号＋监测年份后2位＋生境类型序号＋3组成。生境类型序号按调查的顺序编排,此后的调查中,生境类型序号与第一次调查时保持一致。							
b 选取2条样线的,所有样点依次排序,记录于本表。							

D.2 样线法大藻植物种群调查结果汇总表

根据表D.1的调查结果,按表D.2的格式进行汇总整理。

表D.2 样线法大藻植物种群调查结果汇总表

汇总日期：_____ 生境类型：_____ 表格编号[a]：_____

监测点位置：_____省_____市_____县_____乡(镇)/街道_____村;

汇总人：_____ 工作单位：_____ 职务/职称：_____

联系方式：(固定电话_____ 移动电话_____ 电子邮件_____)

植物种类序号	植物名称	株数	频度[b]
1			
2			
3			
…			
a 表格编号以监测点编号＋监测年份后2位＋生境类型序号＋4组成。			
b 存在某种植物的样点数占总样点数的比例。			

附 录 E

（规范性附录）

大藻监测点发生面积调查结果记录格式

大藻监测样点发生面积结果按表 E.1 的格式记录。

表 E.1 大藻监测样点发生面积记录表

调查日期：_____ 监测点位置：___省___市___县___乡（镇）/街道_____村；经纬度：_____表格编号[a]：_____
调查人：_____ 工作单位：_____ 职务/职称：_____
联系方式：（固定电话_____ 移动电话_____ 电子邮件_____）

发生生境类型	发生面积 hm²	危害对象	危害方式	危害程度	防治面积 hm²	防治成本 元	经济损失 元
合计							
[a] 表格编号以监测点编号＋监测年份后2位＋年内踏查的次序号（第n次调查）＋5组成。								

附　录　F
（资料性附录）
大藻经济损失估算方法

根据水生入侵杂草的入侵生境和区域，经济损失分为直接经济损失和间接经济损失两部分。

F.1 经济损失（EL）按式（F.1）计算。

$$EL = DL + IL \quad\cdots\cdots\cdots\cdots\cdots\cdots\cdots\cdots\cdots\cdots（F.1）$$

式中：

EL——经济损失，单位为万元；

DL——直接经济损失，单位为万元；

IL——间接经济损失，单位为万元。

F.2 直接经济损失（DL）按式（F.2）计算。

$$DL = PR + CT \quad\cdots\cdots\cdots\cdots\cdots\cdots\cdots\cdots\cdots\cdots（F.2）$$

式中：

PR——物质资源损失，单位为万元；

CT——恢复治理费用，单位为万元。

F.3 物质资源损失（PR）按式（F.3）计算。

$$PR = PR_1 + PR_2 + PR_3 + PR_4 \quad\cdots\cdots\cdots\cdots\cdots\cdots\cdots\cdots\cdots\cdots（F.3）$$

式中：

PR_1——农田系统受破坏的损失，单位为万元；

PR_2——养殖业受影响产生的损失，单位为万元；

PR_3——航运受阻产生的损失，单位为万元；

PR_4——水力发电受影响产生的损失，单位为万元。

F.4 农田系统受破坏的损失（PR_1）按式（F.4）计算。

$$PR_1 = PL_1 + ML_1 \quad\cdots\cdots\cdots\cdots\cdots\cdots\cdots\cdots\cdots\cdots（F.4）$$

式中：

PL_1——产量损失，单位为万元；

ML_1——质量损失，单位为万元。

F.5 产量损失（PL_1）按式（F.5）计算。

$$PL_1 = S_{Pl} \times P_{Pl} \times L_{Pl} \times V_{Pl} \quad\cdots\cdots\cdots\cdots\cdots\cdots\cdots\cdots\cdots\cdots（F.5）$$

式中：

S_{Pl}——发生面积，单位为公顷（hm^2）；

P_{Pl}——单位面积产量，单位为千克每公顷（kg/hm^2）；

L_{Pl}——产量损失率，单位为百分率（%）；

V_{Pl}——单位数量产品的价值，单位为万元每千克（万元/kg）。

F.6 质量损失（ML_1）按式（F.6）计算。

$$ML_1 = S_{ml} \times P_{ml} \times M_{ml} \times V_{ml} \quad\cdots\cdots\cdots\cdots\cdots\cdots\cdots\cdots\cdots\cdots（F.6）$$

式中：

S_{ml}——发生面积，单位为公顷（hm^2）；

P_{m1}——单位面积产量,单位为千克每公顷(kg/hm²);

M_{m1}——质量损失率,单位为百分率(%);

V_{m1}——单位数量产品的价值,单位为万元每千克(万元/kg)。

F.7 养殖业受影响产生的损失(PR_2)按式(F.7)计算。

$$PR_2 = PL_2 + ML_2 \quad\cdots\cdots\cdots\cdots\cdots\cdots\cdots\cdots\cdots\cdots\cdots\cdots\cdots\cdots (F.7)$$

式中:

PL_2——产量损失,单位为万元;

ML_2——质量损失,单位为万元。

F.8 产量损失(PL_2)按式(F.8)计算。

$$PL_2 = S_{P2} \times P_{P2} \times L_{P2} \cdots\cdots\cdots\cdots\cdots\cdots\cdots\cdots\cdots\cdots\cdots\cdots (F.8)$$

式中:

S_{P2}——发生面积,单位为公顷(hm²);

P_{P2}——单位面积养殖收益,单位为万元每公顷(万元/hm²);

L_{P2}——产量损失率,单位为百分率(%)。

F.9 质量损失(ML_2)按式(F.9)计算。

$$ML_2 = S_{M2} \times P_{M2} \times L_{M2} \quad\cdots\cdots\cdots\cdots\cdots\cdots\cdots\cdots\cdots\cdots\cdots (F.9)$$

式中:

S_{M2}——发生面积,单位为公顷(hm²);

P_{M2}——单位面积养殖收益,单位为万元每公顷(万元/hm²);

L_{M2}——质量损失率,单位为百分率(%)。

F.10 恢复治理费用(CT)按式(F.10)计算。

$$CT = CT_1 + CT_2 + CT_3 + CT_4 \quad\cdots\cdots\cdots\cdots\cdots\cdots\cdots\cdots\cdots (F.10)$$

式中:

CT_1——人工打捞费用,单位为万元;

CT_2——机械打捞费用,单位为万元;

CT_3——农药防治投入费用,单位为万元;

CT_4——生物防治费用,单位为万元。

F.11 间接经济损失(IL)按式(F.11)计算。

$$IL = EB + SE \cdots\cdots\cdots\cdots\cdots\cdots\cdots\cdots\cdots\cdots\cdots\cdots\cdots\cdots\cdots (F.11)$$

式中:

EB——生态效益损失,单位为万元;

SE——社会经济效益损失,单位为万元。

F.12 生态效益损失(EB)按式(F.12)计算。

$$EB = EB_1 + EB_2 + EB_3 \cdots\cdots\cdots\cdots\cdots\cdots\cdots\cdots\cdots\cdots\cdots (F.12)$$

式中:

EB_1——农田生态系统间接经济损失,单位为万元;

EB_2——湿地生态系统间接经济损失,单位为万元;

EB_3——生物多样性间接经济损失,单位为万元。

F.13 农田生态系统间接经济损失(EB_1)按式(F.13)计算。

$$EB_1 = S_{农田} \times F_{农田} \times K_{农田} \quad\cdots\cdots\cdots\cdots\cdots\cdots\cdots\cdots\cdots (F.13)$$

式中:

$S_{农田}$——农田受大藻侵染的面积,单位为公顷(hm²);

$F_{农田}$——农田生态系统服务功能间接使用价值,单位为万元每公顷(万元/hm²);

$K_{农田}$——入侵杂草对农田所造成的损害程度,单位为百分率(%)。

F.14 湿地生态系统间接经济损失(EB₂)按式(F.14)计算。

$$EB_2 = S_{湿地杂草} \times F_{湿地} \times K_{湿地} \cdots\cdots\cdots\cdots\cdots\cdots\cdots\cdots (F.14)$$

式中:

$S_{湿地杂草}$——湿地受大藻侵染的面积,单位为公顷(hm²);

$F_{湿地}$——湿地生态系统服务功能间接使用价值,单位为万元每公顷(万元/hm²);

$K_{湿地}$——入侵杂草对湿地所造成的损害程度,单位为百分率(%)。

F.15 生物多样性间接经济损失(EB₃)按式(F.15)计算。

$$EB_3 = N \times V \times U \times K \times P \cdots\cdots\cdots\cdots\cdots\cdots\cdots\cdots (F.15)$$

式中:

N——受侵染地区该物种入侵前的物种数;

V——单位遗传资源的经济价值,单位为万元;

U——遗传资源的被使用率,单位为百分率(%);

K——濒危遗传资源的比例,单位为百分率(%);

P——外来入侵物种在造成遗传资源受威胁的诸因素中所占的比例,单位为百分率(%)。

F.16 社会经济效益损失

主要是由于水生入侵杂草的入侵导致了旅游景点的污染,降低了受污染景点的旅游选择意愿,致使其所带来的门票收入、购物消费收入等减少。按式(F.16)计算。

$$SE = R/I \cdots\cdots\cdots\cdots\cdots\cdots\cdots\cdots\cdots\cdots\cdots (F.16)$$

式中:

R——景区收入,单位为万元;

I——银行利率。

附　录　G

（规范性附录）

大藻潜在发生区调查结果记录格式

G.1　大藻潜在发生区踏查记录表

大藻潜在发生区的踏查结果按表 G.1 的格式记录。

表 G.1　大藻潜在发生区踏查记录表

踏查日期：_____ 监测点位置：___省___市___县___乡（镇）/街道___村；经纬度：_____ 表格编号[a]：_____
踏查人：_____ 工作单位：_____ 职务/职称：_____
联系方式：（固定电话_____ 移动电话_____ 电子邮件_____）

踏查生境类型	踏查面积，hm²	踏查结果	备注
合计			
[a]　表格编号以监测点编号＋监测年份后 2 位＋年内踏查的次序号（第 n 次踏查）＋6 组成。

G.2　大藻潜在发生区定点调查记录表

大藻潜在发生区的定点调查结果按表 G.2 的格式记录。

表 G.2　大藻潜在发生区定点调查记录表

定点调查的单位：_____ 位置：_____ 表格编号[a]：_____
调查人：_____ 工作单位：_____ 职务/职称：_____
联系方式：（固定电话_____ 移动电话_____ 电子邮件_____）

调查日期	调查的周围区域面积或沿线长度	调查结果	备注
[a]　表格编号以监测点编号＋监测年份后 2 位＋99＋7 组成。

ICS 65.020
B 16

中华人民共和国农业行业标准

NY/T 3077—2017

少花蒺藜草综合防治技术规范

Codes of practice for integrated management of *Cenchrus spinifex* Cav.

2017-06-12 发布

2017-10-01 实施

中华人民共和国农业部 发布

目　　次

前　言

本标准按照 GB/T 1.1—2009 给出的规则起草。

请注意本文件的某些内容可能涉及专利。本文件的发布机构不承担识别这些专利的责任。

本标准由农业部科技教育司提出并归口。

本标准起草单位：中国农业科学院农业环境与可持续发展研究所、农业部农业生态与资源保护总站、辽宁省农业环境保护监测站。

本标准主要起草人：张国良、付卫东、张宏斌、宋振、董淑萍、孙玉芳、张瑞海、王忠辉。

少花蒺藜草综合防治技术规范

1 范围

本标准规定了少花蒺藜草的综合防治原则、策略和防治技术措施。

本标准适用于农业环境保护、植物保护、草原监理等部门对少花蒺藜草的综合防治。

2 规范性引用文件

下列文件对于本文件的应用是必不可少的。凡是注日期的引用文件,仅注日期的版本适用于本文件。凡是不注日期的引用文件,其最新版本(包括所有的修改单)适用于本文件。

NY/T 2689 外来入侵植物监测技术规程 少花蒺藜草

3 术语和定义

下列术语和定义适用于本文件。

3.1

刈割 clipping

采用人力或机械对少花蒺藜草植物地上部分进行收割、收获、修剪,以达到控制其生长、危害的一种农艺措施。

3.2

替代控制 replacement control

一种生态控制方法,其核心是选择一种或多种适应性强、生长速度快、对环境友好,具有经济、生态价值的植物或组合,达到控制或取代入侵植物的目的。

4 防治的原则和策略

4.1 防治原则

采取"预防为主,综合防治"的原则。加强检疫和监测,防止少花蒺藜草向未发生区传播扩散;综合协调应用有关杂草控制技术措施,显著减少对经济和生态的危害,以取得最大的经济效益和生态效益。

4.2 防治策略

采取群防群治与统防统治相结合的绿色防控措施,根据少花蒺藜草发生的危害程度及生境类型,按照分区施策、分类治理的策略,综合利用检疫、农艺、物理、化学和生态措施控制少花蒺藜草的发生危害。

5 监测方法

少花蒺藜草的监测应符合 NY/T 2689 的规定。对少花蒺藜草发生生境、发生面积、危害方式、危害程度、潜在扩散范围、潜在危害方式、潜在危害程度等监测。少花蒺藜草的形态鉴别参见附录 A、附录 B。

6 主要防治措施

6.1 植物检疫

严把植物检疫关,加强对少花蒺藜草疫区种子和种畜调运、农产品和畜产品与农机具的检疫。

6.2 农艺措施

6.2.1 通过增肥、控水调控措施,提高植被覆盖度和竞争力,有效抑制少花蒺藜草的生长和危害。

6.2.2 在少花蒺藜草孕穗期低位刈割,两周刈割 1 次。

6.2.3 在少花蒺藜草抽茎分蘖期放牧控制。

6.2.4 在作物地,播种前用耙地机拖带废旧地毯等棉麻织品,收集地表散落的少花蒺藜草刺苞,集中焚烧或深埋处置,降低土壤中少花蒺藜草种子库,减少出苗数量。在作物生长期,适时中耕杀灭已出苗的少花蒺藜草植株。

6.3 物理防治

6.3.1 对于少花蒺藜草散生或零星发生区域,在少花蒺藜草的 4 叶~5 叶期,连根拔除,集中处置。

6.3.2 少花蒺藜草大面积发生区,在营养生长旺盛期采用机械防除。

6.4 化学防治

根据不同生境采用苗前或苗后除草剂处理,除草剂使用技术见附录 C 的表 C.1。

6.5 替代控治

在少花蒺藜草的发生区选择性种植推荐的替代植物,替代植物的种类和种植方法见附录 D 的表 D.1。

7 发生区综合防治措施

7.1 草场

采取农艺、物理、替代措施防控。

7.2 农田

7.2.1 播种前,清洁农田,清除地表少花蒺藜草刺苞。

7.2.2 采取免耕措施,降低土壤中少花蒺藜草种子库数量。

7.2.3 作物苗期,少花蒺藜草发生密度较小时,可采取人工拔除、刈割、机械铲除;发生密度较大时,可根据农田作物种类选择推荐除草剂防除。使用方法见表 C.1。

7.2.4 清洁田埂。

7.3 荒地

7.3.1 在少花蒺藜草出苗后,使用推荐的除草剂防除。见表 C.1。

7.3.2 根据当地生态条件,种植替代植物,见表 D.1。

7.4 林地、果园

7.4.1 采取人工拔除、刈割、机械铲除或化学防除。除草剂使用方法见表 C.1。

7.4.2 根据当地生态条件,种植替代植物,见表 D.1。

8 防治效果评价

防治措施实施后,应对控制效果进行评价。新发区域采取控制措施后,经过 2 个生长季节的连续监测少花蒺藜草土壤种子库、地表植物群落,未再发生,宣布根除成功,并做好后预防措施;发生区域采取防治措施 4 周后,进行防治效果评价,未达到预期控制效果的,应对综合防治方案进行评议修订,并决定是否再次启动防控程序。

附　录　A
（资料性附录）
少花蒺藜草形态特征

A.1　禾本科植物的鉴定特征

多年生、一年生或越年生草本，被子植物，在竹类中，其茎为木质，呈乔木或灌木状。根系为须根系。茎有节与节间，节间中空，称为秆(竿)，圆筒形。节部居间分生组织生长分化，使节间伸长。单叶互生成2列，由叶鞘、叶片和叶舌构成，有时具叶耳；叶片狭长线形或披针形，具平行叶脉，中脉显著，不具叶柄，通常不从叶鞘上脱落。在竹类中，叶具短柄，与叶鞘相连处具关节，易自叶鞘上脱落，秆箨与叶鞘有别，箨叶小而无中脉。花序顶生或侧生。多为圆锥花序，或为总状花序、穗状花序。小穗是禾本科的典型特征，由颖片、小花和小穗轴组成。通常两性，或单性与中性，由外稃和内稃包被着；小花多有2枚微小的鳞被，雄蕊1枚～6枚，子房1室，含1胚珠；花柱通常2，稀1或3；柱头多呈羽毛状。果为颖果，少数为囊果、浆果或坚果。

A.2　蒺藜草属植物的鉴定特征

穗形总状花序顶生；由多数不育小枝形成的刚毛常部分愈合而成球形刺苞，具短而粗的总梗，总梗在基部连同刺苞一起脱落，刺苞上刚毛直立或弯曲，内含簇生小穗1至数个，成熟时，小穗与刺苞一起脱落；小穗无柄；第一颖常短小或缺；第二颖通常短于小穗；第一小花雄性或中性，具3雄蕊，外稃薄纸质至膜质，内稃发育良好；第二小花两性，外稃成熟时质地变硬，通常肿胀，顶端渐尖，边缘薄而扁平，包卷同质的内稃；鳞被退化；雄蕊3，花药线形，顶端无毛或具毫毛；花柱2，基部联合。颖果椭圆状扁球形；种脐点状；胚长约为果实的2/3。

A.3　少花蒺藜草的鉴定特征

茎秆膝状弯曲；叶鞘压扁、无毛，或偶尔有绒毛；叶舌边缘毛状，长0.5 mm～1.4 mm；叶片长3cm～28cm，宽3 mm～7.2 mm，先端细长。总状花序，小穗被包在苞叶内；可育小穗无柄，常2枚簇生成束；刺状总苞下部愈合成杯状，卵形或球形，长5.5 mm～10.2 mm，下部倒圆锥形。苞刺长2 mm～5.8 mm，扁平、刚硬、后翻、粗皱，下部具绒毛，和可育小穗一起脱落。小穗长3.5 mm～5.9 mm，由一个不育小花和一个可育小花组成，卵形，背面扁平，先端尖、无毛。颖片短于小穗，下颖长1 mm～3.5 mm，披针状、顶端急尖，膜质，有1脉；上颖3.5 mm～5 mm，卵形，顶端急尖，膜质，有5脉～7脉；下外稃3 mm～5 mm，有5脉～7脉，质硬，背面平坦，先端尖。下部小花为不育雄花，或退化，内稃无或不明显；外稃卵行膜质长3 mm～5 mm(～5.9 mm)，有5脉～7脉，先端尖；可育花的外稃卵形，长3.5 mm～5 mm(～5.8 mm)，皮质、边缘较薄凸起，内稃皮质。花药3个，长0.5 mm～1.2 mm。颖果几呈球形，长2.5 mm～3.0 mm，宽2.4 mm～2.7 mm，绿黄褐色或黑褐色；顶端具残存的花柱；背面平坦，腹面凸起，脐明显，深灰色。在体视解剖镜下放大10倍～15倍检验，根据种的特征和近缘种的比较(参见附录B)，鉴定是否为少花蒺藜草。

A.4　少花蒺藜草形态特征图

见图A.1。

图 A.1　少花蒺藜草形态特征图（付卫东拍摄）

附　录　B

（资料性附录）

少花蒺藜草及其近缘种检索表

1. 刺苞排列不规则,所有苞刺刚硬。 ……………………………… 少花蒺藜草 *Cenchrus spinifex* Cav.

刺苞呈轮状排列,上部苞刺刚硬。 …………………………………………………………… 2

2. 刺苞上刚毛具较明显的倒向糙毛,其背部具较密的细毛和长绵毛,刺苞裂片于1/3或中部稍下处

连合,刺苞总梗具密的短毛。 ………………………………… 蒺藜草 *C. echinatus* L.

刺苞上刚毛具不明显的倒向糙毛,几平滑,其背部具较疏白色短毛和长绵毛,刺苞裂片于中部或

2/3以下连合,刺苞总梗光滑无毛。 ……………………………… 光梗蒺藜草 *C. calyculatus* Cav.

附 录 C
（规范性附录）
少花蒺藜草的化学防治方法及注意事项

少花蒺藜草的化学防治方法及注意事项见表C.1。

表C.1 少花蒺藜草的化学防治方法及注意事项

生境	药剂	用量有效成分，g/hm²	加水，L/hm²	处理时间	喷施方式
玉米田	甲嘧磺隆	105	450	出苗前	均匀喷雾
	精异丙甲草胺	720	450	出苗前	均匀喷雾
	烟嘧磺隆	60	450	3叶～5叶期	茎叶喷雾
	烟嘧磺隆＋甲基化植物油	60＋1 125	450	3叶～5叶期	茎叶喷雾
	甲酰胺磺隆	45	450	3叶～5叶期	茎叶喷雾
阔叶作物地	精喹禾灵	60	450	3叶～5叶期	茎叶喷雾
	精喹禾灵＋甲基化植物油	120＋1 125	450	3叶～5叶期	茎叶喷雾
	精吡氟禾草灵	115	450	3叶～5叶期	茎叶喷雾
	氟吡甲禾灵	50	450	3叶～5叶期	茎叶喷雾
林地、果园	精吡氟禾草灵	115	450	3叶～5叶期	定向茎叶喷雾
	氟吡甲禾灵	50	450	3叶～5叶期	定向茎叶喷雾
	精喹禾灵	60	450	3叶～5叶期	定向茎叶喷雾
荒地	精吡氟禾草灵	115	450	3叶～5叶期	茎叶喷雾
	精吡氟乙禾灵	50	450	3叶～5叶期	茎叶喷雾
	稀禾定	190	450	3叶～5叶期	茎叶喷雾
	草甘膦	1 125	450	3叶～9叶期	定向茎叶喷雾
注意事项	a) 根据天气情况，选择6 h内无降雨的天气进行喷药； b) 草甘膦为灭生性除草剂，注意不要喷施到作物的绿色部位，以免造成药害； c) 在施药区应插上明细的警示牌，避免造成人、畜中毒或其他意外				

附　录　D

（规范性附录）

少花蒺藜草替代植物种植方法

少花蒺藜草替代植物种植方法见表D.1。

表 D.1　少花蒺藜草替代植物种植方法

替代植物	拉丁名	种植方法	适用生境
菊芋	*Helianthus tuberosus* L.	翻耕后起垄，块茎穴播于垄上，行株距为（40～60）cm×（10～20）cm，播深 10 cm～15 cm，播种量为 450 g/hm²～750 g/hm²，覆土 1 cm～2 cm	荒地
紫花苜蓿	*Medicago sativa* L.	翻耕，行距为 30 cm～35 cm，条播，播深为 1 cm～3 cm，播种量 22.5 kg/hm²～30 kg/hm²，播种后覆土 1 cm～2 cm	草场、农田、林地、果园
沙打旺	*Astragalus adsurgens* Pall.	翻耕，行距 40 cm～60 cm，条播，播种量为 22.5 kg/hm²～30 kg/hm²，播种后覆土 1 cm～2 cm	草场、林地、果园
紫花苜蓿＋沙打旺	*Medicago sativa* L. ＋ *Astragalus adsurgens* Pall.	翻耕，行距 40 cm～60 cm，条播，播种量为 22.5 kg/hm²～30 kg/hm²，紫花苜蓿和沙打旺的播种量的比为 1：（0.5～1.5），播种后覆土 1 cm～2 cm	草场、荒地、农田、林地、果园
紫花苜蓿＋披碱草	*Medicago sativa* L. ＋*Elymus dahuricus* Turcz	翻耕后起垄，紫花苜蓿 22.5 kg、披碱草 30 kg 混土搅拌均匀后撒播于垄间	草场、林地、荒地
沙打旺＋披碱草	*Astragalus adsurgens* Pall. ＋*Elymus dahuricus* Turcz	翻耕后起垄覆膜，沙打旺 17.5 kg、披碱草 30 kg 混土搅拌均匀后撒播于垄间	草场、荒地、农田、林地、果园
羊草	*Leymus chinensis*（Trin.）Tzvel.	旋耕机深翻，撒播，播种量 120 kg/hm²，播种后覆沙 1 cm～2 cm	草场、荒地
紫穗槐	*Amorpha fruticosa* L.	行株距 50 cm×50 cm，幼苗移栽	荒地

ICS 65.020
B 16

中华人民共和国农业行业标准

NY/T 3080—2017

大白菜抗黑腐病鉴定技术规程

Rule for evaluation of chinese cabbage resistance to black rot

2017-06-12 发布

2017-10-01 实施

中华人民共和国农业部 发布

前　言

本标准按照 GB/T 1.1—2009 给出的规则起草。

本标准由农业部种植业管理司提出。

本标准由全国蔬菜标准化技术委员会(SAC/TC 467)归口。

本标准起草单位:中国农业科学院蔬菜花卉研究所。

本标准主要起草人:杨宇红、谢丙炎、冯兰香、杨翠荣、茹振川、陈国华、凌键。

大白菜抗黑腐病鉴定技术规程

1 范围

本标准规定了大白菜抗黑腐病(*Xanthomonas campestris* pv. *campestris*)的鉴定方法和评价方法。本标准适用于大白菜(*Brassica rapa* L. ssp. *pekinensis*)抗黑腐病的室内鉴定及抗性评价。

2 规范性引用文件

下列文件对于本文件的应用是必不可少的。凡是注日期的引用文件,仅注日期的版本适用于本文件。凡是不注日期的引用文件,其最新版本(包括所有的修改单)适用于本文件。

GB/T 6682 分析实验室用水规格和试验方法

3 术语和定义

NY/T 1857.6界定的以及下列术语和定义适用于本文件。

3.1

大白菜黑腐病 chinese cabbage black rot

由野油菜黄单胞菌野油菜致病变种[*Xanthomonas campestris* pv. *campestris*(Pammel)Dowson]引起的细菌性病害。

注:病害表现症状为叶片叶缘形成"V"字形或长条形黄褐色病斑,病斑周围伴有黄色褪绿晕带,病部叶脉坏死变黑,部分外叶干枯、脱落,植株茎部、根部的维管束变黑,严重时叶片呈现出以"歪柄"或"半边瘫"等症状为主的大白菜病害。在干燥条件下,病部往往呈现黑色的干腐状,无明显的恶臭味,可区别于软腐病。

4 试剂与材料

除非另有说明,本方法所用试剂均为分析纯,水为GB/T 6682中规定的三级水。

4.1 酵母葡萄糖碳酸钙(YDC)培养基

4.1.1 液体培养基:酵母膏10 g,葡萄糖20 g,碳酸钙20 g,水1 000 mL,搅拌均匀并溶化后,酸碱度调至pH 7.0,于121℃高压灭菌30 min。

4.1.2 固体培养基:在液体培养基中加入15 g～18 g琼脂粉。

4.2 葡萄糖蛋白胨培养基

4.2.1 液体培养基:葡萄糖5 g,蛋白胨10 g,水解酪蛋白1 g,水1 000 mL,搅拌均匀并溶化后,酸碱度调至pH 7.0,于121℃高压灭菌30 min。

4.2.2 固体培养基:在液体培养基中加入15 g～18 g琼脂粉。

4.3 育苗基质

将草炭、蛭石和菜田土按2∶1∶1(体积比)的比例混合均匀,于134℃高温蒸汽灭菌30 min。

5 仪器设备

5.1 恒温摇床

回旋频率范围:40 r/min～300 r/min;温控范围:5℃～60℃。

5.2 恒温培养箱

温度范围:0℃～50℃;温度波动:±0.5℃。

5.3 低温冰柜

箱内温度：—15℃～—25℃。

5.4 灭菌锅

温度范围：0℃～135℃；灭菌时间：4 min～120 min；最高工作压力：0.22 MPa～0.25 MPa。

5.5 超净工作台

洁净等级：100 级@≥0.5 μm；平均风速：0.25 m/s～0.6 m/s。

5.6 分光光度计

波长范围：200 nm～1 000 nm；波长误差：±1 nm；透射比准确度：±0.5%（T）。

6 黑腐病菌接种体制备

6.1 病原菌分离、保存

6.1.1 病原菌分离

取大白菜黑腐病发病植株叶片病健交界组织，用常规稀释分离法或平板划线分离法分离黑腐病病原菌。分离物鉴定参照附录 A，确认为野油菜黄单胞菌野油菜致病变种（*Xanthomonas campestris* pv. *campestris*）后，采用稀释涂布平板法进行分离物纯化，经柯赫氏（Koch's Postulates)法则验证后，保存备用。

6.1.2 病原菌保存

将黑腐病菌培养于葡萄糖蛋白胨或 YDC 液体培养基中，在（28±1）℃、150 r/min 下振荡培养 24 h 后取培养物于等体积的 40% 甘油中混合均匀，分装在冻存管内置（—20±1）℃冰柜中保存；或将在葡萄糖蛋白胨或 YDC 培养基上培养的新鲜黑腐病菌从斜面上洗下或挑下，放入灭菌水中，在室温下保存，6 个月重新活化转存 1 次。

6.2 生理小种鉴定

对用于抗病性鉴定接种的病原菌进行生理小种的鉴定，鉴定方法见附录 B。

6.3 接种体繁殖和制备

根据育种目的，有针对性地选择优势小种作为接种病原菌。将保存在灭菌水中的菌种摇匀，移至葡萄糖蛋白胨或 YDC 液体培养基中，在（28±1）℃、150 r/min 下振荡培养 24 h，加适量无菌水调整至接种浓度，制成接种液。

7 室内抗性鉴定

7.1 鉴定对照材料

设北京小杂 56 或北京大牛心等易感病品种为感病对照品种。

7.2 鉴定材料育苗

鉴定材料种子在 50℃热水中处理 10 min 后，置于（25±1）℃恒温培养箱中催芽。待种子发芽后播于装有育苗基质的塑料育苗钵内，每钵播种 1 粒种子。在温室里育苗，室内温度白天为 22℃～25℃，夜晚为 17℃～20℃。选择生长健壮、一致的幼苗用于抗病性鉴定。

7.3 接种

7.3.1 接种时期

大白菜生育期 4 叶期～5 叶期。

7.3.2 接种浓度

约 10^8 CFU/mL（OD_{600}=0.2）。

7.3.3 接种方法

接种前将植株移到鉴定室内，浇透水并盖膜于 15℃～20℃保湿一夜，相对湿度大于 90%，使叶缘吐露,第2天早晨喷雾接种,以叶片布满菌液但无液滴滴落为度。鉴定材料随机或顺序排列,每份鉴定材料重复3次,每一重复10株苗。

7.4 接种后管理

接种后保湿 24 h,相对湿度大于 90%,接种期间鉴定室温度控制在 25℃~28℃范围内,每天光照 12 h~14 h。

8 病情调查

8.1 调查时间

接种后 12 d~15 d 调查病情,根据此期间感病的对照品种病级扩展到感病病级的时间做适当调整。

8.2 病情级别划分

幼苗病情分级及其对应的症状描述见表1。

表 1 大白菜抗黑腐病室内鉴定病情级别的划分

病情级别	症状描述
0	接种叶叶片上无任何症状
1	接种叶水孔处有黑色枯死点,无扩展
3	接种叶病斑从水孔向外扩展,小于叶面积 5% 以下
5	接种叶病斑从水孔向外扩展,占叶面积 5.1%~25%
7	接种叶病斑从水孔向外扩展,占叶面积 25.1%~50%
9	接种叶病斑从水孔向外扩展,占叶面积 50.1% 以上

8.3 调查方法

调查每份鉴定材料接种叶片发病情况,根据病害症状描述,逐份材料进行调查,记载接种叶片病情级别,计算出病情指数(DI)。

病情指数(DI)按式(1)计算。

$$DI = \frac{\sum (s \times n)}{N \times S} \times 100 \quad \cdots\cdots\cdots\cdots\cdots\cdots\cdots\cdots\cdots\cdots\cdots\cdots\cdots\cdots (1)$$

式中:

DI——病情指数;

s——各病情级别的代表数值;

n——各病情级别的病叶数,单位为叶;

N——调查总叶数,单位为叶;

S——最高病情级别的代表数值。

计算结果取3次重复平均值。

9 抗病性评价

9.1 抗病性评价标准

依据鉴定材料的病情指数(DI)平均值确定其抗性水平,划分标准见表2。

表 2 大白菜对黑腐病抗性评价标准

病情指数(DI)	抗性评价
0<DI≤11.1	高抗(HR)
11.2≤DI≤33.3	抗病(R)
33.4≤DI≤55.5	耐病(T)
55.6≤DI≤77.7	感病(S)
77.8≤DI≤100	高感(HS)

9.2 鉴定有效性判别

当感病对照材料达到其相应感病程度($DI \geqslant 55.6$),该批次抗黑腐病鉴定结果视为有效。

10 鉴定材料处理

鉴定完毕后将大白菜发病植株、残体集中进行无害化处理,用于鉴定的育苗基质高温灭菌。

11 鉴定记载

大白菜抗黑腐病鉴定结果记录表格参见附录 C。

附　录　A
（资料性附录）
大白菜黑腐病病原菌

A.1　学名

野油菜黄单胞菌野油菜致病变种[*Xanthomonas campestris* pv. *campestris*(Pammel)Dowson]。属于细菌域(Domain Bacteria)，普罗斯特细菌门(Proteobacteria)，普罗斯特细菌纲(Gammaproteobacteria)，黄单胞杆菌目(Xanthomonadales)，黄单胞杆菌科(Xanthomonadaceae)，黄单胞杆菌属(*Xanthomonas*)。

A.2　形态描述

菌体杆状，大小为(0.7～3.0)μm×(0.4～0.5)μm，单极生单鞭毛，无芽孢，有荚膜，菌体单生或链生，革兰氏反应阴性，好气性。在牛肉汁琼脂培养基上菌落近圆形，初呈淡黄色，后变为蜡黄色，边缘完整，略凸起，薄或平滑，具光泽，老龄菌落边缘呈放线状。

A.3　生理生化特征

最适生长温度25℃～30℃，致死温度51℃，最适湿度为80%～100%，最适pH 6.4，尿酶阴性，过氧化氢酶阳性，能液化明胶，能在蛋白胨中产生硫化氢，不还原硝酸盐，耐氯化钠2.0%～5.0%，G+C含量(64±1)%。该菌还能产生一种独特的不溶于水的黄色素，能产生胞外多糖又称黄原胶，还能分泌淀粉酶、纤维素酶、蛋白酶、果胶酶、磷脂酶等。

附　录　B

（规范性附录）

大白菜黑腐病菌生理小种鉴定

B.1　采用的鉴别寄主

鉴别寄主为十字花科蔬菜 6 个品种：Wirosa F1（*Brassica-oleracea*）、Just Right Hybrid Turnip（*B. rapa*）、Seven Top Turnip（*B. rapa*）、PI 199947（*B. carinata*）、Florida Broad Leaf Mustard（*B. juncea*）和 Miracle F1（*B. oleracea*）。

B.2　生理小种鉴定

根据病原菌分离物对鉴别寄主的侵染性，以特定的侵染反应组合划分生理小种（表 B.1）。

表 B.1　大白菜黑腐病菌生理小种的鉴定

鉴别寄主	生理小种								
	1	2	3	4	5	6	7	8	9
Wirosa F1（*B. oleracea*）	+	+	+	+	+	+	+	+	+
Just Right Hybrid Turnip（*B. rapa*）	+	+	+	—	+	+	+	+	—
Seven Top Turnip（*B. rapa*）	+	—	+	—	+	+	+	—	—
PI 199947（*B. carinata*）	—	+	—	-/(+)	+	+	+	—	—
Florida Broad Leaf Mustard（*B. juncea*）	—	+	—	—	(+)	+	—	—	—
Miracle F1（*B. oleracea*）	+	—	—	+	—	+	+	—	—
注：+:侵染；—:未侵染；(+):弱致病。									

附 录 C

（资料性附录）

鉴定结果原始记录表

鉴定结果记录见表C.1。

表 C.1 大白菜抗黑腐病鉴定结果记录表

编 号	品种/种质名 称	来 源	重复区号	病情级别						病情指数	平均病指	抗性评价
				0	1	3	5	7	9			
			Ⅰ									
			Ⅱ									
			Ⅲ									
播种日期			接种日期									
接种生育期			接种病原菌分离物编号									
株系类型			调查日期									

鉴定技术负责人（签字）：

———————————

ICS 65.020
B 16

中华人民共和国农业行业标准

NY/T 3081—2017

番茄抗番茄黄化曲叶病毒鉴定技术规程

Rule for evaluation of tomato resistance to *tomato yellow leaf curl virus*

2017-06-12 发布　　　　　　　　　　　　　　　2017-10-01 实施

中华人民共和国农业部 发布

前　　言

本标准按照 GB/T 1.1—2009 给出的规则起草。

本标准由农业部种植业管理司提出。

本标准由全国蔬菜标准化技术委员会(SAC/TC 467)归口。

本标准起草单位:中国农业科学院蔬菜花卉研究所。

本标准主要起草人:谢丙炎、冯兰香、杨宇红、茆振川、陈国华、凌键、杨翠荣。

番茄抗番茄黄化曲叶病毒鉴定技术规程

1 范围

本标准规定了番茄抗番茄黄化曲叶病毒(*tomato yellow leaf curl virus*)的鉴定方法和评价方法。

本标准适用于所有番茄(*Solanum lycopersicum* L.)品种及材料抗番茄黄化曲叶病毒的室内鉴定及抗性评价。

2 规范性引用文件

下列文件对于本文件的应用是必不可少的。凡是注日期的引用文件,仅注日期的版本适用于本文件。凡是不注日期的引用文件,其最新版本(包括所有的修改单)适用于本文件。

GB/T 6682 分析实验室用水规格和试验方法

3 术语和定义

NY/T 1858.7 界定的以及下列术语和定义适用于本文件。

3.1

番茄黄化曲叶病毒 *tomato yellow leaf curl virus*,TYLCV

属于双生病毒科(*Geminiviridae*)菜豆金色花叶病毒属(*Begomovirus*),病毒粒体为双联体结构,由两个不完整的二十面体组成,无包膜。是一种通过烟粉虱和嫁接传播,可严重危害多种双子叶植物的重要病毒。

3.2

番茄黄化曲叶病 *tomato yellow leaf curl disease*,TYLCD

由番茄黄化曲叶病毒引起的番茄病毒病害。病害诊断参见附录 A。

注:该病害的主要症状是病叶明显变小、皱缩,脉间变黄、叶缘鲜黄,叶片卷曲呈杯状或盘状,植株严重矮化,顶部形似菜花状。

4 试剂与材料

除非另有说明,本方法所用试剂均为分析纯,水为 GB/T 6682 中规定的三级水。

4.1 MS 培养基

4.1.1 MS 液体培养基

称取 MS 干粉(M519)4.43 g,蔗糖 30 g,加水定容至 1 000 mL,搅拌均匀并溶化后,调节 pH 为 5.8,于 121℃高压灭菌 30 min,4℃下保存备用。

4.1.2 MS 固体培养基

称取 MS 干粉(M519)4.43 g、蔗糖 30 g、琼脂粉 9 g,加水定容至 1 000 mL,搅拌均匀并溶化后,调节 pH 为 5.8,于 121℃高压灭菌 30 min,4℃下保存备用。

4.2 YEP 培养基

4.2.1 YEP 液体培养基

称取胰蛋白胨 10 g、酵母提取物 10 g、氯化钠 5 g,加水 950 mL,用 5 mol/L 氢氧化钠溶液调节 pH 为 7.0,定容至 1 000 mL,于 121℃高压灭菌 30 min,4℃下保存备用。

4.2.2 YEP 固体培养基

称取胰蛋白胨 10 g、酵母提取物 10 g、氯化钠 5 g、琼脂粉 9 g,加水 950 mL,用 5 mol/L 氢氧化钠溶液调节 pH 为 7.0,定容至 1 000 mL,于 121℃高压灭菌 30 min,4℃下保存备用。

4.3 抗生素母液

4.3.1 卡那霉素母液(50 mg/mL)

称取 250 mg 卡那霉素,溶入 5 mL 水中后,在超净台内注入 5 mL 的一次性注射器中,经硝酸纤维素膜(孔径 0.22 μm)过滤灭菌,即得 50 mg/mL 卡那霉素母液。分装到 5 个灭菌的 2 mL 冷冻管里,每管 1 mL,置 2℃~8℃冰箱中保存,可使用 1 个月;或−20℃长期保存。

4.3.2 利福平母液(50 mg/mL)

称取 250 mg 利福平于 EP 管中,先用少量无水乙醇涡旋振荡以溶解,再加水定容至 5 mL,然后在超净台内注入 5 mL 的一次性注射器中,经硝酸纤维素膜(孔径 0.22 μm)过滤除菌,即配成 50 mg/mL 利福平母液。分装到 5 个灭菌的 2 mL 冷冻管里,每管 1 mL,置−20℃可保存 3 个月。

4.3.3 乙酰丁香酮母液(100 mmol/L)

称取 98.1 mg 乙酰丁香酮于 EP 管中,先用少量无水甲醇溶解,再慢慢加水定容至 5 mL,然后在超净台内注入 5 mL 的一次性注射器中,经硝酸纤维素膜(孔径 0.22 μm)过滤除菌,即配成 100 mmol/L 乙酰丁香酮母液,分装到 5 个灭菌的 2 mL 冷冻管里,每管 1 mL。现用现配,置−20℃保存仅 1 个月。

4.3.4 头孢噻肟钠母液(500 mg/mL)

称取 3 g 头孢噻肟钠先溶于 6 mL 灭菌水中,再在超净台内用一次性注射器和硝酸纤维素膜(孔径 0.22 μm)过滤除菌,即配成 500 mg/mL 头孢噻肟钠母液,分装到 6 个灭菌的 2 mL 冷冻管里,每管 1 mL。封严,在阴凉黑暗干燥处保存,不宜超过 3 d。

5 仪器设备

5.1 高压灭菌锅

灭菌温度范围:104℃~135℃;最高使用压力:0.255 MPA;使用环境温度:5℃~35℃;加热方法:电加热器。

5.2 超净工作台

洁净等级:100 级 @≥0.5 μm;菌落数:≤0.5 个/(皿·h)(Φ90 mm 培养平皿);平均风速:0.25 m/s~0.60 m/s(快慢双速)。

5.3 恒温培养箱

控温范围:5℃~65℃;工作环境温度:5℃~35℃。

5.4 植物生长箱

温度范围:0℃~50℃(无光照时);温度波动:±0.5℃;温度容差:±1℃;光照度 0 μmol/(m²·s)~170 μmol/(m²·s)两面光照;工作环境温度:10℃~35℃;工作时间:可定时控制或连续运行。

5.5 超低温冰箱

温控范围:−60℃~−105℃;功率:1 200 W;噪声:≤63 dB。

5.6 恒温摇床

回旋频率范围:30 r/min~600 r/min;回旋频率精度:±1 r/min;摇板摆振幅度:Φ26 mm;温控范围:5℃~60℃;温度均匀度:±0.5℃;环境温度要求:5℃~30℃。

5.7 冷冻台式离心机

最大容量:6 mL×85 mL;最高转速:30 000 r/min;最低转速:100 r/min;温度范围:−20℃~40℃。

5.8 可见分光光度计

波长范围:200 nm~1 000 nm;波长精度:±1.0 nm。

6 对照品种与种子消毒

6.1 对照品种

以 Money-maker 或中蔬 6 号等易感病的番茄品种，作为感病对照品种。

6.2 种子消毒

所有番茄品种和材料的种子经灭菌水浸泡 12 h 后,再依次经 70%乙醇表面消毒 30 s、20%次氯酸钠溶液(含 0.1%吐温-20)浸泡 15 min,最后用灭菌水冲洗 5 次~6 次,催芽播种。

7 烟粉虱接种鉴定

7.1 适用范围

烟粉虱接种鉴定比较简单易行,适用于基层单位进行较大规模的抗病性鉴定。

注:本方法较易受到烟粉虱接种虫量、带毒率和取食特性等因素的干扰,可能将难被烟粉虱取食的茸毛感病番茄误判为抗病。

7.2 人工病圃建立

在防虫塑料棚或防虫温室里,当感病番茄品种幼苗 5 片~6 片真叶时,将带有烟粉虱的番茄黄化曲叶病毒的病株或病叶放入棚、室内,以侵染感病番茄幼苗并大量繁殖带毒烟粉虱。感病番茄幼苗的病情指数超过 55 时,病圃建成。

7.3 番茄育苗

将消毒的番茄种子置于(25±1)℃恒温箱内黑暗条件下催芽,萌发后播种于育苗盘或育苗钵内。育苗基质为草炭、蛭石和菜田土(体积比为 2∶1∶1),并经高温蒸汽灭菌(134℃,30 min)。在防虫设施栽培地里育苗,室内温度白天为 20℃~26℃,夜晚为 16℃~18℃。当番茄幼苗第 4 片~第 5 片真叶充分展开时进行抗病性鉴定。

7.4 烟粉虱接种

将待鉴定番茄幼苗移入人工病圃,与病圃中带有烟粉虱的番茄病株均匀地岔开摆放,每 1 病株的带毒烟粉虱可作为 4 株~5 株待鉴定幼苗的接种毒源。每天上午和傍晚驱赶烟粉虱各 1 次,使病株上的带毒烟粉虱飞到待鉴定幼苗上进行接种,每份待鉴定番茄品种或材料重复 3 次,随机排列,每一重复 10 株幼苗。当每株幼苗的烟粉虱达到 10 头以上时,2 d~3 d 后喷洒药剂杀死烟粉虱以停止接种。接种鉴定期间不得施用任何杀虫剂,并对接种植株进行正常的肥水管理。

7.5 病情调查

7.5.1 调查时间

接种烟粉虱后 20 d,每隔 5 d 调查 1 次感病对照番茄品种的发病情况,病情指数达到感病数值后,即对所有待鉴定番茄植株进行病情调查。

7.5.2 病情级别划分

接种植株的病情级别及其相对应的症状描述见表 1。

表 1 番茄抗番茄黄化曲叶病毒烟粉虱接种鉴定的病情级别划分

病情级别	症 状 描 述
0	无可见症状
1	顶端叶片的边缘轻微黄化或卷曲
2	少数叶片的边缘或脉间轻度黄化、部分病叶轻微卷曲,顶端叶片变小
3	多数叶片的边缘或脉间重度黄化、叶缘上翘,病叶卷曲、顶端叶片显著变小,植株轻度矮化
4	整株叶片严重变小、黄化、上翘、卷曲,节间缩短,植株重度矮化,甚至停止生长

7.5.3 调查方法

根据接种植株的病情级别及其相对应的症状描述,调查所有接种植株的发病情况,记载每一单株的病情级别,并计算每份鉴定材料的病情指数(DI),取 3 次重复病情指数的平均值。

病情指数(DI)按式(1)计算:

$$DI = \frac{\sum (s \times n)}{N \times S} \times 100 \quad \cdots\cdots\cdots\cdots\cdots\cdots\cdots\cdots (1)$$

式中:

DI——病情指数;

s ——各病情级别的代表数值;

n ——各病情级别的植株数,单位为株;

N ——调查总植株数,单位为株;

S ——最高病情级别的代表数值。

7.6 抗病性评价

7.6.1 评价标准

依据待鉴定番茄 3 次重复的病情指数平均值确定其抗性水平,划分标准见表2。

表 2 番茄对番茄黄化曲叶病毒抗性的评价标准

病情指数(DI)	抗 病 性 评 价
0≤DI<15	高抗 Highly resistant(HR)
15≤DI<30	抗病 Resistant(R)
30≤DI<55	中抗 Moderately resistant(MR)
55≤DI<77	感病 Susceptible(S)
77≤DI≤100	高感 Highly susceptible(HS)

7.6.2 鉴定有效性判别

当感病对照材料达到其相应感病程度(DI≥55),该批次鉴定视为有效。

7.6.3 鉴定材料处理

鉴定完毕后,喷药杀灭室内烟粉虱,并将人工病圃中所有的番茄植株及残体进行无害化处理。

7.6.4 鉴定记载表格

番茄抗番茄黄化曲叶病毒鉴定结果记载表格参见表C.1。

8 温室侵染性克隆农杆菌接种鉴定

8.1 适用范围

本方法无需饲养烟粉虱,其操作简便、快速、准确,适用于具有番茄黄化曲叶病毒侵染性克隆农杆菌菌株的单位大规模鉴定。

8.2 接种毒源

接种毒源为番茄黄化曲叶病毒侵染性克隆农杆菌菌株,可参照B.2的方法自行制备,也可从相关单位引进。

8.3 制备农杆菌接种体

将冻存的番茄黄化曲叶病毒侵染性克隆农杆菌菌株接种至含卡那霉素 100 mg/L 和利福平 50 mg/L 的 YEP 固体培养基上,划线接种或均匀涂板,(28±1)℃培养 24 h～48 h,菌落长好或长满培养皿后用作接种体。

8.4 牙签刺伤接种

当待鉴定的番茄幼苗长至 4 片～5 片真叶时,用牙签挑取培养好的固体平板菌落,在距离幼苗根部 1 cm～2 cm 处刺伤幼茎韧皮部,共刺伤3处。刺伤接种后的番茄植株置于防虫塑料棚或防虫温室里,进行正常的肥水管理。

8.5 病情调查

8.5.1 调查时间

接种 14 d～16 d 后观察鉴定植株的发病症状,42 d～44 d 后统计发病情况,病情指数达到感病数值后,即对所有待鉴定番茄植株进行病情调查。

8.5.2 病情级别划分

同 7.5.2。

8.5.3 调查方法

同 7.5.3。

8.6 抗病性评价

同 7.6。

9 试管苗侵染性克隆农杆菌接种鉴定

9.1 适用范围

试管苗侵染性克隆农杆菌接种鉴定的全部操作都局限在很小的封闭环境中,适用于番茄抗番茄黄化曲叶病毒危险性株系的接种鉴定。

注:本方法能有效地避免危险性病毒及带毒烟粉虱向外界扩散,并不受任何外界因素干扰,可真实地反映出寄主植物接种一种或几种病毒后所引发的症状。

9.2 培育试管苗

在超净工作台内将待鉴定的消毒番茄种子播种在灭菌的培养皿内,置恒温箱内催芽[黑暗,(25 ± 1)℃],再在超净工作台内将发芽的番茄种子转播于装有 MS 固体培养基的组培瓶内,最后放在光照培养箱内[光照 16 h/黑暗 8 h,(25 ± 1)℃]培养 21 d～25 d 备用。

9.3 接种毒源

同 8.2。

9.4 制备农杆菌接种液

将冻存的番茄黄化曲叶病毒侵染性克隆农杆菌菌株在 YEP 固体培养基(含卡那霉素 100 mg/L、利福平 50 mg/L)上划线,经恒温培养 24 h～48 h 后[(28 ± 1)℃],挑取单个菌落于 50 mL YEP 液体培养基(含卡那霉素 100 mg/L、利福平 50 mg/L)中,(28 ± 1)℃、200 r/min 振荡培养过夜,即得番茄黄化曲叶病毒侵染性克隆农杆菌的菌悬液。再将菌悬液于 4℃下,4 000 r/min 离心 10 min,随即用 MS 液体培养基(含乙酰丁香酮 100 μmol/L)悬浮沉淀,在可见分光光度计 600 nm 处测定农杆菌菌悬液的浓度,将浓度调至 $OD_{600}=0.5$ 作为接种液,置 4℃备用,2 d 内用完。

9.5 微型枝浸润接种

从番茄组培苗上切取长 2.0 cm～2.5 cm 的微型枝,将微型枝基部在农杆菌接种液中浸润 1 min,放在灭菌吸水纸上吸干残余菌液,随即转移到装有 MS 固体培养基(含乙酰丁香酮 100 μmol/L)的培养皿中,(28 ± 1)℃黑暗共培养 48 h;然后用灭菌水(含头孢噻肟 500 mg/L)连续淋洗微型枝基部 3 次～4 次,再经吸干后移入装有上述 MS 固体培养基的大试管中(20 mm×150 mm 或 25 mm×200 mm,每一试管装有 1/4 高度的培养基),每管移入一个微型枝;3 次重复,每一重复 15 个微型枝;所有试管苗置于植物生长箱中继续培养,(25 ± 1)℃、光照 16 h/黑暗 8 h。

9.6 病情调查

9.6.1 调查时间

微型枝接种后 21 d～23 d 观察鉴定植株的发病症状,42 d～44 d 统计发病情况、计算病情指数和评价鉴定材料对番茄黄化曲叶病毒的抗性。

9.6.2 病情级别划分

接种植株的病情级别及其相对应的症状描述见表3。

表3 番茄抗番茄黄化曲叶病毒微型枝接种鉴定的病情级别划分

病情级别	症 状 描 述
0	无可见症状
1	顶端叶片边缘轻微黄化
2	羽状复叶的小叶末端黄化和轻微卷曲
3	多数叶片黄化、边缘上翘、卷曲,顶端叶片显著变小,植株矮化
4	整株叶片严重变小,显著黄化、上翘、卷曲,植株严重矮化或丛缩

9.6.3 调查方法

同7.5.3。

9.7 抗病性评价

同7.6。

附　录　A
（资料性附录）
番茄黄化曲叶病的主要病毒病原

A.1　学名和理化特性

A.1.1　学名

番茄黄化曲叶病的主要病毒病原为番茄黄化曲叶病毒（*tomato yellow leaf curl virus*，TYLCV），属于双生病毒科（Geminiviridae）菜豆金色花叶病毒属（*Begomovirus*），是一种单链环状 DNA 植物病毒。

A.1.2　形态描述

番茄黄化曲叶病毒具有典型的双生病毒孪生颗粒形态，病毒粒体的大小约为 20 nm×(28~30)nm，无包膜（见图 A.1）。

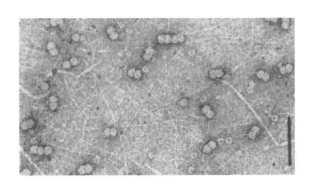

图 A.1　番茄黄化曲叶病毒粒子的电镜照片

（引自 Czosnek et al.，1997）

A.1.3　理化特性

TYLCV 为单组分双生病毒，病毒基因组 DNA 仅含有一条 2.7 kb 的环状单链 DNA 分子，病毒基因组 DNA 包裹在孪生粒体内。TYLCV DNA 含有 6 个 ORFs：在病毒链上编码 *V1* 和 *V2*；在互补链上编码 *C1*、*C2*、*C3* 和 *C4*。*V1* 编码病毒外壳蛋白，与病毒粒子的包装、介体传毒、系统侵染及与寄主的互作相关；*V2* 编码的蛋白与病毒的运动相关，并且是基因沉默抑制子。*C1* 编码复制相关蛋白，参与病毒链 DNA 的复制起始；*C2* 编码转录激活蛋白，调节病毒链上各个基因的转录；*C3* 编码复制增强蛋白，辅助 *C1* 增强病毒的复制效率；*C4* 嵌合于 *C1*、*C4* 编码的蛋白，被认为与症状形成相关。

A.2　病毒株系分化

根据 TYLCV 核苷酸序列的同源性和地理分布将其分为 3 个群体：地中海东部群体、地中海西部群体和泰国群体。地中海东部群体主要有以色列分离物、埃及分离物、黎巴嫩分离物、约旦分离物、塞浦路斯分离物等，这个群体中病毒序列的同源性高达 96%；地中海西部群体主要有意大利西西里分离物、意大利撒丁岛分离物、西班牙木尔西亚分离物、西班牙阿尔美里亚分离物等，其病毒序列同源性分别达到了 89%~99%；泰国群体为双组分的 TYLCV，主要有泰国清迈分离物、泰国廊开府分离物和泰国色军分离物。目前，已知的大多数地区和国家的 TYLCV 分离物均与来自以色列和意大利撒丁岛的分离物亲缘关系较近,或者是这两种分离物的变异。

除 TYLCV 外,引起我国番茄黄化曲叶病的病毒还有中国番茄黄化曲叶病毒(*Tomato yellow leaf curl China virus*,TYLCCNV)、中国番木瓜曲叶病毒(*Papaya leaf curl China virus*,PaLCuCNV)、台湾番茄曲叶病毒(*Tomato leaf curl Taiwan virus*,TLCTWV)和泰国番茄黄曲叶病毒(*Tomato yellow leaf curl Thailand virus*,TYLCTHV)等。

附　录　B
（资料性附录）
番茄黄化曲叶病毒侵染性克隆的农杆菌菌株

B.1　农杆菌介导的番茄黄化曲叶病毒侵染性克隆

由含番茄黄化曲叶病毒（TYLCV）基因组 DNA 的植物表达载体、并对番茄植株具有高效侵染能力的农杆菌菌株，经体外侵染寄主细胞后，能导致番茄寄主植物发生 TYLCV 病害的症状。

B.2　番茄黄化曲叶病毒侵染性克隆农杆菌菌株的获得

提取番茄黄化曲叶病毒样本基因组总 DNA，利用该病毒的特异性引物和 PCR 检测方法，扩增出病毒基因组的全序列后，将扩增产物克隆至 T-Vector 中，并对克隆产物进行 PCR 筛选和序列测定；再利用限制性酶切的方法把病毒基因组全长的 1.2 个～2 个重复序列构建到改良型植物表达载体上，获得带有该病毒的侵染性克隆；最后通过常规的三亲交配将其侵染性克隆导入农杆菌菌株的细胞中。

附　录　C

（资料性附录）

鉴定结果记载

番茄抗番茄黄化曲叶病毒的鉴定结果记载表见表 C.1。

表 C.1　番茄抗番茄黄化曲叶病毒鉴定结果记载表

番茄编号	名　称	来　源	重复区号	病　情　级　别（株数）					病情指数	平均病指	抗病性评价
				0级	1级	2级	3级	4级			
			Ⅰ								
			Ⅱ								
			Ⅲ								
1. 鉴定地点：				2. 播种日期：							
3. 接种方法：				4. 接种日期：							
5. 调查人员：				6. 调查日期：							

鉴定技术负责人(签字)：

ICS 65.080
B 10

中华人民共和国农业行业标准

NY/T 3083—2017

农用微生物浓缩制剂

Concentrated inoculant of agriculture microorganism

2017-06-12 发布

2017-10-01 实施

中华人民共和国农业部 发布

前　言

本标准按照 GB/T 1.1—2009 给出的规则起草。

本标准由农业部种植业管理司提出并归口。

本标准起草单位：农业部微生物肥料和食用菌菌种质量监督检验测试中心、农业部微生物产品质量安全风险评估实验室（北京）、中国农业科学院农业资源与农业区划研究所。

本标准主要起草人：马鸣超、李俊、姜昕、沈德龙、曹凤明、关大伟、李力、杨小红、陈慧君、葛一凡、冯瑞华。

农用微生物浓缩制剂

1 范围

本标准规定了农用微生物浓缩制剂的术语和定义、要求、试验方法、检验规则、包装、标识、运输和储存。

本标准适用于农用微生物浓缩制剂产品。

2 规范性引用文件

下列文件对于本文件的应用是必不可少的。凡是注日期的引用文件,仅注日期的版本适用于本文件。凡是不注日期的引用文件,其最新版本(包括所有的修改单)适用于本文件。

GB/T 8170 数值修约规则与极限数值的表示和判定

GB/T 19524.1 肥料中粪大肠菌群的测定

GB/T 19524.2 肥料中蛔虫卵死亡率的测定

GB 20287 农用微生物菌剂

HG/T 2843 化肥产品 化学分析常用标准滴定溶液、标准溶液、试剂溶液和指示剂溶液

NY 885 农用微生物产品标识要求

NY 1109 微生物肥料生物安全通用技术准则

NY/T 1847 微生物肥料生产菌株质量评价通用技术要求

NY/T 1978 肥料 汞、砷、镉、铅、铬含量的测定

NY/T 2321—2013 微生物肥料产品检验规程

3 术语和定义

NY/T 1113 界定的以及下列术语和定义适用于本文件。

3.1

农用微生物浓缩制剂 concentrated inoculant of agriculture microorganism

由一种目的微生物(有效菌)经工业化生产扩繁、浓缩加工制成的高含量活体微生物制品。

3.2

有效菌 functional microorganism;effective microorganism

样品中的目的微生物群体。

3.3

有效(活)菌数 viable number of functional microorganism

每克或每毫升样品中有效菌的数量。

3.4

杂菌 contaminated microorganism

样品中有效菌以外的其他菌。

3.5

杂菌数 number of contaminated microorganism

每克或每毫升样品中有效菌以外的其他菌的数量。

3.6

杂菌率 percentage of contaminated microorganism
样品中杂菌数占有效菌数与杂菌数之和的百分数。

4 要求

4.1 菌种

使用的微生物菌种应安全、有效。生产者应提供菌种的分类鉴定报告,包括属及种的学名、形态、生理生化特性及鉴定依据等完整资料,以及依据 NY 1109 出具的菌种安全性评价和 NY/T 1847 出具的菌种功能评价资料。采用生物工程菌,应具有获准允许大面积释放的生物安全性有关批文。

4.2 外观(感官)

均匀的液体或固体。液体产品应轻摇后分散均匀;固体产品应松散,无明显机械杂质。

4.3 技术指标

应符合表 1 的要求。产品剂型分为液体和固体,固体剂型包含粉状和粒状。

表 1 农用微生物浓缩制剂产品技术指标要求

项 目	剂 型	
	液 体	固 体
有效活菌数(CFU),亿个/g(mL)	≥200.0	≥200.0
杂菌率,%	≤1.0	≤1.0
霉菌杂菌数(CFU),个/g(mL)	≤3.0×10^6	≤3.0×10^6
水分,%	—	≤8.0
pH[a]	4.5~8.5	4.5~8.5
保质期[b],月	≥6	≥12

[a] 以乳酸菌等嗜酸微生物为菌种生产的产品,其 pH 下限为 3.0;以嗜盐碱微生物为菌种生产的产品,其 pH 上限为 10.0。

[b] 此项仅在监督部门或仲裁双方认为有必要时才检测。

4.4 无害化指标

应符合表 2 的要求。

表 2 农用微生物浓缩制剂产品无害化指标要求

项 目	限量指标
粪大肠菌群数,个/g(mL)	≤100
蛔虫卵死亡率,%	≥95
砷(As)(以烘干基计),mg/kg	≤15
镉(Cd)(以烘干基计),mg/kg	≤3
铅(Pb)(以烘干基计),mg/kg	≤50
铬(Cr)(以烘干基计),mg/kg	≤150
汞(Hg)(以烘干基计),mg/kg	≤2

5 试验方法

5.1 一般要求

5.1.1 本标准所用试剂、水和溶液的配制,在未注明规格和配制方法时,均应按 HG/T 2843 的规定执行。

5.1.2 本标准中产品技术指标的数字修约及产品质量合格判定应符合 GB/T 8170 的要求。

5.2 有效活菌数、杂菌率、霉菌杂菌数、水分、pH 的测定

按 NY/T 2321—2013 的规定执行。

5.3 保质期的检验

按 GB 20287 的规定执行。

5.4 粪大肠菌群数的测定

按 GB/T 19524.1 的规定执行。粪大肠菌群数测定流程及最可能数(MPN)检索表参见 NY/T 2321—2013 中的附录 D。

5.5 蛔虫卵死亡率的测定

按 GB/T 19524.2 的规定执行。

5.6 砷(As)、镉(Cd)、铅(Pb)、铬(Cr)、汞(Hg)的测定

按 NY/T 1978 的规定执行。

6 检验规则

6.1 检验分类

6.1.1 出厂检验

产品出厂时,应由生产企业的质量检验部门按表1进行检验,出厂检验时不检保质期。

6.1.2 型式检验

型式检验应包含表2中的指标要求。有下列情况之一者,应进行型式检验。

a) 新产品鉴定;

b) 产品的工艺、材料等有较大更改与变化;

c) 出厂检验结果与上次型式检验有较大差异时;

d) 国家质量监督机构进行抽查。

6.2 抽样

6.2.1 通则

按一次浓缩加工成型的产品为一批进行抽样检验,抽样过程严格避免杂菌污染。

6.2.2 抽样工具

专用取样工具,无菌塑料袋(瓶)、牛皮纸袋、胶水、抽样封条及抽样单等。

6.2.3 抽样方法和数量

在成品库中抽样,采用随机法抽取。随机抽取 3 袋(桶)～5 袋(桶),每袋(桶)取样 500 g(mL),然后将抽取样品混匀,按四分法分装 3 袋(瓶),每袋(瓶)不少于 300 g(mL)。已经分装成型的小包装样品(2 kg 以下),按整包抽样。

6.3 判定规则

6.3.1 技术指标和无害化指标均符合要求的为合格产品。

6.3.2 出厂检验的技术指标符合表1的要求时,判该批产品合格,签发质量合格证后方可出厂。

7 包装、标识、运输和储存

7.1 包装

根据不同产品剂型选择合适的包装材料、容器、形式和方法,以满足产品包装的基本要求。产品包装中应有产品合格证和使用说明书,在使用说明书中标明使用范围、方法、用量及注意事项等内容。

7.2 标识

标识所标注的内容,应符合 NY 885 的要求。

7.2.1 产品名称及商标

应标明国家标准、行业标准已规定的产品通用名称,商品名称或者有特殊用途的产品名称,可在产

品通用名下以小 1 号的字体予以标注。国家标准、行业标准对产品通用名称没有规定的,应使用不会引起用户、消费者误解和混淆的商品名称。企业可以标注经注册登记的商标。

7.2.2 产品规格

应标明产品在每一个包装物中的净重,并使用国家法定计量单位。标注净重的误差范围不得超过其明示量的±5%。

7.2.3 产品执行标准

应标明产品所执行的标准编号。

7.2.4 产品登记证号

应标明有效的产品登记证号。

7.2.5 生产者名称、地址

应标明经依法登记注册并能承担产品质量责任的生产者名称、地址、邮政编码和联系电话。进口产品可以不标生产者的名称、地址,但应当标明该产品的原产地(国家/地区),以及代理商或者进口商或者销售商在中国依法登记注册的名称和地址。

7.2.6 生产日期或生产批号

应在生产合格证或产品包装上标明产品的生产日期或生产批号。

7.2.7 保质期

用"保质期_____个月(或年)"表示。

7.3 运输

运输过程中有遮盖物,防止雨淋、日晒及高温。气温低于 0℃ 时采取适当措施,以保证产品质量。轻装轻卸,避免包装破损。严禁与对产品有毒、有害的其他物品混装、混运。

7.4 储存

产品应储存在阴凉、干燥、通风的库房内,不得露天堆放,以防日晒雨淋,避免不良条件的影响。

———————————

ICS 65.020
B 17

中华人民共和国农业行业标准

NY/T 3085—2017

化学农药 意大利蜜蜂幼虫毒性试验准则

Chemical pesticide—Guideline on honeybee (*Apis mellifera* L.) larval toxicity test

2017-06-12 发布

2017-10-01 实施

中华人民共和国农业部 发布

前　言

本标准按照 GB/T 1.1—2009 给出的规则起草。

本标准与经济合作与发展组织(OECD)化学品测试导则 No.237(2013 年)《蜜蜂(意大利蜜蜂)幼虫毒性试验,一次暴露》(英文版)、指导文件草案(2014 年 2 月 25 日)《蜜蜂(意大利蜜蜂)幼虫毒性试验,重复暴露》(英文版)技术内容相同。

本标准在验证各项技术指标的基础上,做了结构和编辑性修改:

——为与现有标准一致,将标准名称修改为《化学农药 意大利蜜蜂幼虫毒性试验准则》;

——正文中增加术语和定义;

——将移植格修改为聚苯乙烯或聚丙烯材质的育王台基;

——蜜蜂幼虫室内饲养时,删除在 48 孔培养板中添加 15%甘油杀菌液的建议;

——孵化箱或孵化盒内相对湿度修订为 50%~70%;

——删除试验准则中对物质进行化学分析的建议;

——计量单位改为我国法定计量单位。

请注意本文件的某些内容可能涉及专利。本文件的发布机构不承担识别这些专利的责任。

本标准由农业部种植业管理司提出并归口。

本标准起草单位:浙江省农业科学院农产品质量标准研究所。

本标准主要起草人:苍涛、陈丽萍、吴长兴、赵学平、吴迟、吴声敢、汤涛、徐明飞、蔡磊明、王强、胡秀卿、俞瑞鲜。

化学农药 意大利蜜蜂幼虫毒性试验准则

1 范围

本标准规定了意大利蜜蜂幼虫毒性试验的术语和定义、试验方法、数据处理、质量控制、试验报告的基本要求。

本标准适用于测试和评价化学农药对蜜蜂幼虫毒性试验,其他类型的农药可参照使用。

本标准不适用于易挥发和难溶解的化学农药。

2 规范性引用文件

下列文件对于本文件的应用是必不可少的。凡是注日期的引用文件,仅注日期的版本适用于本文件。凡是不注日期的引用文件,其最新版本(包括所有的修改单)适用于本文件。

GB/T 31270.10—2014 化学农药环境安全评价试验准则 第10部分:蜜蜂急性毒性试验

3 术语和定义

下列术语和定义适用于本文件。

3.1

校正死亡率 corrected mortality

经空白对照组自然死亡率加以校正的药剂处理组的死亡率。

3.2

半致死剂量 median lethal dose

一定试验观察时间内,引起50%供试生物死亡时的供试物剂量,用LD_{50}表示。

注:单位为微克有效成分每幼虫(μg a. i./幼虫)。

3.3

半效应剂量 median effective dose

一定试验观察时间内,引起50%供试生物出现某种效应的供试物剂量,用ED_{50}表示。

注:单位为微克有效成分每幼虫(μg a. i./幼虫)。

3.4

半效应浓度 median effective concentration

一定试验观察时间内,引起50%供试生物出现某种效应的供试物浓度,用EC_{50}表示。

注:单位为毫克有效成分每千克饲料(mg a. i./kg 饲料)。

3.5

无可见效应剂量 no-observed effect dose

在一定时间内,与对照组相比,对供试生物无显著影响($P>0.05$)的供试物最高剂量,用NOED表示。

注:单位为微克有效成分每幼虫(μg a. i./幼虫)。

3.6

无可见效应浓度 no-observed effect concentration

在一定时间内,与对照组相比,对供试生物无显著影响($P>0.05$)的供试物最高浓度,用NOEC表示。

注:单位为毫克有效成分每千克饲料(mg a. i./kg 饲料)。

3.7

蜜蜂幼虫 larva of honeybee

蜜蜂卵孵化后至变态化蛹前的虫态。

3.8

预蛹 prepupa

蜜蜂老熟幼虫停止取食至蜕皮成蛹之前的发育阶段。

3.9

蛹 pupa

蜜蜂老熟幼虫停止取食后至成虫羽化前的一个发育阶段。化蛹时,幼虫结构解体,成虫结构形成,初次出现翅。

3.10

羽化 emergence

蜜蜂由蛹经过蜕皮,变化为成蜂的过程。

3.11

鲜蜂王浆 fresh royal jelly

在试验开始前 12 个月内从蜂巢内收集并一直在≤-18℃条件下储存的蜂王浆。

4 试验概述

4.1 方法概述

蜜蜂幼虫毒性试验包括蜜蜂幼虫急性毒性试验和蜜蜂幼虫慢性毒性试验,根据供试物性质及试验目的选择相应方法进行试验。

4.2 蜜蜂幼虫急性毒性试验

在蜜蜂繁殖期,从蜂群中移取 1 日龄蜜蜂幼虫至育王台基,将育王台基放入 48 孔细胞培养板,人工标准化饲养至试验结束。当幼虫达 4 日龄时,将相应剂量的供试物与人工饲料混合,一次性投喂给幼虫。观察并记录 24 h、48 h 和 72 h 蜜蜂幼虫的中毒症状、其他异常行为和死亡数,求出染毒后 72 h 的半致死剂量(LD_{50})及 95% 置信限。

4.3 蜜蜂幼虫慢性毒性试验

在蜜蜂繁殖期,从蜂群中移取 1 日龄蜜蜂幼虫至育王台基,将育王台基放入 48 孔细胞培养板,人工标准化饲养至羽化成蜂。在幼虫达 3 日龄时始至 6 日龄止,每天投喂含有相应剂量供试物的人工饲料。第 4 d 至第 8 d 每天观察并记录幼虫的中毒症状、死亡数及其他异常行为,第 15 d 观察并记录蛹及未化蛹幼虫的死亡数,第 22 d 观察并记录蛹的死亡数及羽化数。计算幼虫死亡率、蛹死亡率、羽化率,通过对供试物处理组和空白对照组的羽化率进行差异显著性分析,确定无可见效应浓度或无可见效应剂量(NOEC 或 NOED)。如可能,计算半效应浓度或半效应剂量(EC_{50} 或 ED_{50})及 95% 置信限。

5 试验方法

5.1 材料和条件

5.1.1 供试生物

5.1.1.1 供试生物及来源

供试生物为意大利蜜蜂(*Apis mellifera* L.)幼虫,来自饲料充足、健康、无疾病和寄生虫、4 周内未接受抗生素和抗螨虫药物治疗的蜂群。

5.1.1.2 蜜蜂幼虫的获取

试验用蜜蜂幼虫应来自 3 个不同的蜂群,分别作为各剂量处理的不同重复组。在蜜蜂繁殖期,试验前将蜂王限制在蜂箱中放置有空巢脾的蜂王产卵控制器内(参见附录 A),该控制器应避免放置在蜂箱边缘。翌日检查新卵产出情况,并从产卵控制器中移出蜂王,避免在试验蜂脾上再次产卵,蜂王的隔离时间最多不超过 30 h。移虫前将移虫针、人工育王台基浸没在 70%酒精(体积比)或其他消毒液中至少 30 min 进行消毒后,晾干待用。产卵 3 d 后用移虫针将 1 日龄的幼虫随机转移至育王台基中(移虫环境温度不低于 20℃),每个台基放入 1 头幼虫,在试验条件下,用人工饲料饲养。

5.1.2 人工饲料

5.1.2.1 人工饲料的组成

人工饲料由酵母提取物、葡萄糖、果糖、无菌水和鲜蜂王浆配制而成。不同日龄蜜蜂幼虫使用的 3 种不同饲料配方如下(均为重量比):

饲料 A:酵母提取物:葡萄糖:果糖:无菌水:鲜蜂王浆=1:6:6:37:50;

饲料 B:酵母提取物:葡萄糖:果糖:无菌水:鲜蜂王浆=1.5:7.5:7.5:33.5:50;

饲料 C:酵母提取物:葡萄糖:果糖:无菌水:鲜蜂王浆=2:9:9:30:50。

5.1.2.2 人工饲料的配制与储存

试验开始前,首先按比例将酵母提取物、葡萄糖、果糖与水完全溶解,取上述水溶液与鲜蜂王浆以重量比 1:1 混匀,放置 0℃~5℃条件下储存,直至整个试验结束。或将提前配制的饲料放置≤−18℃条件下冷冻储存,试验时按需取出解冻使用,解冻后的剩余饲料不宜再次使用。

5.1.2.3 含供试物饲料的配制

用水或有机溶剂将供试物溶解并稀释至不同浓度,将不同浓度供试物溶液分别与人工饲料混合制成含供试物饲料。

5.1.3 蜜蜂幼虫的室内饲养

将育王台基分别放入 48 孔细胞培养板中,为便于试验操作,每孔中可添加一段医用牙科棉或脱脂棉用于垫高育王台基(参见附录 B)。将蜜蜂幼虫转接入育王台基底部,所有幼虫每天定时(±0.5 h)投喂一次(除第 2 d),投喂前将饲料预热至 20℃以上,但不得高于 35℃。第 1 d 每头幼虫投喂 20 μL 饲料 A 后,将细胞培养板转移至试验条件中,第 2 d 不需要投喂,第 3 d 每头幼虫投喂 20 μL 饲料 B,第 4 d、第 5 d、第 6 d 每头幼虫分别投喂 30 μL、40 μL、50 μL 饲料 C(参见附录 C)。投喂时避免饲料淹没幼虫,应沿着台基壁将饲料放至幼虫边上。每次投喂饲料前,如育王台基中有剩余饲料,则用一次性吸管或移液器吸除。第 8 d 将幼虫或预蛹转移至经消毒处理且底部加垫干燥无菌擦镜纸的化蛹板(可选用 48 孔细胞培养板)中。第 15 d 将化蛹板放入含有糖浆饲喂器的孵化盒或孵化箱中至试验结束(参见附录 D)。

5.1.4 供试物

供试物应使用化学农药制剂或原药。对于难溶于水的农药可使用溶剂助溶,推荐溶剂为丙酮。

5.1.5 主要仪器设备

——蜂王产卵控制器;

——移虫针;

——洁净工作台;

——聚苯乙烯或聚丙烯材质的育王台基;

——48 孔细胞培养板;

——化蛹板;

——含有糖水饲喂器的孵化盒或孵化箱;

——移液器;

——温度、湿度控制设施;

——温湿度记录仪;

——电子天平。

5.1.6 试验条件

试验在温度(34.5±0.5)℃,黑暗的条件下进行。在幼虫或预蛹转至化蛹板之前,保持相对湿度

(95±5)%(推荐幼虫饲养孔板置于底部盛有硫酸钾饱和溶液的密闭容器内);幼虫或预蛹转至化蛹板之后至化蛹板放入孵化盒或孵化箱之前,保持相对湿度(80±5)%(推荐幼虫饲养孔板置于底部盛有氯化钠饱和溶液的密闭容器内),化蛹板放入孵化盒或孵化箱之后至试验结束,保持相对湿度50%～70%。

整个试验过程中允许温度出现一定偏差,但不低于23℃或高于40℃,每24 h内出现偏差次数不超过一次,且不超过15 min。

5.2 试验操作

5.2.1 蜜蜂幼虫急性毒性试验

5.2.1.1 暴露途径

蜜蜂幼虫达到4日龄(即附录C第4 d)当天,每头幼虫投喂30 μL含有相应剂量供试物的饲料C。染毒后24 h、48 h每头幼虫分别投喂40 μL、50 μL不含供试物溶液的饲料C。每次投喂饲料前,如育王台基中有剩余饲料,则用一次性吸管或移液器吸除并记录剩余量。如果使用水溶解供试物,则投喂的含供试物饲料中供试物溶液的体积应≤10%。如果使用有机溶剂溶解,其使用量应尽可能降到最低,并且投喂的含供试物饲料中供试物溶液的体积应≤5%,实际添加供试物溶液的量需根据供试物的溶解度、有机溶剂的毒性综合考虑而定。

5.2.1.2 预备试验

在进行正式试验之前按正式试验的条件,以较大间距设置系列剂量组,通过预试验明确正式试验所需的合适剂量范围。

5.2.1.3 正式试验

根据预备试验确定的剂量范围,按一定比例间距(几何级差应≤3倍)设置不少于5个剂量组。同时设空白对照组,当使用助溶剂时,增加设置溶剂对照组,对照组及各处理组均设3个重复,每个重复至少12头幼虫。染毒后观察蜜蜂幼虫的中毒症状和其他异常行为,身体僵硬不动或轻微触碰无反应的幼虫判定为死亡,分别记录染毒后24 h、48 h、72 h的死亡数,同时将死亡的幼虫取出。统计染毒结束及试验结束时饲料的剩余情况。

5.2.1.4 限度试验

设置上限剂量为100 μg a.i./幼虫,即在供试物达100 μg a.i./幼虫时与空白对照组无显著差异,则无需继续试验。若因供试物溶解度限制,最高处理剂量无法达到100 μg a.i./幼虫时,则采用最大溶解度用于计算上限剂量。

5.2.1.5 参比物质试验

每次正式试验时增加参比物质处理组,推荐参比物质为乐果,设置剂量为(8.8±0.5) μg a.i./幼虫。

5.2.2 蜜蜂幼虫慢性毒性试验

5.2.2.1 暴露途径

于蜜蜂幼虫3日龄(即附录D第3 d)、4日龄、5日龄、6日龄当天,每天投喂含有相应剂量供试物的饲料,分别为20 μL饲料B、30 μL饲料C、40 μL饲料C、50 μL饲料C。每次投喂饲料前,如育王台基中有剩余饲料,则用一次性吸管或移液器吸除并记录剩余量。如果使用水溶解的供试物,则投喂的含供试物饲料中供试物溶液的体积应≤10%。如果使用有机溶剂溶解,其使用量应尽可能降到最低,并且投喂的含供试物饲料中供试物溶液的体积应≤2%,实际添加供试物溶液的量需根据供试物的溶解度、有机溶剂的毒性综合考虑而定。

5.2.2.2 预备试验

在进行正式试验之前按正式试验的条件,以较大间距设置系列浓度组进行预备试验,以明确正式试验所要求的合适试验浓度范围。

5.2.2.3 正式试验

根据预备试验确定的浓度范围,按一定比例间距(几何级差应≤3倍)设置不少于5个剂量组。同时设空白对照组,当使用助溶剂时,增加设置溶剂对照组,对照组及各处理组均设3个重复,每个重复至少12头幼虫。于第4 d至第8 d每天观察并记录幼虫死亡数、其他异常情况及染毒结束时饲料剩余情况,第15 d观察并记录幼虫和蛹的死亡数,此时未化蛹的幼虫判定为死亡,同时将死亡的幼虫和蛹去除。第22 d观察并记录蛹死亡数、羽化数(分别记录羽化后成活数与死亡数)及其他异常情况。

5.2.2.4 限度试验

设置上限剂量为100 μg a.i./幼虫,即在供试物达100 μg a.i./幼虫时对蜜蜂羽化影响与空白对照组无显著差异,则无需继续试验。若因供试物溶解度限制,最高处理剂量无法达到100 μg a.i./幼虫时,则采用最大溶解度用于计算上限剂量。

5.2.2.5 参比物质试验

每次正式试验时增加参比物质处理组,推荐参比物质为乐果和苯氧威。乐果设置浓度为40 mg a.i./kg饲料,苯氧威设置浓度为0.25 mg a.i./kg饲料。

6 数据处理

6.1 蜜蜂幼虫急性毒性试验

蜜蜂幼虫急性毒性试验以死亡率为主要评价指标。可按照GB/T 31270.10—2014的规定,采用寇氏法、直线内插法或概率单位图解法计算供试物处理后72 h蜜蜂幼虫的LD_{50}及95%置信限,也可采用有关毒性数据统计软件进行分析和计算。

6.2 蜜蜂幼虫慢性毒性试验

蜜蜂幼虫慢性毒性试验以羽化率为主要评价指标。计算蜜蜂发育的幼虫死亡率、蛹死亡率、羽化率,对各个浓度处理组与对照组进行差异显著性分析($P>0.05$),获得供试物对蜜蜂羽化影响的NOEC或NOED。如可能,采用适宜的统计学软件分析蜜蜂的羽化数据,计算EC_{50}或ED_{50}及95%置信限。

7 质量控制

    a) 蜜蜂幼虫急性毒性试验有效性的质量控制应同时满足以下条件:

      1) 试验结束时,对照组幼虫累计死亡率≤15%;

      2) 参比物质处理组的幼虫72 h累计校正死亡率≥50%。

    b) 蜜蜂幼虫慢性毒性试验有效性的质量控制应同时满足以下条件:

      1) 第4 d至第8 d,对照组幼虫累计死亡率≤15%,参比物质乐果处理组幼虫累计校正死亡率≥50%;

      2) 第22 d,对照组羽化率≥70%,参比物质苯氧威处理组羽化率≤20%。

8 试验报告

试验报告应至少包括以下内容:

    a) 供试物信息:

      1) 供试物的化学名称、结构式、CAS号、纯度、来源等;

      2) 供试物的相关理化特性(水溶解性、溶剂中溶解性、蒸汽压等)。

    b) 供试生物:

      1) 供试生物的种属、学名、来源、种群的健康情况;

      2) 供试生物的日龄、饲养情况。

    c) 试验条件:

      1) 孵化温度(平均值、标准偏差、最大值和最小值)、相对湿度及试验方法;

      2) 试验系统描述:所用的台基、孔板、化蛹板的类型,处理组和对照组各重复所用幼虫的数量,所用溶剂及其浓度(如有使用),供试物的试验浓度;

3) 详细的饲喂信息(饲料各组分信息及来源、饲喂量和频率)。

d) 结果:

1) 空白对照组及参比物质组满足试验有效性标准的证据;

2) 蜜蜂幼虫急性毒性试验中处理组、对照组、参比物质组(乐果)死亡数;蜜蜂幼虫慢性毒性试验中处理组、对照组的死亡数及羽化数,参比物质组(乐果)的死亡数,参比物质组(苯氧威)的羽化数;

3) 数据的处理方法,蜜蜂幼虫急性毒性试验染毒后 72 h 的 LD_{50} 及 95% 置信限或蜜蜂幼虫慢性毒性试验第 22 d 对蜜蜂羽化影响的 NOEC/NOED,如可能,还包括 EC_{50}/ED_{50} 及 95% 置信限;

4) 相对准则的偏离及对试验结果的潜在影响;

5) 其他观察到的现象,包括幼虫停止取食后饲料的剩余情况。

附　录　A
（资料性附录）
蜂王产卵控制器示意图

蜂王产卵控制器示意图见图 A.1。

图 A.1　蜂王产卵控制器示意图

附 录 B

（资料性附录）

饲养单元孔示意图

蜜蜂幼虫毒性试验人工饲养单元孔构成见图 B.1。

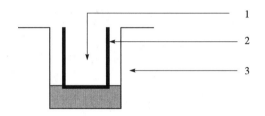

说明：

1——幼虫＋饲料；

2——育王台基；

3——细胞培养板单孔。

图 B.1 蜜蜂幼虫毒性试验饲养单元孔示意图

附　录　C

（资料性附录）

蜜蜂幼虫急性毒性试验重要步骤示意图

蜜蜂幼虫急性毒性试验重要步骤的时间安排见图 C.1。

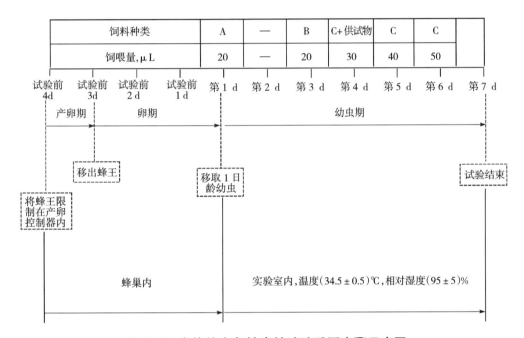

图 C.1　蜜蜂幼虫急性毒性试验重要步骤示意图

附　录　D

（资料性附录）

蜜蜂幼虫慢性毒性试验重要步骤示意图

蜜蜂幼虫慢性毒性试验重要步骤的时间安排见图 D.1。

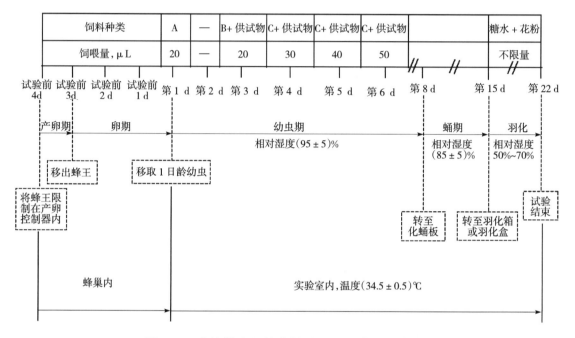

图 D.1　蜜蜂幼虫慢性毒性试验重要步骤示意图

参 考 文 献

[1]Vandenberg JD, Shimanuki H. ,1987. Technique for rearing worker honeybees in the laboratory[J]. Journal of Apicultural Research, 26(2):90-97.

[2]Aupinel P, Fortini D, Dufour H, et al,2005. Improvement of artificial feeding in a standard in *vitro* method for rearing *Apis mellifera* larvae[J]. Bulletin of Insectology, 58 (2): 107—111.

[3]Aupinel P, Barth M, Chauzat M P, et al,2015. Draft Validation Report Results of the international ring test related to the honey bee (*Apis mellifera*) larval toxicity test, repeated exposure[R]. OECD,17 April.

ICS 65.020
B 17

中华人民共和国农业行业标准

NY/T 3087—2017

化学农药 家蚕慢性毒性试验准则

Chemical pesticide—Guideline for silkworm chronic toxicity test

2017-06-12 发布

2017-10-01 实施

中华人民共和国农业部 发布

前　言

本标准按照 GB/T 1.1—2009 给出的规则起草。

请注意本文件的某些内容可能涉及专利。本文件的发布机构不承担识别这些专利的责任。

本标准由农业部种植业管理司提出并归口。

本标准起草单位:农业部农药检定所、山东农业大学。

本标准主要起草人:张燕、姜辉、王开运、乔康、赵旭、柳新菊、俞瑞鲜。

化学农药 家蚕慢性毒性试验准则

1 范围

本标准规定了化学农药对家蚕慢性毒性试验的材料、条件、方法、质量控制和试验报告的基本要求。

本标准适用于为化学农药登记而进行的家蚕慢性毒性试验,其他类型的农药可参照使用。

本标准不适用于易挥发和难溶解的化学农药。

2 规范性引用文件

下列文件对于本文件的应用是必不可少的。凡是注日期的引用文件,仅注日期的版本适用于本文件。凡是不注日期的引用文件,其最新版本(包括所有的修改单)适用于本文件。

GB/T 31270.11 化学农药环境安全评价试验准则 第11部分:家蚕急性毒性试验

3 术语和定义

下列术语和定义适用于本文件。

3.1

半致死浓度 median lethal concentration

在急性饲喂毒性试验中,引起50%供试家蚕死亡时桑叶中的供试物浓度,用LC_{50}表示。

注:单位为毫克有效成分每千克桑叶(mg a. i./kg桑叶)。

3.2

最低可观察效应浓度 lowest observed effect concentration

在一定暴露期内,与对照相比,对家蚕产生显著影响($P<0.05$)的最低供试物浓度,用LOEC表示。

注:单位为毫克有效成分每千克桑叶(mg a. i./kg桑叶)。

3.3

无可观察效应浓度 no-observed effect concentration

在一定暴露期内,与对照组相比,对家蚕无明显影响的供试物浓度,即仅低于LOEC的供试物浓度,用NOEC表示。

注:单位为毫克有效成分每千克桑叶(mg a. i./kg桑叶)。

3.4

供试物 test substance

试验中需要测试的物质。

3.5

发育历期 developmental duration

家蚕从孵化到成为熟蚕的时间,包括5个龄期,每一龄期为起蚕到眠蚕的时间。

3.6

结茧率 percentage of cocooning

结茧家蚕数占饲养家蚕总数的百分率。

注:结茧以形成茧层为准,只吐浮丝或结平板茧个体不做结茧蚕统计。

3.7

茧层量 cocoon shell weight

家蚕所结茧茧层的重量。

3.8

    全茧量　total cocoon weight

    茧层、蛹体和蜕皮的总重量。

3.9

    茧层率　percentage of cocoon shell

    茧层量占光茧全茧量的百分率。

3.10

    化蛹率　percentage of pupation

    化蛹家蚕数占结茧家蚕数的百分率。

3.11

    死笼率　percentage of dead worm cocoon

    死笼茧占结茧总数的百分率。

    注：凡茧内的死蚕、死蛹、病蚕、病蛹、半蜕皮蛹（包住胸部或尾部2个以上环节）、不蜕皮蛹、尾部3个环节呈黑色的
       蛹和虽然健康但未化蛹的毛脚蚕，均记为死笼茧。

4　试验概述

    将不同浓度的药液喷于桑叶上以供蚕食用。以二龄起蚕饲喂处理桑叶，48 h后转至干净培养装置中并饲喂无毒桑叶至熟蚕期，测定和观察农药对家蚕产茧量及部分生物学指标的影响，并确定对家蚕茧层量影响的无可观察效应浓度（NOEC）和最低可观察效应浓度（LOEC）。

5　试验方法

5.1　材料和条件

5.1.1　供试生物

    试验用家蚕（*Bombyx mori*）品系采用春蕾×镇珠。以二龄起蚕为供试生物。

5.1.2　供试物

    农药原药或制剂。难溶于水的可用少量对家蚕毒性小的有机溶剂、乳化剂或分散剂等助溶。

5.1.3　主要仪器设备

    ——喷雾设备（需喷雾均匀，可定量计算）；

    ——人工气候室；

    ——通风式昆虫毒性试验培养装置（参见附录A）；

    ——通风泵；

    ——分析天平（精确到0.000 1 g）；

    ——移液器。

5.1.4　试验条件

5.1.4.1　温度

    1龄～2龄家蚕饲养的最适温度应为（27±1）℃，试验期间每增长一龄，最适温度应降低1℃，直到上蔟结茧，蔟中温度应为（24±1）℃。

5.1.4.2　湿度

    试验期间相对湿度应为70%～85%，蔟中相对湿度应为60%～75%。

5.1.4.3　光照

    光照周期（光暗比）应为16 h∶8 h，光照强度应为1 000 lx～3 000 lx。

5.2　试验操作

5.2.1 预试验

5.2.1.1 浓度组设置

参考家蚕急性毒性试验得出的 LC_{50} 值,以较大的间距设置 4 个～5 个浓度组,并设空白对照。供试物使用溶剂助溶时,还需设溶剂对照。对照组和每浓度处理组均设 2 个重复,每重复 20 头二龄起蚕。

按照 GB/T 31270.11 规定的试验方法获得 LC_{50} 值,或按照附录 B 中规定的方法获得 LC_{50} 值。当使用按照 GB/T 31270.11 方法得出的 LC_{50} 时,须用桑叶浸渍修正系数对 LC_{50} 进行修正后,方可用于本标准中试验浓度设定。修正系数默认值为 0.46 L/kg 桑叶。

5.2.1.2 染毒

采用饲喂毒叶法,选取桑树顶端新鲜有光泽的嫩叶,同次试验选取桑叶大小和重量应尽量一致,每片叶重范围为 2.0 g～3.0 g。采用喷雾设备将试验药液喷于桑叶的背面。喷药前称量桑叶的重量,喷药后立即再次称量桑叶重量,以测定每片桑叶上喷施供试物的准确量。待桑叶晾干后,将叶子的叶柄插入装有 10% 琼脂培养基的离心管中,以保持叶片新鲜,每个装置 2 片叶。

选择健康、大小一致的二龄起蚕,随机移入通风式昆虫毒性试验培养装置中的桑叶上。48 h 后,将家蚕转移至干净饲养装置中并饲喂无毒桑叶至熟蚕期。待家蚕发育成熟后,及时捉蚕上蔟,整个试验饲养至结茧、化蛹为止。

5.2.1.3 观察与记录

试验过程中,观察并记录家蚕各龄期的发育历期、眠蚕体重及其他异常行为。上蔟后第 8 d 采茧削茧测定全茧量、茧层量、蛹重,雌雄分别进行统计。

5.2.1.4 数据处理

以茧层量为主要评价指标,采用方差分析对各个浓度处理组与对照组间的差异进行显著性分析,求出供试物对家蚕茧层量与对照有显著差异的最低浓度(LOEC)和茧层量与对照无显著差异的最高浓度(NOEC)。

5.2.2 正式试验

5.2.2.1 浓度组设置

根据预试验确定的浓度范围按一定比例间距(几何级差应控制在 3.2 以内)设置 5 个～7 个浓度组,并设空白对照。供试物使用溶剂助溶时,还需设溶剂对照。对照组和每浓度处理组均设 3 个重复,每重复 20 头二龄起蚕。

5.2.2.2 染毒

按 5.2.1.2 的规定进行。

5.2.2.3 观察与记录

按 5.2.1.3 的规定进行。同时统计良蛹数量,计算茧层率、死笼率和化蛹率。

5.2.2.4 数据处理

以茧层量为主要评价指标,采用方差分析对各个浓度处理组与对照组间的差异进行显著性分析,最终获得供试物对家蚕茧层量影响的 NOEC 和 LOEC,并获得供试物对家蚕的发育历期、眠蚕体重、蛹重、茧层率、结茧率、化蛹率、死笼率等生物学指标影响情况。

5.2.3 限度试验

参考家蚕急性毒性试验得出的 LC_{50} 值,设置 1/10 LC_{50} 为上限浓度,进行限度试验。当限度试验证明供试物对家蚕茧层量影响的 NOEC 比限度试验浓度高,可判定供试物对家蚕茧层量无显著影响,则无需继续进行慢性毒性试验。限度试验中,对照组和处理组至少设置 6 个重复。

5.3 质量控制

质量控制条件包括:

——试验结束时,对照组死亡率不超过 20%;

——试验中所设置的浓度中应至少包括与对照组有显著差异和无显著差异的浓度各1个。

6 试验报告

试验报告应至少包括下列内容：

a) 供试物的信息，包括：

1) 供试物的物理状态及相关理化特性，包括通用名、化学名称、结构式、水溶解度等；

2) 化学鉴定数据（如 CAS 号）、纯度（杂质）。

b) 供试生物：品系名称、来源、大小及饲养情况。

c) 试验条件，包括：

1) 试验期间的环境温度、湿度和光照；

2) 采用的试验方法；

3) 试验设计描述，包括喷雾设备（型号、喷雾压力、喷雾体积、沉降时间）、试验容器（大小）、试验重复数、每重复蚕数；

4) 母液和试验药液的制备方法，包括任何溶剂或分散剂的使用；

5) 试验持续时间。

d) 结果，包括：

1) 原始数据：家蚕各龄期的发育历期、眠蚕体重，结茧后全茧量，茧层量、蛹重、茧层率、结茧率、化蛹率、死笼率等；

2) 对茧层量影响的 NOEC、LOEC，并给出所采用的统计分析方法；

3) 对照组家蚕是否出现死亡及异常反应；

4) 观察到的供试物对家蚕慢性毒性效应，如受试家蚕的发育历期缩短或延长、结茧率是否降低等；

5) 试验质量控制条件描述。

附　录　A
（资料性附录）
通风式昆虫毒性试验培养装置

玻璃材质通风暴露装置（见图 A.1），直径 20 cm，高 15 cm。装置连接一个小型空气泵用来保证空气流通。试验时在装置的瓶底铺一层 2 mm～4 mm 的琼脂，用以减缓桑叶萎蔫的速度。

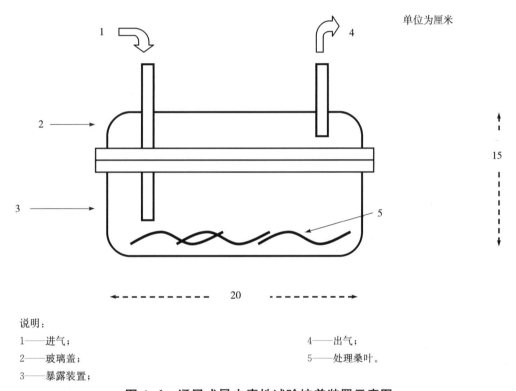

说明：
1——进气；
2——玻璃盖；
3——暴露装置；
4——出气；
5——处理桑叶。

图 A.1　通风式昆虫毒性试验培养装置示意图

附 录 B

（规范性附录）

农药家蚕急性毒性试验——喷雾法

B.1 预试验

B.1.1 浓度组设置

以较大的间距设置 4 个～5 个浓度组，并设空白对照。供试物使用溶剂助溶时，还需设溶剂对照。对照组和每浓度处理组均设 2 个重复，每重复 20 头二龄起蚕。

B.1.2 染毒

采用饲喂毒叶法，选取桑树顶端新鲜有光泽的嫩叶，同次试验选取桑叶大小和重量应尽量一致，每片叶重范围为 2.0g～3.0g。采用喷雾设备将试验药液喷于桑叶的背面。喷药前称量桑叶的重量，喷药后立即再次称量桑叶重量，以测定每片桑叶上喷施供试物的准确量。待桑叶晾干后，将叶子的叶柄插入装有 10% 琼脂培养基的离心管中，以保持叶片新鲜，每个装置 3 片叶。

选择健康、大小一致的二龄起蚕，随机移入通风式昆虫毒性试验培养装置中的桑叶上。染毒时间为 96 h。

B.1.3 症状观察与数据记录

于药剂处理后 24 h、48 h、72 h 和 96 h 观察并记录家蚕中毒症状及死亡数。

B.1.4 数据处理

计算 96 h 各处理浓度对家蚕的死亡率，求出供试物对家蚕的最高全存活浓度和最低全致死浓度。

B.2 正式试验

B.2.1 浓度组设置

根据预试验确定的浓度范围按一定比例间距（几何级差应控制在 2.2 以内）设置 5 个～7 个浓度组，并设空白对照，供试物使用溶剂助溶时，还需设溶剂对照。对照组和每浓度处理组均设 3 个重复，每个重复 20 头二龄起蚕。

B.2.2 染毒

按 B.1.2 的方法进行。

B.2.3 症状观察与数据记录

按 B.1.3 的要求进行。

B.2.4 数据处理

计算供试物对家蚕 24 h、48 h、72 h 和 96 h 的 LC_{50} 及其 95% 置信限。

参 考 文 献

[1]Xingyou Sun，Harold Van Der Valk，Hui Jing，et al，2012.Development of a standard acute dietary toxicity test for the silkworm(*Bombyx mori* L.)[J]. Crop Protection(42):260‐267.

[2]蔡道基,1999. 农药环境毒理学研究[M]. 北京:中国环境科学出版社.

[3]华德公,2002. 山东蚕桑[M]. 北京:中国农业出版社.

[4]张香萍,2008. 栽桑养蚕新技术[M]. 郑州:中原农民出版社.

[5]浙江农业大学,1980. 养蚕学[M]. 北京:中国农业出版社.

[6]NY/T 1154.9—2008 农药室内生物测定试验准则 杀虫剂 第9部分:喷雾法.

ICS 65.020
B 17

中华人民共和国农业行业标准

NY/T 3088—2017

化学农药　天敌(瓢虫)急性接触毒性试验准则

Chemical pesticide—Guideline for natural enemy(ladybird beetles)
acute contact toxicity test

2017-06-12 发布

2017-10-01 实施

中华人民共和国农业部 发布

前　言

本标准按照 GB/T 1.1—2009 给出的规则起草。

请注意本文件的某些内容可能涉及专利。本文件的发布机构不承担识别这些专利的责任。

本标准由农业部种植业管理司提出并归口。

本标准起草单位:农业部农药检定所、中国矿业大学(北京)。

本标准主要起草人:于彩虹、林荣华、薛明明、王晓军、程沈航、姜辉、隋靖怡。

化学农药　天敌（瓢虫）急性接触毒性试验准则

1 范围

本标准规定了天敌瓢虫急性接触毒性试验的材料、条件、方法、质量控制、试验报告的基本要求。

本标准适用于为化学农药登记而进行的天敌瓢虫急性接触毒性试验，其他类型农药可参照使用。

本标准不适用于易挥发和难溶解的化学农药。

2 术语和定义

下列术语和定义适用于本文件。

2.1

半致死用量　median lethal application rate

一定试验周期内，引起 50% 供试生物死亡时单位面积的供试物使用量，用 LR_{50} 表示。

注：单位为克有效成分每公顷（g a.i./hm²）。

2.2

供试物　test substance

试验中需要测试的物质。

2.3

限度试验　limit test

当供试物在农田内推荐最大使用剂量下对瓢虫的毒性非常低，或者无法获得一个可靠的 LR_{50} 值时，需在供试物最大田间推荐使用剂量乘以多次施药因子条件下，测试供试物对瓢虫的毒性效应。

2.4

多次施药因子　multiple application factor

多次施药时，农药最后一次施药的初始浓度与单次施药后初始浓度的比值，用 MAF 表示。MAF 主要取决于该化合物的半衰期、施药的间隔以及施用的次数。

3 试验概述

采用药膜法处理瓢虫幼虫。将供试物用水或其他有机溶剂配制成一系列不同浓度的稀释液，定量均匀施入一定面积的玻璃容器中的玻璃板（盘）或叶片表面，然后将试验用瓢虫幼虫放入其中（上）胁迫暴露一定时间，每天观察和记录容器中（上）瓢虫的中毒症状和死亡数，直至各浓度处理组死亡率稳定或至成虫羽化。计算出 LR_{50} 值及其 95% 置信限。本标准药膜染毒可使用指形管或玻璃板（盘）2 种器具。

4 试验方法

4.1 材料和条件

4.1.1 供试生物

选择七星瓢虫（*Coccinella septempunctata*），试验幼虫采用孵化 3 d~4 d 的二龄幼虫。

4.1.2 供试物

农药原药或制剂。难溶于水的可用少量对瓢虫毒性小的有机溶剂、乳化剂或分散剂等助溶，助溶剂用量不应超过 0.1 mL(g)/L。

4.1.3 主要仪器设备

——智能人工气候箱；

——分析天平(精确到 0.000 1 g)；

——指形管；

——喷雾装置(适用玻璃板药膜法)；

——玻璃板(盘)试验装置(适用玻璃板药膜法)；

——环状防护罩(适用玻璃板药膜法)；

——瓢虫饲养装置等。

4.1.4 试验条件

4.1.4.1 温度

瓢虫的饲养温度范围应在 23℃～27℃。

4.1.4.2 湿度

相对湿度应在 60%～90%。

4.1.4.3 光照

光照周期(光暗比)应为 16 h：8 h，光照强度不低于 1 000 lx。

4.2 试验操作

4.2.1 预试验

4.2.1.1 浓度设置

将供试物用蒸馏水或有机溶剂配制成 4 个～5 个较大间距不同浓度的稀释液，并设空白对照。供试物使用溶剂助溶时，还需设溶剂对照。除此之外，为了验证瓢虫的敏感性，需设立一个参比物质，推荐用乐果(Dimethoate)。

4.2.1.2 染毒

染毒方式为药膜法，包括玻璃药膜和叶片药膜两种染毒方式。其中玻璃药膜的介质可为指形管或玻璃板。

4.2.1.2.1 指形管染毒

在玻璃指形管中定量加入配置好的各浓度供试药液，将药液在指形管中充分滚动，直至晾干制成均匀药膜管，然后将供试瓢虫幼虫单头接入药膜管中，饲喂足量的活蚜虫供瓢虫取食，并以纱布封紧管口，以后每天饲喂充足的活蚜虫作为食物，饲喂蚜虫前需将残余的蚜虫清理干净，以保证瓢虫充分接触药膜。对照组的瓢虫数量与处理组相同，并与处理组同时进行。指形管应平放，保证瓢虫能够自由爬行减少重力对其的不利影响。

4.2.1.2.2 玻璃板(盘)或植物叶片染毒

在一定尺寸(长×宽＝40 cm×18 cm)的玻璃板(盘)或植物叶片上均匀涂布或喷洒配置好的各浓度供试药液，并立即精确计算玻璃板(盘或叶片)上的着药量，然后自然晾干或冷风吹干待用。取预先制备好的圆柱形玻璃环(直径 5 cm，高 4 cm)，将距底部 3 mm 之上的玻璃环内部均匀涂布滑石粉或聚四氟乙烯(防止试虫沿着玻璃环内壁上爬，且避免对试虫生长造成不利影响)，置于晾干的玻璃药膜板(盘或叶片)上，保持玻璃环与板(盘)面或叶片间尽量无缝隙并做适当固定，每环单头接入受试瓢虫幼虫并盖封，按 4.2.1.2.1 的方法进行喂食。试验装置参见附录 A。

玻璃药膜板(盘或叶片)需保持干净，制备需使用适宜的涂布或喷洒装置，装置应使供试物药液均匀地涂布或喷洒在玻璃板(盘或叶片)上。涂布或喷洒使用药液量为 200 L/hm²。涂布或喷洒前需测试药液沉降的均匀性，以满足在玻璃板(盘)或叶片上药液着药量为(2±0.2) μL/cm²。此过程可使用清水重复测试至少 3 次，每次涂布或喷洒前后都应迅速对玻璃板(盘)或叶片称重，计算预计的着药量(重复间的平均误差应控制在预计着药量的 10% 以下)，同时记录涂布或喷洒装置的各种信息(如型号、喷嘴类型及孔径、喷洒压力等)。重复施药操作前，涂布或喷洒装置应用清水清洗、校正。

4.2.1.3 观察与记录

每天观察并记录玻璃管(环、叶片)中(上)瓢虫的中毒症状和死亡数,将死亡的幼虫、蛹与行为异常的瓢虫一起记录(如活动不灵活的、抽搐的)直至化蛹。化蛹后,蛹继续保持在药膜管内观察至成虫羽化,计算成虫羽化率,未羽化成虫均计入死亡虫数。当幼虫或蛹的减少是由于操作失误(例如,幼虫逃走或在饲养、清洁过程中被杀死),受试瓢虫幼虫初始数量应减去减少的幼虫数量。

4.2.2 正式试验

4.2.2.1 浓度设置

根据预试验确定的浓度范围按一定比例间距设置 5 个~7 个浓度组,相邻浓度的级差不能超过2.2。并设空白对照,供试物使用溶剂助溶时,还需设溶剂对照。对照组和每浓度处理组均设 3 个重复,每重复不少于 10 头二龄瓢虫幼虫。

4.2.2.2 染毒

按 4.2.1.2 的方法进行。

4.2.2.3 观察与记录

按 4.2.1.3 的要求进行。

4.2.3 限度试验

限度试验的上限剂量设置为供试物田间最大推荐有效剂量乘以多次施药因子(MAF)。当受试瓢虫在供试物达到上限剂量时未出现死亡,则无需继续试验;当供试物在水或其他有机溶剂的溶解度小于田间最大推荐有效剂量时,则采用其最大溶解度作为上限剂量,对于一些特殊的药剂也可采用相应的制剂进行试验。

MAF 按式(1)计算,当缺少任何数据时,MAF 可选取默认值 3。

$$\mathrm{MAF} = \frac{1 - e^{-n \times k \times i}}{1 - e^{-k \times i}} \quad \cdots\cdots\cdots\cdots\cdots\cdots\cdots\cdots\cdots\cdots\cdots \quad (1)$$

式中:

k——农药在植株表面的降解速率常数;

n——施药次数,单位为次;

i——施药间隔,单位为天(d)。

降解速率常数 k 按式(2)计算。

$$k = \frac{\ln 2}{\mathrm{DT}_{50}} \quad \cdots\cdots\cdots\cdots\cdots\cdots\cdots\cdots\cdots\cdots\cdots\cdots\cdots \quad (2)$$

式中:

DT_{50}——农药在植株表面的降解半衰期,单位为天(d)。当缺少 DT_{50} 的实测数据时,应采用默认值10 d。

5 数据处理

LR_{50} 的计算可采用机率值法估算,也可应用有关毒性数据计算软件进行分析和计算。如寇氏法可用于计算瓢虫在不同观察周期的 LR_{50} 值及 95% 置信限。当对照组受试生物出现死亡时,各处理组的死亡率计算应根据对照组死亡率用 Abbott 公式进行修正。

LR_{50} 按式(3)计算。

$$\log \mathrm{LR}_{50} = X_m - j(\sum P - 0.5) \quad \cdots\cdots\cdots\cdots\cdots\cdots\cdots\cdots\cdots \quad (3)$$

式中:

X_m——最高浓度的对数;

j——相邻浓度比值的对数;

$\sum P$ ——各组死亡率的总和(以小数表示)。

95%置信限按式(4)计算。

$$95\% \text{ 置信限} = \log LR_{50} \pm 1.96 S\log LR_{50} \cdots\cdots\cdots\cdots\cdots\cdots\cdots \quad (4)$$

标准误 S 按式(5)计算。

$$S\log LR_{50} = j\sqrt{\sum \frac{p(1-p)}{N}} \cdots\cdots\cdots\cdots\cdots\cdots\cdots\cdots \quad (5)$$

式中:

p ——1个组的死亡率,单位为百分率(%);

N ——各浓度组瓢虫的数量,单位为个。

6 质量控制

质量控制条件包括:

a) 对照组死亡率不超过20%;

b) 整个试验过程要保证提供足够的蚜虫作为瓢虫食物;

c) 药膜制备保证均匀;

d) 所选测试瓢虫幼虫对参比物质乐果在0.20 g/hm² 剂量下,其死亡率在40%~80%,则该种群可进行试验;

e) 试验期间,应保护试验室条件正常,如出现各种原因的故障,须重新试验。

7 试验报告

试验报告应至少包括下列内容:

a) 供试物的信息,包括供试农药的通用名、化学名称、结构式、CAS号、纯度、基本理化性质、来源等;

b) 供试生物名称、来源、培养方法;

c) 试验条件,包括试验温湿度、光照条件等;

d) 试验方法,包括浓度设置、药膜制备、所用装置等;

e) 试验结果,一定试验周期的 LR_{50} 值和95%置信限,并给出所采用的计算方法;

f) 对照组及处理组是否出现死亡及异常反应;

g) 试验质量控制条件描述;

h) 试验结果及毒性评价。

附 录 A
（资料性附录）
玻璃板（盘）药膜法试验装置示意图

玻璃板（盘）药膜法试验装置见图 A.1、图 A.2、图 A.3。

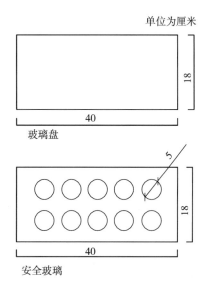

图 A.1 两层玻璃板平面图

图 A.2 小圆柱立体图

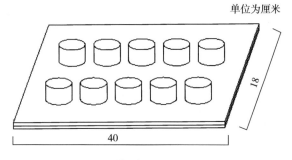

图 A.3 药膜试验装置侧面图

参 考 文 献

[1]Schmuck R. ,Candolfi M. P. ,Kleiner R. ,et al,1998. Two-step test system using the plant-dwelling non-target insect Coccinella septempunctata to generate data for registration of pesticides[M]//Haskell P. T. ,McEwen P. ,Ecotoxicology-Pesticides and beneficial organisms. Springer Science+Business Media B. V.

[2]Schmuck R,Candolfi M. P. ,Kleiner R. ,et al,2000. A laboratory test system for assessing effects of plant protection products on the plant dwelling insect Coccinella septempunctata L. (Coleoptera: Coccinellidae)[M]//M. P. Candolfi, S. Blümel,R. Forster,et al. Guidelines to evaluate side-effects of plant protection products to non-target arthropods. IOBC/WPRS,Gent.

[3]Bailer,A. J. ,Oris,T. ,1996. Implications of defining test acceptability in terms of control-group survival in two-group survival studies[J]. Environmental Toxicology and Chemistry(15):1242‐1244.

[4]US EPA,2012. Honey bee acute contact toxicity test (OCSPP 850. 3020). Ecological effects test guidelines[R]. EPA 712‐C‐95‐147,Washington DC,United States of America.

[5]OECD,1998. Guideline 214: Honeybees,acute contact toxicity test,OECD Guidelines for test of chemicals.

[6]蔡道基,1999. 农药环境毒理学研究[M]. 北京:中国环境科学出版社.

[7]吴红波,等,2007. 几种常用杀虫剂对异色瓢虫的敏感性测定[J]. 中国生物防治,23(3):213‐217.

[8]冀禄禄,等,2011. 四种杀虫剂对七星瓢虫成虫的室内毒力测定[J]. 山东农业科学(5):74‐75.

ICS 65.020
B 17

中华人民共和国农业行业标准

NY/T 3089—2017

化学农药　青鳉一代繁殖延长试验准则

Chemical pesticide—Guideline for medaka extended one
generation reproduction test

2017-06-12 发布

2017-10-01 实施

中华人民共和国农业部 发布

前　言

本标准按照 GB/T 1.1—2009 给出的规则起草。

本标准主要技术内容等效采用了经济合作与发展组织(OECD)化学品测试导则 No.240《青鳉一代繁殖延长试验》(英文版 2015),仅做了结构和编辑性修改。

请注意本文件的某些内容可能涉及专利。本文件的发布机构不承担识别这些专利的责任。

本标准由农业部种植业管理司提出并归口。

本标准起草单位:农业部农药检定所、浙江省农业科学院农产品质量标准研究所。

本标准主要起草人:吴长兴、曲薆薆、陈丽萍、陈朗、苍涛、李贤宾、蔡磊明。

化学农药 青鳉一代繁殖延长试验准则

1 范围

本标准规定了化学农药对青鳉一代繁殖延长试验的材料、条件、质量控制、试验报告的基本要求。

本标准适用于测试和评价化学农药对青鳉一代繁殖延长试验,其他类型的农药可参照使用。

本标准不适用于易挥发和难溶解的化学农药。

2 规范性引用文件

下列文件对于本文件的应用是必不可少的。凡是注日期的引用文件,仅注日期的版本适用于本文件。凡是不注日期的引用文件,其最新版本(包括所有的修改单)适用于本文件。

GB/T 21806 化学品 鱼类幼体生长试验

GB/T 31270.12 化学农药环境安全评价试验准则 第12部分:鱼类急性毒性试验

OECD TG 229 鱼类短期繁殖试验 Fish Short Term Reproduction Assay

3 术语和定义

下列术语和定义适用于本文件。

3.1

最低可观察效应浓度 lowest observed effect concentration

在一定暴露期内,与对照组相比,对受试鱼产生显著影响($P<0.05$)的最低供试物浓度,用 LOEC 表示。

注:单位为毫克有效成分每升(mg a.i./L)。

3.2

无可观察效应浓度 no-observed effect concentration

在一定暴露期内,与对照组相比,对受试鱼无显著影响($P<0.05$)的最高供试物浓度,用 NOEC 表示,即仅低于 LOEC 的供试物浓度。

注:单位为毫克有效成分每升(mg a.i./L)。

3.3

×%效应浓度 effect concentration for ×% effect

一定的试验期内,与对照组相比,引起×%受试鱼出现某种效应的供试物浓度,用 EC_X 表示。

注:单位为毫克有效成分每升(mg a.i./L)。

3.4

稀释液、储备液和试验溶液

稀释液和储备液是指流水式试验系统中所用的试验用水和高浓度供试物溶液;试验溶液指用于暴露的各浓度处理的供试物溶液。

4 试验概述

根据供试物对鱼的毒性与代谢行为设置5组试验浓度。将性成熟的日本青鳉(*Oryzias latipes*)F_0代雌鱼和雄鱼配对暴露于试验溶液3周。在第4周的第1 d或第1 d～第2 d收集鱼卵作为F_1代继续暴露。在F_1代暴露期间(共15周)评估孵化率和存活率。F_1代孵化后9周～10周采集亚成鱼样本进行发育端点评估,12周～14周评估繁殖力。评估繁殖力3周后开始培育F_2代,F_2代全部孵化后结束试验。

5 试验方法

5.1 材料和条件

5.1.1 供试生物

5.1.1.1 供试生物及饲养

供试生物为日本青鳉(*Oryzias latipes*)。饲养光照周期光暗比为 16 h：8 h。日本青鳉的饲养方式不设定特定要求。

5.1.1.2 受试鱼的驯化

5.1.1.2.1 受试鱼应来自同一个实验室的相同品系,在与试验环境相似的条件下驯化至少 2 周,该驯养期不能作为预暴露期。受试鱼宜来自本实验室。试验至少需要雌雄 42 对鱼来保证足够的重复,当有溶剂对照时要用 54 对。应检测 F_0 代繁殖对的性别基因,验证其是 XX—XY 基因型,避免使用 XX 基因型的假雄鱼。

5.1.1.2.2 48 h 的稳定期后,记录驯养鱼群的死亡数,并按照以下要求操作：

    a)   试验前 7 d 内鱼群的死亡率＜5％,该批鱼可用于试验;

    b)   试验前 7 d 内鱼群的死亡率在 5％～10％之间,再驯化 7 d 达到 14 d 的驯化期;第二个 7 d 内死亡率≥5％,整批鱼不应用于试验,第二个 7 d 内死亡率＜5％,该批鱼可用于试验;

    c)   试验前 7 d 内鱼群的死亡率≥10％,整批鱼不应用于试验。

5.1.1.2.3 驯化期和暴露期间不应对受试鱼进行疾病防治,有疾病症状的鱼不可用于试验。驯化前的饲养期间,应记录疾病的预防、治疗过程及结果。

5.1.1.3 受试鱼的选用

选择同一批驯化的、鱼龄(自受精卵)≥12 周、性别差异明显且遗传稳定的成年鱼。试验前 1 周,应确认试验成鱼具有活跃的繁殖能力。所有用于试验的鱼按性别分类,同性别受试鱼的体重应该保持在算数平均值的±20％范围内。在试验前应抽样测量受试鱼的平均体重。雌鱼体重应≥300 mg,雄鱼体重应≥250 mg。

5.1.1.4 饲喂

可以喂食虫龄为 24 h 的卤虫(*Artemia* spp.)幼虫,品种不限。也可补充喂食市售饲料。市售饲料应定期检测污染物含量。应避免使用具有内分泌干扰活性的食物(如植物雌激素)。未吃掉的食物及排泄物按规定清除,如用虹吸法小心清洁每个容器。容器边缘和底部每周清洗 1 次～2 次,可用刮刀刮除。各时期食物饲喂量参见附录 A。

5.1.2 供试物

供试物应使用农药纯品或原药。不推荐使用助溶剂,如果使用需说明使用理由。难溶于水的原药可用少量对鱼类毒性小的有机溶剂、乳化剂或分散剂等助溶。已知可用的助溶剂包括:二甲基亚砜、三甘醇、甲醇、丙酮、乙醇等。当供试物使用有机溶剂助溶时,应尽可能降低助溶剂浓度,试验药液中助溶剂的浓度不应超过 100 μL(mg)/L,并应以助溶剂最大浓度设置溶剂对照组。

5.1.3 主要仪器设备

    ——溶解氧测量仪;

    ——pH 测量仪;

    ——水硬度计;

    ——酸碱度测定仪;

    ——恒温室或恒温箱,自动温度监测仪;

    ——电子天平。

5.1.4 试验用水

试验用水应适合受试鱼长期存活和生长。试验期间应保持水质恒定,定期取样分析,避免水质变化影响试验生物和试验结果。测定包括重金属(如 Cu、Pb、Zn、Hg、Cd、Ni)、主要阴离子(如 Cl^-、SO_4^{2-})和阳离子(如 Ca^{2+}、Mg^{2+}、Na^+、K^+)、其他农药、总有机碳和固体悬浮物的含量等。如确定试验用水的水质相对稳定,可每 6 个月测定一次。试验用水的化学特性见附录 B。

5.2 试验操作

5.2.1 暴露方法的选择

一般不限定暴露系统的设计和材料。根据本试验的原理,可用玻璃、不锈钢或其他化学惰性材料构建流水式试验系统,试验系统应在试验前未受到污染。

通过合适的泵将供试物储备液循环分配至试验系统中。暴露前检测试验溶液的浓度并校正储备液的流速,试验期间还需检查溶液更换周期。同时,应根据供试物的化学稳定性和水质,确定试验溶液的更新频率,每天更新 5 倍～16 倍试验体积,或流速大于 20 mL/min。

5.2.2 试验设计

5.2.2.1 试验浓度

应设置不少于 5 个供试物浓度处理组,另设空白对照组。如果使用助溶剂,需同时设置空白对照组和溶剂对照组。试验浓度范围可参考现有的资料信息,如相似物的信息、已有的鱼类毒性试验结果,按照 GB/T 31270.12、GB/T 21806 和 OECD TG 229 等鱼类毒性试验方法完成的试验数据,也可进行繁殖期的预试验,以确定正式试验浓度范围。进行预试验时,试验条件(水质、试验系统、生物负荷量)应尽可能与正式试验一致。通过预试验还可了解助溶剂的适用性。最高试验浓度不应超过供试物的水中溶解度、10 mg/L 或 96 h-LC_{50} 的 1/10;最低试验浓度应为最高试验浓度的 1/100～1/10,各浓度间级差应≤3.2。设置的 5 个试验浓度应确保能够计算剂量-效应关系,并获得 LOEC 和 NOEC。

5.2.2.2 试验重复

每试验浓度至少 6 个重复,对照组 12 个重复,当设溶剂对照组时,其重复数应与空白对照组相同。试验重复设置方法参见附录 C。F_1 代繁殖期间所有处理重复数加倍。每重复为一对雌雄配对鱼。

5.2.3 试验准备

试验前,将符合试验要求的配对鱼分别移入试验容器中,每试验容器为一个重复。

5.2.4 试验暴露

5.2.4.1 暴露环境

试验环境条件和参数见附录 D。试验结束时对照组的端点指标应达到附录 E 中所列指标要求。

试验期间,各处理组和空白对照组至少测定一个试验容器中的溶解氧、pH 和温度。每天测定水温,其他指标至少每周测定一次。

5.2.4.2 暴露时间

F_0 代鱼暴露 3 周,在第 4 周,建立 F_1 代并将 F_0 代安乐死并移出,记录其体重和体长。F_1 代暴露 15 周,F_2 代暴露 2 周至孵化。试验时间共 19 周。试验暴露时间参见附录 F。

5.2.4.3 各暴露阶段

5.2.4.3.1 第 1 周～第 3 周(F_0)

F_0 代鱼暴露 3 周,使发育中的配子体和性腺组织暴露于供试物。每试验容器只培养一对繁殖对(XX 基因型雌鱼与 XY 基因型雄鱼各一尾)。从试验第 1 d 开始,连续 21 d 收集鱼卵,统计产卵数及受精率。

5.2.4.3.2 第 4 周(F_0 和 F_1)

第 22 d 收集当天的受精卵(胚胎),当胚胎不足时可收集两天内的胚胎。将 1 d 或 2 d 内收集到各繁殖对的受精卵混合,并系统分酸至孵化器,每个孵化器 20 粒受精卵,孵化器示例参见附录 G。每天检查并记录受精卵的死亡数,并及时从孵化器中移除死卵。死亡胚胎由于蛋白质的凝结和沉淀,由半透明变为白色。

当某处理需使用第 2 d 收集的卵时,则所有处理组(包括对照组)也应按同一操作进行。当两天收集的胚胎数还不足时,可将胚胎数减少至每孵化器 15 个,再低时,需减少重复数,以确保每个孵化器有 15 个胚胎。第 24 d,对 F_0 代繁殖对实施安乐死并记录其体重和体长。如有需要,F_0 代繁殖对可延长饲养观察 1 d～2 d,以便重新获得 F_1 代胚胎。

5.2.4.3.3 第 5 周～第 6 周(F_1)

孵化开始前 1 d～2 d,停止或减少对受精卵的扰动以促进孵化。每天将各重复刚孵出的 F_1 代仔鱼合并在一起并系统分配到各重复的幼鱼容器中,每个容器不超过 12 尾。当初孵仔鱼不足时,应确保尽可能多地重复有 12 尾初孵仔鱼来启动 F_1 代试验。

应记录卵孵化时间、孵化数量,计算每一重复的孵化率。当处理组卵孵化超过对照组平均时间的 2 倍时还未孵化,则视为无效卵,应移出试验体系。

5.2.4.3.4 第 7 周～第 11 周(F_1)

每天检查并记录所有重复幼鱼的存活情况。第 43 d 时,记录每一重复存活数,与各重复初始幼鱼数(通常是 12 尾)比较,计算从孵化到亚成鱼阶段的存活率。

5.2.4.3.5 第 12 周～第 13 周(F_1)

第 78 d～第 85 d,从所有鱼的尾鳍采集少量样品用于检测个体遗传性别。遗传性别检测后 3 d 内,每处理随机选用 12 对繁殖对,对照为 24 对。从每重复分别随机选出 XX 和 XY 基因型雌雄鱼各 2 尾,雌雄鱼分别混合,然后随机选择设立 XX 与 XY 繁殖对。当某重复 F_1 代亚成鱼 XX 基因型或 XY 基因型不够 2 尾时,可从同一浓度处理其他重复中补充。

剩余的 F_1 代亚成鱼(每重复最多 8 尾)实施安乐死并取样用于各种亚成鱼端点指标测定。保留所有亚成鱼样品的雄性性别决定性基因(*dmy*: the DM-domain gene on the Y chromosome)的基因数据(XX 或 XY),确保所有端点指标数据与每一尾鱼遗传性别数据相对应。

5.2.4.3.6 第 13 周～第 14 周(F_1)

亚成鱼繁殖对继续暴露于各浓度处理溶液中,直至发育到成鱼阶段,并于第 98 d 开始收集 F_1 代产的卵。

5.2.4.3.7 第 15 周～第 17 周(F_1)

连续 21 d,每天收集各重复 F_1 代产的鱼卵,并评价产卵力和受精率。

5.2.4.3.8 第 18 周(F_1 和 F_2)

操作同 5.2.4.3.2。

第 120 d 收集当天的受精卵(胚胎),当胚胎不足时可收集 2 d 内的胚胎。将 1 d 或 2 d 内收集到各繁殖对的受精卵混合,并系统分配至孵化器,每个孵化器 20 粒受精卵,孵化器示例参见附录 G。每天检查并记录受精卵的死亡数,及时从孵化器中移除死卵。死亡胚胎由于蛋白质的凝结和沉淀,由半透明变为白色。当某处理需使用第 2 d 收集的卵时,则所有处理组(包括对照组)也应按同一操作进行。当 2 d 收集的胚胎数还不足时,可将胚胎数减少至每孵化器 15 个,再低时,需减少重复数,以确保每个孵化器有 15 个胚胎。

第 121 d 或第 122 d,对 F_1 代繁殖对实施安乐死并用于检测分析成鱼端点指标。如有必要,F_1 代繁殖对可延长饲养观察 1 d～2 d,以便重新获得 F_2 代胚胎。

5.2.4.3.9 第 19 周～第 20 周(F_2)

在预期孵化开始前 1 d～2 d,停止或减少扰动 F_2 代受精卵以促进孵化。孵化后每天计数并将孵出仔鱼从试验体系中移出。

5.2.5 分析方法

暴露开始前,需确定供试物在系统中的分配方法,并建立所有必需的供试物水中分析方法。试验期间,每个处理每周至少测定一个重复的供试物浓度,且应在每处理组重复间轮换。同时,至少一周3次检测稀释液和储备液的流速。

一般使用实测浓度表示试验结果,当实测浓度保持在理论浓度值±20%以内,也可用理论浓度表示试验结果。如果供试物在鱼体内有明显的富集,试验浓度会随鱼的生长而降低时,可通过提高药液更换频率保持试验体系供试物浓度稳定。

5.2.6 观察和记录

应每天观察并记录种群水平的端点指标和任何异常行为,包括生殖力、受精率、孵化率、发育和存活率。其他端点指标包括肝脏卵黄蛋白原 mRNA、免疫分析的卵黄蛋白原蛋白水平、表观性别标记物(如臀鳍乳突)、性腺组织学评价、肾脏和肝脏织病理学评价、性腺组织病理学评价等(作用端点指标见表1)。所有端点值的评估均应在已知每条鱼的遗传性别基础上进行。此外,还需评估开始产卵的时间。

本试验包含了一般慢性毒性试验(如全生活史试验和早期生命阶段试验)中的典型测试端点,既可用于内分泌干扰物也可用于非内分泌干扰物的毒性效应评估。试验期间应每天观察并记录受试鱼的死亡率及异常行为,并计算 F_1 代从孵化后至受试鱼挑选(试验第6周/第7周)、受试鱼挑选后至亚成年鱼取样测试时(9 wpf~10 wpf)、繁殖对配对至成鱼取样测试时(15 wpf)的存活率。

表1 青鳉一代繁殖延长试验端点指标汇总

生活阶段	端点指标		代数
胚胎(2 wpf[a])	孵化(%和孵化时间)		F_1,F_2
仔鱼(4 wpf)	存活		F_1
亚成鱼(9 wpf 或 10 wpf)	存活率		F_1
	生长(体长和体重)		
	卵黄蛋白原(mRNA 或蛋白)		
	第二性征(臀鳍突起)		
	表观性别比例		
	首次产卵时间		
成鱼(12 wpf~14 wpf)	繁殖(产卵量和受精率)		F_0,F_1
成鱼(15 wpf)	存活		F_1
	生长(体长和体重)		
	第二性征(臀鳍突起)		
	组织病理学(性腺、肝脏和肾脏)		
[a] wpf 为受精后周数。			

5.2.7 供试生物处理方法

5.2.7.1 受试鱼安乐死

受试鱼采样或处死时宜使用一定剂量的麻醉液麻醉,如 100mg/L~500 mg/L MS‐222,并以 300 mg/L NaHCO₃ 缓冲。当受试鱼出现严重症状并可预见死亡时,应用麻醉剂处理并实施安乐死,计入死亡数。受试鱼安乐死后,应进行必要的组织固定以备后期进行病理学检查分析。

5.2.7.2 胚胎和仔鱼的处理

5.2.7.2.1 卵收集

应在第4周的第1 d(或前两天)收集 F_0 代卵作为 F_1 代,在第18周的第1 d(或2 d)收集 F_1 代的卵作为 F_2 代。试验第18周,F_1 代的鱼龄是受精后15周的成年鱼。开始收集卵的前1 d,务必先清除每对亲本以前产的卵,保证所有繁殖对的卵均来同一批次。采用虹吸的方法小心将雌鱼身上或容器底部的卵收集移出。

将同一处理的各重复繁殖对收集到的受精卵(20个以上)合并,然后随机分配到孵化器中,参见附录C和附录G。孵化器可集中放置于每处理的孵化缸内,或者分开放置于各重复缸内。当需要收集第

2 d的卵时,应将两天的卵合并后随机分配到各重复中。

5.2.7.2.2 卵孵化

采用水中充气、水流垂直扰动等方式不断搅拌受精卵使其运动起来,每天检查并记录受精卵(胚胎)的死亡数,将死卵清除出孵化器。受精后第7 d开始,停止或减小搅拌,使受精卵沉在孵化器底部,促进卵孵化。观察并记录每处理组和对照组中孵化的仔鱼数,超过对照组孵化期两倍时间(通常为受精后16 d或18 d)处理组仍未孵化的受精卵,应视为死卵并予以清除。

刚孵出的仔鱼先混合在一起,然后系统地分配到每重复的容器中,整个试验期间受试鱼数量及容器设置原理参见附录C。每容器保证有相同数量的孵化仔鱼(一般为12条/每容器~20条/每容器)。前置试验的每个处理组应尽可能多设重复,以保证此阶段试验每容器中至少有12条仔鱼。多余的仔鱼进行安乐死处理。

5.2.7.3 繁殖对设置

5.2.7.3.1 剪鳍采样和遗传学性别判断

F_1代受精后第9周~第10周(试验第12周~第13周),采集鳍部组织来判断遗传学性别。采样前,麻醉同一容器中的所有鱼,然后从每条鱼的尾鳍背部或腹部尖端取少量的组织,进行遗传性别分析。同时对鱼和其组织样本进行唯一性标记和编号,以确定每尾鱼的遗传性别,将遗传性别分析结果与每条鱼一一对应。来自同一重复的鱼可分开放置于小笼中,尽可能每笼一尾。如果两尾鱼能够区别开也可放在一个笼内。组织采样时可分别剪取尾鳍的背部和腹部并加以区别。

青鳉的遗传性别通过在Y染色体上已知的序列基因 *dmy* 分辨。具有 *dmy* 基因的个体是XY雄性,不具有 *dmy* 基因的个体是XX雌性,而与表观性征无关。通过聚合酶链式反应(PCR)分析尾鳍尖端样品提取的DNA是否具有 *dmy* 基因,PCR方法参见附录H。

5.2.7.3.2 繁殖对建立

无论受试鱼是否在化学农药暴露后改变表观性征,都应依据检测得到的遗传学信息建立XX-XY繁殖对。应排除外形明显异常的鱼,如鱼鳔异常、脊柱畸形、体长极端异常等。在F_1代产卵期,每个容器中只能有一对繁殖对。

5.2.7.4 亚成年鱼的取样和端点指标的测定

5.2.7.4.1 非繁殖对的取样

建立繁殖对后,在试验第12周~第13周期间,应对剩余不需再饲养的F_1代鱼实施安乐死,并测定亚成年鱼端点指标。在此过程中应保证安乐死的每尾鱼还能对应遗传性别分析结果。每尾鱼均需测定多项端点指标,包括幼鱼或亚成鱼的存活率、体长、体重、卵黄蛋白原(VTG)(或者肝脏 *vtg* mRNA)和臀鳍乳突(见表1,参见附录F)。还应测定繁殖亲本的体重和体长,用于计算处理组的平均生长速率。

5.2.7.4.2 组织取样和卵黄蛋白原(VTG)的测定

解剖受试鱼,切取肝脏,样品的储存温度不高于-70℃。带有臀鳍的鱼尾需用合适的固定剂(如Davidson)保存或进行拍照,用于日后计数乳突数。如有需要,还可对其他组织(如性腺)取样和保存。可用同源酶联免疫法(ELISA,Enzyme-Linked Immunosorbent Assay)测定肝脏VTG浓度(肝脏样品的采集程序与卵黄蛋白原分析前处理方法参见附录I)。

5.2.7.4.3 第二性征

正常情况下,只有性成熟的雄性青鳉发育出臀鳍乳突,是雄鱼的第二性征,位于部分臀鳍线的连接片,其可作为内分泌干扰效应的潜在生物标志。臀鳍乳突的计数方法参见附录J。通过臀鳍乳突将青鳉个体分为表观雄性或表观雌性,以简单统计各重复的雌雄比例。出现臀鳍乳突的青鳉归为雄性,没有臀鳍乳突的归为雌性。

5.2.7.5 繁殖力和受精率的评价

试验第1周~第3周内评价F_0代的繁殖力和受精率,试验第15周~第17周评价F_1代的繁殖力和受精率。连续 21 d 收集各繁殖对的卵。每天记录每繁殖对的产卵数和受精卵数量。繁殖力用产卵的数量表示,受精率用受精卵与总卵数的比例表示。以每处理每重复为单元进行统计。

5.2.7.6 成鱼取样和端点指标评估

5.2.7.6.1 繁殖对的取样

试验第 17 周 F_2 代开始后,F_1 代繁殖亲本可实行安乐死并进行相关端点指标评估(见表 1,参见附录 F)。先对臀鳍进行拍照以便于统计臀鳍乳突数量(参见附录 J),同时切下生殖孔后的尾部并用固定液固定,用于随后统计乳突数量。也可采集特定鱼组织样品重复 *dmy* 分析以确认其遗传性别。在整体浸入固定剂前,可在鱼体上开洞便于固定剂(如 Davidson)充分进入鱼体。

5.2.7.6.2 组织病理学

应对每条繁殖亲本鱼的性腺组织进行病理学评价。本试验评价的其他作用端点(例如,VTG、SSCs 和性腺的组织学影响)会受到系统性影响。因此,评价肝和肾的组织病理学有助于理解结构性终点的影响。如果没有评估这些指标,也需要报告在组织病理学评估中发现的明显异常。

5.3 时间表

青鳉一代繁殖延长试验的时间表参见附录 F。青鳉一代繁殖延长试验包括 F_0 代成年鱼暴露 4 周,F_1 代暴露 15 周,F_2 代暴露至孵化。

5.4 质量控制

5.4.1 质量控制条件

5.4.1.1 试验有效性应同时满足以下条件:

a) 试验期间,试验溶液的溶解氧浓度≥60%空气饱和值;

b) 整个试验期间的平均水温应该在 24℃～26℃,单个容器的水温短暂偏离不超过±2℃。

c) 各代(F_0、F_1)对照组的每对繁殖鱼平均产卵量大于 20 粒/d。繁殖评估期间所有卵的受精率应大于 80%。此外,对照组 24 对繁殖对中至少 16 对(>65%)的产卵量应大于 20 粒/d;

d) F_1 代对照组的卵平均孵化率应≥80%;

e) F_1 代对照组从孵化到受精后 3 周期间的仔鱼存活率平均值应≥80%,同时从受精后第 3 周到本代试验结束(约受精后第 15 周)的存活率平均值应≥90%;

f) 试验期间供试物浓度变化应控制在实测浓度平均值的 20%以内。

5.4.1.2 水温虽然是范围标准,但各重复之间不能有统计差异,处理间(排除短期偏离的每天测量值平均值)也不能有统计差异。当观察到质量控制指标偏离,应评估其对试验结果的影响,并在试验报告中加以说明。

5.4.2 其他条件

下列条件虽不是试验有效性的质量控制条件,但可保证能够计算 EC_X 或 NOEC 值:

a) 高浓度处理组中可能出现繁殖力下降,但至少 F_0 代在第三高浓度处理组及所有更低浓度处理组中有足够数量的后代,以保证进行下一步孵化;

b) 第三高浓度组及其以下的低浓度组的 F_1 代有足够的存活胚胎及仔鱼用于后续的亚成年鱼端点指标评估取样;

c) 第二高暴露浓度组 F_1 代孵化后存活率应该达到最低要求水平(20%)。

6 数据与报告

6.1 统计分析

a) 应根据试验中测试的遗传性别(XY 雄性和 XX 雌性)区分雄性和雌性受试鱼,并对数据分别进行统计分析。分析方法选择可参见附录 K。

b) 为了获得与 NOEC 有重要关联的生物学变化,试验设计和选择统计方法时应满足假设检验的需要并按要求确定试验报告中的影响浓度值和参数。重点测定和评估端点值均需体现百分率梯度变化,当试验不能满足所有端点值的统计要求时,须关注试验所需要的重要端点值,并通过合理的试验设计满足这些端点值的统计要求。

c) 应对重复的参数进行方差分析或联列表分析,及进一步的统计分析。为了在处理和对照结果间进行多重比较,推荐用 Jonckheere-Terpstra 分析连续反应。当数据为非单调的浓度反应时,可采用 Dunnett's 检验或 Dunn's 检验(必要时进行充分的数据转换)。

d) 对于繁殖力指标,每天计数产卵量,可用作总卵数分析或作为重复测量结果。该端点指标的具体分析方法参见附录 K。组织病理学数据应以"严重度分值"表示,可用 RSCABS(Rao-Scott Cochran-Armitage by Slices)法进行分析。应在试验报告中描述观察到处理组所有与对照组明显不同的端点指标。

6.2 数据利用分析

6.2.1 异常处理组的使用

分析时需考虑排除有异常毒性的一个重复或整个处理。异常毒性症状是指在受精后 3 周~9 周之间,任一重复的死亡数大于 4 尾,且该死亡无法用技术误差解释。其他异常毒性症状包括出血、异常行为、异常游动方式、厌食及其他一些临床病状。对于亚致死毒性症状,需参照空白对照组进行定性评价。若最高处理中有明显的异常毒性数据,统计时可排除这些数据。

6.2.2 溶剂对照

当使用了助溶剂,应同时设置一个溶剂对照组。试验结束时应通过溶剂对照组与空白对照组进行比较,评估助溶剂的影响。易受多数毒性物质影响的通常为生长因素(体重)指标。当溶剂对照组与空白对照组的端点指标存在统计学差异时,则应通过专业知识来判断试验的有效性。当两个对照组结果不同,则供试物处理组应与溶剂对照组进行比较,如某些情况下认为处理组与空白对照组对比更为合理,应说明理由。当溶剂对照组与空白对照组间无显著性差异,则可将两对照组数据合并后与供试物处理组进行比较。

6.3 试验报告

试验报告应至少包括以下内容:

a) 供试物。包括物理属性和相关的理化特性:

　　1) 化学识别数据:如 IUPAC(International Union of Pure and Applied Chemistry)名、CAS 号、结构式、纯度、杂质化学识别方法;

　　2) 单组分物质:物理外观,水中溶解度,额外的理化特性;

　　3) 多组分物质:各组分的含量和相关理化特性。

b) 供试生物:学名、品系、来源、受精卵的收集方法及其后的处理。

c) 试验条件:

　　1) 光周期;

　　2) 试验设计:

　　　　——母液配制方法和更换频率(若使用助溶剂,应列出名称及其浓度);

　　　　——供试物给药方法;

　　　　——分析方法(定量限、检出限、回收率及标准偏差等);

　　　　——试验用水特征(pH、硬度、温度、溶解氧浓度、残氯量、总有机碳含量、悬浮颗粒物、盐度及其他测量指标);

　　　　——试验浓度、平均实测值及其标准偏差;

　　　　——试验期间水质(如 pH、温度和溶解氧浓度);

　　　　——饲喂信息(饲料类型、来源、质量状况;饲喂量和频率)。

d) 结果:

1) 空白对照组满足试验有效性标准的证据；

2) 对照组和处理组的数据：F_0 代和 F_1 代的繁殖产卵力和受精率；F_1 代和 F_2 代的孵化（孵化率和孵化时间），F_1 代孵化后存活率，F_1 代的生长（体长和体重），F_1 代遗传性别和表观性分化，F_1 代表观性别指标包括 F_1 代的第二性征、F_1 代的 *vtg* mRNA 或卵黄原蛋白的蛋白质状态和 F_1 组织病理学评价（性腺、肝脏和肾脏）。

3) 统计分析方法（回归分析或方差分析）和数据处理方法（统计学试验和使用的统计模型）：
   ——每种效应的无可见效应浓度（NOEC）；
   ——每种效应的最低可见效应浓度（LOEC）（$P=0.05$）；评价可分析的每种效应的 EC_X 和置信区间（如 90% 或 95%）和计算所用统计模型，浓度效应曲线的斜率，回归模型公式，模型参数估计值及其标准误差。

4) 试验偏离。

对于端点指标测量结果，应给出平均值及标准偏差，如可能，应同时计算重复和处理值。

附　录　A
（资料性附录）
饲　喂　方　案

　　为保证受试鱼良好的生长、发育和繁殖条件,试验开始前应先测定单位体积卤虫浆中卤虫的干重。将单位体积的卤虫浆置于预先称重的盘子中在60℃温度下烘24 h,然后称量。为计算卤虫浆中盐的重量,应用同样体积的、与卤虫浆中相同的盐溶液进行烘干、称重,并从卤虫干重中扣除;或者烘干前先过滤卤虫然后用蒸馏水淋洗,以此去除"盐空白"重量的测量操作。该数据结合表中数据可计算卤虫浆的饲喂量。应每周对单位体积卤虫浆进行称重以验证所喂卤虫重量满足要求。饲喂方案见表A.1。

表A.1　饲喂方案

时间（孵化后）	卤虫（干重） mg/（鱼·d）
第1 d	0.5
第2 d	0.5
第3 d	0.6
第4 d	0.7
第5 d	0.8
第6 d	1.0
第7 d	1.3
第8 d	1.7
第9 d	2.2
第10 d	2.8
第11 d	3.5
第12 d	4.2
第13 d	4.5
第14 d	4.8
第15 d	5.2
第16 d～第24 d	5.6
第4周	7.7
第5周	9.0
第6周	11.0
第7周	13.5
第8周～死亡处理	22.5

附　录　B

（规范性附录）

试验用水的化学特性

试验用水的化学特性见表B.1。

表 B.1　试验用水的化学特性

物质	限量浓度
颗粒物	5 mg/L
总有机碳	2 mg/L
非离子氨	1 μg/L
残氯	10 μg/L
总有机磷农药	50 ng/L
总有机氯农药加多氯联苯	50 ng/L
总有机氯	25 ng/L
铝	1 μg/L
砷	1 μg/L
铬	1 μg/L
钴	1 μg/L
铜	1 μg/L
铁	1 μg/L
铅	1 μg/L
镍	1 μg/L
锌	1 μg/L
镉	100 ng/L
汞	100 ng/L
银	100 ng/L

附　录　C
（资料性附录）
试验过程中受试鱼和容器(鱼缸)设置示意图

试验过程中受试鱼和容器(鱼缸)设置见图 C.1。

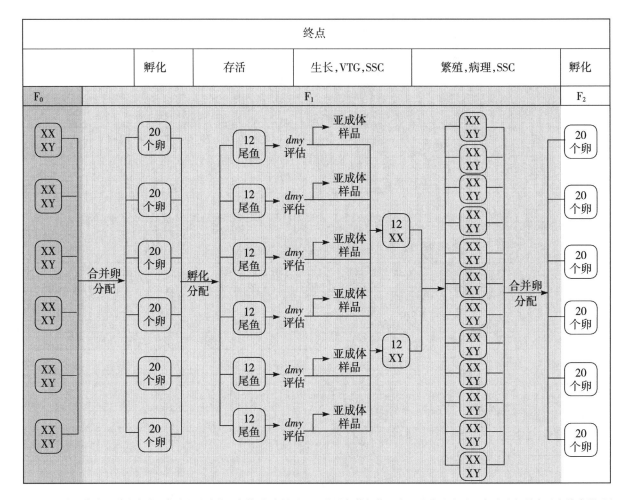

注 1：该图代表一个浓度处理各阶段试验的重复数，相应的对照组的重复数加倍。由于整个试验过程中受试鱼混合后安排容器，因此亲本识别不能连续。图中"卵"为成活的、受精的卵(等同于胚胎)。

注 2：处理和重复：推荐设置供试物 5 个浓度处理组和 1 个空白对照组（未添加供试物试验用水）。F_0 代每个供试物处理有 6 个重复，空白对照 12 重复。在试验生物 F_1 代发育期间和 F_2 代孵化期间，设置同样的重复处理。在成鱼期设置 F_1 代繁殖对时，每处理的繁殖对重复数加倍，即供试物处理组的重复数为 12，空白对照组的重复数为 24，当设溶剂对照组时，仍需另设 24 个重复。

图 C.1　试验过程中受试鱼和容器(鱼缸)设置示意图

附 录 D

（规范性附录）

青鳉一代繁殖延长试验条件

D.1 受试鱼种

日本青鳉（*Oryzias latipes*）。

D.2 试验类型

流水式试验。

D.3 试验条件

D.3.1 水温

最适温度为 25.5℃。试验期间每个容器中推荐的平均温度为 24℃～26℃。

D.3.2 光照

荧光灯炮（宽光谱，约 150 lumens/m²，即约 150 lx）。

D.3.3 光周期

16 h 光照∶8 h 黑暗。

D.3.4 承载率

F_0 代每重复 2 尾鱼；F_1 代开始时每重复最多 20 粒卵（胚胎），孵化后减少到每重复 12 尾鱼，在受精后 9 周～10 周减少到 2 尾鱼（基因型为 XX—XY 的繁殖亲本）。

D.3.5 试验容器最低有效容积

1.8 L（容器尺寸如 18 cm×9 cm×15 cm）。

D.3.6 试验溶液更换量

5 倍～16 倍试验溶液体积/d（或流速 20 mL/min）。

D.3.7 试验开始时供试生物年龄

F_0 代受精后 12 周～16 周。

D.3.8 每重复试验生物数

F_0 代 2 尾成鱼（雌雄配对）；F_1 代、F_2 代最多 20 粒卵（尾鱼）/每重复（F_0 和 F_1 繁殖对所产）。

D.3.9 处理数

至少 5 个浓度处理组以及相应对照组。

D.3.10 每处理重复数

处理组至少 6 个重复，对照组（和溶剂组，若有）至少 12 个重复。F_1 代繁殖期重复数加倍。

D.3.11 试验生物量

F_0 代至少 84 尾鱼，F_1 代至少 504 尾鱼。当有溶剂对照时，则 F_0 代至少 108 尾鱼，F_1 代至少 648 尾鱼。

D.3.12 饲喂

以卤虫（*Artemin* spp.）（24 h 龄幼虫）供其自由取食，也可辅以商品化薄片饲料（饲喂方案参见附录 A）。

D.3.13 曝气

当溶解氧＜60％空气饱和值时，应曝气充氧。

D.3.14 试验用水

清洁地表水、井水、重组水或脱氯自来水。

D.3.15 暴露周期

约 19 周，从 F_0 代到 F_2 代孵化。

D.4 主要生物学端点指标

孵化能力（F_1 和 F_2）；存活率（F_1 代，从孵化到受精后 4 周，受精后 4 周～9 周或 10 周，受精后 9 周～15 周）；生长（F_1 代，受精后 9 周和受精后 15 周的体长和体重）；第二性征（F_1 代，受精后 9 周和受精后 15 周的臀鳍乳突）；卵黄蛋白原（F_1 代，受精后 15 周的 vtg mRNA 或 VTG 蛋白）；性别表观（F_1 代，受精后 15 周的性腺组织学）；繁殖率（F_0 代和 F_1 代，连续 21 d 的产卵率和受精率）；组织病理学（F_1 代，受精后 15 周的性腺、肝脏和肾脏组织病理学）。

D.5 试验有效性质量控制条件

溶解氧浓度≥60％空气饱和值；试验期间平均水温 24℃～26℃；对照中雌鱼成功繁殖率≥65％；对照组的平均每天产卵量≥20 粒卵；对照组的 F_1 代和 F_2 代各自的平均孵化率≥80％；对照组中 F_1 代从孵化到受精后 3 周幼体的平均存活率≥80％，对照组中 F_1 代从受精后 3 周到当代结束时的平均存活率≥90％。

附　录　E
（规范性附录）
空白对照的典型参数[1]

E.1　生长量

采样测量受精后 9 周（或 10 周）和 15 周时所有受试鱼的体重和体长。体重参考值：受精后 9 周大的雄鱼的湿重 85 mg～145 mg，雌鱼的湿重是 95 mg～150 mg。受精后 15 周的雌雄鱼的体重分别为 280 mg～350 mg 和 250 mg～330 mg。当出现个别鱼大幅度偏离这个范围，或平均体重显著超出这个范围，尤其是超出下限，表明在饲喂、温度控制、水质、病害等单方面或多方面存在问题。

E.2　孵化率

孵化率典型值为 90%，当低至 80% 可视为不正常。当孵化率＜75% 时，可能是卵发育过程中搅动不够，或照顾不够细致，如未及时清除死卵而引起病源微生物感染。

E.3　存活率

从孵化到受精后 3 周及后续时段的存活率一般应不低于 90%，但早期阶段存活率可低至 80%。但低于 80% 时应引起注意，可能是试验容器不够清洁导致的仔鱼生病死亡或低浓度溶解氧引起的窒息死亡，或是容器清洁操作时受伤死亡及试验容器排水系统引起的仔鱼损失。

E.4　卵黄蛋白原基因

不同实验室因操作方法或仪器的不同，测量的每纳克总 mRNA 中卵黄蛋白原 *vtg* 基因的拷贝数差别会很大。但雌鱼的 *vtg* 基因的拷贝数一般比雄鱼高约 200 倍，甚至可能高至 1 000 倍～2 000 倍。当比率低于 200 倍时，可能存在样品污染操作和试剂问题。

E.5　第二性征

对于受精后 9 周～10 周的雄鱼来说，正常范围的第二性征定义为臀鳍突起数量为 40 个～80 个。受精后 15 周时，雄鱼臀鳍突起数量为 80 个～120 个，而雌鱼为 0。在原因不明情况下，有时雄鱼在受精后 9 周没有突起，但后来所有雄鱼在 15 周时又长出突起，这很有可能是延迟发育引起。雌鱼出现突起表明种群中有基因型为 XX 的假雄鱼出现。

E.6　XX 假雄鱼

在 25℃时，通常基因型 XX 的假雄鱼出现概率为 4% 或更低，随着温度的升高而增加。驯养时应采取措施尽量减少 XX 假雄鱼比例。由于 XX 假雄鱼具有可遗传性，因此，检测受试鱼并确保 XX 假雄鱼不会在试验体系中增殖，是减少试验种群中 XX 假雄鱼发生的有效方法。

E.7　产卵活动

在评价繁殖力之前，应每天检测各重复的产卵活动。通过量化评估可提供产卵力参考依据。孵化

---

[1]　附录 E 中的参数是通过一定数量的有效试验获得的经验值，随着更多试验的积累可进行修正。

后 12 周～14 周时,大部分繁殖对都应产卵。产卵的繁殖对数量低,表明健康、成熟度或环境条件存在问题。

E.8 繁殖力

健康的、喂养良好的青鳉孵化后 12 周～14 周,每天产卵 15 粒～50 粒。当繁殖对的平均每日产卵数低于 15 粒时,表明受试鱼不成熟、营养不良或不健康。

E.9 受精

繁殖对的受精卵百分比通常不低于 90%。受精率低于 75% 时表明个体不健康或培养条件不理想。

附　录　F

（资料性附录）

青鳉一代繁殖延长试验暴露和测量端点指标的时间安排

青鳉一代繁殖延长试验暴露和测量端点指标的时间安排见表 F.1。F_0 代成鱼暴露 4 周，F_1 代暴露 15 周及 F_2 代暴露至孵化期（受精后 2 周）。

表 F.1　青鳉一代繁殖延长试验暴露和测量端点指标的时间表

试验暴露时间表,周																			
F_0	1	2	3	4															
F_1				1	2	3	4	5	6	7	8	9	10	11	12	13	14	15	
F_2																		1	2
试验周	1	2	3	4	5	6	7	8	9	10	11	12	13	14	15	16	17	18	19
关键发育阶段	成鱼	成鱼	成鱼	胚胎	仔鱼	仔鱼	幼鱼	幼鱼	幼鱼	亚成鱼	亚成鱼	亚成鱼	亚成鱼	成鱼	成鱼	成鱼	成鱼	胚胎	仔鱼

端点指标时间表,周																			
繁殖		F_0													F_1				
受精		F_0													F_1				
孵化					F_1														F_2
成活						F_1						F_1						F_1	
生长					F_0							F_1						F_1	
卵黄蛋白原												F_1							
第二性征												F_1						F_1	
组织病理学																		F_1	
试验周	1	2	3	4	5	6	7	8	9	10	11	12	13	14	15	16	17	18	19

注 1：试验设计 6 个处理组。包括供试物处理 5 组，空白对照 1 组（如有溶剂对照，则另加 1 组）。

注 2：组内设计。第 1 周~9 周（F_0 代和 F_1 代），设 6 个重复，对照 12 个重复，观察指标为孵化、存活、VTG、亚成鱼第二性症（SSC）和生长；第 10 周~18 周，设 12 个重复，对照 24 个重复，观察指标为繁殖、成鱼病理和 SSC；第 18 周~19 周，设 6 个重复，对照 12 个重复，观察指标为卵孵化。

附　录　G
（资料性附录）
卵孵化器示例

G.1　通气式孵化器

图 G.1 中 a)、b)所示的孵化器由横切的玻璃管组成，使用不锈钢套筒连接并使螺旋盖帽处于合适位置。一根小玻璃管或不锈钢管伸出帽子，置于圆形底部附近，轻轻地通气使孵悬浮和减少卵间腐生真菌的传播感染，并促进化学物质在孵化器与试验容器之间的交换。

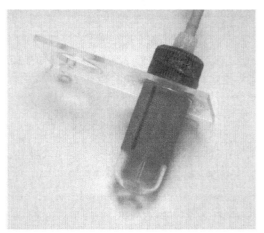
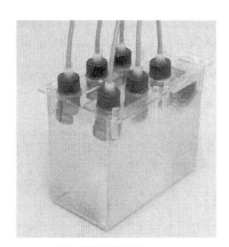

a)　孵化器细部图　　　　　　　　　　　　　　b)　孵化器装置图

图 G.1　通气式孵化器

G.2　升降式孵化器

图 G.2 中 a)、b)所示的孵化器由玻璃圆柱体组成（直径 5 cm，高 10 cm）和不锈钢丝网（0.25φ 和 32 目）组成，不锈钢丝网用 PTFE 环粘在圆柱体底部。孵化器用提升杆悬浮在容器中并以适宜周期（约 4 s 一次）垂直摇摆（约 5 cm 振幅）。

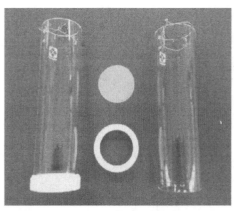

a)　孵化器细部图　　　　　　　　　　　　　　b)　孵化器装置图

图 G.2　升降式孵化器

附　录　H

（资料性附录）

遗传学性别测定的组织取样和性别鉴定方法（PCR 测定）

H.1　缓冲液制备

H.1.1　PCR 缓冲液①制备

a)　500 mg 十二烷基肌氨酸钠（如 Merck KGaA，Darmstadt，GE）；

b)　2 mL 5 mol/L 氯化钠（NaCl）；

c)　加 100 mL 蒸馏水；

d)　高压蒸汽灭菌锅灭菌。

H.1.2　PCR 缓冲液②制备

a)　20 g 螯合树脂（Chelex）（如 Biorad，Munich，GE）；

b)　添加到 100 mL 蒸馏水中；

c)　高压蒸汽灭菌锅灭菌。

H.2　日本青鳉遗传性别的组织取样、制备和储存

H.2.1　用细剪刀剪取每尾鱼的臀鳍或背鳍，放入添加有 100 μL 提取缓冲液①（H.1.1）离心管内。剪刀剪切过每尾鱼后，都要用蒸馏水清洗并用滤纸吸干。

H.2.2　用聚四氟乙烯磨杵将离心管内的鳍组织磨成匀浆。每个离心管使用新的磨杵，以防止污染。磨杵用高压灭菌锅灭菌后使用，或前一天放在 0.5 mol/L NaOH 中过一夜后用蒸馏水冲洗 5 min，储存在乙醇溶液中备用。

H.2.3　鳍组织也可用干冰冷冻后储存在−80℃冰箱中防止 DNA 降解（如要将冷冻储存在−80℃的离心管内样品取出检测，需在冰上进行解冻后再向管内添加缓冲液）。当对采集的鳍组织样品直接提取 DNA 时，则用提取缓冲液①（H.1.1）储存组织样品。

H.2.4　匀浆后所有离心管需置于 100℃水浴中，煮沸 15 min。

H.2.5　然后加入 100 μL 提取缓冲液②（H.1.2）到每个离心管。室温下反应 15 min，期间用手轻轻摇晃若干次。

H.2.6　将所有的离心管再次放置在 100℃水浴中煮沸 15 min。

H.2.7　将离心管放在−20℃下冷冻保存备用。

H.3　青鳉的遗传性别鉴定方法（PCR 测定）

将在 H.2 制备好冷冻保存的离心管在冰浴中进行解冻。然后用离心机离心（室温，最大转速离心 30 s）。吸取上清液用于 PCR 测定。操作时应避免任何螯合树脂被转移到 PCR 反应管中，因其会干扰聚合酶活性。上清液可直接使用或储存冷冻（−20℃）。

H.3.1　反应混合液的制备

表 H.1 反应混合液配方(每个样品 25 μL)

项目	体积	最终浓度
模板 DNA	0.5 μL~2 μL	
10×含有 MgCl₂ 的 PCR-缓冲液ᵃ	2.5 μL	1×
核苷酸(dATP,dCTP,dGTP,dTTP)	4 μL(5 mmol/L)	200 μmol/L
上游引物(10 μmol/L)	0.5 μL	200 μmol/L
下游引物(10 μmol/L)	0.5 μL	200 μmol/L
二甲基亚砜	1.25 μL	5%
Taq E 聚合酶	0.3 μL	1.5 U
水(PCR 级)	定容至 25 μL	
ᵃ 10×含有 MgCl₂ 的 PCR-缓冲液:670 mmol Tris/HCl 缓冲液(pH 8.8,25℃),160 mmol (NH₄)₂SO₄,25 mmol MgCl₂,0.1%吐温-20。		

每个 PCR 反应混合液需特定的引物和与之匹配量的模板 DNA。每次转移液体需用新的枪头。加完所有体系后盖上盖子,室温振荡(约 10 s)混匀后离心(10 s)。这时样品的 PCR 程序即可开始。每一组 PCR 程序中应设置阳性对照(阳性 DNA 样本)和阴性对照(1 μL 水对照)。

H.3.2 1%琼脂糖凝胶的制备

a) 向 300 mL 1×TAE 缓冲液中加入 3 g 琼脂糖(1%琼脂糖凝胶)。

b) 该溶液应以微波炉煮沸。

c) 转移煮沸的琼脂糖溶液至制胶器上(制胶器应置于冰上)。

d) 约 20 min 后琼脂糖凝胶即可使用。

e) 将制备好的琼脂糖凝胶置于 1×TAE-buffer 内直到 PCR 程序结束。

H.3.3 肌动蛋白 PCR 程序

该 PCR 程序是为了说明样品中 DNA 的完整性。

a) 特异性引物:

1) "M act1(上游/正向)":TTC AAC AGC CCT GCC ATG TA;

2) "M act2(下游/反向)":GCA GCT CAT AGC TCT CCA GGG AG。

b) PCR 程序:

1) 95℃ 5 min。

2) 循环(35 个循环):

——变性:95℃ 45 s;

——退火:56℃ 45 s;

——延伸:68℃ 1 min。

3) 68℃ 15 min。

H.3.4 X 基因和 Y 基因 PCR 程序

具有完整 DNA 的样品用于检测 X-基因和 Y-基因。在电泳和染色后,雄性 DNA 样品将会有两条带,而雌性 DNA 样品只会有一条带。在 PCR 过程中需要有一个雄性的阳性对照(XY-样品)和一个雌性的阳性对照(XX-样品)。

a) 特异性引物:

1) "PG 17.5"(上游/正向):CCG GGT GCC CAA GTG CTC CCG CTG;

2) "PG 17.6"(下游/反向):GAT CGT CCC TCC ACA GAG AAG AGA。

b) 程序:

1) 95℃ 5 min。

2) 循环(40个)：

——变性：95℃ 45 s；

——退火：55℃ 45 s；

——延伸：68℃ 90 s。

3) 68℃ 15 min。

H.3.5 Y-基因-PCR-程序

此PCR程序用于验证"X-基因与Y-基因PCR程序"的结果。在凝胶电泳染色后雄性样本应该有一条带，而雌性样本没有条带。

a) 特异性引物：

1) "DMTYa(上游/正向)"：GGC CGG GTC CCC GGG TG；

2) "DMTYd(下游/反向)"：TTT GGG TGA ACT CAC ATG G。

b) 程序：

1) 95℃ 5 min；

2) 循环(40个循环)：

——变性：95℃ 45 s；

——退火：56℃ 45 s；

——延伸：68℃ 1 min。

3) 68℃ 15 min。

H.3.6 PCR样品的染色

a) 染色液：

1) 50％甘油(丙三醇)；

2) 100 mmol/L EDTA(乙二胺四乙酸)；

3) 1％SDS(苯乙烯二聚物)；

4) 0.25％溴酚蓝；

5) 0.25 xylenxyanol。

b) 用吸液管向每一管内加1 μL染色液[H.3.6 a)]进行染色。

H.3.7 开始凝胶电泳

a) 将制备好的1％琼脂糖胶放入装有1×TAE-Buffer的电泳器中；

b) 向琼脂糖胶孔加染色后PCR样品10 μL～15 μL；

c) 同时加5 μL～15 μL的1 kb-"Ladder"至单独的上样孔中；

d) 在200 V电压下开始电泳；

e) 30 min～45 min后停止。

H.3.8 检测目的条带

a) 用蒸馏水清洗电泳结束后的琼脂糖胶；

b) 立即将琼脂糖凝胶转移到溴化乙锭(EB)中处理15 min～30 min；

c) 结束后，用UV-显示器成像；

d) 通过与Marker比较阳性条带来分析待测样品。

附　录　I
（资料性附录）
肝脏样品的采集与卵黄蛋白原分析前处理程序

I.1 青鳉肝脏取样

I.1.1 从试验容器中取出受试鱼

I.1.1.1 用小捞网将受试鱼从试验容器中捞出（注意不要将受试鱼掉落到其他的试验容器里）。

捞受试鱼操作应按以下顺序：空白对照、溶剂对照（如有）、处理组的低到高浓度、阳性对照。此外，从一个试验容器捞出雌鱼之前要先捞出所有的雄鱼。

每条受试鱼的性别鉴定是以体表的第二性征为依据（如：臀鳍形状）。

I.1.1.2 将受试鱼放入容器里并转移至试验台进行肝脏切除。操作中应注意检查试验容器和运输容器的标签是否准确，并确定从试验容器中捞出的鱼的数量和试验容器中剩余鱼的数量与预期的一致。

当通过鱼的表观难以确定鱼的性别时，从试验容器中捞出所有的鱼，在体视显微镜下观察性腺或者第二性征以确定性别。

I.1.2 肝脏切除

I.1.2.1 使用小捞网从试验容器中将受试鱼转移至含麻醉剂的容器中。

I.1.2.2 受试鱼麻醉后，用镊子（日用类型）将受试鱼放到滤纸（或者纸巾）上。夹鱼时，用镊子夹住鱼的头部以防止尾部遭到破坏。

I.1.2.3 用滤纸（或纸巾）将鱼体表面的水擦干。

I.1.2.4 将鱼的腹部向上放置。用解剖剪刀在腹侧颈部区域与和腹部中间区域横切一个小切口（见图I.1）。

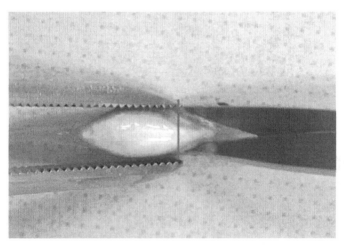

注：红线为切口。

图 I.1　横向切开胸鳍

解剖剪刀插入小切口，沿着腹部的中线从尾部一点到鳃盖边切开腹部（见图I.2）。注意不要将解剖刀插入太深，以免破坏肝脏和性腺。

随后的过程要在体视显微镜下进行。

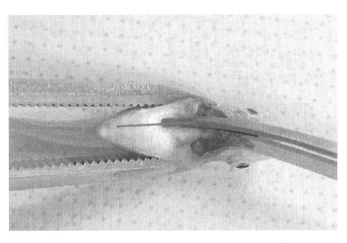

注:红线为切口。

图 I.2 沿中线纵切腹腔(从头盖部至肛门约2 mm处)

I.1.2.5 将受试鱼腹部向上放在纸巾,或者有盖玻璃培养皿、载玻片上。

    a) 用精细的镊子将腹腔扩张并取出内脏器官。如果需要的话也可通过切除一边的腹部,以便取出内脏器官(见图 I.3~图 I.8)。

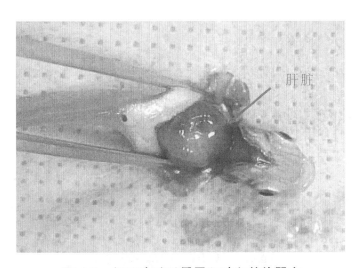

图 I.3 打开腹腔以暴露肝脏和其他器官

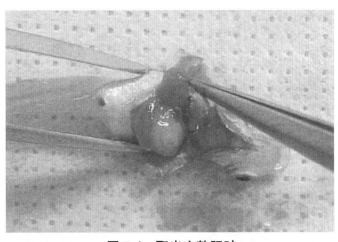

图 I.4 取出完整肝脏

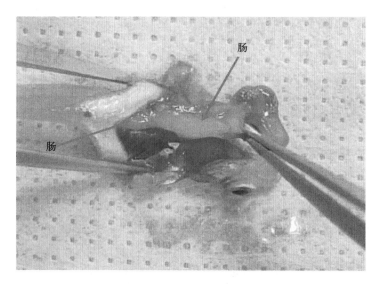

图 I.5 用镊子将肠收回

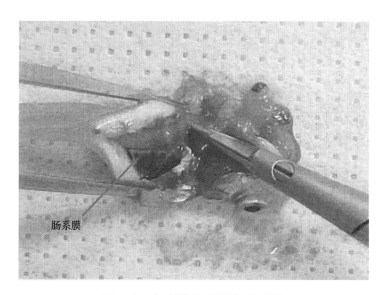

图 I.6 分离粘连的肠和肠系膜

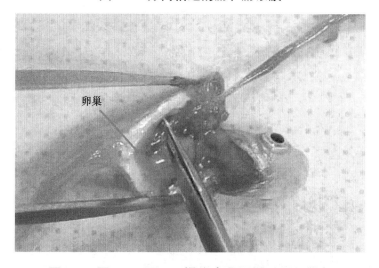

图 I.7 图 I.1～图 I.6操作步骤同样适用于雌鱼

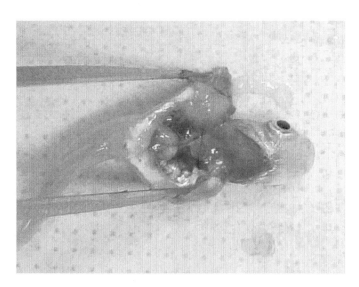

图 I.8 完成

b） 用另一双精密镊子揭开肝脏和胆囊的连接部分。然后夹住胆管并切除胆囊。注意不要弄破胆囊。

c） 夹住食管，然后用同样的方式将肠胃与肝脏切开。注意不要使胃肠内的东西泄出。从肛门处切除尾部的肠子及腹腔内的消化道。

d） 去除肝脏周围的脂肪或者其他组织。注意不要弄伤肝脏。

e） 用精细镊子夹住肝门区域并将其与腹腔分离。

I.1.2.6　将肝脏放到载玻片上。如需要，用精细镊子去除肝脏表面多余的脂肪和无关组织（如：腹腔膜）。

用电子分析天平称肝脏（带 1.5 mL 离心管，记录皮重）。在工作表中记录数值（精确到 0.1 mg）。确认离心管标签上的信息。

盖上含有肝脏的离心管盖。冷藏存放（或冰镇）。

I.1.2.7　清洗解剖器具或更换干净的器具，进行下一尾鱼的肝脏切除操作。如此循环，对所需要肝脏切除的受试鱼进行操作。当不立即进行肝脏样本前处理时，则应将所有肝脏标本贴上识别标签放在试管架上，存储在冰箱里待用；当肝脏被切割后立即进行前处理时，样本应转送至另一个带冷藏架的试验台（或者冰镇）进行前处理操作。

肝脏切除后，剩余的鱼体可用于性腺组织学和第二性征的测量观察。

I.1.3　样本储存

如从受试鱼中获取的肝脏样本不立刻用于前处理，应在不低于−70℃的条件下储存。

I.2　卵黄蛋白原分析肝脏前处理

取出 ELISA 试剂盒中匀浆缓冲液瓶，并用碎冰冷却（溶液温度应≤4℃）。如果使用 EnBio ELISA 系统的匀浆缓冲液，在室温下解冻溶液，然后置于碎冰上冷却存放。

依据肝脏的重量计算所需匀浆缓冲液的量（每毫克肝脏匀浆需加 50 μL 匀浆缓冲液），并列出每一肝脏样本所需的匀浆缓冲液量的清单。

I.2.1　肝脏前处理的准备

从冰箱拿出装有肝脏样本的 1.5 mL 离心管，按下列先后顺序进行前处理操作：
——先处理雄鱼的肝脏，然后是雌鱼，以避免卵黄蛋白原的污染；
——空白对照、溶剂对照（如有）、处理组由低到高浓度、阳性对照。

肝脏样本前处理操作时,应根据离心容量等从冰箱取出一次同时操作的数量,随用随取,避免肝脏样本长时间室温存放。

I.2.2 前处理操作

I.2.2.1 加匀浆缓冲液

根据肝脏样本的重量,核对样本所需使用的匀浆缓冲液用量清单(I.2),然后用适宜量程(范围:100 µL~1 000 µL)的微型移液器吸取试剂瓶中匀浆缓冲液,逐一加到所有肝脏样本的 1.5 mL 的离心管中。注意微型移液器及其枪头不能触及肝脏样本,以避免样本间交叉污染。

I.2.2.2 肝脏的匀浆

a) 使用干净的研磨棒,在离心管匀浆器中进行匀浆。

b) 将研磨棒插入 1.5 mL 含有肝脏样本和匀浆缓冲液的离心管中,握住离心管匀浆器,通过研磨棒表面和 1.5 mL 离心管的内壁之间挤压肝脏。

c) 研磨匀浆约 10 s~20 s。研磨过程应在碎冰中冷却进行。

d) 在 1.5 mL 离心管中抬高研磨棒并停留 10 s 左右。然后目测悬浮液的状态。

e) 当悬浮液中发现肝脏碎片,重复 c)和 d)操作,直至获得符合要求的肝脏匀浆。

f) 将肝脏匀浆悬浮液置于冰架上冷却存放至离心操作。

g) 更换研磨棒进行下一个肝脏样品匀浆操作。

h) 按照 a)~g)操作程序对所有的肝脏样本使用匀浆缓冲液进行匀浆。

I.2.2.3 悬浮的肝脏匀浆离心

a) 将含有肝脏匀浆悬液的 1.5 mL 离心管插入冷冻离心机(需要调整平衡),对肝脏匀浆悬液离心的条件为 13 000 g 10 min,≤5℃(离心力和时间可按需要调整)。

b) 离心后,确定上清液完全分离(表面:油脂;中间:上清液;底层:肝组织)。当分离不够充分,在同样的条件下再次离心。

c) 从离心机内取出所有的样本,按样本编号依次放在冰架上,立即进行上清液采集。注意离心后不应再引起悬浮。

I.2.2.4 上清液的采集

a) 在管架上准备 4 个 0.5 mL 离心管用于储存上清液。

b) 用移液器每次吸取上清液 30 µL(中间的分离层),分别加入到备好的 3 只 0.5 mL 的离心管中。注意不要吸入表面的油脂或底部的肝脏组织。

c) 用移液器吸取剩下的上清液(如可行:≥100 µL)。然后将其分配到剩余的 1 只 0.5 mL 离心管中。

d) 盖上 0.5 mL 离心管的盖子,每管标签应标记上清液的量,立即置于冰架上冷却存放。

更换吸头,按 a)~d)的步骤,对所有肝脏样品的上清液进行采集分配。收集上清液后,丢掉剩余残渣。

当上清液分配到 0.5 mL 离心管后,如立即进行卵黄蛋白原的浓度分析,则取一个 0.5 mL 离心管(含 30 µL 的上清液)置于管架并冷藏,并转至 ELISA 试验工作台进行操作。其他剩余含上清液的离心管应放在试管架上,置冰箱冷冻。

I.2.3 储存样本

0.5 mL 离心管中的肝脏匀浆上清液存储于≤-70℃条件下,待 ELISA 分析。

附　录　J
（资料性附录）
臀鳍突起计数

J.1　主要材料和试剂

解剖显微镜（可选带摄像装置）。

固定剂（如 Davidson 固定剂，不推荐使用 Bouin 固定剂），若能从鱼体图像中直接计数可不用固定剂。

J.2　程序

为便于臀鳍突起计数，应对臀鳍进行拍照。当采用拍照调查方法时，臀鳍可用 Davidson 固定剂或其他合适固定剂固定约 1 min。固定时保持臀鳍水平以利于突起计数。带臀鳍的鱼体可存放在 Davidson 固定剂或其他合适固定剂中以备后期使用。计数带乳突的连接板数量（见图 J.1），乳突从连接板后部边缘伸出。

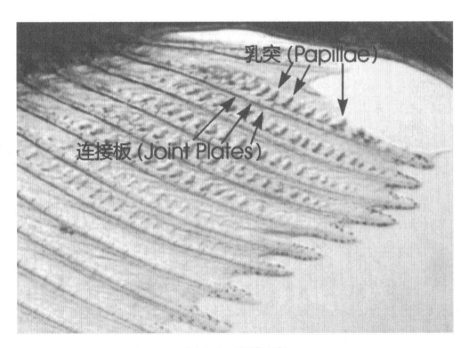

图 J.1　臀鳍突起

附 录 K
（资料性附录）
统 计 分 析

K.1 概述

除病理学数据外,青鳉一代繁殖延长试验产生的生物学数据类型并非特定的,应根据数据的正态分布和方差齐性特性,以明确试验设计是否符合假设试验、回归分析、参数与非参数检验等。本试验统计方法的选择原则采用 OECD 生态毒性数据推荐的统计分析方法(OECD,2006)和青鳉一代繁殖延长试验数据分析决策流程图(见图 K.1)。

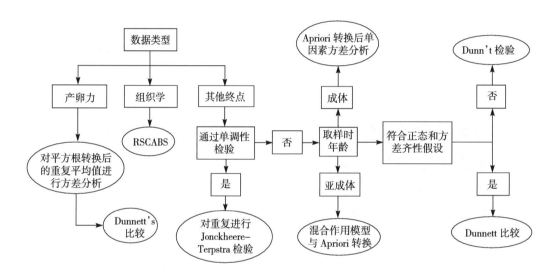

图 K.1 青鳉一代繁殖延长试验数据分析决策流程图

本试验大多数情况下可假设数据组表现为单调反应。同时,也应考虑进行单尾统计检验和双尾统计检验。本附录推荐但不局限下列统计方法。

青鳉一代繁殖延长试验数据应按照各遗传性别分别进行分析。有两种策略分析从性别反转鱼(XX雄性或 XY 雌性)获得的数据。

a) 除性别反转发生率外,按每个重复检查的性别反转鱼在整个试验期间的所有数据。

b) 将所有性别反转鱼合并到一个数据组中,按基因型进行分析。

K.2 组织病理学数据

组织病理学数据在报告中以"严重度分值"体现。"严重度分值"可通过统计程序 Rao-Scott Cochrane-Armitage by Slices(RSCABS)评价,Rao-Scott 包含试验重复信息,by Slices 程序包含预期生物学效应,即认为"严重度分值"随浓度增加而增加。RSCABS 输出结果体现与对照比,哪个处理组有较高的病理学症状及对应的"严重度分值"。

K.3 产卵力数据

应每天记录每重复产卵数,并计算重复平均值,然后进行平方根转换。将转换后重复平均值进行Dunnett's 比较与单因素方差分析。

K.4 其他生物学数据

统计分析需假设在适当的剂量范围内毒性效应参数是单调性。因此,假设数据为单调性,并用线性和二次方比较进行单调性检验。如果数据检验为单调,推荐使用 Jonckheere-Terpstra 法统计(OECD,2006 建议)。当二次比较有意义而线性比较无意义时,可考虑数据为非单调性。

当数据非单调性,尤其最高浓度 1 个~2 个处理组反应降低时,可结合专业知识分析数据的毒理学意义,并考虑是否按异常数据排除此处理,使数据变为单调性。

重量和长度,一般不进行数据转换;卵黄蛋白原数据宜进行 log 转换;臀鳍突起(SSC)数据用平方根转换;孵化率、存活率和受精率数据用反正弦平方根转换。

每重复容器有 1 尾 XX 鱼和 1 尾 XY 鱼,分别测量成鱼样品的生物学数据。因此,单因素方差分析宜用于重复平均值比较。当方差分析假设满足(正态和方差齐性分别用 Shapiro-Wilks 检验和 Levene's 检验来评价方差分析残值)时,可用 Dunnett's 检验判断处理组与对照组显著性差异;当方差分析假设不满足时,可用 Dunn's 检验判断处理组与对照组显著性差异。单因素方差分析方法也可用于百分比数据(受精率、孵化率和存活率)。

亚成鱼样品的生物学数据每重复有 1 个到 8 个测量值,即每遗传性别可能有不同个体数量计算重复平均值。当满足正态和方差齐性假设(方差分析混合效应残值),可用 Dunnett's 检验比较分析混合效应方差模型,当不满足时,可用 Dunn's 检验判断处理组与对照组显著性差异。

ICS 65.020
B 17

中华人民共和国农业行业标准

NY/T 3090—2017

化学农药　浮萍生长抑制试验准则

Chemical pesticide—Guideline for *Lemna* sp. growth inhibition test

2017-06-12 发布

2017-10-01 实施

中华人民共和国农业部 发布

前　言

本标准按照 GB/T 1.1—2009 给出的规则起草。

本标准技术内容等效采用经济合作与发展组织（OECD）化学品测试导则 No.221《浮萍生长抑制试验》。

请注意本文件的某些内容可能涉及专利。本文件的发布机构不承担识别这些专利的责任。

本标准由农业部种植业管理司提出并归口。

本标准起草单位：农业部农药检定所。

本标准主要起草人：周欣欣、张燕、刘学、瞿唯刚、宗照飞、马凌、郝身伟。

化学农药　浮萍生长抑制试验准则

1　范围

本标准规定了浮萍生长抑制试验的试验原理、材料与条件、方法、质量控制、试验报告等基本要求。

本标准适用于为化学农药登记而进行的浮萍生长抑制试验,其他类型的农药可参照使用。

本标准不适用于易挥发和难溶解的化学农药。

2　术语和定义

下列术语和定义适用于本文件。

2.1

生物量　biomass

一个生物种群中活体材料的干重。本标准中,生物量指标包括浮萍叶状体数量、叶面积、干重或鲜重。

2.2

供试物　test substance

试验中需要测试的物质。

2.3

供试生物　test species

根据试验目的,用于测试供试物的一种或多种生物受体。

2.4

变色　chlorosis

浮萍叶片组织颜色改变,如变黄。

2.5

无性繁殖体　clone

通过无性繁殖产生的生物体或细胞,来自同一个无性繁殖体的个体有遗传同一性。

2.6

无性繁殖群　colony

互相连着的母体和后代叶状体(通常 2 片～4 片)的集合体,或是整个植株。

2.7

半效应浓度　median effective concentration

在生长抑制试验中,使供试生物生物量增长或者生长率比对照下降 50% 时的供试物浓度,用 EC_{50} 表示。在本标准中,指在一定暴露期内,通过浮萍生物量增长的抑制百分率计算而得到的半效应浓度用 E_yC_{50} 表示,通过浮萍生长率的抑制百分率计算而得的半效应浓度用 E_rC_{50} 表示。

注:单位为毫克有效成分每升(mg a.i./L)。

2.8

叶状体　frond

浮萍植株的单个"叶状结构",是最小单位,即个体,有繁殖能力。

2.9

突起　gibbosity

浮萍叶片的凸起或小包。

2.10

生长 growth

试验期间浮萍测量变量如叶状体数量、叶面积、干重或鲜重的增加过程。

2.11

平均特定生长率 average specific growth rate

试验期间浮萍生物量的对数增长率,用 μ 表示,单位为百分率(%)。

2.12

测量变量 measurement variables

任何类型的可被测量的变量。本标准中指叶状体数量、叶面积、鲜重或干重等。

2.13

单一培育 monoculture

一个植物种的培养。

2.14

坏死 necrosis

死亡(即发白或水浸状)叶片组织。

2.15

产量 yield

试验期间浮萍叶状体数量、叶面积、干重或鲜重的变化,即一定试验周期内(如 7 d)最终测量值与初始测量值之差。

2.16

响应变量 response variable

用于估计毒性的变量。本标准中指平均特定生长率和产量。

2.17

静态试验法 static test

试验期间不更换试验药液。

2.18

半静态试验法 semi-static test

试验期间每隔一定时间(如 24 h)更换一次药液,以保持试验药液的浓度不低于初始添加浓度的一定百分比水平。

2.19

流水式试验法 flow-through test

试验期间药液连续更新。

2.20

试验培养基 test medium

人工配制的生长介质,供试品通常溶于试验培养基中。

3 试验概述

将供试物按等比配制一系列不同浓度的试验药液,然后将不同浓度试验药液与试验培养基混合,接入浮萍,连续培养 7 d 后,测定试验用浮萍叶状体数量、叶面积、干重或鲜重,求出半效应浓度 E_yC_{50} 和 E_rC_{50}(7 d)值以及 95%置信限,以评价受试物对浮萍可能产生的影响。

4 试验方法

4.1 材料和条件

4.1.1 供试生物

本标准的供试生物可使用圆瘤浮萍（*Lemna gibba*）、小浮萍（*Lemna minor*）、紫背浮萍（*Spirodela polyrrhiza*），具体描述参见附录 A。

试验用浮萍可实验室培养或田间采集获得，如果从田间采集，采集地点应未受各种明显污染，并应在试验开始前将采集到的植株在试验用培养基中培养至少 8 周；如果从其他实验室培养获得，也应同样条件下培养至少 3 周。试验用的植物、种和无性繁殖体的来源均应被详细描述和记录。

4.1.2 供试物

4.1.2.1 农药制剂或原药。对难溶于水的农药，可用少量对浮萍影响小的有机溶剂、乳化剂或分散剂助溶，用量不应超过 0.1 mL(g)/L。

4.1.2.2 供试物信息至少应包括：

  a) 化学结构式；
  b) 纯度；
  c) 水溶性；
  d) 水中和光中的稳定性；
  e) pK_a 值；
  f) K_{ow}；
  g) 蒸汽压；
  h) 生物降解性；
  i) 定量分析方法。

4.1.3 参比物质

为检验实验室的设备、条件、方法及供试生物的质量，设置参比物质做方法学上的可靠性检验。本标准推荐使用参比物质 3,5-二氯苯酚（3,5-dichlorophenol）对浮萍进行检测（每年最少 2 次）。

4.1.4 主要仪器设备

  a) 结晶皿；
  b) 人工气候箱；
  c) 高压灭菌锅；
  d) 洁净工作台；
  e) 酸度计；
  f) 温湿度记录仪；
  g) 照度计。

所有接触试验培养基的设备应由玻璃或其他化学惰性材料制成，培养和试验所用玻璃器皿应清洗干净，在使用前进行消毒杀菌，且避免化学污染物混入试验药液和培养基。

4.1.5 试验培养基

推荐选择 SIS 培养基用于小浮萍和紫背浮萍的培养和试验；选择 20× AAP 生长培养基用于圆瘤浮萍的培养和试验；也可使用 Steinberg 培养基培养小浮萍。培养基配方参见附录 B。

4.1.6 培养和试验条件

用连续的暖或冷白荧光灯提供培养光源，光照/黑暗时间比为 16 h∶8 h，在叶与光源同样距离的点测定光合作用辐射（400 nm～700 nm）时，光强度在 6 500 lx～10 000 lx 范围内。培养和试验环境温度应控制在（24±2）℃。试验期间对照培养基的 pH 升高不超过 1.5 个单位。

4.2 试验操作

4.2.1 供试生物的培养

无菌操作条件下将试验用浮萍接种到装有经消毒的试验培养基的培养皿中,在4.1.6的条件下培养。为免受如绿藻和原生动物等其他生物的污染,应进行单一物种培养。有被绿藻或其他生物污染的明显迹象时,可对浮萍叶面进行表面消毒,然后转移到新的培养基中。

4.2.2 方法的选择

根据农药的特性选择静态法、半静态法或流水式法进行试验。选择半静态法时,应选择一定的时间间隔(如试验的第3 d、第5 d)更换试验药液;当使用静态或半静态法时,应确保试验期间试验药液中供试物浓度不低于初始浓度的80%。如果在试验期间试验药液中供试物浓度发生超过20%的偏离,则应检测试验药液中供试物的实际浓度并以此计算结果,或使用流水式法进行试验,以稳定试验药液中供试物浓度。

4.2.3 预试验

按正式试验的环境条件进行预试验,设3个~5个剂量组来确定正式试验的浓度范围。

4.2.4 正式试验

在预试验确定的浓度范围内以一定比例间距(公比应控制在3.2倍以内)设置不少于5个浓度组,并设空白对照组,使用助溶剂的还应该增设溶剂对照组,每个浓度组设3个重复。

4.2.5 限度试验

当预试验结果表明供试物在100 mg a.i./L浓度或最大溶解度时没有毒性效应,可直接进行限度试验。限度试验时,对照组和处理组至少设置6个重复,且对浓度组和对照组进行差异显著性分析(如t检验)。

4.2.6 染毒

在无菌条件下,用经消毒的不锈钢叉或接菌环将有2片~4片可见叶的无性繁殖群从接种培养皿随机转接入试验培养基容器中,每个试验容器中叶状体数量应为9片~12片,并保持试验容器中的叶状体数和无性繁殖群数相同。

试验容器在培养箱中应随机摆放,以降低光强和温度影响导致的空间差异。

如果预先的稳定性试验表明供试物浓度在试验期间(7 d)不能保持稳定(即测定浓度低于初始浓度的80%),推荐采用半静态试验系统,即应选择一定的时间间隔(如试验的第3 d、第5 d)更换试验药液,以保持试验体系中恒定浓度。应根据供试物的水中稳定性决定更换新液的频率,极不稳定或挥发物质要求更高更换频率或采用流水式试验系统。

4.2.7 观测与记录

试验开始时,详细记录各处理组及对照组中浮萍突起和清晰可见的叶状体数量及颜色,观测频率自试验开始每3 d观察1次(即7 d试验期内至少观察2次)。记录的基本信息包括植株发育的改变,如叶状体大小及形态、坏死、变色或突起等征兆、无性繁殖群破裂、丧失浮力、根长及形态,试验用培养基的显著特征(如不溶物的存在、浮萍的生长)也应记录。

总叶状体面积、干重和鲜重可按下列方法测定:

a) 总叶状体面积:所有无性繁殖群的总叶状体面积可通过影像分析进行测定。用摄影机将试验容器和植株的剪影拍下来(即将容器放入光盒中),把产生的影像数字化。通过与已知面积的平面形状校准,总叶状体面积可以测定。须小心排除试验容器边缘造成的干扰。或将试验容器和植株影印下来,切下无性繁殖群的剪影,用叶片面积分析仪或方格纸测定面积。也可采用无性繁殖群剪影面积和单位面积的贴纸重量比等技术进行测量。

b) 干重:每个试验容器中的所有无性繁殖群收集起来后,用蒸馏水或去离子水清洗,吸干多余的水后在60℃烘干至恒定重量,所有根的碎片应包括在内,干重精度应精确到0.1 mg。

c) 鲜重:所有无性繁殖群转移到事先称重的聚苯乙烯(或其他惰性材料)圆底管(圆底上有 1 mm 小孔),然后将管放入离心机中离心(室温下 3 000 r/min 离心 10 min),再称重装有无性繁殖群 的聚苯乙烯圆底管,减去事先称重空管的重量即得出鲜重。

4.2.8 测定频率和浓度分析

4.2.8.1 光强及温度

试验期间,需至少测定 1 次生长室、培养箱或房间内离浮萍叶片同样距离的光强。生长室、培养箱 或房间内放置的备用培养基的温度需每天测定 1 次。所有测定均需记录。

4.2.8.2 pH

静态试验:试验开始和试验结束时测定每个处理的 pH;

半静态试验:测定每个处理更换药液前后的 pH;

流水式试验:试验期间,每天测定每个处理的 pH。

4.2.8.3 供试物浓度

应监测供试物浓度,以保持其在试验体系中的稳定性。选择不同试验方法,其浓度测定频率如下:

a) 静态试验至少应在试验开始和结束时测定各组浓度;

b) 半静态试验中,试验培养液的浓度应保持在设计浓度的 20% 变化率内,需分析测定每次更换 时新制备的试验培养液浓度和旧试验培养液浓度。当有充分证据表明初始浓度可重复并且稳 定(即保持在初始浓度的 80%~120% 范围内),可只对最高浓度组和最低浓度组进行测定。 所有情况的旧试验培养液中供试物浓度需测定每个浓度各重复的混合液;

c) 流水式试验的取样方式及测定同半静态试验,包括试验开始、中途和试验结束取样测定,并每 天检查稀释液和供试物或供试物母液的流量。

4.2.8.4 结果测定

当整个试验期间,供试物浓度一直保持在设计浓度或测定初始浓度的 20% 变化率内,结果分析可 根据设计或测定的初始浓度值进行;当供试物浓度偏离设计浓度或测定初始浓度的 20% 变化率外时, 结果分析要根据实际测定浓度进行。

5 数据处理与分析

5.1 倍增时间的计算

对照组的叶状体数倍增时间(T_d) 按式(1)计算。

$$T_d = \ln 2/\mu \quad \cdots\cdots\cdots\cdots\cdots\cdots\cdots\cdots\cdots\cdots\cdots\cdots\cdots\cdots\cdots\cdots (1)$$

式中:

μ——平均特定生长率的测定值,单位为百分率(%)。

5.2 响应变量的计算

本标准的目的是测定供试物对浮萍植株的影响,本标准选择以下响应变量来评价试验影响。

5.2.1 平均特定生长率抑制百分率

平均特定生长率抑制百分率是特定时期内每个处理组与空白对照组比较,平均特定生长率的变化 百分率(Ir)按式(2)计算。

$$Ir = \frac{\mu c - \mu t}{\mu c} \times 100 \quad \cdots\cdots\cdots\cdots\cdots\cdots\cdots\cdots\cdots\cdots\cdots\cdots\cdots (2)$$

式中:

Ir——处理组浮萍平均特定生长率抑制率,单位为百分率(%);

μc——空白对照组 μ 平均值,单位为百分率(%);

μt——处理组 μ 平均值,单位为百分率(%)。

平均特定生长率 μ 按式(3)计算。

$$\mu_{i-j} = \frac{\ln N_j - \ln N_i}{t} \quad \cdots\cdots (3)$$

式中：

μ_{i-j}——从试验开始时间 i 到结束时间 j 的平均特定生长率,单位为百分率(%);

N_i ——试验开始时处理组或对照组的生物量测量变量;

N_j ——试验结束时处理组或对照组的生物量测量变量;

t ——从 i 到 j 的时间。

5.2.2 产量抑制百分率

计算供试物对浮萍产量的影响。试验开始时的干重或鲜重的测量,应在与试验接种同一批次供试生物培养时(见4.2.1)的试验培养基中取样测定。每个试验浓度与对照比计算平均生物量抑制百分率和标准差。平均生物量抑制百分率(I_y)按式(4)计算。

$$I_y = \frac{bc - bt}{bc} \times 100 \quad \cdots\cdots (4)$$

式中：

I_y——平均生物量抑制百分率,单位为百分率(%);

bc ——对照组生物量,即对照组最终生物量与初始生物量之差,单位为克(g);

bt ——处理组生物量,即处理组最终生物量与初始生物量之差,单位为克(g)。

5.2.3 浓度-效应曲线图

以响应变量的平均抑制百分率(如 Ir 或 I_y)为纵坐标和以供试物试验浓度对数为横坐标,绘制浓度-效应曲线。

5.2.4 半效应浓度

按浮萍平均特定生长率抑制百分率(Ir)和平均生物量抑制百分率(I_y)分别估算半效应浓度 E_rC_{50} 和 E_yC_{50},包含以下 EC_{50} 值,即 E_rC_{50}(叶状体数)、E_rC_{50}(总叶面积、干重或鲜重)、E_yC_{50}(叶状体数)和 E_yC_{50}(总叶面积、干重或鲜重)。本标准试验结果统计应优先计算 E_rC_{50}。

5.3 统计方法

通过回归分析获得一个定量的浓度—效应关系,即获得半效应浓度 EC_{50} 值。当效应数据进行线性增长转换后可进行加权线性回归,如概率法、Logit 或 Weibull 法;但当处理不能避免的不规律数据和偏离平滑分布情况时,应选择非线性回归方法;当回归模型或方法均不适合这些数据时,EC_{50} 值和置信限也可以用式(5)进行计算。

5.3.1 寇氏法

用寇氏法可求出 EC_{50} 值及 95% 置信限。

EC_{50} 按式(5)计算。

$$\log EC_{50} = X_m - i\left(\sum P - 0.5\right) \quad \cdots\cdots (5)$$

式中：

X_m ——最高浓度的对数;

i ——相邻浓度比值的对数;

$\sum P$——各组抑制率的总和(以小数表示)。

95%置信限按式(6)计算。

$$95\% \text{ 置信限} = \log EC_{50} \pm 1.96 S \log EC_{50} \quad \cdots\cdots (6)$$

标准误($S \log EC_{50}$)按式(7)计算。

$$S \log EC_{50} = i\sqrt{\sum \frac{p(1-p)}{n}} \quad \cdots\cdots (7)$$

式中：

p——1 个组的抑制率，单位为百分率（%）；

n——各浓度组的生长率或生物量增长。

5.3.2 直线内插法

采用线性刻度坐标，绘制抑制百分率对试验物质浓度的曲线，求出 50% 活动抑制时的 EC_{50} 值。

5.3.3 概率单位图解法

用半对数纸，以浓度对数为横坐标、抑制百分率对应的概率单位为纵坐标绘图。将各实测值在图上用目测法画一条相关直线，从直线中读出活动抑制 50% 的浓度对数，估算出 EC_{50} 值。

6 质量控制

试验期间质量控制包括：

a) 供试生物应是纯种浮萍；

b) 对照组和各处理组的试验温度、光照等环境条件应按要求完全一致；

c) 尽可能维持试验体系恒定条件。如有必要，应使用流水式试验；

d) 供试物的实测浓度应不小于设计浓度的 80%，如果试验期间供试物实测浓度与设计浓度相差 20%，则以供试物实测浓度平均值来确定试验结果；

e) 对照组叶状体数量的倍增时间应在 2.5 d（60 h）内，相当于在 7 d 内应有 7 倍的增长率，并且平均特定生长率为 0.275/d。

7 试验报告

试验报告应至少包括下列内容：

a) 供试物的信息，包括：
   1) 供试农药的物理状态及相关理化特性等（包括通用名、化学名称、结构式、水溶解度等）；
   2) 化学鉴定数据（如 CAS 号）、纯度（杂质）。

b) 供试生物：浮萍学名、无性繁殖体及来源，供试生物的培养基及培养方式。

c) 试验条件，包括：
   1) 试验持续时间及试验周期；
   2) 采用试验方法，如静态、半静态或流水式；
   3) 试验设计描述，包括试验容器（容量、型号、密闭方式、静置、振荡或通气方式）、溶液体积、试验开始每个试验容器无性繁殖群和叶状体数；
   4) 母液和试验液的制备方法，包括任何溶剂、分散剂等的使用；
   5) 试验期间培养条件的温度、光照；
   6) 处理组和对照组的 pH、供试物浓度和浓度定量方法（验证试验、标准偏差或置信限分析）；
   7) 叶状体数和其他测量变量（叶面积、干重或鲜重）测定方法；
   8) 对本标准的偏离。

d) 结果，包括：
   1) 原始数据：每次观察和浓度分析时，每个试验处理组和对照组叶状体数和其他测量变量值；
   2) 每个测量变量的平均值和标准差；
   3) 对照组叶状体数倍增时间/生长率；
   4) 各处理组平行间的效应变化，平均值和各平行之间变异系数；
   5) 浓度/效应曲线，得出的 E_yC_{50}、E_rC_{50} 值，并注明计算方式，确定 EC_{50} 值的统计学方法；
   6) 观察到的效应，浮萍颜色、形态和大小的变化；死亡、抑制生长等效应情况；
   7) 试验质量控制条件描述，包括任何偏离及偏离是否对试验结果产生影响。

附　录　A
（资料性附录）
供试生物描述

A.1　浮萍物种概述

浮萍属种子植物门，单子叶植物纲，天南星目，浮萍科。该科为世界性广布（除南北极区外），主要生长在静止的淡水及半盐水（河口湾）中，多分布于热带及亚热带至温带地区。浮萍科植物被划分成 5 个属，分别是水萍属（*Spirodela*）、青萍属（*Lemna*）、微萍属或无根萍属（*Wolffia*）、扁无根萍属（*Wolffiel-la*）（只分布于美洲和非洲）和紫萍属（*Landoltia*）。全世界浮萍科植物共 38 种。紫萍属是浮萍科植物中形体最大、相对较原始的类群，具有最多数目的根，这是比较容易鉴定的特点。

A.2　供试生物概述

圆瘤浮萍（*Lemna gibba*）、小浮萍（*Lemna minor*）是温带地区代表种，通常用于毒性试验。紫背浮萍（*Spirodela polyrrhiza*）在我国分布最广、数量最大、具有优势。这 3 个种都有漂浮的或没入水中的盘状茎（叶）和从每个叶状体最低的表面伸出的非常细小的根。浮萍很少开花，靠无性繁殖产生新叶进行繁殖。和老叶相比，新叶色淡，有较短的根，由大小不同的 2 片～3 片叶组成。由于浮萍的体形小，结构简单，无性繁殖和世代短，使浮萍属非常适于实验室培养。因为可能存在敏感性的种间变异，所以只有种内的敏感性比较是有效的。

附　录　B
（资料性附录）
培养基制备

B.1　瑞士标准(SIS)培养基

B.1.1 瑞士标准(SIS)培养基的配方见表 B.1。储备液 A～储备液 E 需高压锅(120℃,15 min)或过滤膜(约 0.2 μm 孔径)灭菌。储备液 F 只需过滤膜(约 0.2 μm 孔径)灭菌,不需高压灭菌。灭菌后的储备液应冷藏盒黑暗条件保存。储备液 A～储备液 E 可保存 6 个月,而储备液 F 只能保存 1 个月。

表 B.1　瑞士标准(SIS)培养基配方

储备液类型	试剂	储备液,g/L	培养液,mg/L
A	$NaNO_3$	8.5	85
	KH_2PO_4	1.34	13.4
B	$MgSO_4 \cdot 7H_2O$	15	75
C	$CaCl_2 \cdot 2H_2O$	7.2	36
D	Na_2CO_3	4	20
E	H_3BO_3	1	1
	$CuSO_4 \cdot 5H_2O$	0.005	0.005
	$ZnSO_4 \cdot 7H_2O$	0.05	0.05
	$MnCl_2 \cdot 4H_2O$	0.2	0.2
	$Na_2MoO_4 \cdot 2H_2O$	0.01	0.01
	$Co(NO_3)_2 \cdot 6H_2O$	0.01	0.01
F	$Na_2EDTA \cdot 2H_2O$	0.28	1.4
	$FeCl_3 \cdot 6H_2O$	0.17	0.84
G	MOPS(buffer)	490	490

B.1.2 制备 1 L SIS 培养基,在 900 mL 去离子水中加 10 mL 储备液 A、5 mL 储备液 B、5 mL 储备液 C、5 mL 储备液 D、1 mL 储备液 E 及 5 mL 储备液 F,用 0.1 mol/L 或 1 mol/L HCl 或 NaOH 调 pH 为 6.5±0.2,用去离子水定容至 1 L。

需要注意,当试验中需控制 pH 稳定时(例如,供试物含重金属或易水解),加 1 mL 储备液 G (MOPS buffer)。

B.2　20× AAP 生长培养基

20× AAP 培养基配方见表 B.2。用无菌蒸馏水或去离子水制备储备液。无菌储备液应储存在冷藏和黑暗条件下,可储存 6 周～8 周。要准备 5 个营养储备液(A1、A2、A3、B 和 C)制备 20× AAP 培养基,用试剂纯试剂。每种储备液取 20 mL 加入约 850 mL 去离子水配成生长培养基,用 0.1 mol/L 或 1 mol/L HCl 或 NaOH 调节 pH 为 7.5±0.1,用去离子水定容至 1 L。然后将培养基过约 0.2 μm 孔径滤膜装入无菌容器内。用于试验的生长培养基在试验开始前 1 d～2 d 准备,使 pH 稳定下来。在使用前应测定培养基 pH,如果需要,用 0.1 mol/L 或 1 mol/L HCl 或 NaOH 调 pH。

表 B.2　20×AAP 培养基配方

储备液类型	试剂	储备液	培养液
A1	$NaNO_3$	26 g/L	510 mg/L
	$MgCl_2 \cdot 6H_2O$	12 g/L	240 mg/L
	$CaCl_2 \cdot 2H_2O$	4.4 g/L	90 mg/L
A2	$MgSO_4 \cdot 7H_2O$	15 g/L	290 mg/L
A3	$K_2HPO_4 \cdot 3H_2O$	1.4 g/L	30 mg/L
B	H_3BO_3	1.34 g/L	13.4 mg/L
	$MnCl_2 \cdot 4H_2O$	0.42 g/L	8.3 mg/L
	$FeCl_3 \cdot 6H_2O$	0.16 g/L	3.2 mg/L
	$Na_2EDTA \cdot 2H_2O$	0.3 g/L	6 mg/L
	$ZnCl_2$	3.3 mg/L	66 μg/L
	$CoCl_2 \cdot 6H_2O$	1.4 mg/L	29 μg/L
	$Na_2MoO_4 \cdot 2H_2O$	7.3 mg/L	145 μg/L
	$CuCl_2 \cdot 2H_2O$	0.012 mg/L	0.24 μg/L
C	$NaHCO_3$	15 g/L	300 mg/L

B.3　STEINBERG 培养基(ISO20079)

B.3.1　浓度和储备液

改进的 STEINBERG 培养基适用于小浮萍及圆瘤浮萍。制备培养基应使用试剂纯或分析纯化学品和去离子水。STEINBERG 培养基的配方见表 B.3。

表 B.3　pH 稳定的 STEINBERG 培养基配方

物　质		营养培养基	
常量元素	摩尔质量	mg/L	mmol/L
KNO_3	101.12	350.00	3.46
$Ca(NO_3)_2 \cdot 4H_2O$	236.15	295.00	1.25
KH_2PO_4	136.09	90.00	0.66
K_2HPO_4	174.18	12.60	0.072
$MgSO_4 \cdot 7H_2O$	246.37	100.00	0.41
物　质		营养培养基	
微量元素	摩尔质量	μg/L	μmol/L
H_3BO_3	61.83	120.00	1.94
$ZnSO_4 \cdot 7H_2O$	287.43	180.00	0.63
$Na_2MoO_4 \cdot 2H_2O$	241.92	44.00	0.18
$MnCl_2 \cdot 4H_2O$	197.84	180.00	0.91
$FeCl_3 \cdot 6H_2O$	270.21	760.00	2.81
EDTA Disodium-dihydrate	272.24	1 500.00	4.03

B.3.2　STEINBERG 最终浓度培养基的制备

储备液 1、储备液 2 和储备液 3 各 20 mL(见表 B.4)加入 900 mL 去离子水以防产生沉淀,加储备液4、储备液 5、储备液 6、储备液 7 和储备液 8 各 1.0 mL(见表 B.5),调节 pH 至 5.5±0.2(加最小量的NaOH 或 HCl 调节),用去离子水定容至 1 L。如果储备液是无菌的,加入无菌的去离子水,最终培养基无需灭菌。如培养基需要灭菌,则储备液 8 应在培养基高压灭菌(121℃,20 min)后加入,培养基 pH(最终酸碱度)应为 5.5±0.2。

表 B.4 储备液(常量元素)

常量元素(50 倍浓缩)		浓度,g/L
储备液 1	KNO₃	17.5
	KH₂PO₄	4.5
	K₂HPO₄	0.63
储备液 2	MgSO₄·7H₂O	5.00
储备液 3	Ca(NO₃)₂·4H₂O	14.75

表 B.5 储备液(微量元素)

微量元素(1 000 倍浓缩)		浓度,mg/L
储备液 4	H₃BO₃	120.00
储备液 5	ZnSO₄·7H₂O	180.00
储备液 6	Na₂MoO₄·2H₂O	44.00
储备液 7	MnCl₂·4H₂O	180.00
储备液 8	FeCl₃·6H₂O	760.00
	EDTA Disodium-dihydrate	1 500.00

为达到更长保存期,储备液在121℃条件下高压灭菌20 min或过无菌滤膜(0.2 μm),推荐储备液8过无菌滤膜(0.2 μm)。

参 考 文 献

[1]OECD Guidelines for Testing of Chemicals，Test No. 221，*Lemna* sp. Growth Inhibition Test，Adopted 23 March，2006.

[2]田延辉,2005. 农药对紫背浮萍的生长抑制试验[D]. 广州:华南农业大学 .

ICS 65.020
B 17

中华人民共和国农业行业标准

NY/T 3091—2017

化学农药　蚯蚓繁殖试验准则

Chemical pesticide—Guideline for earthworm reproduction test

2017-06-12 发布

2017-10-01 实施

中华人民共和国农业部 发布

前　言

本标准按照 GB/T 1.1—2009 给出的规则起草。

本标准主要技术内容等效采用了经济合作与发展组织(OECD)化学品测试导则 No.222《蚯蚓繁殖试验》。

请注意本文件的某些内容可能涉及专利。本文件的发布机构不承担识别这些专利的责任。

本标准由农业部种植业司提出并归口。

本标准起草单位:农业部农药检定所、环境保护部南京环境科学研究所。

本标准主要起草人:姜锦林、曲甍甍、卜元卿、周欣欣、程燕、周艳明、单正军。

化学农药　蚯蚓繁殖试验准则

1　范围

本标准规定了蚯蚓繁殖试验的术语和定义、供试物信息、试验概述、试验方法、数据处理与分析、质量控制、试验报告等的基本要求。

本标准适用于为化学农药登记而进行的蚯蚓繁殖毒性试验，其他类型的农药可参照使用。

本标准不适用于挥发性的化学农药。

本标准没有考虑供试物在试验期间可能发生的降解。如有必要，可在试验开始和结束时对试验体系中供试物浓度进行分析。

2　规范性引用文件

下列文件对于本文件的应用是必不可少的。凡是注日期的引用文件，仅注日期的版本适用于本文件。凡是不注日期的引用文件，其最新版本（包括所有的修改单）适用于本文件。

GB/T 31270.11—2014　化学农药环境安全评价试验准则　第11部分：蚯蚓急性毒性试验

3　术语和定义

下列术语和定义适用于本文件。

3.1

×%效应浓度　effect concentration for ×% effect

给定的试验期限内，与对照组相比引起受试生物×%某种效应的供试物浓度。比如，半效应浓度（EC_{50}）指经过给定的暴露时间，在试验终点时引起受试生物50%某种效应的供试物浓度，用EC_x表示。

注：单位为毫克有效成分每千克干土（mg a. i. /kg干土）。

3.2

无致死浓度　no lethal concentration

给定的试验期限内，对受试生物无任何致死效应的供试物最大浓度，用LC_0表示。

注：单位为毫克有效成分每千克干土（mg a. i. /kg干土）。

3.3

半致死浓度　median lethal concentration

给定的试验期限内，引起受试生物半数致死的供试物浓度，用LC_{50}表示。

注：单位为毫克有效成分每千克干土（mg a. i. /kg干土）。

3.4

全致死浓度　totally lethal concentration

给定的试验期限内，引起受试生物全部死亡的最小供试物浓度，用LC_{100}表示。

注：单位为毫克有效成分每千克干土（mg a. i. /kg干土）。

3.5

最低可观察效应浓度　lowest observed effect concentration

给定试验期限内，与空白对照组相比，供试物对受试生物产生具有统计学显著性差异的不利效应（$P<0.05$）的最低浓度，即供试物对受试生物有不利影响的最低浓度，用LOEC表示。

注：单位为毫克有效成分每千克干土（mg a. i. /kg干土）。

3.6

无可观察效应浓度　no observed effect concentration

给定试验期限内，与空白对照组相比，未观察到供试物对受试生物产生具有统计学显著性差异的不利效应($P<0.05$)的供试物最高浓度，一般为仅低于 LOEC 的供试物最高浓度，用 NOEC 表示。

注：单位为毫克有效成分每千克干土(mg a. i. /kg 干土)。

3.7

成蚓　adult worms

身体前部出现生殖带的成年蚯蚓。

3.8

生殖带　clitellum

成蚓前端表皮的一个腺体，呈马鞍形或环状，通常有明显不同的颜色。

3.9

繁殖率　reproduction rate

试验期内每条成蚓生产的幼蚓数量的平均值。

3.10

行为症状　behavioral symptoms

供试物引起蚯蚓中毒后的非正常生物学行为的描述指标。一般包括在土壤表面翻滚、僵硬缩短、伸长并且做脉冲式运动，或者在土壤中停止活动，缩成一团。蚯蚓在测试容器中的每一个可辨别的明显变化。

3.11

死亡　mortality

用细小的针刺供试蚯蚓的前部和尾部，没有明显反应的生物个体。由于蚯蚓死亡后分解很快，在密闭实验容器的土壤中引入活蚯蚓数量的损失也可认定为死亡发生。

4　试验概述

通过不同浓度的供试物溶液与定量的人工配制土壤混合，引入定量健康、具稳定繁殖力的成蚓，并在 4 周内观察试验土壤中成蚓死亡率和生长受影响状况；移出观察到的成蚓，继续暴露 4 周，观察、统计土壤中的子代蚯蚓数量。

供试物浓度范围的选择应包括在 8 周试验期间可能会引起亚致死和致死效应的浓度，目标 EC$_x$ 值也应在该浓度范围内，使得 EC$_x$ 的估算是来自内插法而不是外推法。通过统计分析供试物处理组和空白对照组繁殖率的差异，确定 LOEC 和 NOEC，或通过回归模型来估算 EC$_x$(如 EC$_{10}$ 和 EC$_{50}$)。

5　试验方法

5.1　材料和条件

5.1.1　供试生物

本标准使用赤子爱胜蚓(*Eisenia foetida*)和安德爱胜蚓(*Eisenia andrei*)作为受试生物，选择具有生殖带的两个月至一年大小的成蚓，来自同一生长环境，大小均匀、年龄一致(差别不宜超过 4 周)。试验前，蚯蚓在供试人工土壤环境中驯养至少 1 d，驯养期间使用的食物应和正式试验中的食物保持一致。蚯蚓培养方法参见附录 A。

驯养后的成蚓用去离子水清洗干净，用滤纸吸去多余水分，每 10 条蚯蚓为一组，每组单独称重，每条蚯蚓的重量应控制在 250 mg～600 mg。称重后成蚓在试验开始前随机分配到各试验培养容器中。

5.1.2　供试物

供试物可使用农药制剂、原药。难溶于水的供试物可用少量对蚯蚓低毒的有机溶剂助溶,或直接用适量对蚯蚓低毒有机溶剂(如丙酮)溶解。供试物应至少给出下列信息:

a) 化学结构式;

b) 纯度;

c) 水溶性;

d) 水中和光中的稳定性;

e) 辛醇—水分配系数;

f) 蒸汽压。

5.1.3 参比物质

使用多菌灵(Carbendazim)或苯菌灵(Benomyl)作为参比物质,其对蚯蚓繁殖可观测到的显著抑制效应在 1 mg a.i./kg 干土～5 mg a.i./kg 干土,或 250 g a.i./hm² ～500 g a.i./hm² 或 25 mg a.i./m² ～50 mg a.i./m²。

5.1.4 供试土壤

人工土壤由 70% 的石英砂(具体含量取决于 $CaCO_3$ 的需要量,经 70 目标准筛过滤,50 μm～200 μm 之间颗粒的细砂应超过 50%)、20% 的高岭土、10% 泥炭藓(土)混合组成,人工土壤初始 pH 应在 6.0±0.5,可通过添加适量的碳酸钙(0.3%～1.0%)进行调节。在通风的地方把土壤中的这些干燥成分进行充分机械混合。实验前,用去离子水或蒸馏水将人工土壤含水量调节为最大持水量(WHC)的 40%～60%,并确保土壤基质放在手里压紧时无水分流出。人工土壤最大持水量测定方法见附录 B,人工土壤 pH 测定方法参见附录 C。

5.1.5 主要仪器设备

5.1.5.1 标本瓶或其他玻璃容器(横截面积宜在 200 cm² 左右,容积 1 L～2 L。放置 500 g～600 g 试验用人工土壤后,土壤深度宜在 5 cm～6 cm,容器口加盖透气、透光的盖板)。

5.1.5.2 pH 计和光度计。

5.1.5.3 电子天平。

5.1.5.4 温湿度可控的培养箱。

5.1.5.5 容量瓶。

5.1.5.6 镊子、钩或环。

5.1.5.7 水浴锅等。

5.1.6 试验条件

试验温度为(20±2)℃,光照强度 400 lx～800 lx,光暗时间比为 16 h∶8 h。试验期间不向试验容器中充气,但容器盖的设计应允许气体交换,同时还限制水分的过度蒸发。定期称重试验容器(去盖)来监测土壤的含水量。必要时,添加去离子水来补充水量损失,使试验人工土壤含水量变化的范围不超过初始含水量的 10%。

5.2 试验操作

5.2.1 染毒

5.2.1.1 基本要求

根据测试目的来选择染毒方式,一般可将供试物溶液与试验人工土壤均匀混合。在设计更细致的染毒试验中,也可直接将供试物施于土壤表面,或与常规农业操作一致(例如:喷洒液体制剂,或使用一些特殊的剂型如颗粒剂和种衣剂时)。当供试物或参比物质染毒过程中使用有机溶剂时,有机溶剂应对蚯蚓低毒,且在试验设计中应以最大溶剂使用量设置溶剂对照组。

5.2.1.2 土壤混合染毒

使用均匀混合法染毒时,根据供试物理化特性可按下列 3 种情况进行:

a) 供试物易溶于水:试验开始前,按设计浓度需要,配制足够的供试物去离子水溶液,使其可以满足一个处理所有重复组的使用量。将各浓度的适量药液加入到人工土壤中,补充去离子水以使土壤最终含水量达到其最大持水量的 40%～60%,混合均匀后放入试验容器中待用。

b) 供试物难溶于水:将供试物用少量适宜有机溶剂(如丙酮)溶解,均匀喷洒或混入少量细石英砂中,置于通风橱中至少数分钟,使有机溶剂蒸发。之后将处理过的石英砂与预先湿润的人工土壤配料混合均匀,补充去离子水,使土壤最终含水量达到其最大持水量的 40%～60%,混合均匀后放入试验容器中待用。

c) 供试物不溶于水和有机溶剂:将 10 g 细石英砂与供试物混合,制成均匀混合物,然后将该混合物均匀混入预先湿润的其他人工土壤配料中,补充去离子水以使土壤最终含水量达到其最大持水量的 40%～60%,混合均匀后放入试验容器中待用。

5.2.1.3 土壤表面染毒

将配置好的人工土壤置于容器中,然后将蚯蚓置于土壤表层。通常健康的蚯蚓会立即钻入土中,若 15 min 后还未钻入土中的蚯蚓则视为受伤,应予更换,所有更换和被更换的蚯蚓应称重,以确保试验开始时处理组蚯蚓总重和加上容器一起的总重量均为已知。

当加入的蚯蚓均转入土壤后,使用适宜喷洒装置将配置好的供试物各浓度组药液分别定量均匀喷洒在土壤表面,施用前应先移去容器盖子,并向容器内加一个衬里,以避免供试物喷洒到试验容器壁上。上述操作过程应避免蚯蚓与供试物药液直接皮肤接触,且室内温度应保持在(20±2)℃,药液喷施量应控制在 600 μL/m²～800 μL/m²。药液喷施量应用适宜方法进行校准。染毒后,试验容器在 1 h 内勿盖上盖子,以便所用的溶剂蒸发,但应采取有效措施防止蚯蚓爬出逃逸。

5.2.2 浓度设计

供试物正式试验的浓度的设计,可通过急性毒性数据和/或浓度范围筛选试验获得,如需进行浓度范围筛选试验,可按几何级数设置较大范围的不同浓度组,如 0.1 mg a.i./kg 干土、1 mg a.i./kg 干土、10 mg a.i./kg 干土、100 mg a.i./kg 干土和 1 000 mg a.i./kg 干土,不设重复试验组,2 周后检查蚯蚓死亡情况。

参考供试物毒性数据或预实验结果,根据目标毒性参数的不同,可按下列 3 种方法设计正式试验浓度范围:

a) 当旨在获得 NOEC 或 LOEC,应按一定几何级数设置至少 5 个处理浓度组。最低处理浓度组与对照组的观察效应不应有显著性差异,否则,应降低试验浓度重新试验;最高处理浓度组与对照组的观测效应应有显著性差异,否则,应提高试验浓度重新试验。每个处理组设置 4 个重复,空白对照组设置 8 个重复。浓度间距公比不超过 2。

b) 当旨在获得 ECₓ(如 EC₁₀ 和 EC₅₀),应设置足够数量的处理浓度组来计算 ECₓ 和置信限,其中,应包含至少 4 个处理组,其各自观测效应的平均值和空白对照组相比应有统计学上的显著性差异。每个浓度处理组≥2 个重复,空白对照组≥6 个重复。浓度间距公比可基于试验目的灵活设置,例如,在预计产生效应的浓度区间内公比≤2,而对于区间外的低/高浓度,公比可高于 2。

c) 当旨在同时获得 ECₓ 和 NOEC,应按一定几何级数设置至少 8 个浓度处理组,且每个浓度处理组设置 4 个重复,空白对照组设置 8 个重复。浓度间距公比不超过 2。

5.2.3 正式试验

人工土壤中蚯蚓生物量应控制在每 500 g～600 g 干土放入 10 条成蚓(每 50 g～60 g 土壤 1 条蚯蚓),当采用更多的试验土壤量时,则应按每 50 g～60 g 土壤 1 条蚯蚓增加相应蚯蚓数量。受试蚯蚓在试验前于人工土壤中驯养 24 h,清洗干净、称重后,置于土壤表面,由其自行转入土中。试验用容器应用具孔的塑料板盖好以便透气并防试验土壤失水变干。试验期间,采用燕麦片或牛马粪便作为蚯蚓饲料。

使用牛马粪便作为饲料时,应明确粪源动物未使用过生长促进剂或杀线虫剂等兽药,以避免对蚯蚓造成不利影响。试验开始 1 d 后提供饲料,每个容器投放约 5 g 饲料于土壤表面,用去离子水湿润(每个容器 5 mL~6 mL),每 7 d 喂食一次,若饲料未被完全摄食,再次喂食应扣除这部分饲料量。试验进行 4 周移去成蚓后,只需添加一次饲料,剩余 4 周试验期间不再喂食。

5.2.4 观测与记录

第一个 4 周试验开始后第 28 d,观察、记录存活成蚓数量和体重。任何非正常的行为(如不再具备钻入土中的能力或静止不动等),或形态上的变化(如开放性伤口)均应同时记录。观察记录存活成蚓时,可将试验土壤倒至一个干净的托盘中,移除所有成蚓,用去离子水清洗,然后吸去多余水分称重。因成蚓死亡后易分解,所有未见成蚓均可记录为死亡。

试验土壤从容器中倒出,挑出成蚓后,应重新放回容器中(确保所有蚓茧放回容器),在相同条件下继续培养 4 周。

第二个 4 周试验结束后,观察计录每个试验容器中的幼蚓数量和蚓茧数量。幼蚓数计数方法参见附录 D。试验期间所有可能伤害蚯蚓的操作或蚯蚓出现损伤的迹象均需记录。

5.2.5 限度试验

设置 1 000 mg a.i./kg 干土为限度试验的上限浓度。当限度试验证明供试物对蚯蚓繁殖活性影响的 NOEC 比限度上限浓度高,可判定供试物对蚯蚓繁殖无影响,无需继续进行试验。限度试验中,空白对照组和各处理组均设置 8 个重复组。

5.3 数据处理与分析

5.3.1 基本要求

应采用适宜的统计学软件和方法计算分析蚯蚓的死亡率和繁殖力等观测效应参数数据,计算 LC_{50}、$EC_{\times}$、NOEC、LOEC 和置信限。

5.3.2 结果处理

a) 死亡率结果处理:应采用适宜的剂量反应分析方法,如 Probit,Logit,Weibull 或其他适宜的广义线性模型,计算 LC_{50} 及相应置信区间。

b) 其余效应观测参数(如成蚓体重变化和产生的子代数量等繁殖力参数):每个试验容器里的成蚓体重变化和产生的子代幼蚓的数量均需记录下来并报告每组试验浓度的均值和标准方差作为概括统计量。体重变化和繁殖力的参数应表达为 NOEC 和 LOEC。NOEC 的计算流程参见附录 E。当观测效应参数按试验浓度递增呈现单调下降趋势,应该选择 Williams' 检验,反之,当试验结果呈现无规律上升或下降趋势,则应使用 Dunnett's 检验。若进行限度试验,且试验结果满足参数检验程序的先决条件(正态分布、方差齐性),则可以使用双样本 Student-t 检验,否则使用 Mann-Whitney-U 或者其他合适的非参数检验方法。

若繁殖力观测效应参数呈现出剂量反应关系,应采用适宜的剂量反应分析方法,计算 $EC_{\times}$ 值及其置信区间(可使用原始数据或相对对照组下降百分比进行剂量反应曲线拟合)。多种函数模型可用于剂量反应分析,如 Probit,Logit 和 Weibull 的广义线性及非线性模型,实际操作中则需要按照数据特质选择合适的模型进行拟合以求取 $EC_{\times}$ 值(Ritz et.al.,2015)。

6 质量控制

质量控制条件包括:

a) 试验结束时对照组每个重复(包含 10 条成蚓)应当产生≥30 条幼蚓;

b) 对照组繁殖的变异系数应当≤30%;

c) 实验开始 4 周后对照组成蚓死亡率应当≤10%。

7 试验报告

试验报告应包括下列内容：

a) 供试物的信息：

　　1) 供试物的确切描述、批次、批号和 CAS 号、纯度等；

　　2) 供试物的相关理化特性（如 log K_{ow}、水溶解度、蒸汽压、亨利常数和行为数据）等。

b) 受试生物：

　　1) 使用生物、种属、学名、来源及培养条件；

　　2) 受试生物的虫龄、尺寸（重量）范围。

c) 试验条件：

　　1) 试验土壤的准备细节描述；

　　2) 土壤的最大持水量；

　　3) 供试物的染毒方式描述；

　　4) 供试物添加至土壤中的方法描述；

　　5) 喷洒设备的校准详细信息；

　　6) 试验设计和程序的描述；

　　7) 测试容器的尺寸和土壤体积；

　　8) 试验条件，包括试验温度、光照强度、光周期等；

　　9) 驯养方法的描述，试验中所用食物类型及用量，饲喂日期等；

　　10) 试验开始和结束时对照组和所有处理组土壤的 pH 和含水量。

d) 结果：

　　1) 最初 4 周试验结束时每试验容器中成蚓的死亡率（%）；

　　2) 试验开始时每试验容器中成蚓的重量；

　　3) 最初 4 周试验结束时成活蚯蚓体重的变化（初始体重的%）；

　　4) 试验结束时每试验容器内幼蚓数量；

　　5) 试验中蚯蚓的生理和病理症状或异常行为的详细描述；

　　6) 参比物质试验结果；

　　7) 确定 LC_{50}、NOEC 和/或 EC_x（如 EC_{50} 和 EC_{10}）值的统计学方法；

　　8) 剂量—反应关系图。

任何偏离准则以及试验过程中的各种意外均应记录和报告。

附　录　A

（资料性附录）

赤子爱胜蚓/安德爱胜蚓的培养

A.1　在(20±2)℃的人工气候室中进行繁育工作。此温度条件以及充足的食物供应下,在2个月～3个月的时间内蚯蚓即可发育成熟。

A.2　推荐物种可在多种动物粪便中进行养殖。推荐使用比例为50:50的牛或马的粪便和泥炭藓(土)组成的培养基质。但应明确牛或马没有使用过生长促进物质、杀线虫剂或类似的兽药产品,以免对蚯蚓造成不利影响。通常自己收集的牛粪较市售牛粪对蚯蚓的影响更小。培养基质的pH应在6～7(用$CaCO_3$调整),且具有低离子电导率(小于6 mg或0.5%盐浓度),保持培养基质不被氨或动物尿过度污染,含水量也不宜太高。育种箱容量应在10 L～50 L。

A.3　为了获得年龄和大小(重量)一致的蚯蚓,推荐从蚓茧开始培养。培养初期,把新鲜基质和蚯蚓成虫一起放入育种箱,14 d～28 d后产生新的蚓茧。然后移除成虫,由蚓茧产生的幼虫又可以为下阶段培养做准备。给蚯蚓持续饲喂动物粪便,并不时将其移至新的培育基质中。通常风干、磨细的牛马粪或燕麦是较合适的食物。蚓茧孵出的幼虫在2个月～12个月大时即可认为是成虫。

A.4　当蚯蚓在土中穿梭而未尝试离开土中,且可以持续繁殖,则可认为蚯蚓是健康的。当蚯蚓移动缓慢,尾部发黄,则表明基质中养料枯竭,此时应供应新基质或降低养殖密度。

附 录 B

（规范性附录）

土壤最大持水量的测定

用适宜的取样工具（如螺旋钻管）收集 5 g 土壤基质样本。在管底放一张完全润湿的滤纸，然后将含有土壤样品的管放置在水浴锅中的支架上并使取样管逐渐淹没于水中，保持水面处于土壤样品表面约 3 h。因为被土壤毛细管所吸收的水不能完全保持在土壤中，所以土壤样本在取出后应放在一个具盖容器中的一个潮湿的细石英砂床上（以防干燥）排水约 2 h。然后称重土壤样本，并在 105℃下干燥至恒重，再称重。最大持水量（WHC）按式（B.1）计算。

$$WHC = \frac{S-T-D}{D} \times 100 \quad\cdots\cdots\cdots\cdots\cdots\cdots\cdots\cdots\cdots\cdots\cdots\cdots\cdots (B.1)$$

式中：

WHC——土壤最大持水量，单位为百分率（%）；

S ——浸满水的土壤基质质量＋管的质量＋滤纸的质量，单位为克（g）；

T ——皮重（管的质量＋滤纸的质量），单位为克（g）；

D ——土壤干重，单位为克（g）。

附　录　C

（资料性附录）

土壤 pH 的测定

取适量土壤在室温下干燥至少 12 h。加入 5 倍体积的 1 mol/L 分析级 KCl 溶液或者 0.01 mol/L 分析级 CaCl₂ 溶液制成土壤悬浮液（至少含 5 g 土壤）。然后充分振荡 5 min,再静置至少 2 h 但不得超过 24 h。然后用 pH 计测得土壤悬浮液的 pH,pH 计在每次使用前都要用一系列适宜的缓冲溶液（如 pH 4.0 和 pH 7.0）校准。

附　录　D
（资料性附录）
蚓茧孵出的子代数量计数方法

D.1　蚯蚓观测计数可采用两种替代方法

D.1.1　将容器放到初始温度为 40℃的水浴中，然后逐渐升温至 60℃。约 20 min 后，幼蚓即会出现在土壤表面，易于挑出并计数。

D.1.2　试验土壤可以使用 Van Gestel 等人（1988）的方法借助标准筛进行冲洗。当加入到土壤中的泥炭藓（土）和牛马粪或燕麦片都已被磨成细粉状时，可将网孔为 0.5 mm（30 目～40 目）的两个筛子上下叠放在一起，然后将试验容器中的培养基质放到上层筛子中，用自来水流进行冲洗，将基质洗掉，使得大部分的子代蚯蚓和蚓茧留在上层筛中（此操作期间应注意保持上层筛整个表面湿润，使蚯蚓可以浮在其上的水膜上，从而防止蚯蚓从网孔中爬出，通常使用淋浴喷头进行润湿）。

　　当所有的基质被冲洗掉后，可将上下层筛中幼虫和蚓茧冲洗到一个含少量水的烧杯里静置，此时空蚓茧浮在水面上，幼虫和非空蚓茧沉到水底，然后倒掉水，把幼蚓和非空蚓茧转移到含少量水的培养皿中，用针或镊子取出计数。

D.2　D.1.1 的方法更适用于分离出可能会被 0.5 mm 筛子洗出去的幼蚓。

D.3　应经常测试从土壤基质中移出幼蚓（蚓茧）所用方法的效率。当手工收集并计数幼蚓时，每个样品应重复操作 2 次。

附 录 E

（资料性附录）

计算效应观测参数 NOEC 值的数据统计分析方法选择路径示意图

计算效应观测参数 NOEC 值的数据统计分析方法选择路径见图 E.1。

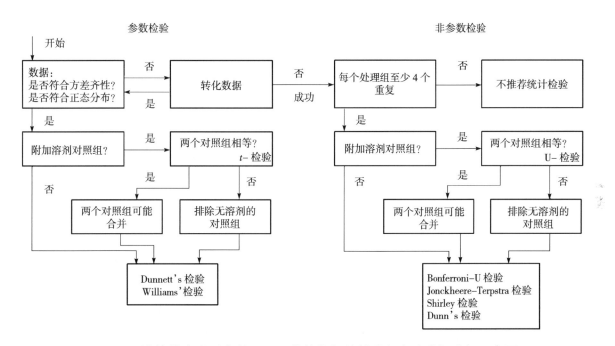

图 E.1 计算效应观测参数 NOEC 值的数据统计分析方法选择路径示意图

参 考 文 献

[1]ISO (International Organization for Standardization),1994. Soil Quality—Determination of pH, No. 10390. ISO, Geneve.

[2]ISO(International Organization for Standardization),1996. Soil Quality—Effects of pollutants on earthworms (*Eisenia fetida*). Part 2: Determination of effects on reproduction, No. 11268 - 2. ISO, Geneve.

[3]Van Gestel, C. A. M. , W. A. van Dis,et al,1988. Comparison of two methods determining the viability of cocoons produced in earthworm toxicity experiments[J]. Pedobiologia(32):367 - 371.

[4]OECD Guidelines for Testing of Chemicals, Test No. 222, Earthworm Reproduction Test(*Eisenia fetida/Eisenia andrei*), Adopted 13 April, 2004.

[5]Ritz C. , Baty F. , Streibig J. C. ,et al,2015. Dose-Response Analysis Using R[J]. PLoS ONE,10(12): e0146021. doi:10. 1371/journal. pone. 0146021.

254

ICS 65.020
B 17

中华人民共和国农业行业标准

NY/T 3092—2017

化学农药 蜜蜂影响半田间试验准则

Chemical pesticide—Guideline for honeybee semi-field test

2017-06-12 发布

2017-10-01 实施

中华人民共和国农业部 发布

前　言

本标准按照 GB/T 1.1—2009 给出的规则起草。

本标准主要技术内容等效采用了欧洲及地中海植物保护组织(EPPO)准则:PP1/170(4)《植物保护产品效力评估——对蜜蜂副作用》(英文版,2010 年)。

请注意本文件的某些内容可能涉及专利。本文件的发布机构不承担识别这些专利的责任。

本标准由农业部种植业司提出并归口。

本标准起草单位:农业部农药检定所、湖南省植物保护研究所。

本标准主要起草人:陈昂、袁善奎、刘勇、姜辉、李瑞喆、曲蔍蔍、严清平。

化学农药 蜜蜂影响半田间试验准则

1 范围

本标准规定了农药对蜜蜂影响半田间试验的试验条件、蜂群管理、方法、质量控制、统计分析及试验报告等基本要求。

本标准适用于化学农药对蜜蜂影响的半田间试验,其他农药可以参照执行。

本标准不适用于易挥发和难溶解的化学农药。

2 规范性引用文件

下列文件对于本文件的应用是必不可少的。凡是注日期的引用文件,仅注日期的版本适用于本文件。凡是不注日期的引用文件,其最新版本(包括所有的修改单)适用于本文件。

GB/T 31270.10—2014 化学农药环境安全评价试验准则 第10部分:蜜蜂急性毒性试验

3 术语和定义

下列术语和定义适用于本文件。

3.1

半田间试验 semi-field test

利用大棚、网笼或温室等可控的田间条件,观察农药使用对蜜蜂种群和发育影响的试验过程。

3.2

暴露 exposure

通过在作物上喷施农药、土壤处理或种子处理等施药途径,对蜜蜂造成影响的过程。

3.3

子脾 brood

蜜蜂处于卵、幼虫、蛹不同发育时期的统称。

3.4

姊妹王 sister queen

同一蜂王所产的后代中只能为蜂王的两个或多个蜜蜂个体。

3.5

飞行强度 flight intensity

单位时间内,在单位面积作物上或者单位数量花朵上飞行觅食的蜜蜂数量。

3.6

种群状况 colony condition

包括一个蜂群中工蜂的数量、蜂王的健康状况、花粉和花蜜储存情况、子脾(卵、幼虫、蛹)发育状况等因素。

4 试验概述

选择均匀一致、合适的小蜂群,在田间大棚中强迫蜜蜂在经农药暴露的开花试验作物上飞行觅食,或在蜜蜂飞行期间,分别在不同的大棚中施用供试药剂和已知的高风险参比物质(如乐果),与对照大棚比较观察蜜蜂种群状况的变化和影响。根据不同试验目的选择合适的参比药剂。

试验一般分为暴露前阶段、暴露阶段和暴露后阶段 3 个部分。暴露前阶段为试验地、试验蜂群、试验作物和供试物等的准备过程;暴露阶段为试验蜂群在大棚中暴露于施药中或施药后的作物上,需对蜜蜂死亡数、飞行活动、觅食情况和蜂群状况等做评估;暴露后阶段即监测阶段,包括数次蜂群状况调查和蜜蜂死亡数和行为等的评估。

5 试验方法

5.1 材料和条件

5.1.1 供试生物

试验蜂种应为当地具有代表性、品系明确的蜂种。试验蜂群应来自同一繁殖品系,来源、质量可靠。有可见的虫害或病害影响的蜂群不应用于试验,在被用于试验前的 4 周内不能对蜂群进行药物处理。蜂王应孵化自同一批次、同一时间段内婚飞后的姊妹王,于试验开始前新培育的、产卵力强、健康的蜂王方可用于试验。每群应有 3 000 只~5 000 只工蜂,至少 3 张巢脾。但可根据试验目的进行适当调整。每个蜂群应包含不同发育阶段的子脾和适量的能满足子脾发育所需蜂蜜和花粉。试验蜂群应处于主要繁殖期或活动频繁期。

5.1.2 供试作物

应选择对蜜蜂吸引力强的作物,如油菜、棉花等。当供试物为内吸性的种子处理剂或颗粒剂等时,应使用该制剂推荐的现实靶标蜜源或粉源作物。

5.1.3 供试物

应使用农药制剂。

5.1.4 主要设备设施

5.1.4.1 蜂箱

需使用当地通用的蜂箱,或根据试验需要进行定制。

5.1.4.2 死蜂收集箱

为收集死亡蜜蜂,应在蜜蜂死亡数调查开始的至少 3 d 前,在每个试验蜂箱巢门前端安装死蜂收集箱。收集箱应使用天然木材等无刺激性、无异味的材料制作,由一个可活动网盖和封闭的箱体组成,网盖的孔径以仅允许工蜂独自出入为宜(如隔王板),箱体与蜂箱口连通。死蜂收集箱示意图参见附录 A。

5.1.4.3 大棚

试验大棚可选择钢架大棚,使用孔径小于 3 mm 的防虫网覆盖大棚。大棚内试验作物覆盖面积应不小于 40 m²,大小可根据自然环境条件、作物的蜜粉量、蜂群大小、研究目的等因素相应调整,保证大棚内蜂群大小与作物花粉量相匹配。试验大棚示意图参见附录 B。

5.1.4.4 其他设备

5.1.4.4.1 天平;

5.1.4.4.2 量具;

5.1.4.4.3 农用喷雾器;

5.1.4.4.4 时间、温湿度监控记录设备;

5.1.4.4.5 雨量计;

5.1.4.4.6 风速仪;

5.1.4.4.7 防护装备。

5.1.5 环境条件

试验不应在不利于蜜蜂活动的环境条件下进行,通常田间室外不超过 35℃,以免导致蜜蜂在大棚内出现非供试药剂引起的挂须和逃蜂现象。当试验开始后遇剧烈的气温变化、反常气候等非常规环境条件时,应评估其对试验有效性的影响。

5.2 试验操作

5.2.1 试验场地

5.2.1.1 暴露阶段

试验地的每个大棚之间应相距至少 2 m 以上,处理组与空白对照大棚应间隔至少 3 m 以上,整个试验区域边界与周边田地也应相距至少 3 m 以上。试验地不应有试验外的其他农事活动,如需施肥、控制病虫害,应保证使用的肥料、药剂及其操作过程等对试验结果不会产生影响。

5.2.1.2 监测阶段

需有充足蜜源(如野花)的场所,作为蜂群在暴露阶段前、暴露阶段后的饲养观察监测点,且监测点和试验田地之间的距离应大于 3 km,防止蜜蜂在大棚暴露前、后飞至暴露阶段试验地。监测点周围不能有吸引蜜蜂觅食的正处于花期的农作物,以避免蜜蜂采食含有其他农药的花粉和花蜜,对试验结果造成干扰。当外援食物不充足时,可适当进行人工补给饲喂,并记录蜂群食物消耗量。

5.2.2 试验时间

应根据试验作物的生育期和防治靶标的施药期,以及试验目的来决定试验的时间。

5.2.3 试验蜂群管理

应根据暴露前蜂群各虫态比例调查结果,在各处理间协调分配蜂群。试验蜂群迁移的时间可选择在蜂群结束当天飞行活动的傍晚或晚上,也可在蜜蜂开始飞行活动之前的清晨进行。蜂群置于试验大棚期间,需为蜜蜂提供 1 个无污染的水源(最好于蜂箱外单独准备,必要时也可直接添加至蜂箱内的饲喂槽中)。当试验作物蜜(粉)源不足时应对蜂群饲喂适量糖(蜂蜜)水和(或)花粉,但为了保证蜜蜂采集活动的积极性,不应饲喂过量的食物。

蜂群置于监测点期间,可遵照当地养蜂人的经验进行饲喂管理,但在整个试验过程中,都不应对试验蜂群进行如下操作:

a) 使用对蜂王或工蜂有毒性的药物进行蜜蜂病虫害防治;

b) 在不同蜂群之间调换巢脾等严重影响种群结构和数量的行为。

5.2.4 试验设计

5.2.4.1 试验处理

5.2.4.1.1 供试物处理组

设置应充分考虑试验目的。若需研究供试物的残效影响,处理应包括花前施药、花期施药的场景;若需研究供试物的急性毒性影响,处理一般为花期施药的场景。应根据供试物推荐的施药量、方法、时间和次数,决定设置几个处理组别。

5.2.4.1.2 参比物质处理组

参比物质为已知具有高风险的药剂,其选择取决于试验目的。若基于急性毒性的标准试验,应选用乐果(dimethoate);若研究对象是昆虫生长调节剂(IGR)产品,则应选用苯氧威(fenoxycarb,但对内吸性药剂不适用);若内吸性农药被用于叶面喷施,可选用适宜的参比物质,若被用于土壤处理,则无明确的标准毒物。

5.2.4.1.3 空白对照处理组

可根据试验需要设置 1 个或多个,并按供试物处理组的相同条件喷洒清水,除非有特别的要求。

5.2.4.2 试验小区

每个大棚放入 1 个蜂群作为试验小区。

5.2.4.3 试验重复

为满足统计要求,每个试验处理一般至少重复 3 次(即 3 个大棚)。根据实际情况,重复数可根据试验小区面积适当增减。如试验作物是果树等冠层较大的植物,或者试验处理组群特别多时,则只需一个重复。

5.2.4.4 试验周期

通常蜂群应在大棚内暴露 7 d,但应充分考虑作物的开花情况(根据作物开花情况,蜂群应在大棚里放置尽量长的时间)及蜂群在大棚内的耐受期限。蜂群结束暴露搬出至试验监测点后,至少再观察 3 周,以确保结束暴露后的评估周期至少包括工蜂子脾的一个发育期。

5.2.5 试验施药

5.2.5.1 施药方法

施药应按照试验计划或供试物推荐使用方法进行,并与当地科学的农业实践(GAP)相适应。供试物如需配制后使用,则应现配现用。

5.2.5.2 施药器械

应选用生产中常用的器械,记录所用器械的类型、品名、型号和操作条件(工作压力、喷孔口径)的全部信息资料。每次使用前应对施药器械进行校正,计算其施药速率,以确定对小区均匀施药的方法。若使用播种设备,应对设备进行校正,实现均匀定量播种。

5.2.5.3 施药的时间和次数

施药时间和次数按照试验药剂特点和推荐的施药方法进行。

5.2.5.3.1 施药时间

应选择在蜜蜂飞行较活跃的白天施药,或根据不同的试验目的进行适当调整。当评估长残效农药对蜜蜂的影响时,施药时间应选择在蜜蜂暴露前的一定间隔时间,以避免药剂直接接触蜜蜂的影响;若评估风险减缓措施效果,则应选择在蜜蜂飞行较活跃前施药。除此之外,还应考虑当地一般农事活动规律。对于直接喷雾的药剂处理方式,在作物表面药液未干之前尽量避免雨水冲刷,通常确保施药后 2 h 无降雨,施药时大棚内风速应小于 2 m/s。

5.2.5.3.2 施药次数

通常情况下花期施药 1 次,但也应综合考虑要求的最高剂量、残留、急性影响等不同的试验研究目的,以及农药推荐使用方法等情况来确定施药次数。施药时应记录施药次数和每次施药日期及对应的作物生育期等尽可能详细的信息。

5.2.5.4 施药量

施药量通常为在作物花期使用时的最高使用剂量。有时也需要使用低剂量(采用可漂移到作物上的量进行试验),以评估农药漂移到临近作物、果园中杂草上场景对蜜蜂的影响等。施药量应以试验药剂的克有效成分/公顷(g a.i./hm²)表示。

施药时应描述并记录每次施药的过程和时间,每个试验小区在施药结束后都应测量喷雾器中药液的剩余量,用以计算实际施药量是否符合试验要求。施药应保证药量准确,分布均匀,一般要求实际施药量与理论施药量相差不超过理论值的 10%。为保证不低估风险,施药量的设计可根据所使用的施药器械校准情况作适当增量配置。

5.2.5.5 使用其他植保产品时的资料要求

如果因防治病、虫、草害的需要,需对试验作物使用其他植保产品时,应选择对供试物和试验作物无影响的药剂,并对所有的小区进行均一处理,而且要与供试物和参比药剂分开使用,使这些产品对试验结果的干扰控制在最小程度,同时记录这类产品使用过程的准确数据和信息。

5.2.6 观察与评估

5.2.6.1 蜜蜂死亡数

5.2.6.1.1 调查方法

死亡数评估调查应于暴露开始前至少 2 d～3 d 开始,并贯穿整个试验过程直至结束。通过计数死蜂收集箱内和大棚地面掉落(不适用于水田条件)的死亡蜜蜂数量得到蜜蜂死亡数。每天在相同时间段评估一次,但在试验关键点如暴露首日,应增加死蜂调查的次数,如在暴露后的 1 h、2 h、4 h、6 h 等时间段。每次调查需分别记录死亡的成年工蜂、工蜂蛹、幼虫、雄蜂、雄蜂蛹、畸形蜂等的数量。每次调查后,调查区域内的所有死蜂需全部移除。

5.2.6.1.2 调查内容

在蜜蜂大量死亡,工蜂已经无法及时清理蜂箱内的死蜂时,还需调查所有试验蜂箱底部死蜂。在旱田条件下,还需记录地面死蜂数(可通过计数铺设在地面上的纱网上的死蜂数)。根据试验目的和作物的不同,可调查大棚的部分或全部地面区域。

5.2.6.2 蜜蜂飞行情况

蜜蜂搬入大棚后需进行飞行情况调查,直至暴露结束。调查时,计数一定时间内(至少需 15 s)一定区域面积上(如 1 m²)或者一定数量的花朵(如 15 朵花)范围内,在花上采食和飞过该区域的蜜蜂数量。每个大棚随机选取至少 3 个观察点(应避开巢门前的区域)。

飞行调查选择在正常情况下,大棚内作物花朵开放后,蜜蜂飞行活跃的时间段进行,每天在相同时间段评估一次,但在试验关键点如暴露首日,应增加飞行调查的次数,如在暴露后的 1 h、2 h、4 h、6 h 等时间段。

5.2.6.3 蜜蜂行为

大棚试验暴露阶段,在调查蜜蜂死亡数和飞行情况的过程中,应同时调查蜜蜂在作物上和蜂箱周围的行为。与空白对照相比,应至少观察记录以下行为:

a) 中毒症状,如抽搐、颤抖、运动失衡;
b) 在巢门口聚集;
c) 攻击性;
d) 挂须;
e) 不活动;
f) 不落在作物上高密度地飞行;
g) 其他非正常行为。

5.2.6.4 蜂群状况

5.2.6.4.1 蜂群数量

当一张巢脾的一面布满蜜蜂时定为 100%的覆盖率,通过肉眼观察或拍照测算等方式估计并记录一面巢脾上蜜蜂的比例。巢脾外的蜜蜂应进行粗略估计并单独记录。当 100%覆盖率时计数为 1 000 蜂(不同巢础应具体分析),以此估算蜂群数量。

5.2.6.4.2 子脾(卵、幼虫、蛹)及食物储存

调查卵、幼虫、蛹、花粉和花蜜的比例时,将一张巢脾的一面中的蜂房总面积定为 100%,通过肉眼观察或拍照测算等方式估计并记录以上各项的蜂房占总面积的比例。

5.2.6.4.3 蜂王状况及其他

调查并记录有无观察到蜂王,蜂王健康状况,蜜蜂病害、螨害及任何可见的非正常现象。

5.2.6.4.4 调查次数

暴露开始前及暴露开始后蜜蜂位于大棚中时各应至少进行一次蜂群状况调查,暴露结束迁移至监测点后需至少进行 3 次调查,每次调查间隔约 7 d,以确保从暴露结束到试验结束的历期不低于工蜂子脾的一个发育历期。

5.2.6.5 气象条件及活动记录

试验过程中应详细记录可能对试验活动造成影响的环境条件,如试验期间记录每天的气温和相对湿度极值、降雨情况、云层覆盖率等,并在每次施药时记录空气温湿度、风速等天气状况。

试验前应记录蜜蜂来源情况及对蜂群的主要操作,试验中人为干涉蜂群活动的任何操作都应详细

描述并记录,包括试验地必要的农事活动等。

6 质量控制

质量控制的条件包括:
  a) 参比物质处理组的死亡数与空白对照组死亡数具有统计学上的显著性差异。如果空白对照组死亡数过高或参比物质处理组死亡数过低,应重新试验;
  b) 参比物质处理组的蜜蜂死亡数应在施药后有明显的增加。

7 统计分析

对供试物影响的评估应对供试物处理组与空白对照和参比药剂处理之间的数据(施药前和施药后的数据)进行比较得出,需比较的数据包括以下部分:
  a) 死亡数:死蜂收集箱中的蜜蜂死亡数、掉落在地面纱网上的蜜蜂死亡数(旱田试验);
  b) 飞行强度:单位时间内单位面积作物上或单位数量花朵上采集蜂的数量;
  c) 蜂群状况:蜂群数量,卵、幼虫、蛹、食物储存在蜂脾上的比例。

原始数据应该满足试验要求,并采用合适的方法进行统计分析。理论上,首先应确保所采用的端点数据适合统计分析,如在分析死亡数和飞行强度时,所有试验数据(包括正态分布检验和方差齐性检验)的差异显著性水平应为0.05。通常对施药前的数据应进行双尾检验;对施药后的死亡数据进行统计分析时应使用单尾上限检验,而飞行强度数据应使用单尾下限检验。或根据试验目的和设计要求,选择适宜的统计学方法。

8 试验报告

试验结果应在报告中详细体现。试验报告应至少包括下列内容:
  a) 供试物的信息,包括:
    1) 供试农药的物理状态及相关理化特性(包括通用名、化学名称、结构式、水溶解度)等;
    2) 化学鉴定数据(如 CAS 号)、纯度(杂质)。
  b) 供试生物:名称、种属、来源、健康程度、环境条件和饲养情况。
  c) 试验条件:如试验期间环境温湿度范围、试验场地情况。
  d) 试验方法,包括:
    1) 试验设计、所有的材料、操作程序的描述及参考,如供试物的剂型、稀释、施药信息、试验小区、环境监控、数据采集、样品采集以及试验结束后试验材料的处理等;
    2) 试验周期及持续时间。
  e) 统计分析和数据处理方法。
  f) 结果及结论,包括:
    1) 完整的试验数据,如供试物、空白对照和参比物质的试验结果,包括蜜蜂死亡数评估结果、蜜蜂飞行情况评估结果、蜜蜂行为评估、蜂群状况评估结果等;
    2) 试验质量控制的描述,包括任何偏离及偏离是否对试验结果产生影响。

附　录　A

（资料性附录）

死蜂收集箱示意图

死蜂收集箱示意图见图 A.1。

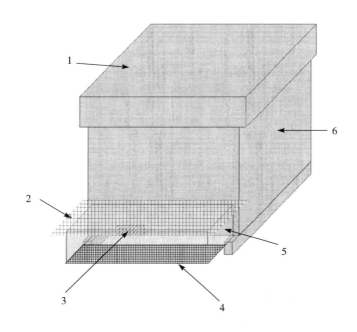

说明：

1——蜂箱盖；

2——死蜂收集箱盖，使用隔王板裁成适宜大小盖住箱顶；

3——蜂箱出入口；

4——死蜂收集箱前底部为不锈钢；

5——死蜂收集箱，除顶面外其余面封闭；

6——蜂箱箱体。

图 A.1　死蜂收集箱示意图

附 录 B

（资料性附录）

试验大棚示意图

B.1 单个大棚示意图

见图 B.1。

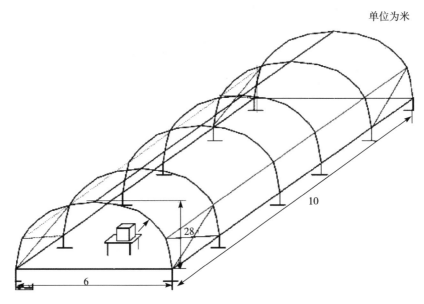

图 B.1 单个大棚示意图

B.2 大棚之间示意图(横截面)

见图 B.2。

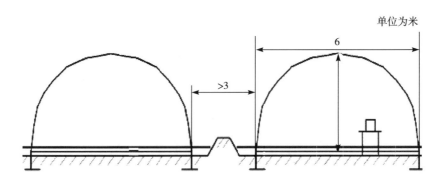

图 B.2 大棚之间示意图(横截面)

参 考 文 献

[1]蔡道基,1999. 农药环境毒理学研究[M]. 北京:中国环境科学出版社.

[2]Guidelines on environmental criteria for the registration of pesticides. Food and Agriculture Organization of the United Nations,Roma,March 1989.

[3]European and Mediterranean Plant Protection Organization. EPPO Standards:Side-effects on honeybees. Efficacy evaluation of plant protection products,evaluation biologique des produits phytosanitaires. 2010 OEPP/ EPPO,Bulletin OEPP/ EPPO Bulletin 40,313‐319.

[4]OECD Guidance Document 75:Guidance document on the honeybee(*Apis mellifera* L.)brood test under semi-field conditions. Series on testing and assessment,Number 75. ENV/ JM/ MONO(2007)22.

ICS 65.100
B 17

中华人民共和国农业行业标准

NY/T 3093.1—2017

昆虫化学信息物质产品田间药效试验准则
第1部分:昆虫性信息素诱杀农业害虫

Guidelines for field efficacy trials of insect semiochemicals against pests—
Part 1:Sex pheromones attract and kill agricultural insects

2017-06-12 发布

2017-10-01 实施

中华人民共和国农业部 发布

前　言

NY/T 3093《昆虫化学信息物质产品田间药效试验准则》拟分为如下部分:
——第1部分:昆虫性信息素诱杀农业害虫;
——第2部分:昆虫性迷向素防治农业害虫;
——第3部分:昆虫性迷向素防治梨小食心虫。
本部分为 NY/T 3093 的第1部分。
本部分按照 GB/T 1.1—2009 给出的规则起草。
本部分由农业部种植业管理司提出并归口。
本部分起草单位:农业部农药检定所、北京市农林科学院植物保护环境保护研究所、浙江大学。
本部分主要起草人:杨峻、郭晓军、杜永均、袁善奎、聂东兴、李姝、王泽华。

昆虫化学信息物质产品田间药效试验准则
第1部分:昆虫性信息素诱杀农业害虫

1 范围

本部分规定了昆虫性信息素诱杀农业害虫田间药效试验的方法和基本要求。

本部分适用于昆虫性信息素诱杀农业害虫的登记用田间药效试验及药效评价。

2 术语和定义

下列术语和定义适用于本文件。

2.1

诱芯　lure

含有昆虫性信息素的载体。

2.2

诱捕器　trap

用来引诱和捕杀昆虫的器具。

3 试验条件

3.1 试验对象、作物

试验对象为蔬菜、果树及大田作物靶标害虫。记录试验地靶标害虫的发生规律。

试验作物为申请登记作物,记录名称、品种、生育期、种植密度等。

3.2 环境条件

试验地应选择有代表性的,靶标害虫发生为害程度中等或偏重的试验场地进行,非靶标病虫害防治措施及试验地的栽培条件(如土壤类型、肥料、耕作、种植密度等)应一致,且符合当地良好农业规范。

4 试验设计和安排

4.1 药剂

4.1.1 试验药剂

试验药剂处理不少于3个诱芯密度,表示为个诱芯/666.67 m²,或依据协议要求设置。记录药剂通用名(中文、英文)或代号、剂型、含量、生产企业。有效成分含量通常表示为 mg a.i./lure。

4.1.2 对照药剂

对照药剂须是已登记注册并在生产中应用证明有效的常规化学杀虫药剂。对照药剂按登记剂量施用,特殊情况可视试验目的而定。

记录对照药剂通用名、剂型、含量、生产企业、登记证号、施用量。

4.2 空白对照

设无药剂处理作为空白对照。

4.3 小区安排

4.3.1 小区排列

试验药剂区需与对照药剂、空白对照的小区处理保持一定的隔离,且试验药剂处理区与对照药剂、空白对照小区隔离间距不小于 200 m。

对照药剂区和空白对照区则采用随机排列,小区间应保持一定的隔离带,记录小区面积及小区间隔离行或保护带的宽度。

记录小区排列图。特殊情况须加以说明。

4.3.2 小区面积和重复

小区面积:试验小区不低于 3.33 hm²,可根据情况适当扩大试验小区面积。对照小区不低于 333.33 m²,空白小区不低于 66.67 m²。

重复次数:试验小区不设重复。对照小区及空白对照设重复不少于 4 个。

5 诱芯设置

5.1 设置时间

成虫羽化之前。以性诱测报为标准的数据,即标准性信息素诱芯诱捕到成蛾之前。

5.2 设置方法

按协议要求进行处理放置。诱捕器设置方法应与当地的农业栽培管理措施相适应。试验药剂区按试验处理放置性信息素诱芯及配套诱捕器,试验小区外围适当增加诱捕器数量。每周定时记录诱捕器中的昆虫种类和数量,并清除。

5.3 诱芯更换次数

按协议要求进行。一般在害虫越冬代发生前放置试验诱芯,直至作物采收结束,记录诱捕器设置时间。诱芯更换时间按标签说明更换。

5.4 使用剂量

按协议要求或标签注明的使用剂量、使用方法进行试验药剂和对照药剂的施药。应记录对照药剂和试验药剂的使用剂量,通常试验药剂的使用剂量表示为个诱芯/666.67 m²;对照药剂的使用剂量表示为 g a. i. / hm²、mg a. i. / L 或 mg a. i. / kg。

5.5 防治其他病虫草害的药剂要求

试验期间如需使用其他药剂防治试验对象以外的病、虫、草害,应选择对试验药剂和试验对象无影响的药剂,且必须与试验药剂和对照药剂分开使用,并对所有试验小区进行均一处理,使这些药剂的干扰控制在最小程度,记录这类药剂的准确信息(如药剂名称、含量、剂型、生产企业、施用剂量、施用方法、施用时间、防治对象等)。

6 调查

6.1 药效调查

6.1.1 调查方法

6.1.1.1 虫口减退率调查

作物小区内,采取对角线 5 点取样,根据作物不同,分别在取样点调查一定数量的作物上靶标害虫幼虫数量。

6.1.1.2 为害损失调查

6.1.1.2.1 蔬菜作物:被害株数。

6.1.1.2.2 果树作物:折梢率、蛀果率。

6.1.1.2.3 粮食作物:被害率、枯心率、白穗率。

6.1.1.2.4 其他作物:被害株率。

6.1.1.3 诱蛾量调查

选择其中 5 个诱芯（东西南北中），记录诱虫量。

6.1.2 调查时间和次数

试验药剂区分别在靶标害虫每代发生盛期进行虫口数量调查。对照药剂区诱捕器设置前调查基数，诱捕器设置后 3 d、7 d、14 d、28 d 各调查一次。根据试验协议要求和试验药剂特点，可增加调查次数，或延长调查时间。各试验处理区调查时间应一致。

6.2 对其他生物的影响

6.2.1 对其他病虫害的影响

对其他病虫害任何一种影响均应记录，包括有益和无益的影响。

6.2.2 对其他非靶标生物的影响

记录药剂对试验区内野生生物及有益昆虫的影响。

6.3 其他资料

6.3.1 气象资料

试验期间应从试验地或最近的气象站获得降雨（日降雨量以 mm 表示）和温度（日平均温度、最高温度和最低温度，以℃表示）的资料，在特殊情况下需要附加资料。

整个试验期间影响试验结果的恶劣气候因素，如严重或长期的干旱、暴雨、冰雹等均应记录。

6.3.2 土壤资料

土壤类型、肥力、地形、灌溉情况、作物及杂草覆盖情况等资料均应记录。

7 药效计算方法

7.1 虫口减退率防效

按式（1）和式（2）计算。

$$P_m = \frac{M_0 - M_1}{M_0} \times 100 \quad \cdots\cdots\cdots\cdots\cdots\cdots\cdots\cdots\cdots\cdots\cdots \quad (1)$$

式中：

P_m——虫口减退率，单位为百分率（%）；

M_0——空白对照区靶标害虫幼虫数，单位为头；

M_1——试验药剂区靶标害虫幼虫数，单位为头。

$$P = \frac{PT - CK}{100 - CK} \times 100 \quad \cdots\cdots\cdots\cdots\cdots\cdots\cdots\cdots\cdots\cdots\cdots \quad (2)$$

式中：

P——防治效果，单位为百分率（%）；

PT——药剂处理区虫口减退率，单位为百分率（%）；

CK——空白对照区虫口减退率，单位为百分率（%）。

计算结果保留小数点后 2 位。应用对数线性模型（Log-linear test）对数据进行统计分析，特殊情况应用相应的生物统计学方法。

7.2 为害率防效

按式（3）和式（4）计算。

$$Q_n = \frac{N_0 - N_1}{N_0} \times 100 \quad \cdots\cdots\cdots\cdots\cdots\cdots\cdots\cdots\cdots\cdots\cdots \quad (3)$$

式中：

Q_n——为害率，单位为百分率（%）；

N_0——调查总数，单位为个；

N_1——受害数，单位为个。

$$Q = \frac{CK - QT}{CK} \times 100 \quad \cdots\cdots\cdots\cdots\cdots\cdots\cdots\cdots\cdots\cdots\cdots\cdots\cdots\cdots\cdots\cdots \quad (4)$$

式中：

Q ——防治效果，单位为百分率(%)；

CK——对照危害率，单位为百分率(%)；

QT——处理危害率，单位为百分率(%)。

计算结果保留小数点后 2 位。应用对数线性模型(Log-linear test)对数据进行统计分析，特殊情况应用相应的生物统计学方法。

8 结果与报告编写

根据结果对药剂进行分析、评价，写出正式试验报告，列出原始数据。

ICS 65.100
B 17

中华人民共和国农业行业标准

NY/T 3093.2—2017

昆虫化学信息物质产品田间药效试验准则
第2部分：昆虫性迷向素防治农业害虫

Guidelines for field efficacy trials of insect semiochemicals against pests—
Part 2：Mating disruptor against agricultural insects

2017-06-12 发布   2017-10-01 实施

中华人民共和国农业部 发布

前　言

NY/T 3093《昆虫化学信息物质产品田间药效试验准则》拟分为如下部分：

——第1部分：昆虫性信息素诱杀农业害虫；

——第2部分：昆虫性迷向素防治农业害虫；

——第3部分：昆虫性迷向素防治梨小食心虫。

本部分为 NY/T 3093 的第2部分。

本部分按照 GB/T 1.1—2009 给出的规则起草。

本部分由农业部种植业管理司提出并归口。

本部分起草单位：农业部农药检定所、北京市农林科学院植物保护环境保护研究所、浙江大学。

本部分主要起草人：袁善奎、郭晓军、杜永均、杨峻、聂东兴、李姝、王泽华。

昆虫化学信息物质产品田间药效试验准则
第2部分:昆虫性迷向素防治农业害虫

1 范围

本部分规定了昆虫性迷向素防治农业害虫田间药效试验的方法和基本要求。

本部分适用于昆虫性迷向素防治农业害虫的登记用田间药效试验及药效评价。

2 试验条件

2.1 试验对象、作物

试验对象为鳞翅目害虫。记录试验地作物靶标害虫的发生规律。

试验作物为申请登记作物,记录名称、生育期、种植密度等。

2.2 环境条件

试验地应选择有代表性的,靶标害虫发生为害程度中等或偏重的试验场地进行,非靶标病虫害防治措施及试验地的栽培条件(如土壤类型、肥料、耕作、种植密度等)应一致,且符合当地良好农业规范。

3 试验设计和安排

3.1 药剂

3.1.1 试验药剂

试验药剂处理不少于3个处理剂量,或依据协议要求设置。记录药剂通用名(中文、英文)或代号、剂型、含量、生产企业。有效成分含量通常表示为 mg a.i./dispenser。

3.1.2 对照药剂

对照药剂须是已登记注册并在生产中应用证明有效的常规化学杀虫药剂。对照药剂按登记剂量施用,特殊情况可视试验目的而定。

记录对照药剂通用名、剂型、含量、生产企业、登记证号、施用量。

3.2 空白对照

设无药剂处理作为空白对照。

3.3 小区安排

3.3.1 小区排列

试验药剂、对照药剂和空白对照的小区处理单独隔离区域,小区间应保持一定的隔离带,且试验药剂处理区与对照药剂、空白对照小区隔离间距不小于 400 m,优先考虑单独果园。记录小区排列图。特殊情况须加以说明。记录小区面积及小区间隔离行或保护带的宽度。

3.3.2 小区面积和重复

小区面积:试验小区面积不低于 3.33 hm²,可根据情况适当扩大试验小区面积。对照小区面积不低于 333.33 m²,空白小区不低于 66.67 m²。

重复次数:试验小区不设重复。对照小区及空白对照设重复不少于4个。

4 迷向素使用

4.1 使用时间

成虫羽化之前。以性诱测报为标准的数据,即标准性信息素诱芯诱捕到成蛾之前。

4.2 使用方法

试验药剂按协议要求进行处理放置。施药方法应与当地的农业栽培管理措施相适应。对照药剂通常为喷雾施药。记录所用器械类型和操作条件(操作压力、喷头类型及喷孔口径)等资料。施药应保证药量准确,分布均匀。用药量偏差不超过10%。

4.3 更换次数

试验药剂如需补充和更换,按协议要求进行补充,并记录更新补充时间。

4.4 使用剂量

按协议要求或标签注明的使用剂量进行试验药剂和对照药剂的施药。应记录对照药剂和试验药剂的使用剂量,通常试验药剂的使用剂量表示为个挥散芯/666.67 m²;对照药剂的使用剂量表示为 g a.i./hm²、mg a.i./L 或 mg a.i./kg。

4.5 防治其他病虫草害的药剂要求

试验期间如需使用其他药剂防治试验对象以外的病、虫、草害,应选择对试验药剂和试验对象无影响的药剂,且必须与试验药剂和对照药剂分开使用,并对所有试验小区进行均一处理,使这些药剂的干扰控制在最小程度,记录这类药剂的准确信息(如药剂名称、含量、剂型、生产企业、施用剂量、施用方法、施用时间、防治对象等)。

5 调查

5.1 药效调查

5.1.1 调查方法

5.1.1.1 虫口减退率调查

作物小区内,采取对角线5点取样,根据作物不同,分别在取样点调查一定数量的作物上靶标害虫幼虫数量。

5.1.1.2 为害损失调查

5.1.1.2.1 蔬菜作物:被害株数。

5.1.1.2.2 果树作物:折梢率、蛀果率。

5.1.1.2.3 粮食作物:被害率、枯心率、白穗率。

5.1.1.2.4 其他作物:被害株率。

5.1.1.3 为害率调查

试验药剂、对照药剂处理后,根据空白对照区每代为害情况,在幼虫有害期过后,进行作物为害率调查,在每个处理区中心区域,间隔30 m,选择4个点,每个点标记一定数量作物,进行为害率调查。调查点调查作物数量依据不同作物特点制定。

5.1.2 调查时间和次数

虫口减退率调查,试验药剂区分别在靶标害虫每代发生盛期进行虫口数量调查。对照药剂区以性诱测报为前调查基数。

为害率调查,试验药剂区根据空白对照区监测靶标害虫每代成虫发生盛期后内进行调查,对照药剂区施药前调查基数,施药后 3 d、7 d、14 d、28 d 各调查一次。且试验药剂区与对照药剂区调查时间应一致。根据试验协议要求和试验药剂特点,可增加调查次数,或延长调查时间。

5.2 对作物的直接影响(对有载体释放使用方式的可以不做对作物直接影响评价)

观察药剂对作物有无药害,如有药害发生,记录药害的症状、类型和程度。此外,也要记录对作物有益的影响(如加速成熟、增加活力等)。

用下列方式记录药害：

a) 如果药害能被计数或测量，要用绝对数值表示，如梢长。

b) 在其他情况下，可按下列两种方法估计药害的程度和频率：

    1) 按照药害分级方法，记录每小区药害情况，以－、＋、＋＋、＋＋＋、＋＋＋＋表示。

      药害分级方法：

        －:无药害；

        ＋:轻度药害，不影响作物正常生长；

        ＋＋:中度药害，可复原，不会造成作物减产；

        ＋＋＋:重度药害，影响作物正常生长，对作物产量和质量造成一定程度的损失；

        ＋＋＋＋:严重药害，作物生长受阻，作物产量和质量损失严重。

    2) 将药剂处理区与空白对照组相比，评价其药害的百分率。同时，要准确描述作物的药害症状（矮化、褪绿、畸形、落叶、落花、落果等），并提供实物照片或视频录像等资料。

5.3 对其他生物的影响

5.3.1 对其他病虫害的影响

对其他病虫害任何一种影响均应记录，包括有益和无益的影响。

5.3.2 对其他非靶标生物的影响

记录药剂对试验区内野生生物及有益昆虫的影响。

5.4 其他资料

5.4.1 气象资料

试验期间应从试验地或最近的气象站获得降雨（日降雨量以 mm 表示）和温度（日平均温度、最高温度和最低温度，以℃表示）的资料，在特殊情况下需要附加资料。

整个试验期间影响试验结果的恶劣气候因素，如严重或长期的干旱、暴雨、冰雹等均应记录。

5.4.2 土壤资料

土壤类型、肥力、地形、灌溉情况、作物及杂草覆盖情况等资料均应记录。

6 药效计算方法

6.1 虫口减退率防效

按式（1）和式（2）计算。

$$P_m = \frac{M_0 - M_1}{M_0} \times 100 \quad\cdots\cdots\cdots (1)$$

式中：

P_m——虫口减退率，单位为百分率（%）；

M_0——空白对照区靶标害虫幼虫数，单位为头；

M_1——试验药剂区靶标害虫幼虫数，单位为头。

$$P = \frac{PT - CK}{100 - CK} \times 100 \quad\cdots\cdots\cdots (2)$$

式中：

P——防治效果，单位为百分率（%）；

PT——药剂处理区虫口减退率，单位为百分率（%）；

CK——空白对照区虫口减退率，单位为百分率（%）。

计算结果保留小数点后 2 位。应用对数线性模型（Log-linear test）对数据进行统计分析，特殊情况应用相应的生物统计学方法。

6.2 为害率防效

按式(3)和式(4)计算。

$$Q_n = \frac{N_0 - N_1}{N_0} \times 100 \quad\cdots\cdots(3)$$

式中：

Q_n——为害率,单位为百分率(%)；

N_0——调查总数,单位为个；

N_1——受害数,单位为个。

$$Q = \frac{CK - QT}{CK} \times 100 \quad\cdots\cdots(4)$$

式中：

Q ——防治效果,单位为百分率(%)；

CK——对照危害率,单位为百分率(%)；

QT——处理危害率,单位为百分率(%)。

计算结果保留小数点后2位。应用对数线性模型(Log-linear test)对数据进行统计分析,特殊情况应用相应的生物统计学方法。

7 结果与报告编写

根据结果对药剂进行分析、评价,写出正式试验报告,列出原始数据。

ICS 65.100
B 17

中华人民共和国农业行业标准

NY/T 3093.3—2017

昆虫化学信息物质产品田间药效试验准则
第3部分：昆虫性迷向素防治梨小食心虫

Guidelines for field efficacy trials of insect semiochemicals against pests—
Part 3：Mating disruptor against *Grapholithamolesta*

2017-06-12 发布   2017-10-01 实施

中华人民共和国农业部 发布

前　言

NY/T 3093《昆虫化学信息物质产品田间药效试验准则》拟分为如下部分：

——第1部分：昆虫性信息素诱杀农业害虫；

——第2部分：昆虫性迷向素防治农业害虫；

——第3部分：昆虫性迷向素防治梨小食心虫。

本部分为 NY/T 3093 的第3部分。

本部分按照 GB/T 1.1—2009 给出的规则起草。

本部分由农业部种植业管理司提出并归口。

本部分起草单位：农业部农药检定所、北京市农林科学院植物保护环境保护研究所、浙江大学、江苏省农药检定所。

本部分主要起草人：郭晓军、袁善奎、杜永均、沈迎春、杨峻、李姝、钱忠海。

昆虫化学信息物质产品田间药效试验准则
第3部分：昆虫性迷向素防治梨小食心虫

1 范围

本部分规定了昆虫性迷向素防治梨小食心虫（*Grapholitha molesta*）田间药效试验的方法和基本要求。

本部分适用于昆虫性迷向素防治梨小食心虫的登记用田间药效试验及药效评价。

2 试验条件

2.1 试验对象、作物

试验对象为梨小食心虫。记录试验地果树梨小食心虫的发生规律。

试验作物为果树，记录名称、树龄、生育期、种植密度等。

2.2 环境条件

试验地应选择有代表性的，梨小食心虫发生为害程度中等或偏重的果园进行，非靶标病虫害防治措施及试验地的栽培条件（如土壤类型、肥料、耕作、种植密度等）应一致，且符合当地良好农业规范。

3 试验设计和安排

3.1 药剂

3.1.1 试验药剂

试验药剂处理不少于3个处理剂量，或依据协议要求设置。记录药剂通用名（中文、英文）或代号、剂型、含量、生产企业。有效成分含量通常表示为 mg a.i. / dispenser。

3.1.2 对照药剂

对照药剂须是已登记注册并在生产中应用证明有效的常规化学杀虫药剂。对照药剂按登记剂量施用，特殊情况可视试验目的而定。

记录对照药剂通用名、剂型、含量、生产企业、登记证号、施用量。

3.2 空白对照

设无药剂处理作为空白对照。

3.3 小区安排

3.3.1 小区排列

试验药剂、对照药剂和空白对照的小区处理单独隔离区域，小区间应保持一定的隔离带，且试验药剂处理区与对照药剂、空白对照小区隔离间距不小于400 m，优先考虑单独果园。记录小区排列图。特殊情况须加以说明。记录小区面积及小区间隔离行或保护带的宽度。

3.3.2 小区面积和重复

小区面积：小区面积不低于3.33 m²，可根据情况适当扩大试验小区面积。对照小区面积不低于333.33 m²，空白小区面积不低于66.67 m²。

重复次数：试验小区不设重复，对照小区及空白对照设重复不少于4个。

4 迷向素使用

4.1 使用时间

试验药剂按照协议要求或标签说明确定。对照药剂一般在梨小食心虫越冬代羽化盛期或每代高峰期进行处理。

4.2 使用方法

按协议要求或标签说明进行。试验药剂一般悬挂在果树树冠范围内的高度,施药方法应与当地的农业栽培管理措施相适应。对照药剂通常为喷雾施药。

4.3 更换次数

试验药剂如需补充和更换,按药剂使用说明进行补充,并记录更新补充时间。

4.4 使用剂量

按协议要求或标签注明的使用剂量进行试验药剂和对照药剂的施药。应记录对照药剂和试验药剂的使用剂量,通常试验药剂的使用剂量表示为个挥散芯/ 666.67 m²;对照药剂的使用剂量表示为 g a. i. / hm²、mg a. i. / L 或 mg a. i. / kg。

4.5 防治其他病虫草害的药剂要求

试验期间如需使用其他药剂防治试验对象以外的病、虫、草害,应选择对试验药剂和试验对象无影响的药剂,且必须与试验药剂和对照药剂分开使用,并对所有试验小区进行均一处理,使这些药剂的干扰控制在最小程度,记录这类药剂的准确信息(如药剂名称、含量、剂型、生产企业、施用剂量、施用方法、施用时间、防治对象等)。

5 调查

5.1 药效调查

5.1.1 调查方法

5.1.1.1 虫口减退率调查

果树小区内,采取对角线 5 点取样,根据作物不同,分别在取样点调查一定数量的果树上靶标害虫幼虫数量。

5.1.1.2 为害率调查

试验区以中部为中心,间隔 30 m,选择 5 个点,每个点标记 2 株果树作为调查树,每株分东、南、西、北 4 个方位,每个方位随机调查一定数量的梢头或果实,且每棵树调查数不少于 100 个,统计蛀梢数和蛀果数。

5.1.2 调查时间和次数

虫口减退率调查,试验药剂区分别在靶标害虫每代发生盛期进行虫口数量调查。对照药剂区以性诱测报为前调查基数。为害率调查,试验药剂区根据空白对照区监测靶标害虫每代成虫发生盛期内进行调查,对照药剂区施药前调查基数,施药后 3 d、7 d、14 d、28 d 各调查一次。且试验药剂区与对照药剂区调查时间应一致。根据试验协议要求和试验药剂特点,可增加调查次数,或延长调查时间。

5.2 对作物的直接影响(对有载体释放使用方式的可以不做对作物直接影响评价)

观察药剂对作物有无药害,如有药害发生,记录药害的症状、类型和程度。此外,也要记录对作物有益的影响(如加速成熟、增加活力等)。

用下列方式记录药害:

a) 如果药害能被计数或测量,要用绝对数值表示,如梢长。

b) 在其他情况下,可按下列两种方法估计药害的程度和频率:

　1) 按照药害分级方法,记录每小区药害情况,以一、＋、＋＋、＋＋＋、＋＋＋＋表示。

　　药害分级方法:

　　一:无药害;

　　＋:轻度药害,不影响作物正常生长;

++:中度药害,可复原,不会造成作物减产;

+++:重度药害,影响作物正常生长,对作物产量和质量造成一定程度的损失;

++++:严重药害,作物生长受阻,作物产量和质量损失严重。

2) 将药剂处理区与空白对照组相比,评价其药害的百分率。同时,要准确描述作物的药害症状(矮化、褪绿、畸形、落叶、落花、落果等),并提供实物照片或视频录像等资料。

5.3 对其他生物的影响

5.3.1 对其他病虫害的影响

对其他病虫害任何一种影响均应记录,包括有益和无益的影响。

5.3.2 对其他非靶标生物的影响

记录药剂对试验区内野生生物及有益昆虫的影响。

5.4 其他资料

5.4.1 气象资料

试验期间应从试验地或最近的气象站获得降雨(日降雨量以 mm 表示)和温度(日平均温度、最高温度和最低温度,以℃表示)的资料,在特殊情况下需要附加资料。

整个试验期间影响试验结果的恶劣气候因素,如严重或长期的干旱、暴雨、冰雹等均应记录。

5.4.2 土壤资料

土壤类型、肥力、地形、灌溉情况、作物及杂草覆盖情况等资料均应记录。

6 药效计算方法

6.1 虫口减退率防效

按式(1)和式(2)计算。

$$P_m = \frac{M_0 - M_1}{M_0} \times 100 \quad\cdots\cdots\cdots\cdots\cdots\cdots\cdots\cdots\cdots\cdots\cdots\cdots \quad (1)$$

式中:

P_m ——虫口减退率,单位为百分率(%);

M_0 ——空白对照区靶标害虫幼虫数,单位为头;

M_1 ——试验药剂区靶标害虫幼虫数,单位为头。

$$P = \frac{PT - CK}{100 - CK} \times 100 \quad\cdots\cdots\cdots\cdots\cdots\cdots\cdots\cdots\cdots\cdots\cdots\cdots \quad (2)$$

式中:

P ——防治效果,单位为百分率(%);

PT ——药剂处理区虫口减退率,单位为百分率(%);

CK ——空白对照区虫口减退率,单位为百分率(%)。

计算结果保留小数点后 2 位。应用对数线性模型(Log-linear test)对数据进行统计分析,特殊情况应用相应的生物统计学方法。

6.2 为害率防效

按式(3)和式(4)计算。

$$Q_n = \frac{N_0 - N_1}{N_0} \times 100 \quad\cdots\cdots\cdots\cdots\cdots\cdots\cdots\cdots\cdots\cdots\cdots\cdots \quad (3)$$

式中:

Q_n ——为害率,单位为百分率(%);

N_0 ——调查总数,单位为个;

N_1 ——受害数,单位为个。

$$Q = \frac{CK - QT}{CK} \times 100 \quad \cdots\cdots\cdots\cdots\cdots\cdots\cdots\cdots\cdots\cdots\cdots\cdots \quad (4)$$

式中：

Q ——防治效果，单位为百分率(%)；

CK ——对照危害率，单位为百分率(%)；

QT ——处理危害率，单位为百分率(%)。

计算结果保留小数点后 2 位。应用对数线性模型(Log-linear test)对数据进行统计分析,特殊情况应用相应的生物统计学方法。

7 结果与报告编写

根据结果对药剂进行分析、评价,写出正式试验报告,列出原始数据。

ICS 65.020
B 17

中华人民共和国农业行业标准

NY/T 3094—2017

植物源性农产品中农药残留储藏
稳定性试验准则

Guideline for the stability testing of pesticide residues
in stored commodities of plant origin

2017-06-12 发布   2017-10-01 实施

中华人民共和国农业部 发布

前　言

本标准按照 GB/T 1.1—2009 给出的规则起草。

本标准由农业部种植业管理司提出并归口。

本标准负责起草单位：农业部农药检定所。

本标准主要起草人：李富根、龚勇、简秋、朱光艳、郑尊涛、穆兰、秦冬梅、叶贵标、徐军、刘新刚、廖先骏、杨志富。

植物源性农产品中农药残留储藏稳定性试验准则

1 范围

本标准规定了植物源性农产品中农药残留储藏稳定性试验的基本原则、方法和技术要求。

本标准适用于农药登记中的农药残留储藏稳定性试验。

2 规范性引用文件

下列文件对本文件的应用是必不可少的。凡是注日期的引用文件，仅注日期的版本适用于本文件。凡是不注日期的引用文件，其最新版本（包括所有的修改单）适用于本文件。

NY/T 788 农药残留试验准则

NY/T 3095 加工农产品中农药残留试验准则

NY/T 3096 农作物中农药代谢试验准则

3 术语和定义

NY/T 788 界定的以及下列术语和定义适用于本文件。

3.1

代表性农产品 representative commodity

根据作物分组确定的典型农产品（见附录 A）。

3.2

定量限 limit of quantification(LOQ)

用添加方法能检测出待测物在样品中的最低含量（以 mg/kg 表示）。

4 基本要求

4.1 试验背景资料

试验农药的有效成分及其剂型的理化性质，登记作物、防治对象、使用剂量、使用时期和次数、推荐的安全间隔期，残留分析方法、已有的农药残留资料等，并记录农药通用名称（中文、英文）、注意事项以及生产厂家（公司）等。

4.2 试验设计原则

4.2.1 试验样品在 30 d 内完成检测，可不进行储藏稳定性试验。

4.2.2 储藏稳定性试验应有足够的样品量且样品中农药残留物浓度足够高，至少应达到 10 倍定量限（LOQ）。

4.2.3 储藏稳定性试验的样品可来自于农药残留田间试验的农产品，或者采用空白添加已知量农药及其代谢物的农产品。样品应在 24 h 内储藏。

4.2.4 样品提取物不能在 24 h 内检测的，应有储藏稳定性数据。

4.2.5 储藏稳定性试验应在开展农药残留分析前进行。

5 试验程序

5.1 样品要求

5.1.1 储藏稳定性试验样品的状态应与残留试验样品储藏状态一致，可以是匀浆、粗切、样品提取物或整个样品。应根据农药的理化性质合理选择储藏样品状态。

5.1.2　储藏稳定性试验每次测定的样品至少包括空白样品 1 个、质控样品 2 个、储藏试验样品 2 个。

注：质控样品是指检测时空白品添加目标化合物的样品。

5.1.3　同类作物可使用代表性作物进行储藏稳定性试验，代表性作物见附录 A。

5.1.4　不同类别作物的试验依照下列规定进行：

    a)　高含水量作物：选择 3 种不同作物进行储藏稳定性试验，若符合储藏稳定性要求，同类其他作物可不再做要求。

    b)　高含油量作物：选择 2 种不同作物进行储藏稳定性试验，若符合储藏稳定性要求，同类其他作物可不再做要求。

    c)　高蛋白含量作物：选择干豆/豆类代表性作物进行储藏稳定性试验，若符合储藏稳定性要求，同类其他作物可不再做要求。

    d)　高淀粉含量作物：选择 2 种不同作物进行储藏稳定性试验，若符合储藏稳定性要求，同类其他作物可不再做要求。

    e)　高酸含量作物：选择 2 种不同作物进行储藏稳定性试验，若符合储藏稳定性要求，同类其他作物可不再做要求。

5.1.5　如果农药残留在 5 类作物中都没有显著的下降，则其他农产品均不需要进行储藏稳定性试验。试验结果表明不稳定的，则应进行申请登记农产品的储藏稳定性试验，并在储藏稳定期内完成残留试验样品检测。

5.2　储藏条件

5.2.1　储藏环境

储藏温度应不高于−18℃，避光保存。

5.2.2　储藏容器

储藏稳定性试验中储藏样品的容器应尽可能与规范残留试验中使用的样品容器一致。

5.2.3　储藏记录

应持续监测和记录储藏温度、储藏时间、储藏设备运行情况等。

5.3　取样间隔

5.3.1　样品中农药稳定性不确定或不稳定的，取样间隔可选取 0 d、2 周、4 周、8 周和 16 周。

5.3.2　样品中农药稳定的，取样间隔可选取 0 d、1 个月、3 个月、6 个月和 12 个月。

5.3.3　样品储藏时间超过 1 年的，取样间隔为 6 个月。

5.4　添加水平

5.4.1　样品中农药的添加水平至少应达到 10 倍的各组分分析方法的定量限。

5.4.2　目标化合物为多组分时，应进行独立试验。

6　分析方法

应符合 NY/T 788 的要求。

7　结果分析与报告

7.1　结果分析

7.1.1　回收率

质控样品的回收率应符合 NY/T 788 的要求，表明检测的误差在可接受范围；而储藏稳定性样本的检测结果与样品的添加浓度相比很低，则说明储藏期间发生了显著降解；如果质控样品的检测结果和储藏样品的检测结果均较低,则不能表明发生了显著降解。

7.1.2 降解率

降解率按式(1)计算。

$$D = \frac{C_0 - C_t}{C_0} \times 100 \quad \cdots\cdots\cdots\cdots\cdots\cdots\cdots\cdots\cdots\cdots\cdots\cdots\cdots\cdots\cdots \quad (1)$$

式中:

D——降解率,单位为百分率(%);

C_0——样品的初始浓度,单位为毫克每千克(mg/kg);

C_t——样品的检测浓度,单位为毫克每千克(mg/kg)。

在储藏试验期间,降解率小于30%,表明储藏稳定;大于30%,则说明在此期间不稳定。

7.2 报告

7.2.1 检测结果

检测结果应以表格的形式给出,应包含样品名称、样品浓度、试验储藏期、检测结果、回收率、质控样结果等,参见附录B。

7.2.2 报告要求

试验报告内容参见附录C。

附　录　A

（规范性附录）

用于农药残留储藏稳定性试验的作物分类

用于农药残留储藏稳定性试验的作物分类见表 A.1。

表 A.1　用于农药残留储藏稳定性试验的作物分类

作物种类	包含作物	代表性作物
高含水量	仁果 核果 鳞茎蔬菜 果类蔬菜/葫芦 芸薹类蔬菜 叶菜和新鲜香草 茎秆类蔬菜 草料/饲料作物 新鲜豆类蔬菜 块茎类蔬菜 热带亚热带水果 甘蔗 茶鲜叶 菌类	苹果、梨 杏、枣、樱桃、桃子 鳞茎洋葱 番茄、辣椒、黄瓜 花椰菜、十字花科蔬菜、甘蓝 生菜、菠菜 韭菜、芹菜、芦笋 小麦和大麦草料、紫花苜蓿 食荚豌豆、青豌豆、蚕豆、菜豆 甜菜 香蕉、荔枝、龙眼、芒果
高含油量	树生坚果 含油种子 橄榄 鳄梨 啤酒花 可可豆 咖啡豆 香料	胡桃、榛子、栗子 油菜、向日葵、棉花、大豆、花生
高蛋白含量	干豆类蔬菜/豆类	野生豆、干蚕豆、干扁豆（黄色，白色/藏青色，棕色，有斑的）
高淀粉含量	谷类 根叶和块茎蔬菜的根 淀粉块根农作物	水稻、小麦、玉米、大麦和燕麦 甜菜、胡萝卜 马铃薯、甘薯
高酸含量	柑橘类水果 浆果 葡萄干 奇异果 凤梨 大黄	柑橘、柠檬、橘、橙 葡萄、草莓、蓝莓、覆盆子 葡萄干
注:表中所列的农产品并不是完整的农产品分类,还可能有其他农产品未包含在内。			

附 录 B

（资料性附录）

某药在某基质中储藏稳定性数据结果

某药在某基质中储藏稳定性数据结果见表 B.1。

表 B.1 某药在某基质中储藏稳定性数据结果

农产品名称	储藏期 d	储藏试验样品					质控样品						储藏稳定期 d
		残留量 mg/kg		降解率 %			添加浓度 mg/kg	回收率 %				
		1	2	1	2	平均		1	2	3	平均	
××												
注：如储藏稳定时期为查询结果，则应予以说明。												

附 录 C

（资料性附录）

农药残留储藏稳定性试验报告要求

C.1 材料

C.1.1 供试物质

C.1.1.1 应对农药及其代谢物的化学名称、通用名称、CAS号、纯度等进行描述。

C.1.1.2 如果使用农药残留田间试验样品,应在储藏稳定试验起始时间确定所有残留组分的含量。

C.1.2 试验样品

C.1.2.1 作物名称、品种、类型等。

C.1.2.2 状态描述,如成熟或未成熟、青或熟、鲜或干、产品的大小。

C.1.2.3 储藏稳定性试验前农产品从采样到储藏的过程及时间描述。

C.1.2.4 试验样品来源描述、试验编号、对照样品信息等。

C.2 试验方法

C.2.1 试验设计

包括样品中目标化合物的起始浓度、目标化合物数量、取样间隔、样品的重复数。

C.2.2 试验步骤

C.2.2.1 样品制备:目标化合物添加过程的详细描述,包括样品状态、目标化合物添加的浓度及日期、样品量等。

C.2.2.2 储藏条件:温度、容器、储藏状态、储藏时间等。

C.2.2.3 取样:按照设计的取样间隔进行,并记录每次取样的时间及方法。

C.2.2.4 检测方法应符合 NY/T 788 的要求。

C.3 结果与讨论

C.3.1 试验结果与计算

包括原始数据、标准曲线、回收率添加步骤、计算公式、回收率(%)、样品中的残留量(mg/kg)、农药降解率(%)、冷冻储藏稳定性试验的时间(d)等。

C.3.2 其他

与检测结果有关的其他信息。

C.4 结论

得出农产品中目标化合物的不同储藏期的稳定性。

C.5 声明

试验负责人应提供真实性及质量保证声明,包括签名,姓名,职称,单位名称,地址,电话号码和日期。

C.6 表/图

C.6.1 储藏稳定性试验的数据结果表参见表 B.1。

C.6.2 相关的图表、数据、流程图等。

C.7 附件

C.7.1 代表性色谱图。

C.7.2 检测方法和其他引用方法研究资料等。

ICS 65.020
B 17

中华人民共和国农业行业标准

NY/T 3095—2017

加工农产品中农药残留试验准则

Guideline for the testing of pesticide residues in processed agricultural
commodities

2017-06-12 发布   2017-10-01 实施

中华人民共和国农业部 发布

前　言

本标准按照 GB/T 1.1—2009 给出的规则起草。

本标准由农业部种植业管理司提出并归口。

本标准起草单位：农业部农药检定所。

本标准主要起草人：简秋、朱光艳、李富根、龚勇、秦冬梅、郑尊涛、穆兰、单炜力、董丰收、焦必宁、周力、张志勇、付启明。

加工农产品中农药残留试验准则

1 范围

本标准规定了加工农产品中农药残留试验的方法和技术要求。

本标准适用于农药登记中的加工农产品农药残留试验。

2 规范性引用文件

下列文件对于本文件的应用是必不可少的。凡是注日期的引用文件,仅注日期的版本适用于本文件。凡是不注日期的引用文件,其最新版本(包括所有的修改单)适用于本文件。

NY/T 788 农药残留试验准则

NY/T 3094 植物源性农产品中农药残留储藏稳定性试验准则

3 术语和定义

NY/T 788 界定的以及下列术语和定义适用于本文件。

3.1

加工农产品中农药残留试验 testing of pesticide residues in processed agricultural commodities

为明确农产品加工过程中农药残留量的变化和分布,获取加工因子而进行的试验,包括田间和加工试验。

3.2

初级农产品 raw agricultural commodities(RAC)

来源于种植业、未经加工的农产品。

3.3

加工农产品 processed agricultural commodities(PAC)

以种植业产品为主要原料的加工制品。

3.4

加工因子 processing factor(Pf)

加工农产品中的农药残留量与初级农产品中农药残留量之比。

4 基本要求

试验的背景资料,应包括试验农药的有效成分及其剂型的理化性质,登记作物、防治对象、使用剂量、使用时期和次数、推荐的安全间隔期,残留分析方法以及已有的代谢、残留资料、加工过程及操作规则等,并记录农药通用名称(中文、英文)、注意事项以及生产厂家(公司)等。

5 加工试验

5.1 试验类型

5.1.1 有明确定义、典型的加工方式,应模拟其加工过程进行试验。

5.1.2 对于不同的加工模式,优先选择规模大、商业化的加工方式进行试验。

5.2 试验外推

5.2.1 加工农产品根据加工工艺进行分类,经过相同或相似加工过程的产品,其试验结果可用于采用类似工艺的其他产品,如柑橘加工成柑橘汁和柑橘渣的结果可外推到其他柑橘类水果的加工。

5.2.2 外推范围应符合附录 A 的要求。

5.3 加工技术

试验中所使用的技术应尽可能与实际加工技术一致,规模化生产的加工农产品(如麦片、蜜饯、果汁、糖、油)应使用具有代表性的生产技术。如加工过程主要在家庭(如烹煮的蔬菜),应使用家庭通常使用的设备和加工技术。不同规模化、商业化加工工艺的差异应有明确体现并具体说明。

6 田间试验设计

6.1 参照农药登记规范残留试验提供的良好农业规范,选取最高施药剂量、最多施药次数和最短安全间隔期,进行田间试验设计。

6.2 应确保进行加工试验样品中农药残留量大于定量限(LOQ),至少为 0.1 mg/kg 或 LOQ 的 10 倍。在不发生药害的前提下,作物上施用农药的浓度可高于推荐的最高施药剂量,最大可增至 5 倍。

6.3 试验点数选择:应在作物不同的主产区设两个以上独立的田间试验。

6.4 试验小区面积应满足加工工艺所需要的加工产品数量要求。

7 采样

7.1 田间样品的采集

7.1.1 田间样品采样应根据加工的需要一次采集足够的数量。

7.1.2 加工前可参照 GB/T 8855 的规定对采集的田间样品进行取样,并检测残留量,如不能在 24 h 内检测,应在不高于 −18℃ 条件下保存。

7.2 加工样品的采集

7.2.1 加工过程中,根据获得的不同加工产品,每种产品至少采集 3 个平行样品,采集量应满足检测的要求。

7.2.2 加工过程中采集的待分析样品,应立即进行分析或在 24 h 内不高于 −18℃ 条件下保存。

8 样品分析

应符合 NY/T 788 的要求。

9 加工因子

加工因子按式(1)计算。

$$Pf = \frac{R_P}{R_R} \quad\cdots\cdots\cdots\cdots\cdots\cdots\cdots\cdots\cdots\cdots\cdots\cdots\cdots\cdots\cdots\cdots\cdots\cdots\cdots\cdots (1)$$

式中:

Pf——加工因子;

R_P——加工后农产品中农药残留量,单位为毫克每千克(mg/kg);

R_R——加工前农产品中农药残留量,单位为毫克每千克(mg/kg)。

当加工因子大于 1 时,表明在加工过程中,农产品中的农药残留量增加;反之,农产品中的农药残留量降低。

10 储藏稳定性数据

应符合 NY/T 3094 的要求。

11 试验报告

试验报告的内容参见附录 B。

附　录　A
（规范性附录）
加工农产品外推表

加工农产品外推表见表 A.1。

表 A.1　加工农产品外推表

产品	描　述	代表作物/初级农产品	外　推	工艺规模
果汁	也包括用于动物饲料的果渣及干果肉（副产品）	柑橘 苹果 葡萄	柑橘→柑橘类（果汁、饲料），热带水果（仅果汁） 苹果→梨果、核果（果汁、饲料） 葡萄→小型浆果（果汁、饲料）	作坊/规模化
酒精饮料	发酵 制麦芽 酿造 蒸馏	葡萄（葡萄酒） 大米 大麦 啤酒花 其他谷物 （小麦、玉米、黑麦） 甘蔗	葡萄[a]→所有可以加工为果酒的RAC，大米除外 大米（啤酒、酒）→无外推作物 大麦[b]→所有用于加工啤酒的RAC，大米及啤酒花除外 大麦→所有用于加工威士忌酒的RAC	作坊/规模化
蔬菜汁	包括制备浓缩汁，如番茄酱及糊	番茄 胡萝卜	番茄→所有的蔬菜	作坊/规模化
制油	压榨或提取 包括用于动物饲料的餐饼或压滤饼	油菜籽 橄榄 玉米	1. 溶剂提取（粉碎） 橄榄　无外推 棉籽↔大豆→油菜籽→其他油料种子 2. 冷压榨 橄榄　无外推 棉籽↔大豆→油菜籽→其他油料种子 3. 粉碎（干或湿） 玉米　无外推	规模化
磨粉	包括用于动物饲料的糠和麸，及其他用于饲料的谷物粉碎物	小麦 大米 玉米	小麦→除大米外的所有小谷物（燕麦、大麦、黑小麦、黑麦、青稞） 大米→野生稻 玉米（玉米、干粉）→高粱	规模化
青贮饲料	重要的动物饲料	甜菜 牧草/紫花苜蓿	甜菜→根和块茎 牧草/紫花苜蓿→所有青贮饲料	规模化
制糖	糖浆和甘蔗渣（用于动物饲料）是制糖过程中唯一可能产生残留浓缩的产品。其他的加工产品如蔗糖，也应进行评估	甜菜 甘蔗 甜高粱 玉米	甘蔗↔甜菜（仅用于精制糖） 玉米→大米、木薯	规模化
浸泡液或提取液	浸泡液，包括绿茶和红茶。烘焙和提取（包括速溶咖啡）	茶 可可 咖啡	无外推	作坊/规模化

表 A.1（续）

产品	描　述	代表作物/初级农产品	外　推	工艺规模
罐装水果		罐装的： 苹果/梨 樱桃/桃子 菠萝	任何罐装的有皮水果→所有罐装水果	作坊/规模化
其他水果产品制备	包括果酱、果冻、调味汁/浓汤 c	仁果类水果 核果类 葡萄 柑橘类	任何一种水果→其他主要水果	作坊/规模化
在水中烹饪蔬菜、谷物（包括在蒸汽中）		胡萝卜 豆类/豌豆（干） 豆类/豌豆（含水） 马铃薯 菠菜 大米（糙米或精米） 食用菌	菠菜→叶类蔬菜,芸薹类蔬菜（小于 20 min） 马铃薯→根茎类蔬菜,新鲜豆类蔬菜（大于 20 min） 大米→所有谷物	作坊
罐装蔬菜		豆类（青豆或干豆） 玉米（甜） 豌豆 马铃薯 菠菜 甜菜 番茄 豌豆或豆类	豆、玉米、豌豆或菠菜→其他蔬菜 马铃薯→甘薯	作坊/规模化
其他蔬菜	油炸 微波 烘焙	马铃薯	马铃薯→所有蔬菜（微波方式） 马铃薯→所有蔬菜（油炸或烘焙方式）	作坊/规模化
脱水	除去水分	水果 蔬菜、马铃薯、青草	无外推	规模化
大豆、大米和其他（酒精饮料除外）	发酵	大豆、大米 水果、蔬菜	无外推	规模化
腌菜	通过使用盐溶液厌氧发酵保存食物的方法	黄瓜 甘蓝	黄瓜→所有蔬菜	作坊/规模化
a　红葡萄酒及白葡萄酒中均有必要进行加工试验。				
b　作为一种多组分多步骤的加工产品,尽管啤酒不属于初级加工产品,但是由于它本身的重要性将其归为第一类加工类型。				
c　果酱、果冻的加工程序并非初级加工程序,所以可以不进行加工试验。因为加工过程中加入较大量的糖(30%～60%含糖量),替代加工研究的计算的加工因子均应在 50%果汁量的基础上进行计算,或者在糖添加的加工过程中将加工因子设为 0.5（水果 RAC 中的残留量×0.5＝果酱中残留量）。				

附　录　B

（资料性附录）

加工农产品中农药残留试验报告要求

B.1　测试物信息

化学名称、通用名称（中文、英文）、公司名称、CAS号、结构式、分子式、相对分子质量等。

B.2　试验目的

详细说明试验目的，包括整个试验过程要解决的问题。

B.3　试验地点

B.3.1　试验单位、试验地点、位置信息，包括面积、排灌及方位图。

B.3.2　选择家庭或工业加工方式的理由。

B.3.3　选择作物或加工农产品种类的理由。

B.4　田间试验

B.4.1　农产品分类及名称。

B.4.2　良好农业规范信息：剂量、次数、采收间隔期、试验开始及结束时间等。

B.4.3　样品采集数量。

B.4.4　加工前样品的制备、储藏条件（包括运输条件）、储藏时间。

B.5　加工过程

B.5.1　详细说明加工过程，并以流程图表示，流程图中应标出采样点。

B.5.2　加工设备描述。

B.5.3　说明加工过程的取样点、样品状态及取样量。

B.6　分析方法

B.6.1　方法描述，包括方法验证（添加回收率及方法检测限）、样品制备和处理的全过程，残留物及相关的代谢物等。

B.6.2　样品添加、提取、测试等，如果未在制备当日分析应说明储藏条件。

B.6.3　提供空白样品、添加样品、样品的原始数据。

B.6.4　所用仪器及操作条件、试剂、提取、净化等。

B.7　结果与讨论

B.7.1　以文字及表格描述不同加工阶段的残留检测步骤。

B.7.2　列出每个样品的残留量，不应仅列出平均值或范围。如残留量高于LOQ，应讨论有效成分和代谢及降解产物的残留显著性与分布情况。

B.7.3 提交样品采集、冷冻、提取、检测的日期、样品储藏时间及温度。

B.7.4 加工因子描述及计算实例。

B.7.5 对试验计划的偏离及对结果影响的评价。

B.8 结论

得出加工过程中对农药残留的影响,加工农产品中农药残留的加工因子。

B.9 表格

B.9.1 田间试验设计表。

B.9.2 添加回收率表。

B.9.3 加工过程不同阶段的产品中母体及其代谢物的分布及含量表。

B.10 图

B.10.1 加工程序流程图。

B.10.2 方法回收率样品图谱。

B.10.3 不同加工阶段样品检测图谱。

B.11 参考文献

列出与加工试验相关的主要资料。

———————

ICS 65.020
B 17

中华人民共和国农业行业标准

NY/T 3096—2017

农作物中农药代谢试验准则

Guideline for the testing of pesticide metabolism in crops

2017-06-12 发布

2017-10-01 实施

中华人民共和国农业部 发布

前　言

本标准按照 GB/T 1.1—2009 给出的规则起草。

本标准由农业部种植业管理司提出并归口。

本标准起草单位：农业部农药检定所。

本标准主要起草人：简秋、郑尊涛、李富根、穆兰、朱光艳、叶庆富、龚勇、秦冬梅、叶贵标、赵金浩、廖先骏、王璞。

农作物中农药代谢试验准则

1 范围

本标准规定了农作物中农药代谢试验的基本原则、方法和要求。

本标准适用于农药登记中的农药代谢试验。

2 规范性引用文件

下列文件对于本文件的应用是必不可少的。凡是注日期的引用文件,仅注日期的版本适用于本文件。凡是不注日期的引用文件,其最新版本(包括所有的修改单)适用于本文件。

GB 11930 操作非密封源的辐射防护规定

GB 12711 低、中水平放射性固体废物包装安全标准

GB 14500 放射性废物管理规定

NY/T 788 农药残留试验准则

国务院令第562号 放射性物品运输安全管理条例

3 术语和定义

NY/T 788 界定的以及下列术语和定义适用于本文件。

3.1

农药代谢 pesticide metabolism

农药直接或间接施于作物后,活性成分在作物中的吸收、分布、转化,鉴定其在作物中的代谢和(或)降解产物,并明确代谢和(或)降解途径。

3.2

同位素标记农药 isotopic labeled pesticide

利用放射性和(或)稳定性同位素对农药分子进行同位素标记的农药。

3.3

放射化学纯度 radiochemical purity

放射性标记化合物中以某种特定的化学形态存在的放射性核素的活度占总放射性核素活度的百分比。

3.4

总放射性残留量 total radioactive residue(TRR)

残留中源于标记农药的母体及其代谢和(或)降解产物的总放射性量,包括可提取残留量和结合残留量。

3.5

同位素示踪试验规范 laboratory practice of isotopic tracing

在具有国家或省级以上"辐射安全许可证"资质(丙级以上非密封性放射性同位素实验许可资质)实验室中,以同位素标记化合物为示踪剂,按照 GB 11930 操作试验,获取推荐使用的农药在作物中的代谢和(或)降解产物信息及途径,以及推荐农药母体及其代谢和(或)降解产物在作物中的消减动态规律。

3.6

可提取残留 extractable residue(ER)

能够用常规提取方法得到的农药残留,即通常意义上的农药残留,包括母体及其衍生物。

3.7

结合残留 bound residue(BR)

在不显著改变残留物化学性质条件下,不能用常规提取方法提取的包括母体及其衍生物农药残留,即不可提取残留。

4 基本要求

4.1 试验单位

4.1.1 具有丙级以上非密封性放射性实验室资质。

4.1.2 遵循同位素示踪实验操作规程进行代谢试验。

4.1.3 具有满足代谢物分析技术要求的仪器、设备和环境设施。

4.2 试验人员

4.2.1 具有放射性工作人员许可证、个人剂量季度监测报告、职业病检测报告。

4.2.2 具备进行农药代谢试验的专业知识和经验。

4.2.3 掌握农药代谢试验的相关规定和技能。

4.3 试验背景资料

试验农药的有效成分及其剂型的理化性质、制备方法,登记作物、防治对象、使用剂量、使用适期和次数、推荐的安全间隔期,以及已有的毒理、残留和环境资料等,并记录农药通用名称(中文、英文)、注意事项以及生产厂家(公司)等。

5 试验方法

5.1 农药的同位素标记

根据农药化合物的元素组成和分子结构,选择射线类型、能量和半衰期合适的核素与稳定的标记位置以及适宜的比活度。对于一些结构复杂的农药化合物,应选择多位置标记和(或)双(多)核素标记,或者根据不同试验要求选择不同标记方式,以确保提高试验结果的质量。农药标记化合物的化学纯度和放射化学纯度要求达到95%以上。

5.2 供试作物

作物分为5类:根茎类、叶类、果实类、种子与油料类、谷类作物(见附录A),对不属于该5类的作物,建议向农药登记管理部门咨询。为了推断一种农药在所有作物种类中的代谢,至少选择3类作物进行代谢试验,每类应至少选1种作物。如果试验结果显示代谢途径相似,则不需要进行另外的试验;如果结果显示代谢途径不同,应选择另外2类作物进行进一步的试验。在使用剂量和方法近似的情况下,每类中1种作物上的代谢数据可适用于同类其他作物。代谢试验供试作物应包含登记作物。

5.3 作物栽培

用于代谢研究的作物可以种植在辐射防护设施完备的温室或者人工气候室内。试验时根据不同作物的生理生长特性,按照常规栽培方法对其进行培养,培养期间记录环境条件(如温度、湿度、光照等)和栽培措施。根据作物生长特性,选择适宜供试作物生长且未施用供试农药的土壤。

5.4 施药方式

5.4.1 施药剂量

一般采用推荐的良好农业规范中最大施药剂量;如果推荐的良好农业规范中施药次数超过3次,则代谢试验的施药次数可为3次或为推荐施药总次数的1/3,取较大值。对于某些在作物中残留量特别低的农药,可以适当增大施药剂量,以便鉴定各种代谢物。施药时间、方式应与供试农药推荐的施药方式一致。

5.4.2 标记农药茎叶引入法

5.4.2.1 涂抹法：根据拟登记产品剂型选择适当助剂，将农药标记化合物配制成适当浓度的溶液。蘸取一定量在叶面或叶背反复涂抹，并通过测定实际引入作物的总放射性活度确定引入量。处理叶的叶龄要求基本一致。涂抹时防止叶面损伤和交叉污染。

5.4.2.2 喷雾法：用微型喷雾器将示踪剂溶液均匀地喷洒在叶片表面，并通过测定实际引入作物的总放射性活度确定引入量。喷洒需在气密性装置中进行，以保证实验人员安全，防止交叉污染。

5.4.3 标记农药基质引入法

5.4.3.1 毒土法试验时，将农药标记化合物用助剂配制成适当浓度的溶液，在播种前均匀混入土壤，或在播种后通过浇灌施入土壤。

5.4.3.2 沙培和水培试验时，将农药标记化合物用助剂配制成适当浓度的溶液，把标记农药在预定的时间（或作物生育期）加入培养液中。

5.4.4 标记农药种子引入法

将农药标记化合物用助剂配制成适当浓度的溶液，按照推荐施药方式进行种子处理。

5.5 采样间隔和次数

施药后定期采样，采样次数可根据作物实际情况而定，应满足代谢物动态分析要求，采样时间点应包括推荐的采收间隔期。作物首次采样应于施药后药液基本风干时进行，以确定标记农药的原始沉积量。毒土法试验时应同时采集作物与土壤样品。

6 样品的采集、运输及储藏

6.1 样品采集

6.1.1 作物样本的采集。作物样本的采集时间和采集方式由其农艺和经济食用方式确定。对那些在未成熟期就被食用的作物，应采集相关的植株样本进行分析。采集后植株通常根据作物生理性状分为根、茎、叶、果实（果肉和果皮）、种子。

6.1.2 样品采集过程中应避免交叉污染。在采集叶片施药作物样品时，可用滤纸或套袋将施药叶片与其他非施药叶片隔离；在采集根部施药作物样品时，可采用滤纸将地上部与施药的土壤或营养液等介质隔离，防止污染地上部。每份样品要存放在独立的容器中，采样从空白对照开始。

6.1.3 样品采集过程中应注意以下事项：
   a) 在样品的采集、包装和制备过程中避免样品表面残留农药的损失；
   b) 在样品的采集、包装和制备过程中，必须采取措施以杜绝放射性物质污染空白对照、土壤、水等。

6.2 样品的运输及储藏

6.2.1 采集的样品应采用不含分析干扰物质和不易破损的容器包装；每一个样品应做好标识，并赋予唯一编号，且于24 h以内冷冻保存；同时，记录样品名称、采样时间、地点及注意事项等相关信息。

6.2.2 样品应在不高于−18℃条件下储存，冷冻前不得将样品匀浆。解冻后应立即测定。有些农药在储存时可能会发生降解，需要在相同条件下开展添加回收率试验进行验证。对于果皮和果肉分别检测的样品，应该在冷冻前将其分离，分别包装。

7 可提取残留分析

7.1 样品提取

7.1.1 根据待测农药的性质、作物样品类型和实验室条件选择适当的提取方法。

7.1.2 在提取的过程中,要求测量每一提取步骤的放射性,计算提取效率,确定最佳提取方案。

7.2 样品净化

根据样品与干扰物物理、化学性质的不同,选择适当的方法进行净化。在净化过程中,根据萃取各相或流出液的放射性检测来取舍目标物和杂质,避免放射性目标物丢失,确保放射性物质的回收率。

7.3 代谢和(或)降解产物的分离与鉴定

7.3.1 代谢和(或)降解产物的分离

通常采用薄层色谱法(TLC)、高效液相色谱—液体闪烁测量仪(HPLC‐LSC)、高效液相色谱—流动液体闪烁仪(HPLC‐FSA)联机技术分离净化样品中各组分,并根据流出组分的放射性特征峰来取舍目标代谢物和杂质。色谱分离条件应以能将放射性目标物与杂质达到有效分离为宜。

7.3.2 代谢和(或)降解产物的鉴定

将分离得到的放射性目标物进行色谱—质谱联用分析,宜采用高分辨质谱。鉴定目标物时,对比质谱总离子流(TIC)和液相色谱峰各目标物的保留时间,并根据目标物的二级质谱断裂行为推断放射性目标物的分子结构。在做结构鉴定时,应收集同位素质谱特征信息。

7.4 放射性代谢和(或)降解产物的确证

7.4.1 采用共色谱法对鉴定结果进行确证实验。确证结构的典型方法包括:

    a) 通过在不同色谱体系下,主要代谢物与已知标样进行共色谱法对比,比对色谱图中目标物的保留时间、峰型和响应值与标准品是否一致;

    b) 使用如质谱(MS)或串联质谱(MS/MS)等可以确定其结构的技术,将代谢和(或)降解产物的二级质谱特征和碎裂行为与已知标样的进行比对。

7.4.2 当代谢物浓度<0.01 mg/kg,且在残留物总量中占的比例低于 TRR 的 10％时,不需要进行进一步的确证;当代谢物浓度为 0.01 mg/kg～0.05 mg/kg,且在残留物总量中占的比例低于 TRR 的 10％时,若代谢物结构已知或已有标准物质,则进行共色谱法分析,进一步确证。

7.4.3 通常不需要进行代谢物的立体化学结构鉴定。对拟列入残留物定义中含有毒理学关注的手性代谢物,在规范残留试验中应标明其异构体比例。

7.4.4 采用推荐最高施药剂量的同位素标记法开展农作物中农药代谢试验应符合表1的要求。

表 1 农作物中可提取残留物性质与代谢物结构鉴定要求

相对 TRR 含量 ％	浓度 mg/kg	要求的措施
<10	<0.01	没有毒理学关注则不采取进一步研究
<10	0.01～0.05	能够直接确定结构的代谢组分则进行结构表征,例如已有标准参考物或前期研究已明确代谢组分结构
<10	>0.05	代谢组分是否应进行结构表征与鉴定视已鉴定组分的含量而定,具体情况具体分析。若绝大部分放射性组分已鉴定(如75％),则不采取进一步的结构表征与鉴定
>10	<0.01	能够直接确定结构的代谢组分则进行结构表征,例如已有标准参考物或前期研究已明确代谢组分的结构
>10	0.01～0.05	尽量确定结构和代谢途径
>10	>0.05	用所有可能的方法确定结构和代谢途径
>10	>0.05 结合态残留物	进行结合态放射性残留物性质分析

7.5 结果计算

根据采用的检测方法进行结果计算和数据统计。代谢物残留量可根据放射性活度和比活度换算成毫克每千克(mg/kg)表示。应真实记载实际检测结果,分别列出各样品重复检测值和平均值,而不能用回收率校正。当检测值低于定量限时,应写"<LOQ"。

结果一般以 2 位有效数字表达,在残留量浓度低于 0.01 mg/kg 时,采用 1 位有效数字表达。回收率采用整数位的百分数表达。作物样品以鲜重计算。

8 结合残留分析

采用放射性同位素示踪定量方法进行结合残留定量。在利用生物氧化燃烧仪转化释放结合残留物时,其放射性物质回收率应保证在 90%以上。结果计算同 7.5。

9 放射性废物处置

按照 GB 11930、GB 12711、GB 14500 以及国务院令第 562 号等国家相关法律、法规进行放射性废物分类、处理、处置、运输和存放。

10 试验报告的编写

试验报告的编写参见附录 B。

附　录　A

（规范性附录）

用于农作物中农药代谢试验的作物与作物种类

用于农作物中农药代谢试验的作物与作物种类见表 A.1。

表 A.1　用于农作物中农药代谢试验的作物与作物种类

种　类	作　物
果实类作物	柑橘类水果 坚果 仁果类水果 核果 浆果 小型水果 葡萄 果菜类蔬菜 香蕉 柿子
根茎类作物	根类或块茎类蔬菜 鳞茎类蔬菜
叶类作物	芸薹属类蔬菜 叶菜 茎菜 啤酒花 烟草
谷类、饲料作物	谷类 牧草及饲料作物
种子与油料类作物	豆类蔬菜 干豆类 含油种子 花生 饲用豆科作物 可可豆 咖啡豆
注：未在本表中列出的作物种类建议向农药登记管理部门咨询。	

附　录　B

（资料性附录）

农作物中农药代谢试验报告要求

B.1　委托方、试验机构及人员信息

B.2　材料

B.2.1　供试农药的化学名称、通用名称、CAS号、纯度等信息。

B.2.2　放射性标记农药信息，包括化学纯度、放射化学纯度、比活度、标记位置、放射特性以及来源等。

B.3　试验方法

试验时间、试验地点、供试作物及品种、重复次数、施药方法及器具、施药剂量、施药时期、施药次数及间隔、采样方法、采样时间及间隔、样品制备、包装、运输及储藏、放射性废物处置等。

B.4　样品检测

B.4.1　方法原理简述

B.4.2　仪器设备

B.4.3　试剂

B.4.4　检测步骤

B.4.4.1　提取

B.4.4.2　净化

B.4.4.3　分析测定

仪器条件、定量限、相对保留时间、添加回收率与相对标准偏差、放射性物质（LSC谱）、代谢物分析、鉴定与确证等。

B.5　结果与讨论

B.5.1　结果计算：包括标准曲线、计算公式、^{14}C-质量守恒、农药降解半减期、代谢产物含量等。

B.5.2　农药在作物中的吸收、分布与运转结果，代谢和（或）降解产物的鉴定结果。

B.5.3　确证试验结果（如果有）。

B.5.4　其他：与检测结果有关的其他信息。

B.6　结论

B.6.1　待测农药在农作物中的吸收、分布与运转规律。

B.6.2　待测农药在农作物中的消解速率评价。

B.6.3　代谢和（或）降解产物组成及各组分的动态变化规律。

B.6.4　代谢和（或）降解途径。

B.6.5　非正常检测结果分析。

B.7 声明

试验负责人应提供真实性及质量保证声明,包括签名、姓名、职称、单位名称、地址、电话号码和日期。

B.8 表/图

B.8.1 包括放射性物质添加回收率表,消解动态表,吸收、分布及运转情况表,农药代谢和(或)降解产物鉴定结果表。

B.8.2 包括液相色谱图(HPLC)、高效液相色谱—液体闪烁测量仪(HPLC‑LSC)或流动液体闪烁仪(HPLC‑FSA)谱图、代谢和(或)降解产物结构鉴定质谱(MS)图等。

B.8.3 农药母体代谢动态曲线图,包括农药母体在农作物中的代谢动态曲线、图中显示回归方程及相关系数。

B.8.4 农药在农作物中的吸收、分布与迁移的放射性同位素自显影图。

B.8.5 代谢和(或)降解产物的动态曲线图,即农药代谢和(或)降解产物在农作物中的动态变化曲线。

B.8.6 建议的农药在农作物中的代谢和(或)降解途径示意图。

ICS 65.020.01
B 20

中华人民共和国农业行业标准

NY/T 3106—2017

花生黄曲霉毒素检测抽样技术规程

Technical code of practice of sampling for aflatoxin determination in peanut

2017-09-30 发布

2018-01-01 实施

中华人民共和国农业部 发布

NY/T 3106—2017

前 言

本标准按照 GB/T 1.1—2009 给出的规则起草。

本标准由农业部种植业管理司提出并归口。

本标准起草单位:中国农业科学院油料作物研究所、农业部油料产品质量安全风险评估实验室(武汉)、农业部农产品质量安全风险评估实验室(济南)、农业部农产品质量安全风险评估实验室(郑州)。

本标准主要起草人:丁小霞、喻理、姜俊、周海燕、李培武、赵善仓、刘继红、白艺珍、陈琳、王督。

花生黄曲霉毒素检测抽样技术规程

1 范围

本标准规定了花生黄曲霉毒素检测的抽样方法。

本标准适用于生产环节花生黄曲霉毒素检测的样品抽取。

2 规范性引用文件

下列文件对于本文件的应用是必不可少的。凡是注日期的引用文件,仅注日期的版本适用于本文件。凡是不注日期的引用文件,其最新版本(包括所有的修改单)适用于本文件。

GB 5491 粮食、油料检验 扦样、分样法

3 抽样方法

3.1 抽样时间

可选择花生收获前 3 d～5 d 或收获、晾晒时抽样,应选择晴天抽样。

3.2 抽样数量确定

3.2.1 根据抽样目标、抽样范围、抽样精度要求确定抽样的样本总量 N。

3.2.2 根据花生生产的生态区域或主产省将抽样区域划分为若干批,每一批为一个生态区或一个主产省,每一批抽样样本数量 n 与该批花生生产面积 S_1 成正比。在每一个抽样批内,根据花生生育期气候条件、生产方式等划分为 n 个子批,每个子批抽取 1 个样品,共 n 个样品。每一批的抽样数量按式(1)计算。

$$n = N \times \frac{S_1}{S_0} \quad\cdots\cdots\cdots\cdots\cdots\cdots\cdots\cdots\cdots\cdots\cdots\cdots\cdots\cdots\cdots\cdots (1)$$

式中:

n ——每一批的抽样数量,单位为个;

N ——应抽取的样本总量,单位为个;

S_1 ——批内花生生产面积,单位为平方米(m^2);

S_0 ——抽样范围内花生生产总面积,单位为平方米(m^2)。

3.3 抽样

3.3.1 在确定的每个子批内,采用随机抽样方法确定抽样地点,每个抽样地点花生生产面积不低于 667 m^2 或者供抽样的花生量不低于 200 kg。

3.3.2 在每个抽样地点采用对角线法或梅花点法、棋盘法、蛇形法等抽样,每个抽样地点抽取的花生点数不低于 5 个,每个点的样品混合后样品量不低于 20 kg。

3.3.3 按照 GB 5491 的规定执行,四分法分样至 3 kg 用于检测,对于花生黄曲霉毒素污染严重地区,可分样至 6 kg 用于检测。

3.4 样品处理

对检测用样品除杂,一周内晾晒或烘干至水分含量 10% 以下,应避免收获晾晒过程中对花生带来的杂质、真菌等污染。

4 抽样记录

抽样人员应在抽样记录上填写花生样品名称、抽样时间、抽样地点、花生生育期气候、病虫害发生等

信息。

5　样品运输

样品运输过程应保证样品处于低温干燥环境中,宜采用防水帆布罩等保护样品,防止外界水分进入样品,并避免样品的温度波动。

6　样品保存

选用洁净、干燥的容器或样品袋保存样品,样品保存温度 10℃～14℃,湿度 70% 以下,应保持样品的原始性,不得雨淋、污染和丢失。

ICS 65.020.01
B 20

中华人民共和国农业行业标准

NY/T 3107—2017

玉米中黄曲霉毒素预防和减控技术规程

Technical code of practice for the prevention and reduction
of aflatoxin contamination in corns

2017-09-30 发布

2018-01-01 实施

中华人民共和国农业部 发布

前　言

本标准按照 GB/T 1.1—2009 给出的规则起草。

本标准由农业部种植业管理司提出并归口。

本标准起草单位:中国农业科学院油料作物研究所、农业部油料产品质量安全风险评估实验室(武汉)、农业部油料及制品质量监督检验测试中心。

本标准主要起草人:李培武、白艺珍、喻理、张奇、马飞、岳晓凤。

玉米中黄曲霉毒素预防和减控技术规程

1 范围

本标准规定了玉米生产、运输、储藏与加工过程中黄曲霉毒素污染控制的技术及要求。

本标准适用于玉米生产、运输、储藏与加工过程中黄曲霉毒素污染控制。

2 规范性引用文件

下列文件对于本文件的应用是必不可少的。凡是注日期的引用文件，仅注日期的版本适用于本文件。凡是不注日期的引用文件，其最新版本(包括所有的修改单)适用于本文件。

GB 1353　玉米

GB 2715　食品安全国家标准　粮食

GB 2761　食品安全国家标准　食品中真菌毒素限量

GB 5009.22　食品中黄曲霉毒素 B 族和 G 族的测定

GB/T 22508　预防与降低谷物中真菌毒素污染操作规范

3 田间生产

3.1 地块准备

种植前，及时将散落在田间的陈果穗、秸秆和其他残体等清除掉。建立合理轮作制度，选择对真菌敏感性弱的作物进行轮作。

3.2 品种选择

优先选用抗黄曲霉、寄生曲霉等真菌病害、其他病虫害和抗逆性强的玉米品种。种子质量应符合 GB 4404.1 的要求，播前 15 d 晒种 2 d～3 d。选用大小均一、饱满、无损伤、无霉变的玉米籽粒。

3.3 播种

适时播种，避免玉米种子发育和成熟期遭遇高温和干旱胁迫。根据品种特性、气候条件、土壤肥力和生产水平等，确定适宜种植密度，避免种植过密。

3.4 田间管理

根据当地实际生产情况，合理采取施肥、除草、灌溉和病虫害防治等生产管理措施。其中，玉米全生育期，应灌溉 4 次～5 次，灌溉量在 5 500 m³/hm²～6 000 m³/hm²，重点在拔节孕穗期、抽雄扬花期和灌浆期。如遇干旱，应及时灌溉，保持土壤持水量在 65% 以上。在成熟期，应避免过量灌溉可能造成的产毒真菌侵染和扩散。

3.5 收获

3.5.1 收获时间

在玉米完全成熟时进行收获，避免在高温、多雨和干旱天气收获。在玉米田 90% 以上植株落叶变黄、果穗苞叶变白、籽粒出现光泽、变硬、乳线消失时，应立即收获。

具备干燥设备的情况下，可提前收获，以降低玉米成熟期黄曲霉毒素产生的风险。

3.5.2 收获准备

收获前，确保用于收获玉米的设备、设施性能完好，并且清洁、卫生、无污染。

3.5.3 收获方法

3.5.3.1　收获时，玉米穗、籽粒应避免受到机械损伤，且不与土壤接触。收获后将田间散落的玉米穗、籽粒、秸秆等残体集中收集处理,避免后茬作物受到曲霉菌等真菌侵染。

3.5.3.2 玉米收获后,要及时干燥。及时去苞叶、晾晒 3 d~4 d、脱粒,避免造成机械损伤,玉米籽粒含水量控制在 14%以下。如遇阴雨天气或新鲜玉米穗未充分干燥,可使用干燥设备快速干燥,或去掉部分苞叶后,摊晾在干燥通风的位置,避免挤压、堆积或密闭存放。

3.5.3.3 干燥后的玉米籽粒,应选用由无毒、无味、安全的材料制成的包装袋分装后,单独储存。

4 运输

运输工具应符合 GB 2715 的要求。运输工具应专用,避免与有毒有害物品混装,宜选择清洁、干燥,无可见真菌、昆虫和其他任何污染物质的运输工具。可选用登记注册的熏蒸剂或杀真菌剂对运输工具进行消毒,应注意避免对玉米品质造成影响。如不能封闭运输,宜采用防潮措施,避免玉米受雨水、日晒、鸟食、虫蚀等影响。运输途中,确保玉米原料水分在安全范围内,如发现玉米堆发热升温或有霉变,要及时采取局部通风散热或剔除霉变部分,确保玉米原料质量安全。

5 储藏

5.1 储藏前准备

5.1.1 干燥与清理

储藏前,选择适当的干燥方式,如机械干燥或自然通风,确保玉米籽粒水分降至 13.5%以下。

做好清理工作,清除玉米秸秆、其他作物种子等可能携带致病菌孢子的作物残体,剔除不成熟、破损、虫蚀、生芽、生霉、有病斑的玉米籽粒和杂质。

5.1.2 场地选择

储藏场地应符合 GB 2715、GB/T 22508 的要求。选择清洁、干燥、密闭,具备良好的通风降温、防潮隔热、防啮齿类动物、防鸟等设施的仓库,或能达到相同效果的场所。

5.2 储藏方法

根据储藏条件,选择穗藏或粒藏,果穗储藏可选择挂藏或堆藏。一般年均温较低地区、仓房条件不完备、新收获玉米可选用穗藏;年均温偏高地区、仓房条件完备、隔年储藏可选用粒藏。

对不同产地、品种、用途和含水量的玉米样品分开单独储藏。

5.3 储藏期间管理

储藏期间定期检查玉米堆温湿度、玉米穗或籽粒含水量,堆温不超过 25℃,仓内空气相对湿度 70%以下,玉米穗或籽粒含水量 13.5%以下,同时做好防虫和防菌管理。

6 加工过程

6.1 加工厂资格

从事玉米加工企业必须具备检疫卫生登记资格。

6.2 收购与验收

宜从污染水平较低的地区收购玉米原料,原料进厂前,严格检验,玉米籽粒水分含量应符合 GB 1353 的要求,生霉率在 2%以下,黄曲霉毒素检测按照 GB 5009.22 的规定执行,含量应符合 GB 2761 的要求。

6.3 加工前准备

加工前进行精选,将发霉、发芽、虫蚀粒等挑拣干净。加工设备应保持卫生、整洁,不得留存玉米籽粒或碎粒。

6.4 加工

对水分含量存在差异的玉米原料不得混合加工,以防水分转移,产生霉变。不同产地、品种玉米原料做到分开加工。

6.5 加工品储存

加工成品应存放于宽敞、清洁、通风,具备控温、控湿设施的仓库,应定期对玉米制品中黄曲霉毒素含量进行检测,发现超标批次,应隔离存放,做无害化处理。

———————————

ICS 65.020.01
B 20

中华人民共和国农业行业标准

NY/T 3108—2017

小麦中玉米赤霉烯酮类毒素预防和
减控技术规程

Technical code of practice for the prevention and reduction of zearalenone
contamination in wheat

2017-09-30 发布

2018-01-01 实施

中华人民共和国农业部 发布

前　言

本标准按照 GB/T 1.1—2009 给出的规则起草。

本标准由农业部种植业管理司提出并归口。

本标准起草单位:中国农业科学院油料作物研究所、农业部油料产品质量安全风险评估实验室(武汉)、农业部油料及制品质量监督检验测试中心。

本标准主要起草人:李培武、岳晓凤、白艺珍、喻理、张奇、马飞、张文、丁小霞、周海燕。

小麦中玉米赤霉烯酮类毒素预防和减控技术规程

1 范围

本标准规定了小麦生产、收获、运输、储藏与加工过程中玉米赤霉烯酮类毒素污染控制的技术及要求。

本标准适用于小麦生产、收获、运输、储藏与加工过程中玉米赤霉烯酮类毒素污染控制。

2 规范性引用文件

下列文件对于本文件的应用是必不可少的。凡是注日期的引用文件，仅注日期的版本适用于本文件。凡是不注日期的引用文件，其最新版本（包括所有的修改单）适用于本文件。

GB 5009.209 食品安全国家标准 食品中玉米赤霉烯酮的测定

GB/T 21016 小麦干燥技术规范

GB/T 29890 粮油储藏技术规范

NY/T 1608 小麦赤霉病防治技术规范

3 田间生产

按照 NY/T 1608 的规定执行。玉米赤霉烯酮毒素污染高发区小麦不宜与玉米轮作或混作，推荐豆麦轮作模式。小麦扬花期和成熟期，慎重灌溉，避免由于田间湿度大导致镰刀菌侵染和扩展。

4 收获

4.1 收获前准备

用于收获和储存的设备、设施性能完好，在使用前后进行清洗和干燥，确保无昆虫污染和霉菌感染。

4.2 收获适期

抢晴天及时收获。人工收获小麦在小麦蜡熟末期至完熟期进行，机械收获以完熟初期收获为宜。收获时，避免谷物受到机械损伤。

4.3 干燥

收获后及时干燥，将含水量控制在13%以下。人工干燥设备、干燥要求及干燥成品质量符合GB/T 21016 的要求。

5 运输

运输工具洁净干燥，在使用前和再次使用时清洗。运输途中，采用密封容器、加盖防水帆布罩等措施，防止小麦装运过程受潮、雨淋，并避免温度波动和局部湿气聚集。

6 储藏

6.1 储藏前准备

6.1.1 仓储设施选择

仓储环境干燥洁净、设施完好，具备良好的通风控温、防雨、防地下水渗漏、防虫防鼠条件。袋装小麦的包装袋应洁净、干燥、无破损，封口严密、不撒漏。

6.1.2 干燥及筛选

入库储藏前,小麦应干燥至含水量 13% 以下。去除杂质、破损、虫蚀、生芽、霉变麦粒。

6.1.3 毒素检测

入库储藏前,抽样检测小麦中玉米赤霉烯酮等毒素,检测方法按照 GB 5009.209 的规定执行。污染小麦不得与正常小麦混储。

6.2 储藏技术

按照 GB/T 29890 的规定进行原粮储藏。高湿情况,采用气调储藏技术,将粮堆内二氧化碳浓度上升至 20%~60%,氧气含量降至 5%~20%,或将氮气浓度保持在 95% 以上。

6.3 储藏管理

6.3.1 库情监测

定期检查仓库及麦堆温度、湿度、水分含量,保持库内温度在 15℃,相对湿度在 70% 以下,出现异常升温时,使用通风降温措施。

6.3.2 病虫害管理

防止虫蚀和霉变。对于霉菌感染的小麦及时分离出去,并进行通风降温,阻止霉菌进一步侵染。

7 加工

7.1 清洁

加工环境和生产设备卫生、整洁,不得留存麦粉、碎粒。

7.2 检验和分选

严格检验原料中真菌毒素含量,确保小麦中玉米赤霉烯酮含量不超过 60 μg/kg。分选去除超标样品以及皱缩、发霉、发芽、虫蚀粒。

7.3 加工

不同含水量的小麦原料不得混合加工,以免水分转移,发生霉变。

7.4 加工品管理

加工后的小麦产品应存放于洁净、干燥、通风环境,定期取样进行毒素检测,超标批次单独存放,并通知相关部门及时处理。

———————————

ICS 65.020
B 16

中华人民共和国农业行业标准

NY/T 3114.1—2017

大豆抗病虫性鉴定技术规范
第1部分：大豆抗花叶病毒病鉴定技术规范

Technical specification for evaluation of soybean for resistance to pests—
Part 1：Technical specification for evaluation of soybean for
resistance to soybean mosaic virus disease

2017-09-30 发布

2018-01-01 实施

中华人民共和国农业部 发布

前　言

NY/T 3114《大豆抗病虫性鉴定技术规范》分为6个部分：
——第1部分：大豆抗花叶病毒病鉴定技术规范；
——第2部分：大豆抗灰斑病鉴定技术规范；
——第3部分：大豆抗霜霉病鉴定技术规范；
——第4部分：大豆抗细菌性斑点病鉴定技术规范；
——第5部分：大豆抗大豆蚜鉴定技术规范；
——第6部分：大豆抗食心虫鉴定技术规范。
本部分为 NY/T 3114 的第1部分。
本部分按照GB/T 1.1—2009给出的规则起草。
本部分由中华人民共和国农业部提出并归口。
本部分起草单位：吉林省农业科学院。
本部分主要起草人：晋齐鸣、张伟、苏前富、宋淑云、李红、孟玲敏、贾娇、王永志。

大豆抗病虫性鉴定技术规范
第1部分:大豆抗花叶病毒病鉴定技术规范

1 范围

本部分规定了大豆抗花叶病毒病鉴定技术方法和抗性评价标准。

本部分适用于各种大豆种质资源对大豆花叶病毒病抗性的人工接种鉴定及评价。

2 术语和定义

下列术语和定义适用于本文件。

2.1

大豆花叶病毒病 soybean mosaic virus disease

由大豆花叶病毒(*Soybean mosaic virus*,SMV)所引起的以叶部花叶和植株矮化症状为主的病毒性病害。

2.2

抗病性 disease resistance

植物体所具有的能够减轻或克服病原物致病作用的可遗传的性状。

2.3

抗病性鉴定 identification of disease resistance

通过适宜技术方法鉴别植物对特定病害的抵抗水平。

2.4

抗性评价 evaluation of resistance

根据采用的技术标准判别植物寄主对特定病虫害反应程度和抵抗水平的描述。

2.5

致病性 pathogenicity

病原物侵染寄主植物引起发病的能力。

2.6

接种体 inoculum

用于接种以引起病害的病原物或病原物的一部分。

2.7

人工接种 artificial inoculation

在适宜条件下,通过人工操作将接种体置于植物体适当部位并使之发病的一种技术。

2.8

病情级别 disease rating scale

人为定量植物个体或群体发病程度的数值化描述。

2.9

病情指数 disease index

通过对植株个体发病程度(病情级别)数值的综合计算所获得的群体发病程度的数值化描述形式。

2.10

株系 strain

同种病毒中不同来源的、血清学相关的,但生物学性状不完全相同,或对不同寄主植物及不同品种具有致病力差异的变异类群。

2.11

鉴别寄主 differential host

用于鉴定和区分特定病原物的生理小种/致病性/株系的一套带有不同抗性基因的寄主品种、品系或材料。

3 病原物接种体制备

3.1 病原物分离

采集田间具有典型大豆花叶病毒病症状的植株叶片从中分离病原物,采用生物学鉴定或血清学鉴定等方法,确定分离株系为大豆花叶病毒(*Soybean mosaic virus*,SMV)后(参见附录 A 的 A.1),进行纯化和致病性测定,保存备用。

3.2 株系鉴定

用于抗病性鉴定接种的病毒分离物首先进行株系鉴定,鉴定方法参见 A.2。

3.3 接种体的繁殖和保存

3.3.1 接种体的繁殖

将供试株系人工摩擦接种在感病品种的无毒株上隔离繁殖,显症后采集上部新鲜病叶用作接种毒源。

3.3.2 接种体的保存

病毒株系可活体保存在防蚜网室或人工气候箱内种植的大豆幼苗上,也可将病叶保存在－80℃以下的超低温冰箱中。

4 鉴定设计

人工接种鉴定需在筛网孔径为 425 μm 的防蚜网室内进行,网室大小根据供鉴材料的数量而定。鉴定材料按照生育期顺序排列,每品种种植行长 5 m,1 行区,10 cm 等距点播。每 15 份～20 份鉴定材料设 1 组抗病和感病对照品种。根据当地适合生育期选择已知抗病、感病且其抗感性稳定的材料作为对照品种。

5 接种

5.1 接种时期

接种时期在大豆植株第一个小叶(三出复叶)充分展开时。

5.2 接种液制备

在繁毒株上采集典型花叶病毒株系症状的新鲜叶片,剪碎后稍做冷冻,在低温条件下研磨成匀浆。加入 0.1 mol/L 的磷酸盐缓冲液(pH 7.0)将匀浆稀释 20 倍,配制成病毒接种液。接种前在接种液中添加 2% 粒径为 22 μm 的金刚砂并搅拌均匀备用。

5.3 接种方法

采用人工摩擦接种法。接种时用短毛刷(如 6 号排笔)蘸取少量制备好的病毒接种液,在第一个小叶(三出复叶)的叶面轻度摩擦造成微伤,然后立即用清水将叶面冲洗干净。

6 病情调查

6.1 调查时间

一般在接种 20 d～30 d 后调查。

6.2 调查方法

全区逐份材料进行调查,根据病害症状描述,记载病情级别及调查总株数,计算病情指数(DI)。

6.3 病情分级

病情分级及其对应的症状描述见表1。

表 1 大豆抗花叶病毒病鉴定植株病情级别划分

病情级别	症状描述
0	无症状反应
1	轻花叶型,植株生长正常,叶片平展不皱,或有黄绿与暗绿相间的轻花叶
3	重花叶型,植株生长基本正常,叶片明脉微皱,有明显黄绿相间的斑驳
5	皱花叶型,植株生长接近正常,不矮化,叶片有波状斑或沿叶缘曲叶或泡状突起,黄化型叶片有黄斑
7	皱缩型,植株生长不正常,略矮化及黄化,叶片明显皱缩,呈泡状畸形卷曲
9	矮化型,植株极端矮化,叶片僵化狭窄、畸形卷曲,严重的出现顶端坏死,芽枯或黄萎

6.4 病情指数计算

按式(1)计算。

$$DI = \frac{\sum(s \times n)}{N \times S} \times 100 \quad \cdots\cdots\cdots\cdots\cdots\cdots\cdots\cdots\cdots \quad (1)$$

式中:

DI ——病情指数;

s ——各病情级别的代表数值;

n ——各病情级别的植株数,单位为株;

N ——调查总株数,单位为株;

S ——最高病情级别的代表数值。

7 抗性评价

7.1 有效性鉴定

当设置的对照品种达到其相应感病程度(感病 $DI>50$),该批次视为有效。

7.2 抗性评价标准

根据鉴定材料的发病程度(病情指数)确定其对大豆花叶病毒病的抗性水平,划分标准见表2。

表 2 大豆对花叶病毒病抗性评价标准

病情指数(DI)	抗性评价
$0 \leq DI \leq 20$	高抗 Highly resistant(HR)
$20 < DI \leq 35$	抗病 Resistant(R)
$35 < DI \leq 50$	中抗 Moderately resistant(MR)
$50 < DI \leq 70$	感病 Susceptible(S)
$70 < DI \leq 100$	高感 Highly susceptible(HS)

7.3 重复鉴定

资源材料若初次鉴定表现为高抗、抗、中抗,需进行重复鉴定。

7.4 抗性判断

根据重复抗性鉴定结果,以记载的最高发病程度,对鉴定材料进行抗病性评价。

8 鉴定记载表

大豆抗花叶病毒病鉴定结果记载表见附录 B。

附　录　A
（资料性附录）
大豆花叶病毒病原和株系

A.1　学名和理化特性

A.1.1　学名

大豆花叶病毒 *Soybean mosaic virus*。

A.1.2　理化特性

病毒粒体呈线状，大小(650~760) nm×13 nm，由外壳蛋白及单链 RNA 组成，两者均为单一成分，相对分子质量分别为 $2.60×10^4$ u~$2.65×10^4$ u 和 $2.9×10^6$ u~$3.2×10^6$ u。病毒粒体中 RNA 占5.3%，蛋白质占 94.7%。钝化温度 60℃~70℃，稀释限点为 10^{-2}~10^{-4}，常温下体外保毒期 1 d~4 d。

A.2　株系

大豆花叶病毒不同株系在鉴别品种上的反应见表 A.1。

表 A.1　大豆花叶病毒不同株系在鉴别品种上的反应

鉴别品种	反应型		
	1 号株系群	2 号株系群	3 号株系群
合丰 23 吉林 17 九农 9 号	S	S	S
齐黄 1 号 铁丰 18	R	S	S
诱变 30 科系 8 号	R	R	S
注 1:S 表示感病;R 表示抗病。 注 2:病毒株系群按照吕文清(1985)的分类法划分。			

附　录　B

（规范性附录）

大豆抗花叶病毒病鉴定结果记载表

大豆抗花叶病毒病鉴定结果记载表见表 B.1。

表 B.1 _____年大豆抗花叶病毒病鉴定结果记载表

编号	品种/种质名称	来源	调查总数	病情级别						病情指数	抗性评价
				0级	1级	3级	5级	7级	9级		

鉴定地点：_____

接种病毒株系编号：_____　　　来源：_____

接种日期：_____　　　　　　调查日期：_____

鉴定人(签字)：

_____

ICS 65.020
B 16

中华人民共和国农业行业标准

NY/T 3114.2—2017

大豆抗病虫性鉴定技术规范
第2部分：大豆抗灰斑病鉴定技术规范

Technical specification for evaluation of soybean for resistance to pests—
Part 2：Technical specification for evaluation of soybean for
resistance to frogeye leaf spot

2017-09-30 发布

2018-01-01 实施

中华人民共和国农业部 发布

前　言

NY/T 3114《大豆抗病虫性鉴定技术规范》分为6个部分:
——第1部分:大豆抗花叶病毒病鉴定技术规范;
——第2部分:大豆抗灰斑病鉴定技术规范;
——第3部分:大豆抗霜霉病鉴定技术规范;
——第4部分:大豆抗细菌性斑点病鉴定技术规范;
——第5部分:大豆抗大豆蚜鉴定技术规范;
——第6部分:大豆抗食心虫鉴定技术规范。

本部分为NY/T 3114的第2部分。

本部分按照GB/T 1.1—2009给出的规则起草。

本部分由中华人民共和国农业部提出并归口。

本部分起草单位:吉林省农业科学院。

本部分主要起草人:晋齐鸣、张伟、苏前富、宋淑云、李红、孟玲敏、贾娇。

大豆抗病虫性鉴定技术规范
第 2 部分：大豆抗灰斑病鉴定技术规范

1 范围

本部分规定了大豆抗灰斑病鉴定技术方法和抗性评价标准。

本部分适用于各种大豆种质资源对大豆灰斑病抗性的田间人工接种鉴定及评价。

2 术语和定义

下列术语和定义适用于本文件。

2.1

大豆灰斑病 frogeye leaf spot

由大豆尾孢菌(*Cercospora sojina* Hara)引起的，在叶片产生圆形、椭圆形或不规则形的中央灰白色、边缘褐色似蛙眼状病斑，并危害茎、荚和籽粒的大豆病害。

2.2

抗病性 disease resistance

植物体所具有的能够减轻或克服病原物致病作用的可遗传的性状。

2.3

抗病性鉴定 identification of disease resistance

通过适宜技术方法鉴别植物对特定病害的抵抗水平。

2.4

抗性评价 evaluation of resistance

根据采用的技术标准判别植物寄主对特定病虫害反应程度和抵抗水平的描述。

2.5

病原分离物 pathogenic isolate

采用人工方法，从植物发病部位分离获得的病原物的纯培养物。

2.6

致病性 pathogenicity

病原物侵染寄主植物引起发病的能力。

2.7

培养基 medium

自然或人工配制的、可以使病原体在其上生长的基质。

2.8

接种体 inoculum

用于接种以引起病害的病原物或病原物的一部分。

2.9

接种悬浮液 inoculum suspension

用于接种的含有定量接种体的液体。

2.10

人工接种　artificial inoculation

在适宜条件下,通过人工操作将接种体置于植物体适当部位并使之发病的一种技术。

2.11

病情级别　disease rating scale

人为定量植物个体或群体发病程度的数值化描述。

2.12

病情指数　disease index

通过对植株个体发病程度(病情级别)数值的综合计算所获得的群体发病程度的数值化描述形式。

2.13

生理小种　physiological race

病原物种内或专化型内在形态上相似,但对寄主植物不同品种具有显著致病性差异的生物类群。

2.14

鉴别寄主　differential host

用于鉴定和区分特定病原物的生理小种/致病性/株系的一套带有不同抗性基因的寄主品种、品系或材料。

3　病原物接种体制备

3.1　病原物分离

从具有典型病征的大豆籽粒或病叶上,采用常规组织分离法分离大豆灰斑病病原物。分离物经形态学鉴定确认为半知菌亚门、丝孢纲、丛梗孢目、暗色孢科、尾孢属、大豆尾孢菌(*Cercospora sojina* Hara)后(参见附录 A 的 A.1),采用单孢分离进行分离物纯化,经致病性测定后,保存备用。

3.2　生理小种鉴定

对用于抗性鉴定接种的病原分离物进行生理小种鉴定,鉴定方法参见 A.2。

3.3　接种体的繁殖和保存

3.3.1　接种体的繁殖

选用高粱粒培养基扩大繁殖。高粱粒先泡后煮至半熟,沥水后装入容量为 500 mL 的锥形瓶中至 300 mL 刻度处,用封口膜封住瓶口 121℃高温灭菌 60 min,取出冷却后在无菌条件下每瓶接 1 试管长满病菌的马铃薯葡萄糖琼脂培养基(potato dextrose agar,PDA)斜面。置于 25℃～28℃恒温箱中培养, 3 d 后摇瓶 1 次,使病菌分布均匀,培养 15 d 后菌丝布满高粱粒,用水洗去高粱粒表面菌丝晾干后在干燥阴凉处保存备用。

3.3.2　接种体的保存

可用 PDA 培养基斜面试管保存于 4℃冰箱,每 2 个月转管 1 次。也可将装有通过高粱粒培养基繁殖好的大豆灰斑病菌三角瓶,置 4℃冰箱内保存,限当年使用。

4　鉴定设计

在鉴定圃中,鉴定材料按照生育期顺序排列,每品种种植行长 5 m,1 行区,10 cm 等距点播。每 15 份～20 份鉴定材料间设 1 组抗病和感病对照品种。根据当地适合生育期选择已知抗病、感病且其抗感性稳定的材料作为对照品种。

5　接种

5.1　接种时期

大豆灰斑病成株期抗性鉴定接种时期为花前期至初花期。

5.2 接种悬浮液制备

接种前 3 d,取出保存好的带菌高粱粒,将其摊在灭菌的盘中,上可覆盖无菌纱布保持高湿度,室温条件下培养,诱发使其产生新鲜孢子。取样镜检确认产生大量分生孢子后,用无菌水洗下,纱布过滤后加入 3%的蔗糖制成孢子浓度为 1×10^5 个/mL 的接种悬浮液。

5.3 接种方法

选择阴天或雨后傍晚无风时用背负式喷雾器进行全田全株均匀喷雾接种,每隔 7 d~10 d 接种一次,共接 2 次~3 次。分生理小种接种时要使用不同的喷雾器并做好隔离,防止小种间混合侵染。

5.4 接种后管理

接种后需保湿 48 h,可采取喷雾或沟灌等措施保持湿度。

6 病情调查

6.1 调查时间

病情调查于接种 20 d~30 d 后进行。

6.2 调查方法

调查每份鉴定材料全部株数的全株发病情况,根据病害症状描述,逐份材料进行调查,记载病情级别,计算病情指数(DI)。

6.3 病情分级

病情分级及其对应的症状描述见表 1。

表 1　大豆抗灰斑病鉴定植株病情级别划分

病情级别	症状描述
0	全区植株叶片上无病斑
1	全区植株仅有少数叶片发病,病斑直径在 2 mm 以下,病斑面积占叶面积 1%以下
3	多数植株少数叶片发病,病斑直径 2 mm,中央白色,可产生少量孢子,病斑占叶面积的 1%~5%
5	植株大部发病,病斑直径为 2 mm 以上的中型斑,病斑中央有较大部分的灰白色坏死,产生大量孢子,病斑占叶面积 6%~20%,叶片不枯死
7	植株叶片普遍发病,病斑较多,病斑直径为 3 mm~6 mm 的较不规则型病斑,占叶面积 21%~50%,部分叶片枯死
9	植株普遍发病,叶片布满病斑,有时病斑连片,产生大量孢子,病斑占叶面积 50%以上,多数叶片因病提早枯死

6.4 病情指数计算

按式(1)计算。

$$DI = \frac{\sum (s \times n)}{N \times S} \times 100 \quad \cdots\cdots\cdots\cdots\cdots\cdots\cdots\cdots (1)$$

式中:

DI——病情指数;

s——各病情级别的代表数值;

n——各病情级别的植株数,单位为株;

N——调查总株数,单位为株;

S——最高病情级别的代表数值。

7 抗性评价

7.1 有效性鉴定

当设置的对照品种达到其相应感病程度(感病 $DI > 60$),该批次视为有效。

NY/T 3114.2—2017

7.2 抗性评价标准

依据鉴定材料的发病程度(病情指数)确定其对灰斑病的抗性水平,划分标准见表2。

表2 大豆对灰斑病抗性评价标准

病情指数(DI)	抗性评价
$0 \leqslant DI \leqslant 20$	高抗 Highly resistant(HR)
$20 < DI \leqslant 40$	抗病 Resistant(R)
$40 < DI \leqslant 60$	中抗 Moderately resistant(MR)
$60 < DI \leqslant 80$	感病 Susceptible(S)
$80 < DI \leqslant 100$	高感 Highly susceptible(HS)

7.3 重复鉴定

资源材料若初次鉴定表现为高抗、抗、中抗,需进行重复鉴定。

7.4 抗性判断

根据重复抗性鉴定结果,以记载的最高发病程度,对鉴定材料进行抗病性评价。

8 鉴定记载表

大豆抗灰斑病鉴定结果记载表见附录B。

附　录　A
（资料性附录）
大豆灰斑病菌和生理小种

A.1　学名和形态描述

A.1.1　学名

大豆尾孢菌 *Cercospora sojina* Hara。

A.1.2　形态描述

大豆灰斑病由半知菌亚门、丝孢纲、丛梗孢目、暗色孢科、尾孢属、大豆尾孢菌引起。分生孢子梗 2 根～30 根丛生，浅褐色，直立至弯曲，不分枝，有 0 个～5 个膝状节，淡褐色，2 个～6 个隔膜。分生孢子倒棍棒状或柱形，无色透明，直或弯生，有 2 个～6 个隔膜。大小为(22.5～65) μm×(4.5～7.5) μm。

A.2　生理小种

大豆灰斑病菌寄主范围窄，只能寄生于大豆和野生大豆。1984 年，黄桂潮等首次对大豆灰斑病菌生理分化进行系统研究，从 110 份大豆材料中筛选出钢 5151、九农 1 号、双跃 4 号、合交 69‑231、Ogden、合丰 22 号共 6 个品种组成一套鉴别寄主，对灰斑病菌进行生理小种鉴定。

附　录　B
（规范性附录）
大豆抗灰斑病鉴定结果记载表

大豆抗灰斑病鉴定结果记载表见表 B.1。

表 B.1 _____年大豆抗灰斑病鉴定结果记载表

编号	品种/种质名称	来源	调查总数	病情级别						病情指数	抗性评价
				0级	1级	3级	5级	7级	9级		

鉴定地点：_____

接种病原菌分离物编号：_____　　　来源：_____

接种日期：_____　　　调查日期：_____

鉴定人（签字）：

ICS 65.020
B 16

中华人民共和国农业行业标准

NY/T 3114.3—2017

大豆抗病虫性鉴定技术规范
第3部分：大豆抗霜霉病鉴定技术规范

Technical specification for evaluation of soybean for resistance to pests—
Part 3: Technical specification for evaluation of soybean for
resistance to soybean downy mildew

2017-09-30 发布

2018-01-01 实施

中华人民共和国农业部 发布

前　言

NY/T 3114《大豆抗病虫性鉴定技术规范》分为6个部分:
——第1部分:大豆抗花叶病毒病鉴定技术规范;
——第2部分:大豆抗灰斑病鉴定技术规范;
——第3部分:大豆抗霜霉病鉴定技术规范;
——第4部分:大豆抗细菌性斑点病鉴定技术规范;
——第5部分:大豆抗大豆蚜鉴定技术规范;
——第6部分:大豆抗食心虫鉴定技术规范。
本部分为NY/T 3114的第3部分。
本部分按照GB/T 1.1—2009给出的规则起草。
本部分由中华人民共和国农业部提出并归口。
本部分起草单位:吉林省农业科学院。
本部分主要起草人:晋齐鸣、张伟、苏前富、宋淑云、李红、孟玲敏、贾娇。

大豆抗病虫性鉴定技术规范
第3部分：大豆抗霜霉病鉴定技术规范

1 范围

本部分规定了大豆抗霜霉病鉴定技术方法和抗性评价标准。

本部分适用于各种大豆种质资源对大豆霜霉病抗性的田间人工接种鉴定及评价。

2 术语和定义

下列术语和定义适用于本文件。

2.1

大豆霜霉病 soybean downy mildew

由东北霜霉菌[*Peronospora manshurica*（Naum.）Syd.]引起的，在叶片产生圆形或不规则形褪绿黄斑、并危害豆荚和籽粒的大豆病害。

2.2

抗病性 disease resistance

植物体所具有的能够减轻或克服病原物致病作用的可遗传的性状。

2.3

抗病性鉴定 identification of disease resistance

通过适宜技术方法鉴别植物对特定病害的抵抗水平。

2.4

抗性评价 evaluation of resistance

根据采用的技术标准判别植物寄主对特定病虫害反应程度和抵抗水平的描述。

2.5

病原分离物 pathogenic isolate

采用人工方法，从植物发病部位分离获得的病原物的纯培养物。

2.6

致病性 pathogenicity

病原物侵染寄主植物引起发病的能力。

2.7

培养基 medium

自然或人工配制的、可以使病原体在其上生长的基质。

2.8

接种体 inoculum

用于接种以引起病害的病原物或病原物的一部分。

2.9

接种悬浮液 inoculum suspension

用于接种的含有定量接种体的液体。

2.10

人工接种　artificial inoculation

在适宜条件下,通过人工操作将接种体置于植物体适当部位并使之发病的一种技术。

2.11

病情级别　disease rating scale

人为定量植物个体或群体发病程度的数值化描述。

2.12

病情指数　disease index

通过对植株个体发病程度(病情级别)数值的综合计算所获得的群体发病程度的数值化描述形式。

2.13

生理小种　physiological race

病原物种内或专化型内在形态上相似,但对寄主植物不同品种具有显著致病性差异的生物类群。

2.14

鉴别寄主　differential host

用于鉴定和区分特定病原物的生理小种/致病性/株系的一套带有不同抗性基因的寄主品种、品系或材料。

3　病原物接种体制备

3.1　病原物分离

从具有典型病征的大豆叶片上,采用常规组织分离法分离大豆霜霉病病原物。分离物经形态学鉴定确认为卵菌门、霜霉目、霜霉科、霜霉属、东北霜霉菌[*Peronospora manshurica*(Naum.)Syd.](参见附录 A 的 A.1),进行纯化及致病性测定后,保存备用。

3.2　生理小种鉴定

对用于抗性鉴定接种的病原分离物进行生理小种鉴定,鉴定方法参见 A.2。

3.3　接种体的繁殖和保存

3.3.1　接种体的繁殖

采摘病圃诱发行病叶,用自来水冲洗,75%酒精消毒病叶 0.5 min,然后在 18℃～20℃下保湿,15 h 后产生大量孢子囊。将孢子囊冲洗并收集配制成 $1.4×10^6$ 个孢子囊/mL 的悬浮液备用。

3.3.2　接种体的保存

活体保存:在适宜环境条件下,定期将病菌人工接菌于感病寄主并保存于活体寄主。

病粒保存:将附有霜霉病菌的病粒置大豆种子库保存。

4　鉴定设计

在鉴定圃中,鉴定材料按生育期顺序排列,每品种种植行长 5 m,1 行区,10 cm 等距点播。每隔 2 个品种种 1 行病粒种子为诱发行,保持田间发病分布均匀。每15 份～20 份鉴定材料间设 1 组抗病和感病对照品种。根据当地适合生育期选择已知抗病、感病且其抗感性稳定的材料作为对照品种。

5　接种

5.1　接种时期

大豆霜霉病成株期抗性鉴定接种时期为花前期。

5.2　接种方法

将制成的孢子囊悬浮液用喷雾器喷雾接种于鉴定材料的植株上,重点喷叶背面,接种量控制在 4 mL/株～6 mL/株。

5.3 接种后管理

接种后需保湿 24 h,可采取喷雾或沟灌等措施保持湿度。

6 病情调查

6.1 调查时间

病情调查于接种 15 d 后发病盛期时进行。

6.2 调查方法

调查每份鉴定材料的全部株数的全株发病情况,根据病害症状描述,逐份材料进行调查,记载病情级别,计算出病情指数。

6.3 病情分级

病情分级及其对应的症状描述见表1。

表 1 大豆抗霜霉病鉴定植株病情级别划分

病情级别	症状描述
0	无病斑或其他感染标志
1	叶片上仅有少数局限型点状病斑,直径 0.5 mm 以下,病斑占叶面积1%以下
3	叶片上散生不规则形褪绿病斑,直径 1 mm~2 mm,病斑占叶面积1%~5%
5	病斑扩展,直径 3 mm~4 mm,病斑占叶面积6%~20%
7	扩展型病斑,直径 4 mm 以上,病斑占叶面积21%~50%
9	扩展型病斑,病斑相连呈不规则形大型斑,病斑占叶面积51%以上

6.4 病情指数计算

按式(1)计算。

$$DI = \frac{\sum (s \times n)}{N \times S} \times 100 \quad \cdots\cdots (1)$$

式中:

DI ——病情指数;

s ——各病情级别的代表数值;

n ——各病情级别的植株数,单位为株;

N ——调查总株数,单位为株;

S ——最高病情级别的代表数值。

7 抗性评价

7.1 有效性鉴定

当感病对照材料达到其相应感病程度($DI>60$),该批次视为有效。

7.2 抗性评价标准

依据鉴定材料的发病程度(病情指数)确定其对霜霉病的抗性水平,划分标准见表2。

表 2 大豆对霜霉病抗性评价标准

病情指数(DI)	抗性评价
$0 \leqslant DI \leqslant 20$	高抗 Highly resistant(HR)
$20 < DI \leqslant 40$	抗病 Resistant(R)
$40 < DI \leqslant 60$	中抗 Moderately resistant(MR)
$60 < DI \leqslant 80$	感病 Susceptible(S)
$80 < DI \leqslant 100$	高感 Highly susceptible(HS)

7.3 重复鉴定

资源材料若初次鉴定表现为高抗、抗、中抗,需进行重复鉴定。

7.4 抗性判断

根据重复抗性鉴定结果,以记载的最高发病程度,对鉴定材料进行抗病性评价。

8 鉴定记载表

大豆抗霜霉病鉴定结果记载表见附录 B。

附　录　A
（资料性附录）
大豆霜霉病菌和生理小种

A.1 学名和形态描述

A.1.1 学名

东北霜霉菌 *Peronospora manshurica* (Naum.) Syd.。

A.1.2 形态描述

大豆霜霉病由卵菌门、霜霉目、霜霉科、霜霉属、东北霜霉菌引起。病斑背面灰白色霉层为病菌孢囊梗和孢子囊。孢囊梗单生或数根束生，无色，树枝状，上端呈二叉状分枝 3 次～4 次。主枝呈对称状，弯或微弯，小枝呈锐角或直角分枝，最末小枝顶端尖锐，其上着生一个孢子囊。孢子囊椭圆形，卵形，球形，无色，单胞，表面光滑，(14～26) μm×(14～20) μm。卵孢子近球形黄褐色，29 μm～50 μm，壁厚，表面光滑或有突起物。

A.2 生理小种

大豆霜霉病菌寄主范围较窄，只能在大豆和野生大豆上寄生。病菌存在明显的生理分化现象，应用 12 个国际鉴别寄主（Pridesoy、Norchief、Mukden、Richland、Roanoke、Illini、S‐100、Palmetto、Dorman、Ogden、Kabott、Woods-yellow），可对霜霉病菌进行生理小种鉴定。

附　录　B

（规范性附录）

大豆抗霜霉病鉴定结果记载表

大豆抗霜霉病鉴定结果记载表见表 B.1。

表 B.1 _____年大豆抗霜霉病鉴定结果记载表

编号	品种/种质名称	来源	调查总数	病情级别						病情指数	抗性评价
				0级	1级	3级	5级	7级	9级		

鉴定地点：_____

接种病原菌分离物编号：_____　　来源：_____

接种日期：_____　　调查日期：_____

鉴定人(签字)：

_____

ICS 65.020
B 16

中华人民共和国农业行业标准

NY/T 3114.4—2017

大豆抗病虫性鉴定技术规范
第4部分：大豆抗细菌性斑点病鉴定
技术规范

Technical specification for evaluation of soybean for resistance to pests—
Part 4：Technical specification for evaluation of soybean for
resistance to soybean bacterial blight

2017-09-30 发布   2018-01-01 实施

中华人民共和国农业部 发布

前　言

NY/T 3114《大豆抗病虫性鉴定技术规范》分为6个部分：
——第1部分：大豆抗花叶病毒病鉴定技术规范；
——第2部分：大豆抗灰斑病鉴定技术规范；
——第3部分：大豆抗霜霉病鉴定技术规范；
——第4部分：大豆抗细菌性斑点病鉴定技术规范；
——第5部分：大豆抗大豆蚜鉴定技术规范；
——第6部分：大豆抗食心虫鉴定技术规范。

本部分为NY/T 3114的第4部分。

本部分按照GB/T 1.1—2009给出的规则起草。

本部分由中华人民共和国农业部提出并归口。

本部分起草单位：吉林省农业科学院。

本部分主要起草人：晋齐鸣、张伟、苏前富、宋淑云、李红、孟玲敏、贾娇。

大豆抗病虫性鉴定技术规范
第4部分：大豆抗细菌性斑点病鉴定技术规范

1 范围

本部分规定了大豆抗细菌性斑点病鉴定技术方法和抗性评价标准。

本部分适用于各种大豆种质资源对大豆细菌性斑点病抗性的田间人工接种鉴定及评价。

2 术语和定义

下列术语和定义适用于本文件。

2.1

大豆细菌性斑点病 soybean bacterial blight

由丁香假单胞菌大豆致病变种[*Pseudomonas syringae* pv. *glycinea*(Coerper)Young,Dye & Wilkic]所引起的危害大豆幼苗、叶片、叶柄、茎及豆荚的细菌病害。

2.2

抗病性 disease resistance

植物体所具有的能够减轻或克服病原物致病作用的可遗传的性状。

2.3

抗病性鉴定 identification of disease resistance

通过适宜技术方法鉴定植物对特定病害的抵抗水平。

2.4

抗性评价 evaluation of resistance

根据采用的技术标准判别植物寄主对特定病虫害反应程度和抵抗水平的描述。

2.5

病原分离物 pathogenic isolate

采用人工方法,从植物发病部位分离获得的病原物的纯培养物。

2.6

致病性 pathogenicity

病原物侵染寄主植物引起发病的能力。

2.7

培养基 medium

自然或人工配制的、可以使病原体在其上生长的基质。

2.8

接种体 inoculum

用于接种以引起病害的病原物或病原物的一部分。

2.9

接种悬浮液 inoculum suspension

用于接种的含有定量接种体的液体。

2.10

人工接种 **artificial inoculation**

在适宜条件下,通过人工操作将接种体置于植物体适当部位并使之发病的一种技术。

2.11

病情级别 **disease rating scale**

人为定量植物个体或群体发病程度的数值化描述。

2.12

病情指数 **disease index**

通过对植株个体发病程度(病情级别)数值的综合计算所获得的群体发病程度的数值化描述形式。

2.13

生理小种 **physiological race**

病原物种内或专化型内在形态上相似,但对寄主植物不同品种具有显著致病性差异的生物类群。

2.14

鉴别寄主 **differential host**

用于鉴定和区分特定病原物的生理小种/致病性/株系的一套带有不同抗性基因的寄主品种、品系或材料。

3 病原物接种体制备

3.1 病原物分离

采用常规稀释分离法或平板划线分离法,从田间发病植株叶片的典型病斑上分离大豆细菌性斑点病病原物。分离物经纯化及致病性测定后,进行形态特征、培养性状、生理生化特征等鉴定确认为丁香假单胞菌大豆致病变种[*Pseudomonas syringae* pv. *glycinea*(Coerper)Young,Dye & Wilkic]后(参见附录A的A.1),用酵母粉葡萄糖氯霉素琼脂(yeast extra dextrose chloramphenicol agar,YDC)培养基4℃冰箱保存备用。

酵母粉葡萄糖氯霉素琼脂(YDC)培养基配置方法:酵母浸粉(5.0 g/L),葡萄糖(20.0 g/L),氯霉素(0.1 g/L),琼脂(14.9 g/L),蒸馏水 1 000 mL,高压灭菌(121℃,20 min)。

3.2 生理小种鉴定

对用于抗性鉴定接种的病原分离物进行生理小种鉴定,鉴定方法参见 A.2。

3.3 接种体的繁殖和保存

3.3.1 接种体的繁殖

在接种前需进行病原物接种体的繁殖。常用的扩繁方法通过营养肉汤酵母膏(nutrient broth yeast extract,NBY)液体培养基扩繁。

营养肉汤酵母膏(NBY)液体培养基配置方法:牛肉汁(8.0 g/L),酵母膏(2.0 g/L),磷酸氢二钾(2.0 g/L),磷酸二氢钾(0.5 g/L),葡萄糖(2.5 g/L),琼脂(15 g/L),水 1 L,121℃灭菌 20 min 后加 1 mL过滤灭菌的 1 mol/L $MgSO_4 \cdot 7H_2O$ 溶液(Vidaver,1967)。

3.3.2 接种体的保存

甘油冷冻保存法:经营养肉汤酵母膏(NBY)液体培养基扩繁(28℃,过夜)的病原菌,加入无菌甘油混合使终浓度达到 15%~30%,分装至事先灭菌的菌种保存管(1 mL/管~2 mL/管),−80℃保存,可以保存 1 年以上。

4 鉴定设计

在鉴定圃中,鉴定材料按生育期顺序排列,每品种种植行长 5 m,1 行区,10 cm 等距点播。每隔 2 个品种种 1 行病粒种子为诱发行,保持田间发病分布均匀。每 15 份~20 份鉴定材料间设 1 组抗病和感病对照品种。根据当地适合生育期选择已知抗病、感病且其抗感性稳定的材料作为对照品种。

5 接种

5.1 接种时期

大豆细菌性斑点病成株期抗性鉴定接种时期为开花初期。

5.2 接种方法

田间接种前 3 d 繁殖病原菌,28℃培养 24 h～48 h,接种菌悬浮液浓度约为 $3×10^8$ CFU/mL。选择阴天或雨后傍晚无风时用喷雾器进行全田全株均匀喷雾接种,两周后进行第二次接种,以叶片布满接种液为准。分生理小种接种时要使用不同的喷雾器并做好隔离,防止小种间混合侵染。

5.3 接种后管理

接种后需保湿 48 h,可采取喷雾或沟灌等措施保持湿度。

6 病情调查

6.1 调查时间

病情调查于接种后 15 d 左右进行。

6.2 调查方法

调查每份鉴定材料的全部株数的全株发病情况,根据病害症状描述,逐份材料进行调查,记载病情级别,计算出病情指数。

6.3 病情分级

病情分级及其对应的症状描述见表1。

表 1 大豆抗细菌性斑点病鉴定植株病情级别划分

病情级别	症状描述
0	无病斑或其他感染标志
1	叶片仅散生少量局限型褐色斑点,直径 0.5 mm 左右,病斑约占叶面积 1%以下
3	病斑散生,较多局限型斑点,直径 1 mm 左右,占叶面积 1%～5%
5	病斑散生,不规则型,直径 2 mm,占叶面积 6%～10%
7	病斑不规则,扩展相连呈小片坏死斑,占叶片面积 10%～25%
9	病斑扩展,大块连片,占叶片面积 26%以上,叶片萎蔫死亡

6.4 病情指数计算

按式(1)计算。

$$DI = \frac{\sum (s×n)}{N×S} × 100 \quad\cdots\cdots(1)$$

式中:

DI ——病情指数;

s ——各病情级别的代表数值;

n ——各病情级别的植株数,单位为株;

N ——调查总株数,单位为株;

S ——最高病情级别的代表数值。

7 抗性评价

7.1 有效性鉴定

当设置的感病对照材料达到其相应感病程度($DI>60$),该批次视为有效。

7.2 抗性评价标准

根据鉴定材料的发病程度(病情指数)确定其对大豆细菌性斑点病的抗性水平,划分标准见表2。

表2 大豆对细菌性斑点病抗性评价标准

病情指数(DI)	抗性评价
$0 \leqslant DI \leqslant 20$	高抗 Highly resistant(HR)
$20 < DI \leqslant 40$	抗病 Resistant(R)
$40 < DI \leqslant 60$	中抗 Moderately resistant(MR)
$60 < DI \leqslant 80$	感病 Susceptible(S)
$80 < DI \leqslant 100$	高感 Highly susceptible(HS)

7.3 重复鉴定

资源材料若初次鉴定表现为高抗、抗、中抗,需进行重复鉴定。

7.4 抗性判断

根据重复抗性鉴定结果,以记载的最高发病程度,对鉴定材料进行抗病性评价。

8 鉴定记载表

大豆抗细菌性斑点病鉴定结果记载表见附录B。

附　录　A
（资料性附录）
大豆细菌性斑点病病原菌和生理小种

A.1　学名和形态描述

A.1.1　学名

丁香假单胞菌大豆致病变种 *Pseudomonas syringae* pv. *glycinea*(Coerper)Young,Dye & Wilkic。

A.1.2　形态描述

菌体杆状，极生鞭毛1根～3根，大小0.6 μm～0.9 μm，有荚膜，无芽孢，革兰氏染色阴性。在肉汁胨琼脂培养基上，菌落圆形白色，有光泽，稍隆起，表面光滑边缘整齐。

A.2　生理小种

应用7个国际鉴别寄主 Acme、Chippewa、Flambean、Harosoy、Lindarin、Merit 和 Norchief，可对细菌性斑点病菌进行生理小种鉴定。

附　录　B

（规范性附录）

大豆抗细菌性斑点病鉴定结果记载表

大豆抗细菌性斑点病鉴定结果记载表见表 B.1。

表 B.1 _____年大豆抗细菌性斑点病鉴定结果记载表

编号	品种/种质名称	来源	调查总数	病情级别						病情指数	抗性评价
				0级	1级	3级	5级	7级	9级		

鉴定地点：_____

接种病原菌分离物编号：_____　　　来源：_____

接种日期：_____　　　调查日期：_____

鉴定人(签字)：

ICS 65.020
B 16

中华人民共和国农业行业标准

NY/T 3114.5—2017

大豆抗病虫性鉴定技术规范
第5部分：大豆抗大豆蚜鉴定技术规范

Technical specification for evaluation of soybean for resistance to pests—
Part 5：Technical specification for evaluation of soybean for
resistance to soybean aphid

2017-09-30 发布　　　　　　　　　　　　　　2018-01-01 实施

中华人民共和国农业部 发布

前　言

NY/T 3114《大豆抗病虫性鉴定技术规范》分为6个部分：
——第1部分：大豆抗花叶病毒病鉴定技术规范；
——第2部分：大豆抗灰斑病鉴定技术规范；
——第3部分：大豆抗霜霉病鉴定技术规范；
——第4部分：大豆抗细菌性斑点病鉴定技术规范；
——第5部分：大豆抗大豆蚜鉴定技术规范；
——第6部分：大豆抗大豆食心虫鉴定技术规范；
本部分为NY/T 3114的第5部分。
本部分按照GB/T 1.1—2009给出的规则起草。
本部分由中华人民共和国农业部提出并归口。
本部分起草单位：吉林省农业科学院。
本部分主要起草人：晋齐鸣、张伟、苏前富、宋淑云、李红、孟玲敏、贾娇、高月波。

大豆抗病虫性鉴定技术规范
第 5 部分:大豆抗大豆蚜鉴定技术规范

1 范围

本部分规定了大豆抗大豆蚜鉴定技术方法和抗性评价标准。

本部分适用于各种大豆种质资源对大豆蚜的人工接虫鉴定及评价。

2 术语和定义

下列术语和定义适用于本文件。

2.1

大豆蚜 soybean aphid

大豆蚜(*Aphis glycines* Matsumura)属半翅目蚜科,是一种寡食性、异寄主昆虫(参见附录 A)。主要刺吸危害大豆幼嫩部位,如心叶及顶端嫩茎及嫩叶,是大豆的主要害虫。

2.2

抗虫性 insect resistance

植物体所具有的能够减轻或克服害虫危害的可遗传性状。

2.3

抗虫性鉴定 identification of insect resistance

通过适宜技术方法鉴别植物对其特定害虫的抵抗水平。

2.4

抗性评价 evaluation of resistance

根据采用的技术标准判别寄主植物对特定病虫害反应程度和抵抗水平的描述。

2.5

人工接虫 artificial infestation

在适宜条件下,通过人工操作将害虫放于植物体适当部位并使之受损伤的一种技术。

2.6

抗虫标准品种 standard insect-resistant variety

某品种针对某害虫具有稳定的抗虫性,可作为鉴定有效性判别品种使用。

2.7

感虫标准品种 standard insect-susceptible variety

某品种针对某害虫具有稳定的感虫性,可作为鉴定有效性判别品种使用。

2.8

被害指数 damaged index

寄主植物在受到蚜虫为害时,所表现出的受害严重程度。

3 鉴定设计

在筛网孔径为 425 μm 的防虫网室内对参鉴材料进行人工接虫鉴定,网室大小根据供鉴材料的数量灵活掌握。网室内,鉴定材料按生育期顺序排列,每品种种植行长 5 m,1 行区,10 cm 等距点播。每 15

份～20 份鉴定材料设一组抗虫和感虫的标准对照品种。根据当地适合生育期选择已知抗虫、感虫且其抗感性稳定的材料作为对照品种。

4 接虫

4.1 接虫时期

于生长 V1 阶段(三叶期)接蚜。

4.2 大豆蚜准备

接蚜前先要进行蚜虫的繁殖,于田间大豆蚜发生初始,采集田间自然发生的大豆蚜,接在盆栽感虫大豆上,扣纱网繁殖,用来进行人工接蚜鉴定。

4.3 接虫方法

每株用毛笔接成活一致的无翅幼蚜 5 头于复叶上。

5 危害调查

5.1 调查时间

于接蚜后 20 d 和 30 d 各调查一次。

5.2 调查方法

记载各品种的株数,每株受害严重程度,记载蚜害级别及调查总株数,计算被害指数(DI)。

5.3 蚜害分级

蚜害分级及其对应的症状描述见表1。

表 1 蚜害级别的划分

蚜害级别	症状描述
0	全株无蚜虫
1	植株上有零星蚜虫
3	心叶及嫩茎有少量蚜虫
5	心叶及嫩茎有较多蚜虫,但未卷叶
7	心叶及嫩茎布满蚜虫,心叶卷曲
9	全株蚜量极多,较多叶片卷曲,植株矮小

5.4 被害指数计算

按式(1)计算。

$$DI = \frac{\sum(s \times n)}{N \times S} \times 100 \quad \dots\dots\dots\dots\dots\dots\dots\dots\dots\dots\dots \quad (1)$$

式中:

DI ——被害指数;

s ——各蚜害级别的代表数值;

n ——各蚜害级别的植株数,单位为株;

N ——调查总株数,单位为株;

S ——最高蚜害级别的代表数值。

6 抗性评价

6.1 有效性鉴定

当设置的对照品种达到其相应感虫程度(感虫 $DI > 66$),该批次视为有效。

6.2 抗性评价标准

根据鉴定材料的被害指数确定其对大豆蚜的抗性水平(以20 d调查的结果为主),划分标准见表2。

表2 大豆对大豆蚜抗性评价标准

被害指数(DI)	抗性评价
0≤DI≤20	高抗 Highly resistant(HR)
20＜DI≤36	抗虫 Resistant(R)
36＜DI≤66	中抗 Moderately resistant(MR)
66＜DI≤80	感虫 Susceptible(S)
80＜DI≤100	高感 Highly susceptible(HS)

6.3 重复鉴定

资源材料若初次鉴定表现为高抗、抗、中抗,需进行重复鉴定。

6.4 抗性判断

根据重复抗性鉴定结果,以记载的最高被害程度,对鉴定材料进行抗虫性评价。

7 鉴定记载表

大豆抗大豆蚜鉴定结果记载表见附录B。

附　录　A
（资料性附录）
大　豆　蚜

A.1　学名

大豆蚜 *Aphis glycines* Matsumura。

A.2　形态特征

无翅孤雌蚜体长 1.3 mm～1.6 mm,长椭圆形。黄色至黄绿色。腹管淡色,端半部黑色,表皮有模糊横网纹。腹部第 1、第 7 节有锥状钝圆形突起;额瘤不明显。第 8 腹节有毛 2 根。触角短于躯体,为体长的 0.7 倍,第 4、第 5 节末端及第 6 节黑色,第 3～第 6 节长度比例为 100∶72∶60∶39。喙超过中足基节,长为后跗节第 2 节的 1.4 倍。跗节第 1 节毛序为 3,3,2。腹管长为触角第 3 节的 1.3 倍。尾片圆锥状,有长毛 7 根～10 根。臀板具细毛。有翅孤雌蚜体长 1.2 mm～1.6 mm,长椭圆形,头、胸黑色,额瘤不明显,腹部圆筒状,基部宽,黄绿色,腹管基半部灰色,端中部黑色,腹管后斑方形,第 2～第 4 节各有小缘斑,第 4～第 7 节有小横斑或带。尾片圆锥形,具长毛 7 根～10 根,臀板末端钝圆多毛。触角长 1.1 mm,第 3 节一般有 3 个～8 个小环状次生感觉圈排成一行,第 6 节鞭节为基部 2 倍以上。

附　录　B

（规范性附录）

大豆抗大豆蚜鉴定结果记载表

大豆抗大豆蚜鉴定结果记载表见表 B.1。

表 B.1 _____年大豆抗大豆蚜鉴定结果记载表

编号	品种名称	来源	调查总数	蚜害级别						被害指数	抗性评价
				0级	1级	3级	5级	7级	9级		

鉴定地点：_____

接蚜日期：_____　　　　调查日期：_____

鉴定人（签字）：

ICS 65.020
B 16

中华人民共和国农业行业标准

NY/T 3114.6—2017

大豆抗病虫性鉴定技术规范
第6部分:大豆抗食心虫鉴定技术规范

Technical specification for evaluation of soybean for resistance to pests—
Part 6: Technical specification for evaluation of soybean for
resistance to soybean pod borer

2017-09-30 发布

2018-01-01 实施

中华人民共和国农业部 发布

前　言

NY/T 3114《大豆抗病虫性鉴定技术规范》分为6个部分：
——第1部分:大豆抗花叶病毒病鉴定技术规范；
——第2部分:大豆抗灰斑病鉴定技术规范；
——第3部分:大豆抗霜霉病鉴定技术规范；
——第4部分:大豆抗细菌性斑点病鉴定技术规范；
——第5部分:大豆抗大豆蚜鉴定技术规范；
——第6部分:大豆抗食心虫鉴定技术规范。

本部分为NY/T 3114的第6部分。

本部分按照GB/T 1.1—2009给出的规则起草。

本部分由中华人民共和国农业部提出并归口。

本部分起草单位:吉林省农业科学院。

本部分主要起草人:晋齐鸣、张伟、苏前富、宋淑云、李红、孟玲敏、贾娇、高月波。

大豆抗病虫性鉴定技术规范
第6部分:大豆抗食心虫鉴定技术规范

1 范围

本部分规定了大豆抗食心虫鉴定技术方法和抗性评价标准。

本部分适用于各种大豆种质资源对大豆食心虫的人工接虫鉴定及评价。

2 术语和定义

下列术语和定义适用于本文件。

2.1

大豆食心虫 soybean pod borer

大豆食心虫(*Leguminivora glycinivorella* Matsumura)属鳞翅目、小卷蛾科害虫,是以幼虫危害大豆豆荚、豆粒,严重降低产量和品质的大豆重要害虫(参见附录A)。

2.2

抗虫性 insect resistance

植物体所具有的能够减轻或克服害虫危害的可遗传性状。

2.3

抗虫性鉴定 identification of insect resistance

通过适宜技术方法鉴别植物对其特定害虫的抵抗水平。

2.4

抗性评价 evaluation of resistance

根据采用的技术标准判别寄主植物对特定病虫害反应程度和抵抗水平的描述。

2.5

人工接虫 artificial infestation

在适宜条件下,通过人工操作将害虫放于植物体适当部位并使之受损伤的一种技术。

2.6

抗虫标准品种 standard insect-resistant variety

某品种针对某害虫具有稳定的抗虫性,可作为鉴定有效性判别品种使用。

2.7

感虫标准品种 standard insect-susceptible variety

某品种针对某害虫具有稳定的感虫性,可作为鉴定有效性判别品种使用。

2.8

虫食率 percentage of damaged seeds

大豆食心虫危害大豆籽粒数占总粒数的百分率。

3 鉴定设计

在筛网孔径为425 μm的防虫网室内进行大豆食心虫人工接虫鉴定,网室大小根据供鉴材料的数量灵活掌握。在大豆食心虫羽化前扣网。网室内,鉴定材料按生育期顺序排列,每品种种植行长5 m,1行区,10 cm 等距点播。每 15 份～20 份鉴定材料设一组抗虫和感虫的标准对照品种。根据当地适合生育期选择已知抗虫、感虫且其抗感性稳定的材料作为对照品种。

4 接虫

4.1 接虫时期

8 月上中旬大豆食心虫成虫盛发期时。

4.2 接虫方法

利用捕虫网(管)每天捕捉成虫放入网室内,直至网室内每平方米达到 5 对雌雄蛾时为止。

5 危害调查

5.1 调查时间

大豆成熟收获后。

5.2 调查方法

每品种单收单打,晾干脱粒,调查虫食粒数。用数粒板随机撮取 100 粒为一次重复,共重复 10 次,计算平均虫食率。

5.3 虫食率计算

按式(1)计算。

$$P = \frac{n}{N} \times 100 \cdots\cdots\cdots\cdots\cdots\cdots\cdots\cdots\cdots\cdots (1)$$

式中:

P ——虫食百分率,单位为百分率;

n ——虫食粒数,单位为粒;

N——调查总粒数,单位为粒。

6 抗性评价

6.1 有效性鉴定

当设置的对照品种达到其相应感虫程度(感虫 $P > 15$),该批次视为有效。

6.2 抗性评价标准

根据鉴定材料的虫食率确定其对大豆食心虫的抗性水平,划分标准见表 1。

表 1 大豆对大豆食心虫抗性评价标准

虫食率(P),%	抗性评价
$0 \leq P \leq 10$	高抗 Highly resistant(HR)
$10 < P \leq 12$	抗虫 Resistant(R)
$12 < P \leq 15$	中抗 Moderately resistant(MR)
$15 < P \leq 25$	感虫 Susceptible(S)
$25 < P \leq 100$	高感 Highly susceptible(HS)

6.3 重复鉴定

资源材料若初次鉴定表现为高抗、抗、中抗,需进行重复鉴定。

6.4 抗性判断

根据重复抗性鉴定结果,以记载的最高被害程度,对鉴定材料进行抗虫性评价。

7 鉴定记载表

大豆抗食心虫鉴定结果记载表见附录 B。

附 录 A
(资料性附录)
大 豆 食 心 虫

A.1 学名

大豆食心虫 *Leguminivora glycinivorella* Matsumura。

A.2 形态特征

成虫体长 5 mm～6 mm,翅展 12 mm～14 mm。暗褐色至黄褐色,雄蛾色较淡。前翅有灰、黄、褐三色相杂,翅顶后方稍凹,沿翅前缘有 10 条左右黑紫色短斜线,近外缘稍下部分有银灰色椭圆形斑,斑内有 3 个小黑点。后翅淡褐色,前缘银灰色。雌蛾前翅色较深,翅缰 3 根,腹部末端较尖。雄蛾前翅色较淡,有翅缰 1 根,腹部末端较钝。卵扁椭圆形,长约 0.5 mm,初产乳白色,后变橘黄色。幼虫体长 8 mm～10 mm,幼龄期淡黄色,老熟后橙红色,腹足趾钩 14 个～30 个,单序全环。蛹体长约 6 mm,纺锤形,红褐色,第 2～第 7 腹节背面后缘各有刺 1 列,第 8～第 9 腹节仅有 1 列大刺。腹部末端背面有 8 根大短刺。茧长椭圆形,白色丝质,外附着土粒。

附　录　B
（规范性附录）
大豆抗食心虫鉴定结果记载表

大豆抗食心虫鉴定结果记载表见表 B.1。

表 B.1 _____年大豆抗食心虫鉴定结果记载表

编　号	品种名称	来源	调查总数	虫食率,%											抗性评价
				1	2	3	4	5	6	7	8	9	10	平均	

鉴定地点:_____
接虫日期:_____　　　　调查日期:_____

鉴定人(签字):

_____

ICS 03.100.30
A 18

中华人民共和国农业行业标准

NY/T 3127—2017

农作物植保员

2017-12-22 发布

2018-06-01 实施

中华人民共和国农业部 发布

NY/T 3127—2017

前　言

本标准由农业部人事劳动司提出并归口。

本标准起草单位：农业部人力资源开发中心、全国农业技术推广服务中心。

本标准起草人：熊红利、姜忠涛、武向文、王航、岳云。

本标准审定人员：彭青香、陈伟、张曦。

农作物植保员

1 职业概况

1.1 职业名称

农作物植保员

1.2 职业定义

从事农作物病、虫、草、鼠等有害生物发生情况的调查、检验、检测,实施防控措施的人员。

1.3 职业技能等级

本职业共设五个等级,分别为:初级技能(国家职业资格五级)、中级技能(国家职业资格四级)、高级技能(国家职业资格三级)、技师(国家职业资格二级)、高级技师(国家职业资格一级)。

1.4 职业环境条件

室内、室外,常温。

1.5 职业能力倾向

具有一定的学习能力、计算能力、颜色与气味辨别能力、语言表达和分析判断能力,手眼动作协调。

1.6 普通受教育程度

初中毕业(或相当文化程度)。

1.7 职业培训要求

1) 晋级培训期限

初级技能不少于 150 标准学时;中级技能不少于 120 标准学时;高级技能不少于 100 标准学时;技师不少于 100 标准学时;高级技师不少于 80 标准学时。

2) 培训教师

培训初、中级技能的教师应具有本职业技师及以上职业资格证书或本专业中级及以上专业技术职务任职资格;培训高级、技师的教师应具有本职业高级技师职业资格证书或本专业高级专业技术职务任职资格;培训高级技师的教师应具有本职业高级技师职业资格证书 2 年以上或本专业高级专业技术职务任职资格。

3) 培训场所设备

满足教学需要的标准教室、实验室和教学基地,具有相关的仪器设备及教学用具。

1.8 职业技能鉴定要求

1) 申报条件

——具备以下条件之一者,可申报五级/初级技能:

(1) 经本职业五级/初级技能正规培训达到规定标准学时数,并取得结业证书。

(2) 连续从事本职业工作 1 年以上。

——具备以下条件之一者,可申报四级/中级技能:

(1) 取得本职业五级/初级技能职业资格证书后,连续从事本职业工作 2 年以上,经本职业四级/中级技能正规培训达到规定标准学时数,并取得结业证书。

(2) 取得本职业五级/初级技能职业资格证书后,连续从事本职业工作 4 年以上。

(3) 连续从事本职业工作 6 年以上。

(4) 取得技工学校毕业证书;或取得经人力资源社会保障行政部门审核认定、以中级技能为培养目标的中等及以上职业学校本专业毕业证书(含尚未取得毕业证书的在校应届毕业生)。

——具备以下条件之一者,可申报三级/高级技能:

（1）取得本职业四级/中级技能职业资格证书后,连续从事本职业工作 2 年以上,经本职业三级/高级技能正规培训达到规定标准学时数,并取得结业证书。

（2）取得本职业四级/中级技能职业资格证书后,连续从事本职业工作 4 年以上。

（3）取得本职业四级/中级技能职业资格证书,并具有高级技工学校、技师学院毕业证书;或取得本职业四级/中级技能职业资格证书,并经人力资源社会保障行政部门审核认定、以高级技能为培养目标、具有高等职业学校本专业毕业证书(含尚未取得毕业证书的在校应届毕业生)。

（4）具有大专及以上本专业或相关专业毕业证书,并取得本职业四级/中级技能职业资格证书,连续从事本职业工作 2 年以上。

——具备以下条件之一者,可申报二级/技师:

（1）取得本职业三级/高级技能职业资格证书后,连续从事本职业工作 5 年以上,经本职业二级/技师正规培训达到规定标准学时数,并取得结业证书。

（2）取得本职业三级/高级技能职业资格证书后,连续从事本职业工作 8 年以上。

（3）取得本职业三级/高级技能职业资格证书的高级技工学校、技师学院本专业毕业生,连续从事本职业工作 3 年以上。

——具备以下条件之一者,可申报一级/高级技师:

（1）取得本职业二级/技师职业资格证书后,连续从事本职业工作 3 年以上,经本职业一级/高级技师正规培训达到规定标准学时数,并取得结业证书。

（2）取得本职业二级/技师职业资格证书后,连续从事本职业工作 5 年以上。

2）鉴定方式

分为理论知识考试和操作技能考核。理论知识考试采用闭卷笔试方式,操作技能考核采用现场实际操作、模拟和口试等方式。理论知识考试和操作技能考核均实行百分制,成绩皆达 60 分及以上者为合格。技师、高级技师还须进行综合评审。

3）监考及考评人员与考生配比

理论知识考试中的监考人员与考生配比为 1∶15,每个标准教室不少于 2 名监考人员;操作技能考核中的考评人员与考生配比为 1∶5,且不少于 3 名考评人员;综合评审委员不少于 5 人。

4）鉴定时间

理论知识考试时间不少于 90 min;操作技能考核时间不少于 60 min;综合评审时间不少于 30 min。

5）鉴定场所设备

理论知识考试在标准教室进行;操作技能考核在具有必要设备的植保实验室及田间现场进行。

2 基本要求

2.1 职业道德

2.1.1 职业道德基本知识

2.1.2 职业守则

（1）遵纪守法,诚信为本。
（2）爱岗敬业,认真负责。
（3）勤奋努力,精益求精。
（4）吃苦耐劳,团结合作。
（5）规范操作,实事求是。

2.2 基础知识

2.2.1 专业知识

（1）植物保护基础知识。

（2）农作物病虫草鼠害调查、测报、检验、检测基础知识。

（3）农作物有害生物综合防治知识。

（4）农药及药械应用基础知识。

（5）植物检疫基础知识。

（6）作物栽培基础知识。

（7）植物保护技术推广知识。

（8）计算机及网络应用知识。

2.2.2 安全知识

（1）安全使用农药知识。

（2）安全用电知识。

（3）安全使用农机具知识。

2.2.3 相关法律、法规知识

（1）《中华人民共和国农业法》的相关知识。

（2）《中华人民共和国农业技术推广法》的相关知识。

（3）《中华人民共和国种子法》的相关知识。

（4）《中华人民共和国农产品质量安全法》的相关知识。

（5）《中华人民共和国劳动法》的相关知识。

（6）《中华人民共和国植物检疫条例》的相关知识。

（7）《中华人民共和国农药管理条例》的相关知识。

3 工作要求

本标准对初级、中级、高级、技师和高级技师的技能要求依次递进，高级别涵盖低级别的要求。

3.1 初级技能

职业功能	工作内容	技能要求	相关知识要求
1 预测预报	1.1 田间调查	1.1.1 能识别当地主要病虫草鼠害为害症状及其天敌15种以上 1.1.2 能进行3种以上常发性病虫发生情况调查	1.1.1 病虫草种类识别知识及发生规律 1.1.2 田间调查方法 1.1.3 常见病虫草害发生特点
	1.2 整理数据	1.2.1 能进行百分率、平均数和虫口密度等简单计算	1.2.1 百分率、平均数和虫口密度的计算方法
	1.3 传递信息	1.3.1 能及时、准确描述病虫草鼠害发生情况	1.3.1 传递信息的基本方法
2 综合防治	2.1 阅读方案	2.1.1 能读懂防治方案并掌握关键点	2.1.1 综防原则 2.1.2 综防技术要点
	2.2 实施综防措施	2.2.1 能利用抗性品种和健身栽培等农业措施防治病虫 2.2.2 能利用灯光、黄板和性诱剂等物理措施诱杀害虫 2.2.3 能根据病虫草鼠害发生情况选择使用化学农药	2.2.1 农业措施方法防治病虫草鼠害知识 2.2.2 物理方法防治病虫草鼠害知识 2.2.3 化学方法防治病虫草鼠害知识

表（续）

职业功能	工作内容	技能要求	相关知识要求
3 农药（械）使用	3.1 农药识别	3.1.1 能识别农药的类别 3.1.2 能识别农药的剂型	3.1.1 农药用途分类知识 3.1.2 农药剂型分类知识
	3.2 准备农药（械）	3.2.1 能根据农药施用技术方案，正确备好农药（械）	3.2.1 农药（械）知识
	3.3 配制药液、毒土	3.3.1 能根据所需药液、毒土的浓度计算用药量和用水（土）量 3.3.2 掌握乳油、可湿性粉剂、毒土配制的基本步骤和方法 3.3.3 掌握乳油、可湿性粉剂、毒土配制的安全注意事项	3.3.1 乳油、可湿性粉剂、毒土配制方法和注意事项
	3.4 施用农药	3.4.1 能按照农药施用技术方案正确施用农药 3.4.2 能安装使用手（电）动小型喷雾器 3.4.3 能排除手（电）动小型喷雾器一般故障	3.4.1 手（电）动小型喷雾器构造及使用方法 3.4.2 安全施药方法和注意事项
	3.5 清洗药械	3.5.1 能正确处理清洗药械的污水和农药包装废弃物 3.5.2 能正确处理剩余农药	3.5.1 药械清洗与维护常识 3.5.2 农药废弃物处理常识
	3.6 保管农药（械）	3.6.1 能掌握不同剂型农药的保管方法 3.6.2 能掌握农药（械）保管的安全注意事项	3.6.1 农药（械）储存及保管常识

3.2 中级技能

职业功能	工作内容	技能要求	相关知识要求
1 预测预报	1.1 田间调查	1.1.1 能识别当地主要病虫草鼠害为害症状及其天敌 25 种以上 1.1.2 能进行 5 种以上病虫发生情况调查	1.1.1 病虫草种类识别知识及发生规律 1.1.2 田间调查方法
	1.2 整理数据	1.2.1 能进行病情指数、普遍率等常规计算	1.2.1 病情指数、普遍率的计算方法
	1.3 传递信息	1.3.1 能及时、准确传递病虫草鼠害发生为害信息	1.3.1 传递信息的途径、方法和注意事项
2 综合防治	2.1 起草综防计划	2.1.1 能读懂县级以上植保部门发布的病虫情报 2.1.2 能结合实际对 1 种以上主要病虫草鼠害提出综防计划	2.1.1 病虫情报基本知识 2.1.2 病虫草鼠害综合防治基本知识
	2.2 实施综防措施	2.2.1 能对 1 种以上主要病虫草鼠害利用天敌进行生物防治 2.2.2 能对 1 种以上主要病虫草鼠害合理使用农药控害保益	2.2.1 生物防治基本知识 2.2.2 农药控害保益知识
3 农药（械）使用	3.1 农药识别	3.1.1 能根据农药标签辨别农药真伪 3.1.2 能根据农药外观辨别农药真伪	3.1.1 农药标签基础知识 3.1.2 农药外观识别知识
	3.2 配制药液、毒土	3.2.1 能根据所需药液、毒土的浓度计算用药量和用水（土）量 3.2.2 掌握悬浮剂、微乳剂农药配制的基本步骤和方法 3.2.3 掌握悬浮剂、微乳剂农药配制的安全注意事项	3.2.1 悬浮剂、微乳剂农药配制方法和注意事项

表（续）

职业功能	工作内容	技能要求	相关知识要求
3 农药（械）使用	3.3 施用农药	3.3.1 能使用背负式机动喷雾器 3.3.2 能排除背负式机动喷雾器一般故障	3.3.1 农药使用方法 3.3.2 农药中毒急救方法
	3.4 维修保养药械	3.4.1 能维修手(电)动小型喷雾器 3.4.2 能保养背负式机动喷雾器	3.4.1 喷雾器维修及保养方法

3.3 高级技能

职业功能	工作内容	技能要求	相关知识要求
1 预测预报	1.1 田间调查	1.1.1 能识别当地主要病虫草鼠害为害症状及其天敌50种以上 1.1.2 能对主要病虫进行发生期和发生量的调查	1.1.1 昆虫形态、病害诊断及杂草识别的一般知识 1.1.2 显微镜、解剖镜的操作使用方法 1.1.3 主要病虫系统调查方法
	1.2 数据分析	1.2.1 能使用计算机及相关软件做简单的统计分析 1.2.2 能编制统计图表	1.2.1 统计分析的一般方法 1.2.2 相关统计软件的使用
	1.3 预测分析	1.3.1 能使用计算机查看及传递病虫草鼠害发生信息 1.3.2 能确定防治适期和防治田块	1.3.1 主要病虫的防治指标 1.3.2 昆虫的世代和发育进度 1.3.3 计算机网络应用知识
2 综合防治	2.1 起草综防计划	2.1.1 能结合实际对3种以上主要病虫鼠害提出综防计划	2.1.1 病虫情报基本知识 2.1.2 病虫草鼠害综合防治基本知识
	2.2 实施综防措施	2.2.1 能对3种以上主要病虫草鼠害利用天敌进行生物防治 2.2.2 能对3种以上主要病虫鼠害合理使用农药控害保益	2.2.1 生物防治基本知识 2.2.2 农药控害保益知识
3 农药（械）使用	3.1 农药识别	3.1.1 能通过外观鉴别常用农药质量	3.1.1 农药鉴定常识 3.1.2 各种剂型农药基本性状知识
	3.2 配制药液、毒土	3.2.1 能进行液态剂型农药的配制 3.2.2 能进行固态剂型农药的配制	3.2.1 液态剂型农药配制知识 3.2.2 固态剂型农药配制知识
	3.3 施用农药	3.3.1 能正确使用主要类型的机动药械	3.3.1 农药安全使用常识
	3.4 维修保养药械	3.4.1 能保养主要类型的机动药械	3.4.1 主要药械的结构、性能及使用、养护方法
	3.5 农药残留检测	3.5.1 能使用快速检测仪检测农药残留	3.5.1 农残快速检测仪使用方法

3.4 技师

职业功能	工作内容	技能要求	相关知识要求
1 预测预报	1.1 田间调查	1.1.1 能对当地主要病虫草鼠进行系统调查 1.1.2 能安装、使用、维护常用调查器具	1.1.1 病虫测报调查规范 1.1.2 观测器具的使用方法和注意事项
	1.2 预测分析	1.2.1 能对主要病虫害进行数理统计分析	1.2.1 病虫害发生、消长规律 1.2.2 生物统计基础知识
	1.3 编写预报	1.3.1 能编写短期预报 1.3.2 能利用计算机、手机等媒介发布预报	1.3.1 科技应用文写作基本知识 1.3.2 信息网络应用知识
2 综合防治	2.1 制订综防计划	2.1.1 能以1种作物为对象制订有害生物综防计划	2.1.1 病虫草鼠害发生规律 2.1.2 作物品种与栽培技术
	2.2 农药试验	2.2.1 能够根据试验方案实施农药田间试验	2.2.1 田间试验方法
	2.3 协助建立综防示范区	2.3.1 能正确选点 2.3.2 能开展综防新技术的集成示范	2.3.1 病虫害综合防治知识 2.3.2 农业技术推广知识 2.3.3 作物栽培基本知识

表（续）

职业功能	工作内容	技能要求	相关知识要求
3 农药(械)使用	3.1 药剂选择及用量计算	3.1.1 能根据防治方案计算单位面积农药使用量	3.1.1 农药用量计算
	3.2 指导科学用药	3.2.1 能诊断和识别常见农药药害症状 3.2.2 能对农药生产性中毒事故进行应急处理	3.2.1 农药药害症状鉴别、诊断知识 3.2.2 农药安全使用及中毒事故急救知识
4 植物检疫	4.1 疫情调查	4.1.1 能识别当地主要的植物检疫性有害生物 4.1.2 能调查当地主要的植物检疫性有害生物	4.1.1 植物检疫性有害生物种类及发生特点 4.1.2 植物检疫性有害生物调查方法
	4.2 疫情封锁控制	4.2.1 能看懂调运和产地植物检疫证书 4.2.2 能对可能进入当地的植物检疫性有害生物进行监测 4.2.3 在植物检疫专业技术人员的指导下，能对危险性病虫进行消毒处理	4.2.1 植物检疫程序和方法 4.2.2 检疫性有害生物监测知识 4.2.3 危险性病虫消毒处理方法
5 培训	5.1 制订培训计划	5.1.1 能制订初、中级农作物植保员培训计划	5.1.1 农业技术培训方法
	5.2 实施培训	5.2.1 能联系实际进行室内和现场培训	

3.5 高级技师

职业功能	工作内容	技能要求	相关知识要求
1 预测预报	1.1 预测分析	1.1.1 能整理、归纳病虫调查数据及相关气象资料 1.1.2 能使用综合分析方法对主要病虫做出短期预测	1.1.1 病害流行基础知识 1.1.2 昆虫生态基础知识 1.1.3 数理统计基础知识 1.1.4 计算机应用技术 1.1.5 农业气象基础知识
	1.2 编写预报	1.2.1 能简明、准确地编写中期预报	1.2.1 病虫害预测预报知识 1.2.2 病虫情报撰写知识
2 综合防治	2.1 审核综防计划	2.1.1 能对综防计划的科学性、可行性和可操作性做出判断	2.1.1 经济效益评估基本知识
	2.2 农药试验	2.2.1 能根据提供的药剂设计农药田间试验方案 2.2.2 能对农药田间试验的结果进行分析	2.2.1 田间试验设计 2.2.2 生物统计基础知识
	2.3 检查、指导综防实施情况	2.3.1 能解决综防实施中的技术问题 2.3.2 能根据病虫预测信息，对综防措施提出调整意见 2.3.3 能撰写综防总结	2.3.1 病虫害综合防治知识
3 农药(械)使用	3.1 药剂选择及用量计算	3.1.1 能根据防治方案及效益综合确定防治农药(械)品种和数量	3.1.1 有害生物综合防治原则 3.1.2 农药合理使用知识
	3.2 检查指导药剂防治工作	3.2.1 能根据病虫预测信息，对药剂防治计划提出调整意见 3.2.2 能根据病虫草鼠害抗药性情况制订抗性治理方案	3.2.1 轮换用药原则和抗性治理知识
4 植物检疫	4.1 疫情调查	4.1.1 能通过室内镜检识别植物检疫性有害生物 4.1.2 能识别2种～3种新的植物检疫性有害生物	4.1.1 植物检疫性有害生物种类及发生特点 4.1.2 植物检疫性有害生物调查方法
	4.2 疫情封锁控制	4.2.1 能起草疫情防控方案 4.2.2 能根据方案落实植物检疫性有害生物防控措施	4.2.1 检疫对象封锁控制技术

表（续）

职业功能	工作内容		技能要求	相关知识要求
5 培训	5.1	制订培训计划	5.1.1 能制订中、高级农作物植保员培训计划	5.1.1 教育学基本知识
	5.2	编制教材	5.2.1 能编写培训讲义及教材	
	5.3	实施培训	5.3.1 能联系实际进行室内和现场培训	

4 比重表

4.1 理论知识

项　目	技能等级	初级（%）	中级（%）	高级（%）	技师（%）	高级技师（%）
基本要求	职业道德	5	5	5	5	5
	基础知识	35	30	25	20	20
相关知识要求	预测预报	16	16	24	15	12
	综合防治	16	26	22	14	11
	农药(械)使用	28	23	24	18	20
	植物检疫	—	—	—	16	10
	培训	—	—	—	12	22
合　计		100	100	100	100	100
注:"—"表示不配分。						

4.2 操作技能

项　目	技能等级	初级（%）	中级（%）	高级（%）	技师（%）	高级技师（%）
技能要求	预测预报	30	30	30	30	30
	综合防治	35	35	35	30	30
	农药(械)使用	35	35	35	20	20
	植物检疫	—	—	—	10	10
	培训	—	—	—	10	10
合　计		100	100	100	100	100
注:"—"表示不配分。						

ICS 65.100.01
G 23

中华人民共和国农业行业标准

NY/T 3129—2017

棉隆土壤消毒技术规程

Technical code of practice for dazomet soil disinfestation

2017-12-22 发布

2018-06-01 实施

中华人民共和国农业部 发布

前　言

　　本标准按照 GB/T 1.1—2009 给出的规则起草。

　　本标准由农业部科技教育司提出并归口。

　　本标准起草单位:中国农业科学院植物保护研究所。

　　本标准主要起草人:曹坳程、王秋霞、王全辉、王开祥、张艳萍、李雄亚、李园、欧阳灿彬、颜冬冬、仇耀康、管大海。

棉隆土壤消毒技术规程

1 范围

本标准规定了使用棉隆进行土壤消毒的术语和定义、基本要求、消毒前准备、消毒处理、消毒后管理以及注意事项。

本标准适用于为控制草莓、番茄、菊科和蔷薇科观赏花卉及姜等高附加值农作物连作障碍而进行的土壤消毒处理。

2 规范性引用文件

下列文件对于本文件的应用是必不可少的。凡是注日期的引用文件,仅注日期的版本适用于本文件。凡是不注日期的引用文件,其最新版本(包括所有的修改单)适用于本文件。

GB 12475 农药储运、销售和使用的防毒规程

3 术语和定义

下列术语和定义适用于本文件。

3.1

土传病害 soil borne disease

由土传病原物包括真菌、细菌、线虫、病毒等侵染引起的植物病害。

3.2

连作障碍 continuous cropping obstacle

同一作物或近缘作物连茬种植后,产生的土传有害生物加重、生长势变弱、发育异常、产量降低、品质下降的现象。

3.3

土壤消毒 soil disinfestation

为控制土传有害生物,采用物理、化学、生物或几种技术联合处理,杀灭耕作层土壤有害生物的措施。

4 基本要求

4.1 安全性要求

棉隆的运输、储运、销售、使用及废弃物处理,应符合 GB 12475 的要求,确保对农作物及非靶标生物、交通、周围环境、施药人员无不利影响。

4.2 必要性要求

土壤消毒前应首先选用轮作、抗性品种、嫁接、有机质补充、无土栽培、生物防治及物理消毒等防控措施。当这些措施达不到预期效果或经济上不可行,并且土传病害发生严重时,方可采用棉隆土壤消毒的方法。

5 消毒前准备

5.1 土壤湿度调整

施药前 3 d~7 d 灌水,调整土壤相对湿度:沙土 60%~80%,壤土 50%,黏土 30%~40%。

5.2 施肥与整地

将腐熟的有机肥均匀铺撒于土壤表面,进行土壤旋耕,浅根系作物旋耕深度 15 cm~20 cm,深根系作物旋耕深度 30 cm~40 cm。旋耕后清除前茬植物残体,保证耕层土壤颗粒松散、均匀和平整。

6 消毒处理

6.1 施药量

整地后,按表 1 的规定施用棉隆。

表 1 不同作物推荐施药量

作物	推荐施药量(有效成分用药量 g/m²)
草莓	30~40
番茄	29.4~44.1
菊科和蔷薇科观赏花卉	30~40
姜	49~58.8
注:根据作物连作时间的长短和土传病害、地下害虫、杂草等发生的轻重程度选择施药剂量。连作时间短、轻度发病的地块推荐采用低剂量;连作时间长、重度发病的地块推荐采用高剂量。	

6.2 施药方法

土壤消毒的最适土壤温度(5 cm 处)为 20℃~25℃,低于 10℃或高于 32℃时不宜进行消毒处理。

采用人工或机械均匀撒施棉隆于土壤表面后,立即用旋耕机进行旋耕。浅根系作物旋耕深度 15 cm~20 cm,深根系作物旋耕深度 30 cm~40 cm,确保棉隆与土壤充分混均。

6.3 覆盖塑料薄膜

施药旋耕后立即采用内侧压膜法覆盖塑料薄膜。塑料薄膜采用大于 0.03 mm 的原生膜,不宜使用再生膜和旧膜。

覆膜前,如果土壤较干,应及时向土壤表面浇水,确保土壤表面 5 cm 土层湿润。

露地覆膜后,应在塑料薄膜上面适当加压封好口的袋装土壤或沙子,防止塑料薄膜被风刮起、刮破。塑料薄膜如有破损应及时修补。

6.4 覆膜密封和揭膜敞气时间

依据土壤温度,按表 2 的规定进行覆膜密封和揭膜敞气。在揭膜敞气时,如发现土壤中存在残余棉隆颗粒,需全田浇水,消除药害隐患。揭膜敞气后,按照 7.1 的规定进行安全性测试。若安全性测试不通过,则应采用洁净的旋耕机再次旋耕土壤,3 d 后再次进行安全性测试,直至安全性测试通过,方可播种或移栽作物。

表 2 不同土壤温度覆膜密封和揭膜敞气时间

土壤 4 cm 处温度,℃	覆膜密封时间,d	揭膜敞气时间,d
>24	>15	>7
18~24	>20	>10
13~18	>30	>15

7 消毒后管理

7.1 安全性测试

消毒过的土壤应进行种子萌发安全性测试。方法如下:取 2 个透明广口玻璃容器,分别快速装入半瓶消毒过和未消毒的土壤(10 cm~15 cm 土层)。用镊子将湿的棉花平铺在土壤的上部,在其上放置 20 粒浸泡过 6 h 的莴苣等易萌发的种子,然后盖上瓶盖,置于无直接光照 25℃下培养 2 d~3 d,记录种子发芽数,并观察发芽状态。当消毒过与未消毒的土壤种子萌发率相当并达到 75% 以上,且消毒过土壤中种苗根尖无烧根现象,即表明安全性测试通过。

7.2 农事操作

使用的农机具应洁净。农事操作应避免将土传病原物、地下害虫、杂草种子带入已处理的田地中。

7.3 种苗的选用

选用无病种苗或繁殖材料。

8 注意事项

8.1 施药及揭膜敞气时,应采取戴橡皮手套、穿靴子等安全防护措施,避免皮肤直接接触药剂,一旦药剂接触皮肤,应立即用肥皂、清水彻底冲洗。施药后彻底清洗用过的衣物和器械。

8.2 该药剂对鱼有毒,防止污染池塘。

8.3 严禁拌种使用。

8.4 本品无特效解毒药,如误食须立即到医院就医。

———————————————

ICS 65.020.01
B 15

中华人民共和国农业行业标准

NY/T 3148—2017

农药室外模拟水生态系统(中宇宙)
试验准则

Guideline on outdoor simulated aquatic ecosystem (mesocosm) test for pesticides

2017-12-22 发布   2018-06-01 实施

中华人民共和国农业部 发布

前　言

本标准按照 GB/T 1.1—2009 给出的规则起草。

本标准的技术性内容等效采用了经济合作与发展组织(OECD)测试指导文件 NO.53(2006 年)《模拟静态淡水田间试验(室外微宇宙和中宇宙)》(英文版)。

请注意本文件的某些内容可能涉及专利。本文件的发布机构不承担识别这些专利的责任。

本标准由农业部种植业管理司提出并归口。

本标准起草单位:农业部农药检定所、沈阳化工研究院安全评价中心。

本标准主要起草人:陈朗、曲甍甍、赵榆、林荣华、杨海荣、姜辉、丁琦。

农药室外模拟水生态系统(中宇宙)试验准则

1 范围

本标准规定了农药室外模拟水生态系统(中宇宙)试验材料与条件、试验设计与操作、质量控制、数据处理、试验报告等环节的基本要求。

本标准适用于室外静态淡水生态(中宇宙)系统或小型自然生态系统中的封闭围隔,不适用于室内、实验室微宇宙,以及流动系统。

2 规范性引用文件

下列文件对于本文件的应用是必不可少的。凡是注日期的引用文件,仅注日期的版本适用于本文件。凡是不注日期的引用文件,其最新版本(包括所有的修改单)适用于本文件。

NY/T 2882.2 农药登记 环境风险评估指南 第2部分:水生生态系统

NY/T 3151 农药登记 土壤和水中化学农药分析方法建立和验证指南

3 术语和定义

下列术语和定义适用于本文件。

3.1

模拟水生态(中宇宙)系统 simulated aquatic ecosystem(mesocosm)

一定人为控制条件下室外培养的模拟水生态(中宇宙)系统试验体系,用以评估农药供试物对不同水生物种群乃至整个水生生态系统的影响。

3.2

无可见效应浓度(种群) no-observed effect concentration(population)

在一定暴露期内,对于所关注的生物种群,与对照组相比无明显影响的最高供试物浓度,用 $NOEC_{popu}$ 表示。

注:单位为毫克有效成分每升(mg a. i. /L)。

3.3

无可见效应浓度(群落) no-observed effect concentration(community)

在一定暴露期内,对于所关注的生物群落,与对照组相比无明显影响的最高供试物浓度,用 $NOEC_{comm}$ 表示。

注:单位为毫克有效成分每升(mg a. i. /L)。

3.4

无可观察生态不良效应浓度 no observed ecologically adverse effect concentration

在中宇宙研究中不会观测到持久不良生态效应的最高浓度,用 NOEAEC 表示。供试物在该浓度水平下对中宇宙水生态系统中的生物产生了短期显著效应,但总影响时间小于8周。

注:单位为毫克有效成分每升(mg a. i. /L)。

3.5

无灰干重 ash free dry weight

又称为干有机质,其值为干重减去灰分。灰分指经高温灼烧(500℃~600℃)至恒重后的残留物重量,用 AFDW 表示。

注:单位为克(g)。

3.6

丰度 richness

物种的丰度（丰富度），指生物群落中物种的数量。

3.7

多度 abundance

某一物种在某个生物群落内的个体数量。

4 试验概述

4.1 中宇宙系统

在模拟水生态系统的人工水槽、池塘，或自然静态水域的封闭围隔中添加适当的水生生物，以建立中宇宙试验体系。该水生态系统包含本土底泥和适宜的生物，如浮游动植物、中上层无脊椎动物、大型底栖无脊椎动物、大型水生植物等。也可适当添加外源生物，特别是一些分布能力低的无脊椎生物（如腹足软体动物、大型甲壳类）。

4.2 试验原理

通过采样分析确认中宇宙系统适于开展试验后，将供试物添加至中宇宙系统中。试验期间定期采样，对中宇宙系统中的相关结构性测试端点和功能性测试端点进行调查。结构性测试端点主要指种群丰度、生物量及其空间分布、生物学分类和营养层级。功能性测试端点主要指受结构影响的所有非生物指标，如营养盐水平、氧含量、呼吸率、矿物质浓度、pH、电导率和有机质含量等。在非除草剂类农药的中宇宙试验中，功能性指标也可作为测试条件而非测试端点。试验通常至少需持续到最后一次施用供试物8周后。基于各生物种群测试指标、生物群落结构指标、功能性指标/水质条件等测试端点随着时间变化对供试物的响应情况，确定每个采样日的$NOEC_{popu}$、$NOEC_{comm}$等，如可能，依据生物种群恢复情况，确定NOEAEC。

5 试验方法

5.1 试验条件与材料

5.1.1 中宇宙系统的建立

室外中宇宙试验研究可采用人工水槽或池塘进行，也可通过在已有静态水域中设置封闭围隔进行。宜构建一个或多个"供体池塘"，作为中宇宙系统中底泥、水和生物的共同来源。建设中宇宙系统既可使用自然基质，也可使用惰性材料，如混凝土（适当封闭）、纤维类、树脂玻璃或不锈钢。中宇宙系统还可内衬惰性塑料，以防止中宇宙系统与周围环境之间发生水交换。应避免增塑剂进入试验水体，必要时可使用环氧油漆。试验体系上空应覆盖防护网，避免大型禽类的干扰。也可将小型试验系统部分埋于地下或浸入池塘以缓冲日温波动。

关于中宇宙系统的规模参见附录A。关于试验体系中各组成要素（底泥、试验用水和生物）的详细描述，见5.1.3.1～5.1.3.3。

5.1.2 中宇宙系统的再利用

中宇宙系统如何再次利用取决于前一试验中供试物的化学特性（尤其是持久性）和系统中的生物状况。对于非持久性物质，如已证明在水体和底泥中检出限内无前供试物残留、且试验体系各水槽/池中的生物易于恢复到彼此非常接近的状态，此时中宇宙系统可重新利用。否则，应将中宇宙系统中的水排干，空置一段时间；或清除原系统并重新植入新的底泥。

5.1.3 中宇宙系统的培养

5.1.3.1 底泥

底泥可从"供体池塘"中采集，也可从自然系统中采集。采自清洁地区的底泥通常已包含丰富的植物群和动物群,这些固有生物可用于建立池塘水生态系统。底泥应进行化学残留分析(包括重金属分析)、粒径分布与有机质含量分析,如可能,进一步分析氮/磷含量、阳离子交换量、pH 等。将底泥充分混匀后加至中宇宙系统中,然后加水。底泥厚度应大于 5 cm。

5.1.3.2 试验用水

试验用水应进行化学残留、营养盐水平、pH、硬度、溶解氧含量及浊度分析等。

试验开始前,不同水槽/池间可适当进行水循环,但至少应在试验前 1 周停止,以保证试验体系相对稳定。施药后不再进行水交换。

试验期间及时补水,使中宇宙系统中水位变化范围保持在初始水位的 20% 以内。在多雨季节,为防止水从中宇宙系统中溢出,可采取遮盖措施。紧急情况下,可将水舀出。如果在施药后将水舀出,应估算移走的药量(依据舀出的水体积推算,或者进行化学分析)。

5.1.3.3 生物

中宇宙系统通常是一个自然形成的水生态系统,包括浮游动物、浮游植物、着生生物、细菌/真菌、大型水生植物、浮游无脊椎动物、大型底栖无脊椎动物等。为了满足研究目标,可适当加入外源生物。中宇宙试验通常应包括经初级风险评估甄别的具有潜在风险的生物。关于生物类型及其在中宇宙系统中的详细要求,参见附录 B。

5.1.3.4 驯化培养

施药前,中宇宙系统应驯化培养一段时间,使生物群落中的物种数量和群落结构可代表田间实际。驯化时间与中宇宙系统规模及其水、底泥有关。应在试验开始前 2 周以上至少采集 2 次样品。试验前,中宇宙系统应具有足够程度的生物多样性以满足研究目标要求,且各重复间保持一定的均一性。

5.1.4 供试物

根据已有试验结果、风险评估结果以及试验目的,选择农药原药或制剂进行试验。必要时,还应考虑可能的供试物的主要代谢物的相关信息。

5.1.5 施药时间

施药时间以春天和仲夏为宜,此时中宇宙系统最为敏感,可观测周期较长。特殊情况下,也可依据制剂产品的特定使用方式选择秋季施药。试验前至少采样分析 2 次(采样频率为每周),以确认各水槽/水池之间生物与非生物指标无显著性差异,中宇宙系统适于开展试验。

5.1.6 试验周期

根据试验目的、农药的环境归趋特征、敏感种群恢复时间等,确定试验周期。从最后一次施用供试物开始,试验持续时间通常应不少于 8 周。

5.2 试验设计

5.2.1 处理组与重复

除对照组外最好设置 5 个浓度(任何情况下都不得低于 3 个),每个处理组至少 2 个重复(对照组至少 3 个)。在此原则下,浓度数和重复数可根据试验目的做适当调整。当试验目的为获得 NOEC 时,可减少浓度数而增加重复数,以更好地应用统计学方法获取可靠的测试端点。例如,设置 3 个处理组,每个处理组 3 个重复。当试验目的为考察生物种群恢复、获得 NOEAEC 时,可设置 5 个处理组,每个处理组 2 个重复(对照组重复数应至少 3 个)。对某个变量的试验设计不一定适合于其他变量,应重点关注关键的测试端点。

5.2.2 浓度水平

根据已有试验及评估结果选择合适的试验浓度,通常需包括可能产生影响的浓度,如可能,还应包括最大预测环境浓度(PEC)。浓度设定至少应包含一个不会产生明显生态效应的浓度和一个会产生明显生态效应的浓度。

5.2.3 暴露方案

根据供试物的化学性质、施用方式、暴露途径以及试验目的等选择合适的暴露方案,包括载荷(添加的供试物量)、施药频率等。施药次数的选择与浓度表征方法参见附录C。

5.2.4 采样方案

采样方案取决于试验目的、农药性质及其在中宇宙系统中的预测分布情况等。基于初级阶段试验所获得的核心物种生态毒性数据,以及其他高级阶段的研究结果(如扩展的单一物种测试、种群水平的研究、室内多物种测试等),确定采样的目标生物、样本量大小和采样方法。例如,水生生物物种敏感度分析有助于确定需进行相对详细调查的种群和群落。

中宇宙试验中代表性测试项目与测试频率参见附录D。根据供试物的类型,可对某些参数的采样频率进行适当调整。所有样品包括化学分析样品、浮游植物/浮游动物/底栖无脊椎动物样品的采样时间应尽可能彼此接近,以加强对这些变量的关联预测分析。

5.2.5 种群恢复

评估敏感生物的种群恢复速度与程度时,应综合考虑和了解该生物的生活史、扩散机制及其与暴露方式、中宇宙系统之间的相互作用。例如,当在某些羽化生物(如某些蜉蝣物种)的主要繁殖期或繁殖期后进行施药时,或者正常的季节性变化导致受影响的生物(如浮游植物)从对照组和处理组消失时,可通过功能参数(如生产力)、种群/群落在胁迫下可能产生的适应性与耐受力增加等辅助了解恢复情况。有时还需进一步开展特定试验以确定其是否具有恢复潜力。例如,将中宇宙系统中的水和底泥带回实验室进行生物测试;将生物装进笼子放入中宇宙系统中,以测试生态系统何时适于该生物生存、生长和繁殖等。

5.2.6 化学分析

根据农药理化性质和环境归趋特征(例如,溶解度、蒸气压、正辛醇/水分配系数、吸附系数、水解和光解速率、生物降解性等),结合生态效应信息,确定化学分析样品的采集时间。必要时,可利用化学物质输入与归趋模型或田间试验结果,预测供试物加载浓度及其在不同介质/分层中的暴露浓度。试验前,应建立分析方法并进行方法验证/确认,按NY/T 3151的规定执行。

5.3 试验操作

5.3.1 供试物施用

根据试验前采样调查结果(各水槽/池之间生物/非生物测试指标的均一性),对中宇宙系统进行完全随机分配或者限制性的随机分配。根据试验目的选择供试物施用方法,主要包括以下2种:

    a)   与毒理学试验方法相类似,直接将供试物添加到水中,通过混合使供试物达到均匀分布。暴露浓度以供试物在水中的浓度来表示。

    b)   模拟供试农药在农业实践活动中进入水体的途径。例如,通过表面喷雾模拟漂移,通过水下注射模拟径流/排水,或者利用泥水悬浮液模拟侵蚀径流。暴露浓度以单位面积或体积中添加的农药量(荷载浓度)表示。

5.3.2 难溶性物质的施用

当供试物难溶于水、需使用助溶剂时,各处理组和对照组中助溶剂的使用量应一致。

5.3.3 样品采集与测定

5.3.3.1 采样位点

当试验中需同时测定多个测试项目,应分类安置特定的采样与测试位点,以避免交叉影响或相互干扰。对于浮游生物、着生生物、大型无脊椎动物等在中宇宙系统中可能不会均匀分布的测试端点,建议从多个位点采集样品。水样采集应确保不会明显改变中宇宙系统的体积,生物样品采集应不会导致其生物量明显降低一个数量级水平或者改变中宇宙系统中的食物链营养关系。

5.3.3.2 浮游植物和浮游动物的测定

浮游生物样品采集可使用柱状采样器。小型系统中,也可使用泵或者浮游生物过滤网。用泵采集浮游动物样品时,应确保浮游动物(尤其是较大型浮游动物)不会避开泵进水口。当中宇宙系统中存在大型水生植物时,应采用特定技术采集浮游动物。采集时,需整合不同深度的水样,或确保各重复之间的采样时间、采样深度一致。

采集的样品可用于色素组成测定,或者物种分类与细胞计数。种群密度单位为个(或生物量)每单位体积[个(或生物量)/单位体积]。如可能,成年浮游动物可分类鉴定到种,其丰度单位为个每升(个/L)。

5.3.3.3 着生生物的测定

着生生物测定一般采用色素法(主要是叶绿素 a、无灰干重)替代生物量/生产力测定方法。采集植物色素样品的基质包括:"自然基质"(如大型水生植物表面)、无釉瓷砖或者置于架子上的玻璃载玻片(提前 2 周~4 周置入中宇宙系统中)。施用供试物后,将基质上刮下来的物质用于物种组成与丰度分析、色素含量或无灰干重测定。

基质可视需要分批或一次性置入中宇宙系统中。可在施用供试物前置入大量基质(如玻璃载玻片),然后,定期取出并监测着生生物量和物种组成。

5.3.3.4 初级生产力与异养组分的测定

当预计某供试物(如除草剂)会对藻类产生毒性时,应测定初级生产力。方法可选用氧气日波动测定方法(如黑白瓶法[9])、藻类/细菌/真菌分类方法。

5.3.3.5 大型水生植物的测定

当大型水生植物作为测试项目之一时(如除草剂研究中),应建立样品监测与生物量估测方法,并注意减少对中宇宙系统的扰动。监测大型水生植物生长状况(如茎伸长)与生物量应在衰老期(如夏末)之前进行。

可将所关注的水生植物品种植入小盆钵,放置在底泥中或底泥表面,或者悬挂在水柱中。取样时,将整盆植物取出,进行株高、旁枝长度、总树枝长度、树枝数、最大根长、干重等测定。生长在中宇宙系统中的大型水生植物可通过视觉判断(如绘图、摄影等)测定投影面积。

5.3.3.6 大型无脊椎动物的测定

大型无脊椎动物的采集工具包括:人工基质、网具、底泥采集器和羽化昆虫捕获装置、专门设计的底栖生物阱式采集工具。小于 10 m³ 的中宇宙系统中不宜直接采集底泥,宜在中宇宙系统开始培养时将底泥装入盘子中,暴露一段时间后取出。大型无脊椎动物应尽可能鉴别到最低的分类级别,数量以每个样品计。昆虫羽化速率则以单位时间内单位面积的昆虫数计。

5.3.3.7 鱼的测定

试验用鱼(对鱼类的要求参见附录 B)进入试验体系前,应在中宇宙系统相同水质中至少驯养 1 周。驯养时,应每天观察,并及时将死鱼移走。引入中宇宙系统中的第 1 周,应替换掉因处理不当或疾病死亡的鱼。

试验结束时,收集所有的鱼,计数、测量长度并称重。根据供试物性质和试验目的,试验期间也可采集几次样品,进行生长指标测定,记录异常生长状态、外表损伤或异常等。

当试验目的为研究鱼类早期生活阶段发育毒性时,可从鱼受精卵或者幼鱼阶段开始试验。试验周期要综合考虑鱼的生物量承载力以及特定试验目的(例如,考察供试物施用引起的鱼类对浮游动物的摄食反应、捕食转换、竞争行为引发的改变)。当试验目的为观察繁殖效应时,可加入低承载量的成鱼,使其产卵并收集后代。

5.3.3.8 原位测试

原位测试指在水生中宇宙试验现场,在不破坏、不扰动或少扰动试验体系原有状态的情况下,通过试验手段测定特定的参数。原位生物测试既可反映供试物暴露带来的直接效应,也可反映间接效应(如装在笼中的鱼),还可用于比较相同物种在实验室测试和中宇宙测试中对农药的响应情况。进行原位测试的生物不应在中宇宙系统中占优势地位。

5.3.4 分析测试

5.3.4.1 水质分析

试验期间应进行水质分析(包括溶解氧、pH、浊度等)和营养盐测定,以测定中宇宙系统中的生态系统功能。至少每2周测试一次。

5.3.4.2 化学分析

5.3.4.2.1 分析样品采集方法

试验期间,根据试验目的及供试物的环境归趋特点适当采集水体样品进行供试物浓度分析。当供试物在水—沉积物系统中的分配系数较高、沉积物中降解较慢或者可能对底栖生物产生毒性时,应对底泥中的供试物浓度进行分析。通常在施药几小时内进行供试物浓度分析。应采集足够的垂直高度水体样品,混合后进行浓度分析,计算水体平均浓度。在不同位置采集足够底泥样品,混合后进行浓度分析,以消除供试物在底泥中的空间分布差异性。

5.3.4.2.2 样品采集频率

在供试物的1个~2个半衰期内至少采集3次~4次样品,且在供试物消散达到90%之前至少测定5次样品,以保证至少有5个点的数据绘制供试物消解曲线。之后,可降低样品采集频率。

5.3.4.2.3 样品前处理

供试物在水样中降解较快时,应立即提取或冷藏保存。底泥样品不能立即提取分析时,应尽快冷冻保存(-18℃)。在清洁水样和底泥样品中添加供试物,测定回收率。同时,采用相同的存储与分析方法进行储存稳定性分析。

5.4 试验有效性评估

试验有效性评估主要从以下几方面进行:

——测试项目应包括初级或其他高级阶段试验中已甄别的具有潜在风险的生物。

——研究剂量效应关系时,对于敏感生物,应至少包括一个产生明显生态效应的浓度和一个未产生明显生态效应的浓度(基于对生态系统功能的影响和恢复情况判断)。

——各重复间变异系数应尽可能小。判断某一处理组中关键生物种群恢复至对照组水平的基本要求为:连续2个采样日该处理组与对照组之间均无统计学显著差异。

——分析测定供试物施用量、暴露开始时($t=0$)水体中的供试物浓度及其他介质中的供试物浓度(根据试验目的而定)。

——试验周期应考虑所关注生物的生命周期,考察生物恢复时应满足种群恢复周期的时间要求。

5.5 数据处理与统计分析

5.5.1 单个测试项目数据分析

当试验目的为获得NOEC/NOEAEC时,对于每个采样日每个测试项目(单个物种/生物种类测试指标以及各类功能参数、水质指标等)的测试结果,应进行单变量统计分析,如单因素方差分析ANOVA、William's检验等。通过比较各处理组与对照组间之间的差异(应给出显著性水平α值),获得每个采样日的NOEC,进而估计NOEAEC值。

5.5.2 生物群落数据分析

5.5.2.1 概述

中宇宙试验中宜采用单变量、多变量分析方法分别评价种群水平和群落水平上的生态毒性效应。生物群落效应分析可采用多元分析或多样性/相似性指数计算等方法,得到对生物群落产生影响的浓度和未产生影响的浓度,同时给出假设检验中的显著性水平α值。当某一或几个物种的$NOEC_{popu}$低于生物群落的$NOEC_{comm}$时,应综合考虑这个(些)物种的生态作用和具体特点,以及其他相关物种,确定总体的NOEC值。

5.5.2.2 多元分析方法

多元分析方法可用于描述群落水平的效应、指示敏感生物种类(为明确单变量分析范围提供依据)。常用方法为主响应曲线法。通过绘制生物随时间变化的典范系数(canonical coefficients)获得处理效应评价图,并结合蒙特卡罗置换检验进行差异显著性统计分析,获得 NOEC$_{群落}$值。

5.5.2.3 多样性/相似性指数计算法

多样性/相似性指数,如将时间效应和处理效应分开的布雷—柯蒂斯相似性指数,可等同于5.5.2.2 所述图形评估和蒙特卡罗置换检验。

5.6 毒性分级

根据单个物种/生物种类测试指标以及各类功能参数数据统计分析结果,确定每个采样日的 NO-EC$_{popu}$、NOEC$_{comm}$,并报告 NOEAEC。按 NY/T 2882.2 的规定进行毒性终点分级。

6 试验报告

最终报告应全面、完整地描述试验目的、试验设计、试验结果,以及相应的化学分析与统计方法。包括:

a) 供试物及其相关代谢产物信息:
 1) 标识,包括化学名称和 CAS 号;
 2) 批号/亚批号;
 3) 化学组成及杂质含量;
 4) 挥发性;
 5) 比放射性与标记位置(适用时);
 6) 供试物及其代谢产物分析方法,包括检测限、定量限;
 7) 分析检测/定量;
 8) 供试物理化性质、分配系数、水解速率、光解速率等。

b) 试验体系:
 1) 描述试验体系、位置、历史、外形尺寸、构建材料等;
 2) 水位与循环流通情况;
 3) 水质(试验用水的化学/物理参数);
 4) 生物引入情况及生物情况介绍;
 5) 底泥特征(简要描述采集地点);
 6) 描述各重复之间的差异。

c) 试验设计与数据测定:
 1) 施用方案:剂量水平、持续时间、频率、加载率、供试物溶液制备方法、供试物施用方法等;
 2) 化学分析样品的采集与分析过程、测试结果;
 3) 气象记录;
 4) 水质测定(温度、氧气饱和度、pH 等);
 5) 样品采集方法与物种鉴别分类方法;
 6) 浮游植物:叶绿素 a/无灰干重、总细胞密度、单个优势种群的多度、生物种类丰富度;
 7) 着生生物:叶绿素 a、总细胞密度、优势种群密度、物种丰度、生物量;
 8) 浮游动物:单位体积总密度、优势物种总密度(枝角目、轮虫纲和桡足类)、种群多度、物种丰度、生物量;
 9) 大型水生植物:生物量、物种组成和各种植物表面覆盖百分率、主要植物的生长率、旁枝长度、总树枝长度、树枝数、最大根长、干重;
 10) 羽化昆虫:单位时间内羽化总数、优势物种的多度、物种丰度、生物量、密度、生活阶段;

11) 大型底栖无脊椎动物（基于生态特征的功能种群）：单位面积总密度、物种丰富度、优势物种的多度、生活阶段、生物量等；

12) 鱼：试验结束时总生物量、每条成鱼或者标记幼鱼的重量与长度、状态指数、一般行为、大体病理，必要时，还包括总繁殖力；

13) 可能产生影响的功能参数（如初级生产、次级生产、有机物降解率等）。

d) 数据评估：

1) 测试项目；

2) 描述与讨论毒性估计值（如 NOEC、NOEAEC），所采用的统计学方法及其检验能力（适用时）；

3) 单变量分析结果；

4) 多变量分析结果；

5) 相似性和多样性指数分析结果；

6) 表征试验结果的图表；

7) 描述观察到的具有生态学意义的效应，并进行科学性分析；

8) 描述种群恢复情况（观察或推断而来的结果），并讨论其与自然恢复过程的相关性；

9) 通过数据统计分析获得的 NOEC，如给出了其他被认为具有生态学相关性的 NOEC，应提供科学依据。

附　录　A
（资料性附录）
典型的室外模拟静态淡水水生态系统（中宇宙/微宇宙）

A.1 室外中宇宙/微宇宙系统规模大小的选择取决于研究目标以及所要模拟的生态系统类型，一般以 $1\,m^3\sim20\,m^3$ 为宜。当研究对象为浮游生物时，可采用 $100\,L\sim1\,000\,L$ 的微宇宙系统，也可使用相对较复杂的中宇宙系统。一般来说，$1\,m^3\sim5\,m^3$ 的小型微宇宙系统适合于小型生物（如浮游生物）3 个月～6个月的短期研究；相对大型中宇宙系统则适合于 6 个月或更长周期的研究。

A.2 从空间尺度（大小或体积）上较难以区分中宇宙系统和微宇宙系统。关于典型室外模拟静态淡水生态系统试验的描述和比较见表 A.1。

A.3 中宇宙系统中水体的平均深度取决于研究目标，一般以 $0.3\,m\sim1.0\,m$ 为宜。

表 A.1　典型的室外模拟静态淡水生态系统（微宇宙/中宇宙）

特性/参数	微宇宙	中宇宙	大型中宇宙（整个系统）
规模/体积	$10^{-2}\,m^3\sim10\,m^3$	$1\,m^3\sim10^4\,m^3$	$10^3\,m^3\sim10^8\,m^3$
试验周期	几十小时至几周/几个月	几十天至几个月	几十周至几年
容器	用玻璃、塑料、不锈钢、环氧树脂、土等围成的盆、桶、槽、池子等	小型池塘、大型池塘/湖泊中的封闭围隔系统（例如，橡皮管/袋状容器/圆筒等）、沼泽等	大型土池子、小型湖泊、较大的封闭围隔系统
与自然生态系统的相近程度	低至中等	中至高等	高等
生物类型	初级生产者（藻类、着生生物）；无脊椎食草动物及其捕食者，通常不包括鱼	所有生物类型，包括大型水生植物和鱼类	所有生物类型，包括大型水生植物和鱼类
参数（种群水平、群落水平）	气象条件；水质参数（pH、碱度、硬度、溶解氧、温度等）；生物死亡率、生长、繁殖、多样性、相似性、可持续性、多度（个体数量、生物量）、个体和种群组成；初级生产力（光合作用、呼吸作用）；化学归趋（如摄入）；营养循环；生物种群恢复	同微宇宙。此外，更关注群落水平的参数，以及种群恢复	同微宇宙。此外，具有更长期的群落水平参数，如种群的持续性、种群随季节的变化、群落捕食、竞争关系、种群恢复等
重复数	3 个以上	2 个或更多	1 个～2 个，受规模及复杂性限制，可能无法建立真正意义上的重复
处理组数量	5 个以上	3 个或更多	1 个～2 个
水	井水、老化的自来水等，应清洁无污染	同微宇宙，应清洁无污染	所有的元素都是系统中已有的，应清洁无污染
底泥	来自自然界，应清洁无污染	同微宇宙，应清洁无污染	所有元素都是系统中已有的，应清洁无污染

表 A.1（续）

特性/参数	微宇宙	中宇宙	大型中宇宙（整个系统）
特性	在半田间条件下研究供试物的生态效应与环境归趋	同微宇宙。此外，试验系统更接近田间实际静态生态系统；试验成本居中；试验周期中等偏短	同微宇宙。此外，试验系统与田间实际静态生态系统最相似；易于建立多样化的具有代表性的生态系统；受短期环境参数变化影响较小；与实际环境差异较小，可为供试物对自然生态系统的效应提供良好预警
局限性	受短期环境参数变化影响较多，受长期影响较少 试验系统与田间实际静态生态系统相似程度较低 缺少混合，容器间效应差异性可能较大 易于偏离自然条件 难以建立多样化的具有代表性的生物群落 重复间变异性较大	受短期/长期环境参数变化影响程度适中 较难建立真正意义上的重复 有产生边缘效应和偏离实际环境的可能，但不多见 重复间有可能出现较大的变异性	受长期环境参数变化影响较大，不可能建立真正意义上的重复 采样更为复杂与困难 无容器边缘效应 试验周期中等偏长 费用较高 对系统的可控程度最低

注：参数的选择取决于试验目的。

附　录　B
（资料性附录）
中宇宙系统中大型水生植物、无脊椎动物和鱼类的要求

B.1　大型水生植物

B.1.1　测试要求

大型水生植物是水生态系统结构和功能的重要组分,可为生物提供栖息地、参与营养循环、影响理化条件,其存在可促进中宇宙系统稳定性、藻类和无脊椎动物的多样性。因此,大部分情况下,即便试验目的是研究浮游植物和浮游动物,中宇宙系统中也应包括大型水生植物。中宇宙系统中需存在大型水生植物的情形包括但不限于以下几种:

a)　激素类除草剂中宇宙试验;

b)　试验主要关注目标含大型无脊椎动物;

c)　供试物对大型水生植物的毒性效应可能会引发中宇宙系统的间接效应。

B.1.2　生物来源

试验中既可使用自然长出的大型水生植物,也可人工种植。植入成熟植物(如从供体池塘中获得)可增加新的微型栖息地,提高中宇宙系统的"成熟"速率,增加中宇宙系统的复杂性。但应控制大型水生植物的生长使其满足试验要求。例如,一些浮水植物(如绿萍 *Azolla* spp. 或者浮萍 *Lemna* spp.)或者沉水植物(如伊乐藻 *Elodea* spp.)过于占优势时,可能会降低水生动物的多样性或造成采样复杂程度增加。

B.1.3　注意事项

a)　当试验主要关注浮游生物时,应保持一定面积的开阔水面,宜将大型水生植物的生长限制在<50%底面积范围内(通常为25%~30%);

b)　当试验关注大型无脊椎动物时,则应适当促进沉水植物的生长,以提高大型无脊椎动物的丰度和密度(两者密切相关);

c)　当试验关注水生昆虫时,也需适当沉水植物作为其羽化、产卵之地。

B.2　无脊椎动物

无脊椎动物包括底栖类和浮游类,通常由底泥和水带入中宇宙系统中。典型的无脊椎动物包括:

a)　浮游动物:轮虫、节肢动物(鳃足亚纲枝角目、桡足亚纲);

b)　底栖动物:环节动物(寡毛纲和蛭纲);

c)　软体动物:腹足纲、双壳纲;

d)　节肢动物:昆虫纲(如鞘翅目、双翅目、蜉蝣目、半翅目、蜻蜓目、毛翅目)、甲壳亚门(如等足目、端足目、介形纲、十足目);

e)　扁形动物等。

此外,还可包括底表无脊椎动物以及长在大型水生植物上的无脊椎动物,如苔藓虫。

试验开始前,可将从野外采集的或者在实验室驯养的试验所需的生物物种加入到试验体系中,并通过适当的样品混合与分配保障施药前各中宇宙系统间生物分布均匀性。对于体型较大的生物,建议引入幼虫。

B.3 鱼

B.3.1 引入条件

当需要关注供试物对鱼类的间接效应时,可向中宇宙系统中加入鱼类。当需要观察鱼类的种群效应时,宜使用较大型的中宇宙系统。但小型中/微宇宙试验系统中,尤其是当以观察供试物对浮游动物和大型无脊椎动物的影响为关键测试项目时,不宜引入自由活动的鱼。

B.3.2 品系及其生活阶段

a) 应根据试验目的、中宇宙系统的大小选择试验用鱼的品系,一般选择当地品种。所选品种应为环境中的典型品种或是所调查生态系统中的典型鱼类。

b) 应根据试验目的选择试验用鱼的生活阶段、数量与生物量。例如,评价某杀虫剂品种时,可选用幼鱼并监测其食物(无脊椎动物)供应受影响时的生长状况。中宇宙系统中宜保持较低的成鱼密度,成鱼产卵后可将成鱼和幼鱼移出。试验系统鱼类种群一般应保持在接近自然水平的结构,不宜超过中宇宙系统的承载能力,生物量密度通常应小于 2 g/m^3。

B.3.3 注意事项

试验用鱼应在中宇宙系统适当稳定后(一般 1 周～4 周)加入。仅评价直接效应时,可将鱼装入笼中;若系统中包含自由活动的鱼,应提供一个无脊椎动物避难处(鱼类无法进入),以保证系统中存在一定数量的未被摄食的无脊椎动物。

附　录　C

（资料性附录）
施药次数与浓度表征

C.1　概述

高级生态效应评价试验中，不必保持浓度恒定，但应考虑农业活动中农药的施用方法，模拟其在田边地表水中的暴露情况。例如，利用产品的良好农业规范（GAP）、地表水暴露预测模型、多年施用经验等。

C.2　施药次数

在满足毒理学相关要求的前提下，施药次数越少越好。田间暴露方式为单次施药，或者虽为多次施药，但是各次施药在毒理学和生态学上具有一定的独立性时，可选择单次施药。否则，应采用重复暴露方式。可基于以下几点，选择合理的施药次数：

a) 初级风险评估中预测无效应浓度（PNEC）与预测暴露浓度（PEC）的比较结果。将低阶次试验获得的 PNEC 与 PEC 相比较（不同施药次数产生的峰值浓度分别以 PEC_1、PEC_2、PEC_3、PEC_4……PEC_n 表示），当 n 个 PEC 均高于 PNEC 时，若无生态毒理学数据支持减少施药次数，则中宇宙试验应考虑进行 n 次施药，以模拟现实最坏情况。

b) 具有潜在风险生物的背景信息。若敏感物种的生命周期涵盖了多次施药产生的不同峰值浓度间的暴露周期，则认为各次施药的峰值浓度间具有毒理学相关性，反之，则不具有毒理学相关性。例如，田间多次施药的情况下，前次施药的峰值浓度与随后施药的峰值浓度间隔 32 d，当生物个体的平均生命周期小于 32 d，或者生物敏感阶段小于 32 d 时，则可认为前次施药的峰值浓度与随后施药的峰值浓度间不具有毒理学相关性，试验中可适当减少施药次数。此外，对于水生无脊椎动物，如条件满足，施药暴露周期不应长于实验室无脊椎动物的慢性毒性试验周期（通常为 21 d～28 d）。

c) 敏感生物在实验室试验中表现出的时间效应。在 b) 中，即使生物个体的平均生命周期或生物敏感阶段大于 32 d，但当先后 2 次施药产生的峰值浓度间生物体内的暴露浓度低至关键阈值，或者 2 次施药产生的峰值浓度间生物可得以全面恢复，也可认为不具有毒理学相关性。上述相关证据可通过实验室测试获得，也可通过建立农药对生物的毒物代谢动力学/效应动力学模型（TK/TD 模型）进行预测。

d) 参考具有相似毒性机制的化合物的相关信息。

C.3　浓度表征

中宇宙试验应报告理论浓度、DT_{50}、供试物施用时间、供试物在水中的回收率、施用药液浓度、每次施用后的多次测定结果（水和/或底泥中）等。农药在相关基质（水、底泥）中的理论浓度、最大实测浓度、时间加权平均浓度（TWA）均可用于估计 PNEC 和/或 PEC。与田间实际条件下的预期半衰期（源于田间试验或模型输出）相比，当中宇宙试验研究中某供试物的半衰期与之相当（或更长），可采用理论浓度或最大实测浓度进行风险评估（最大实测浓度与理论浓度间的偏差＜20％时可使用理论浓度）；否则，使用实测浓度平均值（如 TWA 浓度）。

附 录 D
（资料性附录）
代表性测试项目与测试频率

代表性测试项目与测试频率见表 D.1。

表 D.1 代表性测试项目与测试频率

测试项目	项目内容	建议频率
水质	水位高度、pH、溶解氧含量（DO）、浊度、电导率、硬度、悬浮固体、营养物质（溶解性浓度）	至少每 2 周
	农药品种（如可能，包括供试物）[a]、重金属[a]	试验开始时
底泥	农药品种（如可能，包括供试物）[a]、重金属[a]、粒径大小、离子交换能力、有机质含量、pH	试验开始时
浮游植物	叶绿素 a/脱镁叶绿素/干重；细胞计数、物种多样性测试（适用于长期试验/供试物对藻类具有潜在危害时）	至少每 2 周
着生生物	叶绿素 a＋脱镁叶绿素＋干重；细胞计数（供试物对藻类具有潜在危害时）	试验期间至少 2 次
大型水生植物	视觉（＋图片）识别、生产力估计	生长高峰期，不进行频繁监测
大型无脊椎动物	底栖生物；昆虫成虫；人工基质＋羽化昆虫等；鉴定到最低的可分类种类	底栖生物，每 2 周；昆虫成虫，供试物施用时、羽化高峰期，每周 1 次，其余时间采样频率可降低
浮游动物	如可能，鉴定到"种"；密度与生物量；记录生活阶段	每周
鱼	体长/体重	试验开始时
	体长/体重；大体解剖；如相关，性别/繁殖力	试验结束时
供试物浓度	供试物＋降解产物	在 1 个～2 个半衰期内至少采集 3 次～4 次样品，且在供试物消散达到 90％之前至少测定 5 次样品
气象条件	空气温度、太阳辐射、降水、风速	适当间隔，现场监测
[a] 农药、重金属实测含量不应对中宇宙系统中的生物产生危害。		

参 考 文 献

［1］肖文渊,2013. 水产养殖学专业基础实验实训［M］. 北京:北京理工大学出版社.

［2］OECD(Organisation for Economic Co-operation and Development),2006. Guidance Document on Simulated Freshwater Lentic Field Tests(Outdoor Microcosms and Mesocosms). OECD Series on Testing and Assessment Number 53.

［3］De Jong,F. M. W. ,Brock,T. C. M. ,Foekema,E. M. ,Leeuwangh,P,2008. Guidance for summarizing and evaluating aquatic micro-and mesocosm studies［R］. RIVM Report.

［4］Van Den Brink,P. J. ,Ter Braak,C. F. J. ,1998. Multivariate analysis of stress in experimental ecosystems by Principle Response Curves and similarity analysis［J］. Aquatic Ecology(32):163-178.

［5］Van Den Brink,P. J. ,Ter Braak,C. F. J. ,1999. Principle Response Curves:analysis of time dependent multivariate responses of a biological community under stress［J］. Env. Tox. and Chem. (18):138-148.

［6］Bray, J. R. , Curtis, J. T. , 1957. An ordination of the upland forest communities of Southern Wisconsin ［J］. Ecol. Monogr. (46):327-354.

［7］EFSA Panel on Plant Protection Products and their Residues,2013. Guidance on tiered risk assessment for plant protection products for aquatic organisms in edge-of-field surface waters［J］. EFSA Journal,11(7):3290.

［8］Brock T C M,Gorsuch J W,2010. Linking Aquatic Exposure and Effects:Risk Assessment of Pesticides［C］// IEEE International Conference on Image Processing. SETAC Press & CRC Press,Taylor & Francis Group.

ICS 65.020.01
B 15

中华人民共和国农业行业标准

NY/T 3149—2017

化学农药　旱田田间消散试验准则

Chemical pesticide—Guideline for terrestrial field dissipation/degradation

2017-12-22 发布
2018-06-01 实施

中华人民共和国农业部 发布

前　言

本标准按照 GB/T 1.1—2009 给出的规则起草。

请注意本文件的某些内容可能涉及专利。本文件的发布机构不承担识别这些专利的责任。

本标准由农业部种植业管理司提出并归口。

本标准起草单位:农业部农药检定所、中国农业科学院植物保护研究所。

本标准主要起草人:刘新刚、周艳明、吴小虎、曲薆薆、陈超、瞿唯钢、郑永权。

化学农药 旱田田间消散试验准则

1 范围

本标准规定了化学农药旱田田间消散试验的供试物信息、田间试验小区设计、试验步骤、试验材料与条件、试验设计与操作、数据分析、质量控制、试验报告等的基本要求。

本标准适用于为化学农药登记而进行的旱田田间消散试验。

2 规范性引用文件

下列文件对本文件的应用是必不可少的。凡是注日期的引用文件,仅注日期的版本适用于本文件。凡是不注日期的引用文件,其最新版本(包括所有的修改单)适用于本文件。

NY/T 3150 农药登记 环境降解动力学评估及计算指南

NY/T 3151 农药登记 土壤和水中化学农药分析方法建立和验证指南

3 术语和定义

下列术语和定义适用于本文件。

3.1

旱田田间消散 terrestrial field dissipation

旱地田间土壤中化学农药从其施用位置消失或与环境分离的全部过程,包括土壤降解、土壤表面光解、挥发、植物吸收和淋溶等。用来指导化学农药在田间的降解消散研究,确定有效成分及其主要转化产物在环境中的消解和归趋。

3.2

50%消散时间 50% dissipation time

供试物消散至初始物质质量的50%所需的时间,用$DisT_{50}$表示。

3.3

50%降解时间 50% degradation time

供试物降解至初始物质质量的50%所需的时间,用$DegT_{50}$表示。

3.4

精密度 precision

在规定条件下,所获得的独立测试或测量结果间的一致程度,用相对标准偏差(RSD)表示。

4 试验概述

将农药供试物按推荐方法均匀施用于经人工准备的田间裸露土壤表面,定期田间采样并测定土壤中供试物的残留量,以得到供试物在田间土壤中的消散曲线,求得供试物土壤消散DT_{50}。当挥发、土壤表面光解等表面消散过程的影响可以被排除时(则可以参见附录 A),计算$DegT_{50}$。

5 试验方法

5.1 材料和条件

5.1.1 田间试验小区设计

5.1.1.1 田间试验点选择

根据农药供试物标签上推荐的主要使用地区和作物情况选择田间试验点数,通常是 3 个～6 个试验点。试验点应选择位于有代表性的土壤、气候、田间管理措施等的区域,所选的试验点至少 3 年内未使用过试验农药供试物或其他性质相似(化学分类、通常不挥发转化产物等)的农药。试验点选择应是现实中环境风险最大情况下,农药供试物标签上推荐使用的典型区域或者基于暴露分析模型中需要的关注点。主要考虑以下因素:

    a) 供试物使用规模或登记作物情况;

    b) 土壤特征;

    c) 地形(地面需水平且平整,不能有坡度);

    d) 与水域的距离(防止洪水泛滥破坏小区);

    e) 气候(包括温度、降水量及分布、光照强度);

    f) 施用农药的剂型、时间、频率和方法;

    g) 试验地的田间管理。

5.1.1.2　试验小区大小

典型的试验小区宽度不能少于 2 m,长度不能短于 15 m,面积从 30 m² ～120 m² 不等,小区形状宜采用长条形。当农药供试物分散不均匀或消解曲线难以产生或解释时,可以适当减少小区面积。小区大小的设置主要考虑以下因素:

    a) 农药供试物的物理化学性质;

    b) 实验室获得的环境归趋数据;

    c) 农药供试物推荐的施用技术、使用方法;

    d) 试验地特征;

    e) 采样时间间隔和需采集土壤样品数量。

处理小区至少应设 2 个重复,每个处理小区分成若干个次级小区。另设一个未处理的空白对照小区。小区之间设足够面积的保护行(区),空白对照小区应远离处理小区至少 10 m 以上,并考虑施药期间风向。

5.1.1.3　试验小区管理

5.1.1.3.1　试验小区准备

施药前,试验小区可按照当地典型作物种植方式采取传统耕作、保护性耕作或免耕,保证试验小区表层土壤均匀平坦且没有石块、草根、地膜等杂物。施药后,避免深耕且任何人员不能进入踩踏。

5.1.1.3.2　杂草控制

杂草面积超过小区面积 10%时,应选择不影响供试农药评价的除草剂进行除草。试验周期内,试验 2 个月内不能机械或人工除草。

5.1.1.3.3　灌溉

试验中,应根据当地历史气象数据,当出现下列条件时,使用合适的灌溉设备和方法对试验田均匀适量补水,避免对土壤表面造成扰动。表层土壤的含水量应处于农业耕作(种植农作物)的范围内,当采用灌溉措施时,应记录灌溉的时间和用水量。

    a) 试验期间平均月降水量小于前 10 年或 10 年以上月平均降水量时,应灌溉补水以便于达到上一年的平均降水量;

    b) 在降水量不足以允许适当种植农作物和降水量通常需要灌溉补充的区域,应进行灌溉补水。

5.1.1.3.4　环境条件和监控

第一次施药前 5 d 至试验结束,记录每日空气和土壤的最高、最低和平均温度,总降水量,平均风速和蒸发量等信息。

5.1.1.4　供试物的施用

5.1.1.4.1 施药设备

施药设备每个喷头喷雾量不应超过 10%的误差,应使用最小化飘移损失的施药设备。

5.1.1.4.2 施用量和施用方式

供试物应按照农药供试物标签上推荐的最大使用量(当标签推荐多次施药时,使用年度累计使用量)和施药方法施药一次。当无法满足分析检测限时,可提高推荐的最大使用量进行试验,但需保证不影响土壤微生物作用。农药施用时,需要均匀喷洒在裸露的土壤表面。

5.1.1.4.3 其他要求

a) 农药供试物应按推荐的使用方法与作物生长一年中所对应的特定使用时间和阶段施用在裸露土壤表面;

b) 按照供试物标签说明使用喷雾施药等适当的施药技术。

5.1.1.5 土壤采样

5.1.1.5.1 采样方法

土壤样品的采集数目和直径(通常为 2.5 cm～12 cm)的确定应该基于小区的面积大小、土壤类型和需要分析的土壤样品的数量。同一个试验小区中采集的多个相同土层深度的土壤样品可混合,作为有代表性的混合样品用于检测分析,并根据不同时间的采样次数,把处理小区进一步划分多个次级小区(至少 10 个),每个次级小区应选足够数量(至少 5 个点)的均匀分布采样点以确保样品能够代表本次级小区的情况。试验全程应统一采样方法,用一组不同口径的土壤采样器分层采取,尽可能取自未扰乱土层,采样后应标记取样位置,避免同一位置采样 2 次。采样后,用未处理区域的土壤填满采样点,以防止不同深度土层的交叉污染。

5.1.1.5.2 采样深度

每次采样时,应根据农药供试物及其降解产物垂直分布特征,确定土壤采样深度。当供试物的实验室归趋特征显示淋溶是其重要的消解途径时,土壤采样通常应在 1 m 深的土层进行,且把 1 m 土层分为若干段用于检测分析(如 0 cm～15 cm、15 cm～30 cm、30 cm～45 cm、45 cm～60 cm、60 cm～80 cm、80 cm～100 cm,或参照试验点土层结构加以适当调整)。当供试物的实验室归趋参数表明该农药的淋溶性较低时,可减少土壤采样深度,但应需在土壤的生物活性区域(该区域可定义为耕作最大深度、农作物的生根深度和不透水土层深度三者中的最大值),至少 30 cm。

5.1.1.5.3 土壤采样时间和数量

土壤采样应该在处理前、处理后(0 d)和递增的采样间隔期(天/周/月)进行,采样时间间隔的确定应基于实验室试验相关数据和其他田间试验结果。空白对照小区的土壤采样只需要在试验开始前期进行。样品采集量应足够后续样品分析所需。采集次数应保证能监测到供试物母体化合物及其代谢物小于初始浓度或峰值的 10%。

5.1.1.6 土壤样品处理

当土壤样品不能立即提取分析时,则应尽快冷冻保存(≤−18℃);需要运输到分析实验室时,也应在冷冻状态下尽快送到实验室(24 h 之内)。样品在粉碎等前处理过程中要在冷冻或者干冰存在下进行,土壤样品在提取前不能风干。

5.1.1.7 其他

在技术和条件可行的情况下,应根据试验需要通过以下方式提高分析方法灵敏度:

a) 降低采样土壤层厚度;

b) 增加土壤采样面积;

c) 在适当情况下增加施药量;

d) 在适当情况下增加土壤样品采集点。

5.1.2 主要仪器设备

田间土壤采样器。

施药设备。

样品冷冻设备。

样品运输冷藏装置。

土壤研磨机。

振荡机。

离心机。

色谱或色谱—质谱联用仪等。

5.1.3 环境条件

除有特殊要求外,试验期间的气象、试验区环境等条件均应保持与试验地周边一致,并详细记录试验现场所获得的和计算消散时间所需要的各种气象信息(如土壤湿度、土壤温度)。

5.2 试验操作

5.2.1 试验准备

施药前应校验喷雾器,保证施药均匀。

施药前应对喷雾器的流速进行测量,计算理论步速和理论喷药时间。

施药前应对单位面积内的喷雾量进行测量。

5.2.2 供试物药液配制

将供试药剂于喷雾器中用水稀释(或采用土壤混合方式),并搅拌均匀。

5.2.3 施药及采样

将配制好的供试物药液按试验设计要求均匀喷施(如采用土壤混合的方式施药,则采用合适的方法均匀撒施或混合)在试验小区土壤表面,待表面土壤风干后 4 h 内采集初始样品(可适当减少采样深度)。此后,按照 5.1.1.5.1 采样计划步骤采集不同深度土壤。

5.2.4 样品测定

按照 NY/T 3151 的规定进行残留分析方法开发并验证,分别测定每个重复的处理小区土壤中的供试物残留量。土壤中农药残留量以干土计。

5.2.5 试验终点

当供试物母体化合物及主要代谢(降解)产物达到初始浓度或峰值的 10% 以下,或试验进行至 2 年时终止试验。

5.3 数据处理

按照 NY/T 3150 的规定评估降解动力学并计算 $DisT_{50}$ 和 $DegT_{50}$。

5.4 质量控制

质量控制条件包括:

a) 田间实际施药量损失≤30%;

b) 最低添加浓度在 LOQ 上,每个浓度 5 次重复;

c) 回收率和精密度要求参见附录 B;

d) 消散动态曲线至少包含 8 个数据点(特殊情况下可以减少)。

6 试验报告

试验报告至少应包括下列内容:

a) 供试物及其代谢物信息,包括供试物剂型、化学名称、结构式、CAS 号、纯度、基本理化性质、来源等;

b) 试验田的位置,包括地理坐标(如纬度、经度)、位置图(如地形图、航空照片或土壤勘测图)、处理区和空白对照区的大小和性状；

c) 供试土壤的类型、pH、有机质含量、阳离子交换量、土壤质地、水分、土壤容重等基本理化性质；

d) 试验田 3 年的田间农事管理历史信息（如种植的作物、所使用的农药和化肥）；

e) 主要仪器设备；

f) 试验条件，包括每日气温（最小值、最大值）、每日降水和灌溉（记录单独的降水事件）、强度和持续时间、每周和每月的降水量和灌溉量总和、每周平均土壤温度、土壤水分含量、取样时间、田间实际施用量、施用次数等；

g) 土壤中残留分析方法描述，包括样品前处理、测定条件、线性范围、添加回收率、相对标准偏差、方法定量限、典型谱图等；

h) 试验结果，包括测定结果、消散曲线、消散 DT_{50}、相关系数、典型降解产物及实测典型谱图等。

附　录　A

（资料性附录）

降解 DegT₅₀ 模块处理方法

在进行旱田田间消散试验时，当试验数据遵循以下几点时，可以计算化学农药在土壤中的降解 $DegT_{50}$：

——为防止供试物光解或挥发，施药后翻地 7 cm～10 cm 深度混合土壤，则从 0d 到试验结束，消解数据可用于计算 $DegT_{50}$。

——把供试物注射到表层土（0 cm～30 cm）中，施药后翻地 7 cm～10 cm 深度混合土壤，则从 0 d 到试验结束，消解数据都可用于计算 $DegT_{50}$ 数据。

——供试物施用到土壤表面之后立即灌溉，灌溉量应足以使供试物到达 10 mm 的平均渗透深度，则从 0 d 到试验结束，消解数据可用于计算 $DegT_{50}$ 数据。

——施药后待表面土壤风干后覆沙至少 3 mm（蒸汽压＞$1×10^{-4}$ Pa 的目标物质不适用本项规定），若有至少 10 mm 的降水/灌溉后可以去掉沙层。从 0 d 到试验结束，消解数据都可用于计算 $DegT_{50}$ 数据。

附　录　B

（资料性附录）

不同添加浓度对回收率和精密度（相对标准偏差）的要求

不同添加浓度对回收率和精密度（相对标准偏差）的要求见表 B.1。

表 B.1　不同添加浓度对回收率和精密度（相对标准偏差）的要求

添加浓度(C),mg/kg	平均回收率,%	相对标准偏差(RSD),%
$C>1$	70～110	10
$0.1<C\leqslant1$	70～110	15
$0.01<C\leqslant0.1$	70～110	20
$0.001<C\leqslant0.01$	60～120	30
$C\leqslant0.001$	50～120	35

参 考 文 献

[1]OECD Series on Testing & Assessment, No. 232: Guidance Document for Conducting Pesticide Terrestrial Field Dissipation Studies (2016).

[2]EPA Guideline: NAFTA Guidance Document for Conducting Terrestrial Field Dissipation Studies(2006).

———————————

参 考 文 献

ICS 65.020
B 17

中华人民共和国农业行业标准

NY/T 3150—2017

农药登记
环境降解动力学评估及计算指南

Guidance for evaluating and calculating degradation kinetics in
environmental media for pesticide registration

2017-12-22 发布

2018-06-01 实施

中华人民共和国农业部 发布

前　言

本标准按照 GB/T 1.1—2009 给出的规则起草。

请注意本文件的某些内容可能涉及专利。本文件的发布机构不承担识别这些专利的责任。

本标准由农业部种植业管理司提出并归口。

本标准起草单位：农业部农药检定所。

本标准主要起草人：周艳明、曲甍甍、周欣欣、姜辉、瞿唯刚、张燕、黄健。

农药登记 环境降解动力学评估及计算指南

1 范围

本标准规定了化学农药在土壤、水和水-沉积物系统中降解动力学的评估及计算方法。

本标准适用于化学农药及其代谢物在土壤、水和水-沉积物系统中降解动力学的评估和计算。

2 规范性引用文件

下列文件对于本文件的应用是必不可少的。凡是注日期的引用文件,仅注日期的版本适用于本文件。凡是不注日期的引用文件,其最新版本(包括所有的修改单)适用于本文件。

GB/T 3358.1—2009 统计学词汇及符号 第1部分:一般统计学术语与用于概率的术语

GB/T 8170 数值修约规则与极限数值的表示和判定

GB/T 31270.1 化学农药环境安全评价试验准则 第1部分:土壤降解试验

GB/T 31270.2 化学农药环境安全评价试验准则 第2部分:水解试验

GB/T 31270.3 化学农药环境安全评价试验准则 第3部分:光解试验

GB/T 31270.8 化学农药环境安全评价试验准则 第8部分:水-沉积物系统降解试验

NY/T 2882.2 农药登记 环境风险评估指南 第2部分:水生生态系统

NY/T 2882.6 农药登记 环境风险评估指南 第6部分:地下水

NY/T 3149 化学农药 旱田田间消散试验准则

3 术语和定义

下列术语和定义适用于本文件。

3.1

降解 degradation

在环境介质中因化学或生物的作用由一种化合物转化为另一种或几种化合物的过程。该过程包括将农药分解为更小分子的微生物降解、水解和光解,也包括形成更大分子的微生物合成和聚合反应,以及形成结合残留的过程。

3.2

消散 dissipation

在环境介质中导致化合物消失的过程,在土壤中包括土壤降解、土壤表面光解、挥发、植物吸收、淋溶以及随地表径流流失,在水体中包括水解、水中光解、吸附到沉积物中以及随地表径流外溢。

3.3

结合残留 bound residues

用不改变其化学结构的方法不能萃取出的残留物。

3.4

50%消失时间 50% disappearance time

供试物消失至初始物质质量的50%所需的时间,用DT_{50}表示。当明确消失的过程仅为降解时,可表示为$DegT_{50}$;当消失的过程为消散时,可表示为$DisT_{50}$。

3.5

50%降解时间 50% degradation time

供试物降解至初始物质质量的 50% 所需的时间,用 DegT$_{50}$ 表示。

3.6

50% 消散时间　50% dissipation time

供试物消散至初始物质质量的 50% 所需的时间,用 DisT$_{50}$ 表示。

3.7

90% 消失时间　90% disappearance time

供试物消失至初始物质质量的 90% 所需的时间,用 DT$_{90}$ 表示。

3.8

代表性半衰期　representative half-life

经评估选择适当的降解动力学模型得出 DT$_{50}$ 或 DT$_{90}$,转化为一级动力学模型下的 DT$_{50}$ 并作为环境暴露模型输入参数的半衰期,以 t_R 表示。

3.9

降解动力学模型　degradation kinetics models

描述供试物在某一环境介质中降解、消散过程的数学公式或数学公式的组合。

3.10

一级动力学模型　single first order

降解速率与供试物浓度成正比的动力学模型,用 SFO 表示。

3.11

多组分一级动力学模型　first order multi-compartment

降解过程含多个子过程,每个子过程的降解速率不同但都遵循一级动力学模型,这些子过程的降解速率可用伽玛分布密度函数描述,用 FOMC 表示。

3.12

平行双一级动力学模型　double first-order in parallel

土壤降解过程由 2 个平行的子过程组成,每个子过程的降解速率不同但都遵循一级动力学模型,用 DFOP 表示。

3.13

检出限　limit of detection

基质中的待测物可被可靠的检测出的最低水平,用 LOD 表示。LOD 一般可设为基线噪声的 3 倍,以前处理方法的浓缩倍数和 LOQ 水平的平均回收率折算为待测物在基质中的浓度水平。

3.14

定量限　limit of quantification

经添加回收试验验证的,待测物在基质中浓度的最低水平,用 LOQ 表示。

3.15

消失部分　sink compartment

在降解动力学评估中,所有被忽略的物质,通常为二氧化碳、结合残留物及少量未定性鉴别的代谢物,也包括拟合中未包含的所有代谢物。

3.16

次级代谢物　secondary metabolites

在水、土壤和水-沉积物系统的降解试验中,以初级代谢产物为前体产生的代谢物。

4　数据处理

4.1　试验数据来源

用于评估环境降解动力学的试验数据应符合 GB/T 31270.1、GB/T 31270.2、GB/T 31270.3、GB/T 31270.8、NY/T 3149 或其他适用的试验准则的规定。

4.2 平行数据

对于同一采样时间的平行数据,应遵循以下处理方法:
a) 同一培养体系的平行数据应取平均值;
b) 不同培养体系的平行数据,应分别计算。

4.3 数值修约

用于降解动力学评估的数据应表示为初始供试物质量的百分比;对于使用^{14}C 放射性标记物的试验,可用占添加放射性(AR)的百分比表示。数据的修约应符合 GB/T 8170 的要求。

4.4 低于定量限的数据

4.4.1 供试物母体

对于低于定量限的供试物母体数据,应遵循以下处理方法:
a) 介于 LOD 和 LOQ 之间的数据应设为实测值;若未给出实测值,则设为 LOQ 与 LOD 之和的 1/2。
b) 检测中首次低于 LOD 的数据时,应设为 LOD 的 1/2。
c) 检测中仅保留首次低于 LOD 的数据,其后数据应舍去;若其后有高于 LOQ 的数据出现时,应保留至此数据。
d) 当初始样品中有结合残留物或未鉴别的代谢物时,应将其物质质量或放射量数据计入母体的初始值;以物质质量表示时,代谢物数据应根据分子量折算为母体的物质质量。

示例:

母体1实测值	母体1设置值	母体2实测值	母体2设置值	母体3实测值	母体3设置值
0.12	0.12	0.12	0.12	0.12	0.12
0.09	0.09	0.09	0.09	0.09	0.09
0.05	0.05	0.05	0.05	0.05	0.05
0.03	0.03	0.03	0.03	0.03	0.03
$<LOD$	0.01	$<LOD$	0.01	$<LOD$	0.01
$<LOD$	—	$<LOD$	—	$<LOD$	0.01
$<LOD$	—	0.03	—	0.06	0.06
$<LOD$	—	$<LOD$	—	$<LOD$	0.01
$<LOD$	—	$<LOD$	—	$<LOD$	—
$<LOD$	—	$<LOD$	—	$<LOD$	—
注:$LOQ=0.05$,$LOD=0.02$。					

4.4.2 代谢物

对于低于定量限的农药代谢物数据,应遵循以下处理方法:
a) 当没有其他合理的数据(如添加的供试物中含有代谢物)时,应将初始值设定为 0,并将初始时代谢物的数据计入母体的数据中。
b) 代谢物首次检出之前的首次低于 LOD 数据时,应设为 LOD 的 1/2;检测结果为低于 LOQ 且未给出实测值的数据,则设为 LOQ 与 LOD 之和的 1/2。
c) 代谢物首次检出之前的第 2 组及之前的数据应舍去。
d) 其他数据处理同 4.4.1 的要求。

示例：

代谢物实测值	代谢物设置值
$<LOD$	0.00
$<LOD$	—
$<LOD$	0.01
0.03	0.03
0.06	0.06
0.10	0.10
0.11	0.11
0.10	0.10
0.09	0.09
0.05	0.05
注：$LOQ=0.05$，$LOD=0.02$。	

4.5 异常值

对于异常值，应遵循以下处理方法：

a) 首先使用全部试验数据评估降解动力学；

b) 当使用全部数据的拟合结果不符合 SFO 或其他降解机理模型的判定标准时，剔除异常值并重新评估；

c) 对于田间消散试验，应同时提供全部数据的拟合结果和剔除异常值后的拟合结果；

d) 所有剔除的异常值均应记录，并在试验报告中给出剔除的理由。

5 降解动力学模型

5.1 一级动力学模型(SFO)

SFO 的数学模型可按式(1)表示，示意图见图 1。DT_{50} 和 DT_{90} 按式(2)、式(3)计算。

$$\frac{dM}{dt}=-kM \quad\text{………………………………………}(1)$$

式中：

M——时间为 t 时供试物的质量，单位为毫克(mg)或微克(μg)；

t ——时间，单位为天(d)；

k ——降解速率常数。

图 1 一级动力学模型示意图

$$DT_{50}=\ln2/k \quad\text{………………………………………}(2)$$

式中：

DT_{50}——供试物消失至初始物质质量的 50% 所需的时间，单位为天(d)。

$$DT_{90}=\ln10/k \quad\text{………………………………………}(3)$$

式中：

DT_{90}——供试物消失至初始物质质量的 90% 所需的时间，单位为天(d)。

5.2 多组分一级动力学模型($FOMC$)

$FOMC$ 的数学模型可按式(4)表示，示意图见图 2。DT_{50} 和 DT_{90} 按式(5)、式(6)计算。

$$\frac{dM}{dt}=-\frac{\alpha}{\beta}M\left(\frac{t}{\beta}+1\right)^{-1} \quad\text{………………………………}(4)$$

式中：

α,β——伽玛分布密度函数的参数,其定义按照 GB/T 3358.1—2009 中 2.56 伽玛分布的规定执行。

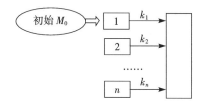

图 2　多组分一级动力学模型示意图

$$DT_{50}=\beta(2^{(\frac{1}{\alpha})}-1) \quad\cdots\cdots\cdots (5)$$

$$DT_{90}=\beta(10^{(\frac{1}{\alpha})}-1) \quad\cdots\cdots\cdots (6)$$

5.3　平行双一级动力学模型(*DFOP*)

DFOP 的数学模型可按式(7)表示,示意图见图 3。其 DT_{50} 和 DT_{90} 只能通过迭代得出。

$$\frac{dM}{dt}=\frac{k_{fast}ge^{-k_{fast}t}+k_{slow}(1-g)e^{-k_{slow}t}}{ge^{-k_{fast}t}+(1-g)e^{-k_{slow}t}}\times M \quad\cdots\cdots\cdots (7)$$

式中：

g ——降解较快的子过程的供试物所占的比例;

k_{fast} ——降解较快子过程的降解速率常数;

k_{slow} ——降解较慢子过程的降解速率常数。

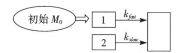

图 3　平行双一级动力学模型示意图

5.4　其他降解动力学模型

当上述降解动力学模型不能满足需要时,可以采用其他降解动力学模型,如曲棍球棒模型(见附录 A)。

6　降解动力学模型的判定标准及评估流程

6.1　判定标准

降解动力学模型应符合以下判定标准：

a)　回归趋势线应与实测浓度相匹配,残差应较小且在 x 轴两侧随机分布;

b)　卡方检验的测量误差百分比宜<15%;

c)　参数的置信区间合理,即 *DFOP* 模型的参数"g"应在 0 和 1 之间、所有模型的降解速率常数应≥0。

6.2　评估流程
6.2.1　总体评估流程
6.2.1.1　降解动力学模型的参数选择流程

按以下步骤估计降解试验的降解动力学模型的参数：

a)　输入每次采样的检测数据;

b)　选择降解动力学模型;

c)　设定所选模型各项参数的初始值;

    d)   用所选模型计算每次采样的估计浓度;

    e)   比较估计浓度与检测浓度;

    f)   调整参数直至估计浓度与检测浓度之间的差异最小。

其中 d)、e)、f)宜由计算机软件自动完成,可用于环境降解动力学评估的计算机软件包括 CAKE 和 KinGUII,也可使用其他经验证的计算机软件。使用计算机软件时,宜使用迭代加权最小二乘法(iteratively reweighted least squares,IRLS)。

6.2.1.2 供试物母体和代谢物降解动力学评估流程

按以下步骤评估供试物母体和代谢物的降解动力学,当已知代谢途径且代谢途径较简单时,可以不分步进行评估:

    a)   仅使用母体的检测数据评估母体的降解动力学,评估中仅考虑母体和消失部分 2 个组分;

    b)   加入代谢物的检测数据,评估中应考虑母体降解为代谢物和消失部分以及代谢物降解为消失部分,但当估算出的母体降解为消失部分的降解速率为负值、不显著或估算出的消失部分生成比例不显著时,可不考虑母体降解为消失部分并重新评估;

    c)   加入次级代谢物的检测数据,并按 b)的要求评估。

6.2.2 不同类型试验降解动力学模型选择

6.2.2.1 水解、光解试验

母体和代谢物均应选择 SFO 模型。

6.2.2.2 实验室土壤降解试验

母体选择流程见附录 B。

代谢物应选择 SFO 模型。

6.2.2.3 实验室水—沉积物系统降解试验

宜选择 SFO 模型计算母体和代谢物在整个系统中的 $DegT_{50}$ 和在水层中的 $DisT_{50}$。

6.2.2.4 田间消散试验

6.2.2.4.1 降解模块

按附录 C 将数据标准化后,计算供试物在土壤中的 $DegT_{50}$,降解动力学模型的选择流程见附录 B。标准化过程中,当有试验期间的土壤温度、土壤含水率等实测数据时,应采用实测数据,否则应使用环境暴露模型,根据气象、土壤性质等数据估算试验期间的土壤温度和土壤含水率。当缺少土壤田间持水量的数据时,可参见附录 D。

6.2.2.4.2 基本模块

按附录 B 的流程计算供试物的 $DisT_{50}$。

当施药后累积降雨量达到 10 mm(或相当于 10 mm 降雨量的灌溉),且后续的采样时间仍满足降解动力学评估的要求时,根据风险评估的需要,可将数据标准化后,按附录 E 计算供试物在土壤中的 $DegT_{50}$,数据标准化方法同 6.2.2.4.1。

7 DT_{50} 的使用

7.1 用于环境风险评估暴露模型的输入参数

当 NY/T 2882.2、NY/T 2882.6 有明确规定时,按照规定执行,否则按以下方法计算 t_R:

    a)   对于 SFO 模型,$t_R = DT_{50}$;

    b)   对于 FOMC 模型,$t_R = DT_{90}/3.32$;

    c)   对于 DFOP 模型,$t_R = DT_{50,slow}$。

7.2 用于确定是否需要进行高级阶段试验

按附录 B 的流程计算出 DT_{50} 和 DT_{90} 后,与农药管理法规及其他规定给出的阈值比较,并遵循以下

原则：

    a) 降解动力学模型为 SFO 的，当 DT_{50} 大于阈值时，应进行高级阶段试验；

    b) 降解动力学模型为其他模型的，当 DT_{90} 大于阈值时，应进行高级阶段试验；

    c) 当多个试验遵循不同的降解动力学模型时，先按 7.1 计算 t_R 并取几何平均值，当 t_R 的几何平均值大于阈值时，应进行高级阶段试验。

附　录　A
（规范性附录）
曲棍球棒模型

曲棍球棒模型(hockey-stick,HS)由2个连续的一级动力学模型构成,供试物在土壤中的降解先按速率常数 k_1 遵循一级动力学模型,在特定的时间点(t_b)其降解速率常数变为 k_2,其数学模型可按式(A.1)表示,示意图见图 A.1。按式(A.2)和式(A.3)计算 DT_{50},按式(A.4)和式(A.5)计算 DT_{90}。

$$\frac{dM}{dt} = -k_1 M(当\ t \leqslant t_b\ 时) \cdots\cdots\cdots\cdots\cdots\cdots\cdots\cdots (A.1)$$

$$\frac{dM}{dt} = -k_2 M(当\ t > t_b\ 时)$$

式中：

t_b——转变点,即降解速率常数改变时的时间,单位为天(d)；

k_1——转变点之前的降解速率常数；

k_2——转变点之后的降解速率常数。

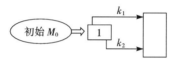

图 A.1　曲棍球棒模型示意图

$$DT_{50} = \frac{\ln2}{k_1}(当\ DT_{50} \leqslant t_b\ 时) \cdots\cdots\cdots\cdots\cdots\cdots\cdots (A.2)$$

$$DT_{50} = t_b + \frac{\ln2 - k_1 t_b}{k_2}(当\ DT_{50} > t_b\ 时) \cdots\cdots\cdots\cdots\cdots (A.3)$$

$$DT_{90} = \frac{\ln10}{k_1}(当\ DT_{90} \leqslant t_b\ 时) \cdots\cdots\cdots\cdots\cdots\cdots\cdots (A.4)$$

$$DT_{90} = t_b + \frac{\ln10 - k_1 t_b}{k_2}(当\ DT_{90} > t_b\ 时) \cdots\cdots\cdots\cdots\cdots (A.5)$$

对于 HS 模型,用于风险评估环境暴露模型的输入参数时,t_R＝较慢子过程的 DT_{50}。

附　录　B
（规范性附录）
实验室土壤降解试验降解动力学模型选择流程

供试物母体的实验室土壤降解试验降解动力学模型选择流程见图 B.1。

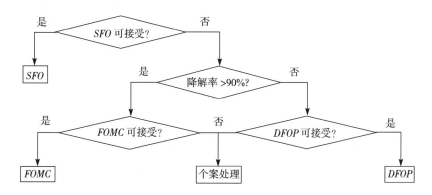

图 B.1　供试物母体的实验室土壤降解试验降解动力学模型选择流程

附　录　C

（规范性附录）

田间消散试验数据的标准化（时间步长标准化法）

　　时间步长标准化法是根据土壤温度和含水率校正因子将试验时的 1 d 折算为标准条件下的天数。按式（C.1）及试验中测定的土壤温度和土壤含水率计算田间消散试验每个采样间隔的标准化时间，并与测定的供试物母体及其代谢物的数据一起用于降解动力学评估。

$$D_{Norm} = D \times f_{Temp} \times f_{Moisture} \quad\cdots\cdots\cdots\cdots\cdots\cdots\cdots\cdots\cdots\cdots \text{（C.1）}$$

式中：

D_{Norm}　——标准条件下的时间，单位为天（d）；

D　　　——田间消散试验条件下的 1 d；

f_{Temp}　——土壤温度校正因子，当土壤温度＞0℃时按式（C.2）计算，当土壤温度≤0℃时＝0；

$f_{Moisture}$——土壤含水率校正因子，当土壤含水率＜田间持水量时按式（C.3）计算，当土壤含水率≥田间持水量时＝1。

$$f_{Temp} = Q_{10}^{(T_{act}-T_{ref})/10} \quad\cdots\cdots\cdots\cdots\cdots\cdots\cdots\cdots\cdots \text{（C.2）}$$

式中：

Q_{10}　——温度 20℃和 10℃时降解速率的倍数，默认值为 2.58；

T_{act}　——试验时测得的土壤温度，单位为摄氏度（℃）；

T_{ref}　——标准的温度（如 20℃），单位为摄氏度（℃）。

$$f_{Moisture} = \left(\frac{theta_{act}}{theta_{ref}}\right)^{0.7} \quad\cdots\cdots\cdots\cdots\cdots\cdots\cdots\cdots\cdots \text{（C.3）}$$

式中：

$theta_{act}$——试验时测得的土壤含水率，单位为克每 100 克干土（g/100 g 干土）；

$theta_{ref}$——土壤的田间持水量［当土壤水势为 pF2（1×10⁴ Pa）时的土壤含水率］，单位为克每 100克干土（g/100 g 干土）。

附 录 D

（资料性附录）

不同类型土壤的田间持水量

不同类型土壤的田间持水量见表D.1。

表 D.1 不同类型土壤的田间持水量

土壤质地[a]	土壤田间持水量 %
沙土	12
壤沙土	14
沙壤土	19
沙黏壤土	22
黏壤土	28
壤土	25
粉壤土	26
粉黏壤土	30
粉土	27
沙黏土	35
粉黏土	40
黏土	48
[a]　基于联合国粮农组织和美国农业部的分类方法。	

附　录　E
（规范性附录）
田间消散试验（基本模块）计算 DegT$_{50}$ 的流程

田间消散试验（基本模块）的试验数据按图 E.1 计算 DegT$_{50}$，但当试验中累积降雨量达到 10 mm 前某一代谢物的摩尔分数达到 5％时，不能用该试验数据计算该代谢物的 DegT$_{50}$。

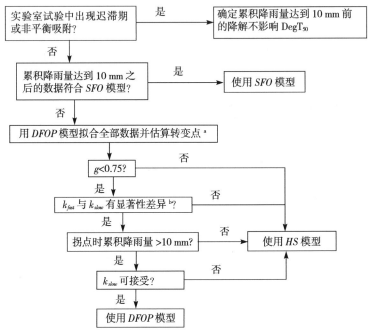

a　拟合时应包含累积降雨量<10 mm 的数据，并按式(E.1)计算 DFOP 模型的转变点。

b　当 k_{fast} 与 k_{slow} 的 95％置信区间没有重叠部分时，认为 k_{fast} 与 k_{slow} 有显著性差异。

图 E.1　田间消散试验（基本模块）计算 DegT$_{50}$ 的流程图

$$t_{b,\text{DFOP}} = \frac{3 \times \ln 2}{k_{fast}} \quad\cdots\cdots\cdots\cdots\cdots\cdots\cdots\cdots\cdots (E.1)$$

式中：

$t_{b,\text{DFOP}}$——DFOP 模型的转变点。

参 考 文 献

[1]FOCUS,2016. Generic guidance for estimating persistence and degradation kinetics from environmental fate studies on pesticides in EU registration[OL]. http:// esdac. jrc. ec. europa. eu/ public_path/ projects_data/ focus/ dk/ docs/ FOCUSkineticsvc1. 1Dec2014. pdf.

[2]European Food Safety Authority,2014. EFSA guidance document for evaluating laboratory and field dissipation studies to obtain $DegT_{50}$ values of active substances of plant protection products and transformation products of these active substances in soil[J]. EFSA Journal,12(5):3662.

[3]NAFTA Technical Working Group on Pesticides,2016. Guidance for evaluating and calculating degradation kinetics in environmental media[OL]. https:// www. epa. gov/ sites/ production/ files/ 2015-09/ documents/ degradation-kin. pdf.

[4]U. S. EPA,2016. Standard operating procedure for using the NAFTA guidance to calculate representative half-life values and characterizing pesticide degradation, version 2[OL]. https:// www. epa. gov/ pesticide-science-and-assessing-pesticide-risks/ standard-operating-procedure-using-nafta-guidance.

[5]FOCUS,2016. Generic Guidance for Tier 1 FOCUS Ground Water Assessments[OL]. http:// esdac. jrc. ec. europa. eu/ public_path/ projects_data/ focus/ gw/ NewDocs/ GenericGuidance2_2. pdf.

参 考 文 献

ICS 65.020
B 17

中华人民共和国农业行业标准

NY/T 3151—2017

农药登记　土壤和水中化学农药
分析方法建立和验证指南

Guideline on the development and validation of analytical methods
for pesticides in the soil and water

2017-12-22 发布

2018-06-01 实施

中华人民共和国农业部 发布

前　言

本标准按照 GB/T 1.1—2009 给出的规则起草。

本标准由农业部种植业管理司提出并归口。

本标准起草单位:农业部农药检定所、浙江省农业科学院农产品质量标准研究所。

本标准主要起草人:何红梅、周艳明、张春荣、曲萝萝、吴珉、刘学、蔡磊明。

农药登记　土壤和水中化学农药分析方法建立和验证指南

1　范围

本标准规定了土壤和水中化学农药母体及其主要代谢物分析方法建立和验证的基本要求。

本标准适用于为农药登记而开展的土壤和水中化学农药分析方法的建立和验证。

2　规范性引用文件

下列文件对于本文件的应用是必不可少的。凡是注日期的引用文件,仅注日期的版本适用于本文件。凡是不注日期的引用文件,其最新版本(包括所有的修改单)适用于本文件。

GB/T 6682　分析实验室用水规格和试验方法

GB/T 8170　数值修约规则与极限数值的表示和判定

3　术语和定义

下列术语和定义适用于本文件。

3.1

待测物　analytes

农药母体及其主要代谢物。

3.2

检出限　limit of detection(LOD)

基质中的待测物可被可靠的检测出的最低水平,用 LOD 表示。LOD 一般可设为基线噪声的 3 倍,以前处理方法的浓缩倍数和 LOQ 水平的平均回收率折算为待测物在基质中的浓度水平。

3.3

定量限　limit of quantification(LOQ)

经添加回收试验验证的,待测物在基质中浓度的最低水平,用 LOQ 表示。

3.4

灵敏度　sensitivity

单位浓度或单位质量的待测物质的变化所引起的响应值变化的程度。方法的灵敏度通常以方法的定量限(LOQ)来表示。

3.5

准确度　accuracy

测试结果或测量结果与真值间的一致程度,用回收率表示。

3.6

精密度　precision

在规定条件下,所获得的独立测试或测量结果间的一致程度,用相对标准偏差(RSD)表示。

3.7

半致死浓度　median lethal concentration

在急性毒性试验中,引起 50% 的供试生物死亡时的供试物浓度,用 LC_{50} 表示。

3.8

半抑制(效应)浓度　median effective concentration

在农药生态毒性试验中,引起 50% 的供试生物活动或生长受抑制时的供试物浓度,用 EC_{50} 表示。

4 分析方法的建立

4.1 概述

依据待测物的性质,通过筛选提取溶剂和净化条件(需要时),选择检测仪器和条件,建立待测物在基质中的定量、定性分析方法。

4.2 试剂或材料

4.2.1 试剂

有机试剂的级别宜为分析纯及以上纯度,无机试剂的级别宜为化学纯及以上纯度,水至少为 GB/T 6682 规定的实验室一级水。

4.2.2 标准物质

宜使用有证书的标准物质。

4.2.3 试验基质

主要的试验基质包括:

a) 作物耕作区代表性土壤;

b) 人工土壤;

c) 饮用水;

d) 地下水或地表水;

e) 测试用水。

4.3 仪器设备

主要的仪器设备包括:

a) 液相色谱仪;

b) 气相色谱仪;

c) 色谱—质谱联用仪;

d) 电子天平;

e) 其他辅助设备等。

4.4 试验步骤

4.4.1 提取

根据待测物的理化性质,通过筛选提取溶剂的种类、用量、提取方式、收集容器和浓缩条件,确定提取方法。

4.4.2 净化

通过筛选净化方式和材料,确定净化步骤、收集容器、浓缩条件、定容体积和定容方式等,确定净化方法。

4.4.3 衍生化

如需要衍生化,通过筛选衍生化试剂和衍生化条件,确定试验方法。

4.4.4 样品检测

4.4.4.1 仪器选择及检测条件优化

根据待测物的性质和检测要求,选择合适的检测仪器并优化仪器参数。

4.4.4.2 绘制标准曲线

准确称取标准物质,选择合适的溶剂配制标准溶液母液,再逐步稀释配制系列标准工作溶液,在 4.4.4.1 所优化的仪器条件下进样测定。以待测物的绝对量或浓度为横坐标,响应值(如峰高或峰面积)为纵坐标,绘制标准曲线。标准溶液的浓度范围宜从 LOQ 的 30% 至超过待测物最高含量 20%。绘制标准曲线至少5个数据点(不包括空白),优先采用线性回归方程拟合,获得相关系数,并确定线性响应范围。线性回归方程($Y=aX+b$)的相关系数r不低于0.99。此外,基于不同的检测原理也可采用其他函数(如指数函数、对数函数等)拟合。

不同样品基质,需分别考察基质效应。当基质效应<20%,可使用溶剂标准曲线进行计算,否则需用基质标准曲线进行计算。

4.5 质量控制

4.5.1 回收率

在空白基质中添加待测物,测定回收率。添加回收试验至少设置2档添加浓度:

a) LOQ;

b) 10倍LOQ,或其他相关浓度水平(≥5倍LOQ)。

每档浓度至少5个重复,计算平均回收率和相对标准偏差(RSD)。同时,需做空白基质样品,作为对照。所用基质需包含所有待测基质的类型,不同类型的土壤和水应分别进行添加回收试验。

将测试溶液得到的响应值代入标准曲线回归方程,计算样品中待测物的含量。土壤中待测物的含量单位用μg/kg或mg/kg表示,水中待测物的含量单位用μg/L或mg/L表示。计算结果以3位有效数字表达,含量低于0.001 mg/kg或0.001 mg/L时,结果可采用2位有效数字表达。

对数据的修约应符合GB/T 8170的规定。

添加回收率试验的平均回收率要求见附录A。

4.5.2 精密度

方法的精密度包括重复性和再现性,以相对标准偏差(RSD)表示:

a) 重复性:同一操作者在同一实验室,使用相同的测试材料及仪器设备,按照相同的方法进行,每种基质都应做重复性试验,至少做2档添加浓度,每档浓度至少5次重复。

b) 再现性:使用相同的测试材料按照相同的方法,在不同的条件下(如不同分析人员、不同批次的试剂等),选取代表性基质,在3个不同日期的时间段进行独立的回收率试验,至少应做2档添加浓度,每档浓度至少5次重复。

添加回收率试验的精密度要求见附录A。

4.5.3 灵敏度

方法的灵敏度以方法的定量限(LOQ)表示,最低一档添加回收浓度即为LOQ。

土壤中待测物的LOQ至少为0.001 mg/kg。如果待测物对最敏感的非靶标生物的毒性浓度(LC_{50}或EC_{50})低于0.001 mg/kg,则LOQ须满足该LC_{50}或EC_{50}值。对于除草剂,LOQ须满足最敏感作物的EC_{10}值。

饮用水和地下水中待测物的LOQ至少为0.1 μg/L。对于地表水,LOQ应满足表1中的最低效应浓度。

表1　与地表水 LOQ 设置相关的效应浓度

生物	急性试验	慢性试验
鱼	LC_{50}/100	$NOEC$/10
水溞	EC_{50}/100	$NOEC$/10
摇蚊	EC_{50}/100	$NOEC$/10
藻	EC_{50}/10	—
高等水生植物	EC_{50}/10	—
注:$NOEC$,无可见效应浓度(no observed effect concentration)。		

4.5.4 选择性

将空白基质样品、最低档浓度的标样和最低一档添加浓度的样品进行测定分析,说明该方法检测信号仅与待测物有关,与其他物质无关。空白值通过测定添加试验所用的空白基质获得,在仪器最高灵敏度下无可见干扰。否则,应给出详细说明。

若检测使用的是质谱,宜提供质谱图(若使用串联质谱,则提供子离子质谱图),以说明检测离子选择合理性。

4.6 样品分析

4.6.1 定性分析与定量分析同步进行

当采用质谱检测器进行分析测定时,需满足:

a) 使用气相色谱/液相色谱-单级质谱同步进行定性、定量分析时,对于低分辨质谱,至少选择3个监测碎片离子,其中,选择1个监测碎片离子用于定量分析,至少增加另外2个监测碎片离子(优先选择 $m/z>100$)用于定性分析;对于高分辨质谱,至少选择2个监测碎片离子,其中,选择1个监测碎片离子用于定量分析,至少增加另外1个监测碎片离子用于定性分析。

b) 使用气相色谱/液相色谱-串联质谱同步进行定性、定量分析时,至少选择2对离子对进行定性定量分析,其中,选择1对丰度高的反应监测离子对用于定量分析,至少增加另外1对反应监测离子对用于定性分析。

4.6.2 定性分析与定量分析分步进行

检出目标待测物之后,应采用独立的分析方法进行确认,可使用以下分析技术:

a) 与原方法色谱原理不同的技术,如用 GC 代替 HPLC;

b) 具有明显不同选择性的固定相或(和)流动相;

c) 不同的检测器,如 GC‐MS 对比 GC‐ECD,HPLC‐MS 对比 HPLC‐UV/DAD;

d) 衍生(原方法非衍生方法时适用);

e) 高分辨质谱;

f) 不同的电离方式,如 ESI 正离子模式对比负离子模式。

5 独立实验室验证

当建立或参照的分析方法用于室外监测时,该方法需在不同实验室间进行验证,验证实验室个数不少于1个(不包括分析方法建立单位),以证明方法符合分析要求。验证时,应确认分析方法的线性范围、检出限、定量限、回收率、精密度、选择性等,具体要求参见 4.4.4.2~4.6。

6 数据处理

6.1 回收率的计算

按式(1)计算回收率。

$$R = \frac{C_d}{C_a} \times 100 \cdots\cdots\cdots\cdots (1)$$

式中:

R ——回收率,单位为百分率(%);

C_d ——添加样品待测物的实测浓度,单位为毫克每千克(mg/kg)或毫克每升(mg/L);

C_a ——待测物理论添加浓度,单位为毫克每千克(mg/kg)或毫克每升(mg/L)。

6.2 标准偏差和相对标准偏差的计算

按式(2)、式(3)计算标准偏差和相对标准偏差。

$$S = \sqrt{\frac{\sum_{i=1}^{n}(X_i-\overline{X})^2}{n-1}} \cdots\cdots\cdots\cdots (2)$$

式中:

S ——标准偏差；

X_i ——第 i 次测量得到的回收率，单位为百分率（%）；

$\overline{X}$ ——回收率的平均值；

n ——参与计算的回收率个数。

$$RSD = \frac{S}{\overline{X}} \times 100 \quad\cdots\cdots\cdots\cdots\cdots\cdots\cdots\cdots\cdots\cdots\cdots\cdots\cdots\cdots\cdots\cdots\cdots\cdots\cdots\cdots\cdots\cdots (3)$$

式中：

RSD——相对标准偏差，单位为百分率（%）。

7 试验报告

试验报告应至少包括以下内容：

a) 方法概要（方法适用范围、方法目的、方法原理等）；

b) 标准物质信息（中文名称、英文名称、化学名称、CAS 号、分子式、分子量、结构式、纯度、储存条件、来源、生产批号以及外观、密度、溶解度、熔点等主要理化特性）、标准储备溶液和标准工作溶液配制等；

c) 试剂和材料（试剂级别、来源，溶液具体配制方法，材料的类型、规格等）；

d) 仪器设备（品牌、型号等）；

e) 试验基质（土壤的类型、pH、有机质含量等；水的电导率、硬度、pH、溶解性有机碳含量等）；

f) 前处理方法（样品提取、净化和定容步骤、所用试剂、注意事项等）；

g) 仪器测定方法（色谱、光谱、质谱等仪器参数）；

h) 分析方法试验结果（线性范围、检出限、定量限、回收率、精密度和数据计算分析软件等）；

i) 典型分析谱图（标样、空白基质、添加回收样品等）；

j) 其他需要说明的内容，包括参考方法、方法选择性和定性、定量分析说明等。

附　录　A

（规范性附录）

不同添加浓度对回收率和精密度（相对标准偏差）的要求

不同添加浓度对回收率和精密度（相对标准偏差）的要求见表 A.1。

表 A.1　不同添加浓度对回收率和精密度（相对标准偏差）的要求

添加浓度(C),mg/kg	平均回收率,%	相对标准偏差(RSD),%
$C>1$	70～110	10
$0.1<C\leqslant1$	70～110	15
$0.01<C\leqslant0.1$	70～110	20
$0.001<C\leqslant0.01$	60～120	30
$C\leqslant0.001$	50～120	35

参 考 文 献

[1]NY/T 788—2004 农药残留试验准则.

[2]岳永德,2004. 农药残留分析[M]. 北京:中国农业出版社.

[3]Organisation for Economic Co-operation and Development,2000. Residues: Guidance for generating and reporting methods of analysis in support of pre-registration data requirements for Annex II (part A, Section 4) and Annex III (part A, Section 5) of Directive 91/414. SANCO/3029/99 rev. 4. Paris: Organisation for Economic Co-operation and Development.

[4]Organisation for Economic Co-operation and Development,2007. Guidance Document on Pesticide Residue Analytical Methods. ENV/JM/MONO(2007)17. Paris: Organisation for Economic Co-operation and Development.

[5]Organisation for Economic Co-operation and Development,2010. Guidance Document on Pesticide Residue Analytical Methods. SANCO/825/00 rev. 8. 1. Paris: Organisation for Economic Co-operation and Development.

参 考 文 献

ICS 65.020
B 17

中华人民共和国农业行业标准

NY/T 3152.1—2017

微生物农药 环境风险评价试验准则
第1部分：鸟类毒性试验

Risk assessment test guidelines for microbial pesticide—
Part 1：Avian toxicity test

2017-12-22 发布
2018-06-01 实施

中华人民共和国农业部 发布

前　言

NY/T 3152《微生物农药　环境风险评价试验准则》分为6个部分：
——第1部分：鸟类毒性试验；
——第2部分：蜜蜂毒性试验；
——第3部分：家蚕毒性试验；
——第4部分：鱼类毒性试验；
——第5部分：溞类毒性试验；
——第6部分：藻类生长影响试验。

本部分为NY/T 3152的第1部分。

本部分按照GB/T 1.1—2009给出的规则起草。

请注意本文件的某些内容可能涉及专利。本文件的发布机构不承担识别这些专利的责任。

本部分由农业部种植业司提出并归口。

本部分起草单位：农业部农药检定所、环境保护部南京环境科学研究所。

本部分主要起草人：程燕、曲甍甍、卜元卿、周艳明、张俊、吴声敢、单正军。

微生物农药　环境风险评价试验准则
第1部分:鸟类毒性试验

1　范围

本部分规定了微生物农药对鸟类毒性试验的材料、条件、试验操作、质量控制、试验报告等的基本要求。

本部分适用于微生物农药登记而进行的鸟类毒性试验。

2　规范性引用文件

下列文件对于本文件的应用是必不可少的。凡是注日期的引用文件,仅注日期的版本适用于本文件。凡是不注日期的引用文件,其最新版本(包括所有的修改单)适用于本文件。

GB/T 31270.9　化学农药环境安全评价试验准则　第9部分:鸟类急性毒性试验

3　术语和定义

下列术语和定义适用于本文件。

3.1

微生物农药　microbial pesticide

是以细菌、真菌、病毒和原生动物或基因修饰的微生物等活体为有效成分,具有防治病、虫、草、鼠等有害生物作用的生物农药。

3.2

供试物　test substance

试验中需要测试的物质。

3.3

菌落形成单位　colony forming unit,CFU

由单个菌体或聚集成团的多个菌体在固体培养基上生长繁殖所形成的集落。

3.4

细菌芽孢、真菌孢子、细菌或原生动物孢囊　bacterial or fungal spore and bacterial or protozoan cyst

显微镜下一个完整的个体芽孢、孢子或孢囊,通常是指能在合适的培养基上形成单个CFU的一个完整的实体。

3.5

细菌营养体　vegetative bacterium

单个活的生物体,通常是指能在合适的培养基上形成一个CFU的实体。

3.6

原生生物　protozoa

原生生物门各个成员的一个完整的营养体、孢子或孢囊。

3.7

病毒　virus

显微镜下一个完整的病毒颗粒或包涵体。

3.8

最大危害暴露量　maximum hazard exposure level

微生物农药有效成分在环境中对非靶生物可能产生危害的最大暴露量,通常以预测暴露量与安全系数的乘积来表示。

3.9

毒性　toxicity

微生物和/或毒素引起受试生物中毒或病变的能力,其作用过程不一定同时发生微生物的感染、复制和生命活动。

3.10

致病性　pathogenicity

微生物感染宿主后,在宿主体内存活及繁衍,对宿主造成损伤或病变的能力,通常与宿主的耐受性或敏感性有关。

3.11

半数致死量　median lethal dose or concentration, LD_{50}/LC_{50}

在规定时间内,通过指定感染途径,使一定体重或年龄的受试生物半数死亡所需最小微生物数量或毒素量。

3.12

半数感染量　median infective dose or concentration, ID_{50}/IC_{50}

在规定时间内,通过指定感染途径,使一定体重或年龄的受试生物半数感染所需最小微生物数量或毒素量。

4　试验概述

在一定试验条件下,以一定的供试物浓度或剂量测试对受试鸟的致死毒性和致病性等影响。当供试物最大危害暴露量试验出现对受试生物50%及以上的个体死亡或致病时,则还需进行剂量效应试验和致死(病)验证试验。致死毒性以LD_{50}表征;致病性以ID_{50}值表征。

5　试验方法

5.1　材料和条件

5.1.1　试验生物

推荐物种为日本鹌鹑(*Coturnix coturnix japonica*)、野鸭(*Anas platyrhynchos*)、北美鹌鹑(*Colinus virginianus*)、鸽子(*Columba livia*)等的幼鸟(孵化后14 d~24 d,且试验开始时受试鸟之间体重差别不超过10%)。受试鸟健康状况良好,引入实验室后7 d内的死亡率应<5%。

5.1.2　供试物

5.1.2.1　类型

微生物母药、制剂产品等。

5.1.2.2　批次

通常情况下,试验中供试物应采用同一批次的产品。但在不得不使用另一批次产品时,应在试验报告中记录供试物的批次。

5.1.2.3　计数方法

计数方法如下:

——细菌可采用稀释平板菌落计数法、荧光定量PCR等测定;

——真菌孢子以CFU为计数单位,可采用稀释平板菌落计数法或血球计数板法等测定;

——原生动物以个体数目为计数单位,可采用血球计数板法等测定;

——病毒以包涵体等感染单位为计数单位,可采用荧光定量 PCR、血球计数板法等测定;

——其他单位,根据微生物的类型和特性选择最适当的计数方法。

以上推荐计数方法,参见附录 A、附录 B、附录 C。

5.1.3 主要仪器设备

超净工作台。

灭菌锅。

显微镜。

解剖镜。

分光光度计。

聚合酶链式反应仪。

试验用鸟笼。

温湿度计。

玻璃容器。

天平等。

5.1.4 试验条件

受试鸟类的试验条件如下:

——日本鹌鹑饲养温度为 25℃~28℃,相对湿度 50%~75%,饲养空间不得小于 300 cm²/鸟;

——野鸭饲养温度为 22℃~28℃,相对湿度 60%~85%,饲养空间不得小于 600 cm²/鸟;

——北美鹌鹑饲养温度为 25℃~28℃,相对湿度 50%~75%,饲养空间不得小于 300 cm²/鸟;

——鸽子饲养温度为 18℃~22℃,相对湿度 50%~75%,饲养空间不得小于 2 500 cm²/鸟。

5.2 试验操作

5.2.1 暴露途径

根据供试物特性选择经口暴露或腹腔注射暴露。

5.2.2 处理组和对照组

试验设置供试物处理组、空白对照组和灭活对照组。每组 20 只鸟可不设平行,雌雄对半。考虑微生物的传染性,各处理组及对照组应避免交叉污染。

5.2.3 效应观察

试验期间每日对受试鸟的饲料食用状况、行为异常、死亡等进行观察和记录。当鸟类不对刺激产生反应时认为鸟已死亡。

5.2.4 试验周期

通常试验观察时间应持续 30 d。当在试验观察时间末期,处理组受试鸟开始出现死亡或明显病征,则需延长观察时间,直至能够判断供试物对受试鸟的最终影响。

5.2.5 最大危害暴露量试验

以下列不同暴露途径设置供试物最大危害暴露量。当因制剂剂型等条件限制,供试物溶液浓度不能达到最大危害暴露量时,则以供试物在水中能配制到的最大浓度进行试验。试验开始后,每日观察并记录受试鸟的中毒症状及死亡情况。当受试鸟在试验期间未发生死亡(病变)或死亡(病变)率不超过 50%,则无需进行剂量效应试验和致死(病)验证试验。经口暴露和腹腔注射暴露的暴露量计算如下:

a) 经口暴露量。最大危害暴露量按式(1)计算。

$$\text{Dose}_{\text{max}} = C \times V_{\text{oral}} \times W \cdots\cdots\cdots\cdots\cdots\cdots\cdots\cdots (1)$$

式中:

Dose_{max}——最大危害暴露量,单位为微生物数量(units);

C ——供试微生物农药配制浓度,单位为微生物数量每毫升(units/mL);

V_{oral}——受试鸟单位体重经口暴露时摄入农药体积,单位为毫升每千克(mL/kg),取值为 5 mL/kg;

W ——受试鸟体重,单位为千克(kg)。

供试微生物配制浓度为 $1.0×10^8$ 单位/mL,或按供试微生物农药推荐施用浓度的 10 倍计算(两者均能达到时,取较高值为配制浓度)。以此经口最大危害暴露量连续 5 d 经口给药,然后正常饲喂直至试验结束。

b) 腹腔注射暴露量。最大危害暴露量按式(2)计算。

$$Dose_{max} = C × V_{injection} × W \quad\cdots\cdots\cdots\cdots\cdots (2)$$

式中:

$V_{injection}$——受试鸟单位体重经口腹腔注射时摄入农药体积,单位为毫升每千克(mL/kg),取值为 2 mL/kg。

供试微生物农药配制浓度为 $1.0×10^8$ 单位/mL,或按供试微生物农药推荐施用浓度的 10 倍计算(两者均能达到时,取较高值为配制浓度)。以此腹腔注射最大危害暴露量一次性腹腔注射,然后正常饲喂直至试验结束。

5.2.6 剂量效应试验

根据最大危害暴露量试验结果,按一定比例间距设置 5 组～7 组供试物系列浓度,将受试鸟暴露于不同浓度的供试物下。试验开始后,每日观察并记录受试鸟的中毒症状及死亡情况,求出试验结束时供试物对受试鸟类的 LD_{50} 或 ID_{50} 及其 95% 置信限。

5.2.7 致死(病)验证试验

在无菌条件下解剖死鸟或病鸟,分离感染组织并接种至适合的培养基中,将培养物置于适宜目标菌株生长条件下培养,分离纯化疑似菌株,疑似菌株经形态学、生理生化及核酸等方法鉴定并确认为目标菌株后,再以相同暴露途径感染健康的受试鸟。如果受试鸟出现与先前试验相同的病症,则证实目标菌株对鸟类具有致死(病)能力。

5.3 数据处理

5.3.1 统计方法选择

试验结果的数据处理可选择 5.3.2、5.3.3 中所述的统计学方法,也可根据试验情况选择其他合适的统计方法。

5.3.2 差异显著性检验

5.3.2.1 概述

差异显著性检验推荐采用独立样本 t 检验或单因子方差分析(One-Way ANOVA,LSD 检验)等。显著水平取 $p<0.05$(差异显著)、$p<0.01$(差异极显著)。

5.3.2.2 独立样本 t 检验

2 组均值比较时可进行独立样本 t 检验。独立样本 t 检验按式(3)计算。

$$t = \frac{\overline{X}_1 - \overline{X}_2}{\sqrt{\dfrac{\sigma_{x_1}^2 + \sigma_{x_2}^2}{n-1}}} \quad\cdots\cdots\cdots\cdots\cdots (3)$$

式中:

$\overline{X}_1, \overline{X}_2$——分别为两样本平均数;

$\sigma_{x_1}^2, \sigma_{x_2}^2$——分别为两样本方差;

n ——样本容量。

5.3.2.3 One-Way ANOVA 方差分析(LSD 检验)

3 组及以上均值比较时可进行方差分析。LSD 检验按式（4）计算。

$$LSD_a = t_{a(df_e)} S_{\bar{x}_i - \bar{x}_j} \quad \cdots\cdots\cdots\cdots\cdots\cdots\cdots\cdots\cdots\cdots\cdots\cdots\cdots\cdots\cdots\cdots \quad (4)$$

式中：

$t_{a(df_e)}$ ——在 F 检验中误差自由度下，显著水平为 a 的临界 t 值；

$S_{\bar{x}_i - \bar{x}_j}$ ——均数差异标准误，按式（5）计算。

$$S_{\bar{x}_i - \bar{x}_j} = \sqrt{2MS_e / n} \quad \cdots\cdots\cdots\cdots\cdots\cdots\cdots\cdots\cdots\cdots\cdots\cdots\cdots\cdots\cdots \quad (5)$$

式中：

MS_e ——F 检验中误差均方；

n ——各处理重复数。

5.3.3 半数致死量或半数感染量计算

鸟类半数致死量 LD_{50} 或半数感染量 ID_{50} 的计算可采用寇氏法、直线内插法或概率单位图解法估算，也可应用有关毒性数据计算软件进行分析和计算。具体计算方法见 GB/T 31270.9。

5.4 质量控制

质量控制条件如下：

——试验预养期间，受试鸟死亡率不超过 5％；

——试验结束时，空白对照组死亡率不超过 10％；

——试验环境条件和基本食物，应适应受试鸟的生理和行为。

6 试验报告

试验报告应包括下列内容：

——试验名称、试验单位名称和联系方式、报告编号；

——试验委托单位和联系方式、样品受理日期和封样情况；

——试验开始和结束日期、试验项目负责人、试验单位技术负责人、签发日期；

——试验摘要；

——供试物基本信息（例如，含量和组成信息，以及任何改变供试物生物活性物质的含量和组成信息，施用量、施用方法等）；

——受试生物的名称、来源、大小及饲养情况；

——试验系统的详细描述；

——试验条件，包括试验温度、相对湿度和光照条件等；

——试验结果。

附 录 A
（资料性附录）
稀释平板菌落计数法[1]

A.1 方法原理

将供试物经无菌水分散处理后，在固体培养基上由单个细胞生长并繁殖成一个菌落，因而可以根据形成的菌落数来计算供试物中微生物的数量。

A.2 试剂

蛋白胨。

牛肉膏。

氯化钠（NaCl）。

氢氧化钠溶液：1 mol/L。

盐酸溶液：1 mol/L。

葡萄糖。

磷酸二氢钾（KH_2PO_4）。

硫酸镁（$MgSO_4$）。

琼脂。

孟加拉红。

蒸馏水。

氯霉素。

A.3 仪器设备

高压蒸汽灭菌锅。

恒温培养箱。

超净工作台。

酸度计等。

A.4 固体培养基平板的制备

A.4.1 细菌培养基平板

依次称取蛋白胨 10 g、牛肉浸膏 3 g、氯化钠 5 g、琼脂 15 g～18 g，溶于 900 mL 蒸馏水中，置于电炉上加热，搅拌至完全溶解，加蒸馏水至 1 000 mL。以 1 mol/L 氢氧化钠溶液或 1 mol/L 盐酸溶液调节 pH 至 7.0～7.2。分装于 500 mL 三角瓶中，每瓶装 150 mL，塞上棉塞，经 121℃高压蒸汽灭菌 20 min，培养基温度降至约 50℃后倒入无菌培养皿中，每板约 15 mL。

A.4.2 真菌培养基平板

依次称取蛋白胨 5 g、葡萄糖 10 g、磷酸二氢钾 1 g、硫酸镁 0.5 g、琼脂 15 g～18 g、孟加拉红 0.03 g、氯霉素 0.1 g，溶于 900 mL 蒸馏水中，置于电炉上加热，搅拌至完全溶解，加蒸馏水至 1 000 mL。分装于

---

[1] 本方法适用于细菌、真菌孢子等计数。但细菌、真菌孢子等计数不仅限于本方法。

500 mL 三角瓶中,每瓶装 150 mL,塞上棉塞,经 121℃高压蒸汽灭菌 20 min,培养基温度降至约 50℃后倒入无菌培养皿中,每板约 15 mL。

A.5 样品的处理

称取一定量的供试物,加入盛有适当无菌水的三角瓶中,通过振荡、超声等方法使供试物充分分散成单细胞,形成菌悬液,然后用容量瓶和无菌水定容,配置一定浓度的微生物悬浮母液备用。上述过程均应无菌操作。

A.6 样品母液的稀释涂布

用无菌刻度吸管吸取 1 mL 上述配制好的微生物悬浮母液到 9 mL 无菌水中,按 10 倍法依次稀释,细菌通常稀释到 10^{-8},并选择 $10^{-8} \sim 10^{-6}$ 稀释菌悬液用于平板涂布;真菌通常稀释到 10^{-7},并选择 $10^{-7} \sim 10^{-5}$ 稀释菌悬液用于平板涂布。吸取 100 μL 稀释液置于培养基平板表面,立即用无菌玻璃涂棒或接种针均匀涂抹于培养基表面,将涂布后的平板倒置于温度适宜的培养箱中黑暗培养。当用同一支吸管接种同一样品不同稀释浓度时,应从高稀释度(即低浓度菌悬液)开始,依次向较低稀释度的菌悬液顺序操作。

A.7 菌落计数

细菌培养基平板培养 2 d~3 d 后取出,选择细菌菌落数量 20~200 之间的培养皿进行计数。

真菌培养基平板培养 3 d~5 d 后取出,选择真菌菌落数量 10~100 之间的培养皿进行计数。

母液微生物浓度或含量计算按(A.1)计算。

$$C = N \times X \quad\quad\quad (A.1)$$

式中:

C——母液微生物浓度或含量,单位为菌落形成单位每克(CFU/g)或菌落形成单位每毫升(CFU/mL);

N——培养基平板微生物菌落平均数,单位为个;

X——母液稀释倍数。

附 录 B
（资料性附录）
血球计数板法[1]

B.1 方法原理

血球计数板法是将少量待测样品的悬浮液置于一种特别的具有确定面积和容积的载玻片上（血球计数板），于显微镜下直接计数，然后推算出数量的一种方法。

B.2 仪器设备

血球计数器。

显微镜。

锥形瓶。

滴管。

载玻片、盖玻片。

超净工作台等。

B.3 样品的制备

根据供试物浓度或含量，用无菌水稀释后形成供试物悬浮液用于血球计数板计数。血球计数板 5 个中格中微生物数量宜控制在 20～100。

B.4 样品的制片

取洁净的血球计数板一块，在计数区上盖上一块盖玻片。将稀释后的供试物悬液摇匀，用滴管吸取少许，从计数板中间平台两侧的沟槽内沿盖玻片的下边缘滴入一小滴，让悬液利用液体的表面张力充满计数区，并用吸水纸吸去沟槽中流出的多余悬液。静置片刻，使微生物沉降到计数板上。在显微镜下进行计数。

B.5 数量计数

计数时若计数区是由 25 个中方格组成，按对角线方位，数左上、左下、右下、右上、中间的 5 个中方格（即 80 小格）的微生物数。为了保证计数的准确性，在计数时，同一样品至少计数 2 次，对沉降在格线上微生物的统计应有统一的规定。如微生物位于大方格的双线上，计数时则数上线不数下线，数左线不数右线，以减少误差。即位于本格上线和左线上的微生物计入本格，本格的下线和右线上的微生物按规定计入相应的格中。

样品浓度或含量按式（B.1）计算。

$$C = N \times 25/5 \times 10 \times 10^3 \times X \quad\cdots\cdots\cdots\cdots\cdots\cdots\cdots\cdots\cdots\cdots\cdots\cdots\cdots (B.1)$$

式中：

C——样品浓度或含量，单位为个每毫升（个/mL）；

---

[1] 本方法适用于体型较大的微生物，如真菌孢子、酵母、多角体病毒和原生动物等计数。但真菌孢子、酵母、多角体病毒和原生动物等计数不仅限于本方法。

N——5 个中方格的微生物总数；

X——样品稀释倍数。

附　录　C
（资料性附录）
荧光定量 PCR 法[1]

C.1　方法原理

SYBR Green 能结合于所有 dsDNA 双螺旋小沟产生极强荧光，其荧光信号强度与 dsDNA 的数量正相关。因此，根据荧光信号监测 PCR 体系存在的 dsDNA 的数量并绘制荧光信号累积曲线，最后通过参照标准曲线对未知模板进行定量分析。

C.2　试验试剂与材料

常规 PCR 体系：rTaq DNA 聚合酶、rTaq 10×buffer、dNTP、ddH$_2$O、扩增引物。

克隆体系：大肠杆菌 DH5α 感受态、pMD18T、ddH$_2$O、T4 连接酶、T4 连接酶 10×buffer。

qPCR 体系：SYBR Green Supermix、ddH$_2$O、扩增引物。

基因组提取试剂盒、质粒提取试剂盒等。

C.3　主要仪器

荧光定量 PCR 仪。

普通 PCR 仪。

超净工作台。

微量核酸定量仪（如 Nanodrop）或紫外可见分光光度计。

C.4　标准品模板的制备

C.4.1　目的基因片段的扩增与克隆

引物设计：寻找待测物种的物种特异基因（最好是单拷贝），按基本引物设计原则设计引物，使引物 T_m 值为 62℃～65℃，PCR 产物长度为 80 bp～150 bp。

样品基因组总 DNA 的提取：针对不同样品，购买基因组提取试剂盒，按照基因组提取试剂盒操作说明提取样品基因组总 DNA。

特异基因片段扩增：以提取的样品基因组总 DNA 为模板，PCR 扩增特异基因片段，采用两步法扩增，PCR 扩增体系如下：rTaq 酶 0.25 μL，rTaq 酶 10×buffer 2.5 μL，dNTP 2 μL（20 mmol/L），引物 1（P1）、引物 2（P2）各 1 μL，模板 1 μL，加 ddH$_2$O 补足体积至 25 μL；反应条件为：94℃预变性 5 min；（94℃变性，30 s；60℃退火延伸 30 s）30 个循环；72℃充分延伸 10 min；4℃保存。

电泳检测：PCR 产物使用 1%琼脂糖凝胶电泳检测，确保无非特异性扩增并回收扩增片段。

TA 克隆：按照 TA 克隆标准步骤将回收后的扩增产物连接至 pMD18T 载体并转化至大肠杆菌 DH5α 感受态中；LB 抗性平板（Amp100）结合蓝白斑筛选，挑取单克隆转移至液体 LB（Amp100）中，37℃摇床培养 12 h，按照质粒提取试剂盒说明书提取质粒并送至测序公司进行测序验证，确定目的基因片段与载体相连且序列正确。

---

1)　本方法适用于细菌、真菌和病毒等计数。但细菌、真菌和病毒等计数不仅限于本方法。

C.4.2 标准品模板的拷贝数确定

使用 Nanodrop 或其他仪器测定含目的基因片段的载体浓度,按照式(C.1)计算目的基因拷贝数 (Copies/μL)。

$$Q = 6.02 \times 10^{23} \times C \times 10^{-9}/L \times 660 \quad\cdots\cdots\cdots\cdots\cdots\cdots\cdots\cdots\cdots\cdots\cdots\cdots \quad (C.1)$$

式中:

Q——基因拷贝数,单位为拷贝数每微升(Copies/μL);

C——DNA 浓度,单位为纳克每微升(ng/μL);

L——DNA 长度,单位为碱基对(bp)。

将含目的基因片段的载体用 ddH$_2$O 进行 10 倍梯度稀释,稀释为 10 Copies/μL~10^8 Copies/μL, 此即为标准品模板,-20℃保存样品。

C.5 标准曲线绘制与扩增效率计算

标准品模板的 qPCR 扩增:采用 20 μL qPCR 反应体系,两步法进行扩增,具体为:标准品模板 2 μL, SYBR Green Supermix 10 μL,引物 1 和引物 2 各 1 μL,加无菌双蒸水补足体积至 20 μL;反应条件为: 95℃预变性 5 min;(95℃变性,10 s;60℃退火延伸 30 s)40 个循环;溶解曲线采集程序以程序默认为准; 其中,每个稀释度的样品做 5 个重复,阴性对照使用无模板的无菌双蒸水。

标准曲线的绘制:确定溶解曲线为单峰,且峰值温度在 80℃~90℃,确定溶解曲线峰值;并确定扩 增生成 Ct 值在 15~35 区域间,同一个样品不同重复间的 Ct 值差异小于 0.5;在满足此条件的情况下, 以标准品模板的拷贝数为横坐标,Ct 值为纵坐标,绘制标准曲线,并求出标准曲线线性方程。

扩增效率(E)计算:E 的范围应为 90%~110%,保证 qPCR 每完成一个循环,底物浓度扩增一倍;E 按式(C.2)计算。

$$E = (10^{-1/k} - 1) \times 100 \quad\cdots\cdots\cdots\cdots\cdots\cdots\cdots\cdots\cdots\cdots\cdots\cdots\cdots \quad (C.2)$$

式中:

E——扩增效率,单位为百分率(%);

k——标准曲线斜率。

C.6 样品微生物的定量

C.6.1 样品总基因组 DNA 的提取

根据基因组提取试剂盒说明书提取样品基因组总 DNA。

C.6.2 样品微生物计数

以提取的样品基因组总 DNA 为模板,进行 qPCR 反应。qPCR 反应条件与 C.5 一致,根据反应生 成的 Ct 值和已建立的标准曲线,计算各目的基因片段的拷贝数,从而评估样品中待测物种的丰度。

参 考 文 献

[1]GB 4789.2—2010　食品安全国家标准　食品微生物学检验　菌落总数测定.
[2]NY/T 2743—2015　甘蔗白色条纹病菌检验检疫技术规程　实时荧光定量 PCR 法.
[3]SN/T 2358—2009　国境口岸炭疽芽孢杆菌荧光定量 PCR 检测方法.

———————————

ICS 65.020
B 17

中华人民共和国农业行业标准

NY/T 3152.2—2017

微生物农药　环境风险评价试验准则
第2部分：蜜蜂毒性试验

Risk assessment test guidelines for microbial pesticide—
Part 2：Honeybee toxicity test

2017-12-22 发布　　　　　　　　　　　　2018-06-01 实施

中华人民共和国农业部 发布

前　言

NY/T 3152《微生物农药　环境风险评价试验准则》分为6个部分：
——第1部分：鸟类毒性试验；
——第2部分：蜜蜂毒性试验；
——第3部分：家蚕毒性试验；
——第4部分：鱼类毒性试验；
——第5部分：溞类毒性试验；
——第6部分：藻类生长影响试验。

本部分为NY/T 3152的第2部分。

本部分按照GB/T 1.1—2009给出的规则起草。

请注意本文件的某些内容可能涉及专利。本文件的发布机构不承担识别这些专利的责任。

本部分由农业部种植业管理司提出并归口。

本部分起草单位：农业部农药检定所、环境保护部南京环境科学研究所。

本部分主要起草人：卜元卿、姜辉、王宏伟、周欣欣、程燕、何明远、周军英。

微生物农药 环境风险评价试验准则
第2部分:蜜蜂毒性试验

1 范围

本部分规定了微生物农药对蜜蜂毒性试验的材料、条件、试验操作、质量控制、试验报告等的基本要求。

本部分适用于微生物农药登记而进行的蜜蜂毒性试验。

2 规范性引用文件

下列文件对于本文件的应用是必不可少的。凡是注日期的引用文件,仅注日期的版本适用于本文件。凡是不注日期的引用文件,其最新版本(包括所有的修改单)适用于本文件。

GB/T 31270.10 化学农药环境安全评价试验准则 第10部分:蜜蜂急性毒性试验

3 术语和定义

下列术语和定义适用于本文件。

3.1

微生物农药 microbial pesticides

是以细菌、真菌、病毒和原生动物或基因修饰的微生物等活体为有效成分,具有防治病、虫、草、鼠等有害生物作用的农药。

3.2

供试物 test substance

试验中需要测试的物质。

3.3

菌落形成单位 colony forming unit,CFU

由单个菌体或聚集成团的多个菌体在固体培养基上生长繁殖所形成的集落。

3.4

细菌芽孢、真菌孢子、细菌或原生动物孢囊 bacterial or fungal spore and bacterial or protozoan cyst

显微镜下一个完整的个体芽孢、孢子或孢囊,通常是指能在合适的培养基上形成单个CFU的一个完整的实体。

3.5

细菌营养体 vegetative bacterium

单个活的生物体,通常是指能在合适的培养基上形成一个CFU的实体。

3.6

原生动物 protozoa

原生动物门各个成员的一个完整的营养体、孢子或孢囊。

3.7

病毒 virus

显微镜下一个完整的病毒颗粒或包涵体。

3.8

最大危害暴露量 maximum hazard exposure level

微生物农药有效成分在环境中对非靶生物可能产生危害的最大暴露量,通常以预测暴露量与安全系数的乘积来表示。

3.9

毒性 toxicity

微生物和/或毒素引起受试生物中毒或病变的能力,其作用过程不一定同时发生微生物的感染、复制和生命活动。

3.10

致病性 pathogenicity

微生物感染宿主后,在宿主体内存活及繁衍,对宿主造成损伤或病变的能力,通常与宿主的耐受性或敏感性有关。

3.11

半数致死量 median lethal dose or concentration,LD_{50}/LC_{50}

在规定时间内,通过指定感染途径,使一定体重或年龄的受试生物半数死亡所需最小微生物数量或毒素量。

3.12

半数感染量 median infective dose or concentration,ID_{50}/IC_{50}

在规定时间内,通过指定感染途径,使一定体重或年龄的受试生物半数感染所需最小微生物数量或毒素量。

4 试验概述

在一定试验条件下,以一定的供试物浓度或剂量测试对受试蜜蜂的致死毒性和致病性等影响。当供试物最大危害暴露量出现对受试生物50%及以上的个体死亡或致病时,则还需进行剂量效应试验和致死(病)验证试验。致死毒性以LD_{50}表征;致病性以ID_{50}表征。

5 试验方法

5.1 材料和条件

5.1.1 试验生物

推荐使用意大利工蜂(*Apis mellifera* L.)、中华蜜蜂(*Apis cerana cerana*)等。选择羽化3 d内的工蜂,受试蜂应来自姊妹蜂王,健康、大小一致。

5.1.2 供试物

5.1.2.1 类型

微生物母药、制剂产品等。

5.1.2.2 批次

通常情况下,试验中供试物应采用同一批次的产品。但在不得不使用另一批次产品时,应在试验报告中记录供试物的批次。

5.1.2.3 计数方法

计数方法如下:

——细菌可采用稀释平板菌落计数法、荧光定量PCR等测定;

——真菌孢子以CFU为计数单位,可采用稀释平板菌落计数法或血球计数板法等测定;

——原生动物以个体数目为计数单位,可采用血球计数板法等测定;

——病毒以包涵体等感染单位为计数单位,可采用荧光定量 PCR、血球计数板法等测定;

——其他单位,根据微生物的类型和特性选择最适当的计数方法。

以上推荐计数方法,参见附录 A、附录 B、附录 C。

5.1.3　主要仪器设备

超净工作台。

灭菌锅。

显微镜。

解剖镜。

分光光度计。

聚合酶链式反应仪。

温度计。

蜂笼。

天平等。

5.1.4　试验条件

一般情况下,试验温度为(30±2)℃,相对湿度为 50%～75%。试验条件在满足蜜蜂生长条件下,还需充分考虑供试物的生长和活性要求。

5.2　试验操作

5.2.1　试验方法

蜜蜂毒性试验包括经口毒性试验方法和接触毒性试验方法。

5.2.2　处理组和对照组

试验设置供试物处理组、空白对照组和灭活对照组等。每组 3 个平行,每个平行 20 只蜂。考虑微生物的传染性,各处理组及对照组应避免交叉污染。

5.2.3　效应观察

试验期间每日对受试蜜蜂中毒症状、死亡等进行观察和记录。当蜜蜂不对刺激产生反应时认为蜜蜂已死亡。

5.2.4　试验周期

试验时间持续 14 d。当在试验周期结束时,处理组受试蜜蜂开始出现死亡或明显病征,则需延长观察时间,直至确定对受试蜜蜂的最终影响。

5.2.5　最大危害暴露量试验

以 $1.0×10^8$ 单位/mL 或供试物推荐田间施用量的 100 倍作为最大危害暴露量(两者均能达到时,取较高值作为最大危害暴露量)。当因制剂型等条件限制,不能达到最大危害暴露量时,则以供试物在水中能配制到的最大剂量进行试验。试验期间每日观察并记录蜜蜂的中毒症状及死亡情况。当受试蜜蜂在试验期间未发生死亡,则无需进行剂量效应试验和致死(病)验证试验;当受试蜜蜂在试验期间出现 50% 及以上的个体死亡或致病,则需进行剂量效应试验和致死(病)验证试验。暴露分为:

a)　经口暴露。将供试物分散在蔗糖溶液中,用以饲喂受试蜜蜂,饲喂 4 h 后更换为不含供试物的蔗糖溶液并测定含供试物饲料的消耗量。

b)　接触暴露。将 1 μL 受试物药液点滴在受试蜜蜂的中胸背板处,将蜜蜂转入试验笼中,用脱脂棉浸泡适量蔗糖水饲喂。

5.2.6　剂量效应试验

根据最大危害暴露量试验结果,按一定比例间距设置 5 组～7 组供试物系列浓度,将受试蜜蜂暴露于不同浓度的供试物下,试验开始后,每日对受试蜜蜂的中毒症状、死亡等进行观察和记录。求出试验结束时供试物对蜜蜂的 LD_{50} 值或 ID_{50} 值及其 95% 置信限。

5.2.7 致死(病)验证试验

在无菌条件下解剖死蜂或病蜂,分离感染组织并接种至适合的培养基质中,将培养物置于适宜目标菌株生长条件下培养,分离纯化疑似菌株,疑似菌株经形态学、生理生化及核酸等方法鉴定并确认为目标菌株后,再以相同暴露途径感染健康的受试蜜蜂。如果受试蜜蜂出现与先前试验相同的病症,则证实目标菌株对蜜蜂具有致死(病)能力。

5.3 数据处理

5.3.1 统计方法选择

试验结果的数据处理可选择5.3.2、5.3.3中所述的统计学方法,也可根据试验情况选择其他合适的统计方法。

5.3.2 差异显著性检验

5.3.2.1 概述

差异显著性检验推荐采用独立样本t检验或单因子方差分析(One-Way ANOVA,LSD检验)等。显著水平取$p<0.05$(差异显著)、$p<0.01$(差异极显著)。

5.3.2.2 独立样本t检验

2组均值比较时可进行独立样本t检验。独立样本t检验按式(1)计算。

$$t = \frac{\overline{X}_1 - \overline{X}_2}{\sqrt{\dfrac{\sigma_{x_1}^2 + \sigma_{x_2}^2}{n-1}}} \quad \cdots\cdots (1)$$

式中:
$\overline{X}_1$,$\overline{X}_2$ ——分别为两样本平均数;
$\sigma_{x_1}^2$,$\sigma_{x_2}^2$ ——分别为两样本方差;
n ——样本容量。

5.3.2.3 One-Way ANOVA 方差分析(LSD检验)

3组及以上均值比较时可进行方差分析。LSD检验按式(2)计算。

$$LSD_\alpha = t_{\alpha(df_e)} S_{\overline{x}_i - \overline{x}_j} \quad \cdots\cdots (2)$$

式中:
$t_{\alpha(df_e)}$ ——在F检验中误差自由度下,显著水平为α的临界t值;
$S_{\overline{x}_i - \overline{x}_j}$ ——均数差异标准误,按式(3)计算。

$$S_{\overline{x}_i - \overline{x}_j} = \sqrt{2MS_e/n} \quad \cdots\cdots (3)$$

式中:
MS_e ——F检验中误差均方;
n ——各处理重复数。

5.3.3 半数致死量或半数感染量计算

蜜蜂半数致死量LD_{50}或半数感染量ID_{50}的计算可采用寇氏法、直线内插法或概率单位图解法估算,也可应用有关毒性数据计算软件进行分析和计算。具体计算方法见GB/T 31270.10。

5.4 质量控制

试验结束时,空白对照组受试蜜蜂死亡率不得超过20%。

6 试验报告

试验报告应包括下列内容:
——试验名称、试验单位名称和联系方式、报告编号;
——试验委托单位和联系方式、样品受理日期和封样情况;

——试验开始和结束日期、试验项目负责人、试验单位技术负责人、签发日期；

——试验摘要；

——供试物基本信息（例如，含量和组成信息，以及任何改变供试物生物活性物质的含量和组成信息，施用量、施用方法等）；

——受试生物的名称、来源、大小及饲养情况；

——试验系统的详细描述；

——试验条件，包括试验温度、相对湿度和光照条件等；

——试验结果。

附　录　A

（资料性附录）

稀释平板菌落计数法[1]

A.1　方法原理

将供试物经无菌水分散处理后，在固体培养基上由单个细胞生长并繁殖成一个菌落，因而可以根据形成的菌落数来计算供试物中微生物的数量。

A.2　试剂

蛋白胨。

牛肉膏。

氯化钠（NaCl）。

氢氧化钠溶液：1 mol/L。

盐酸溶液：1 mol/L。

葡萄糖。

磷酸二氢钾（KH_2PO_4）。

硫酸镁（$MgSO_4$）。

琼脂。

孟加拉红。

蒸馏水。

氯霉素。

A.3　仪器设备

高压蒸汽灭菌锅。

恒温培养箱。

超净工作台。

酸度计等。

A.4　固体培养基平板的制备

A.4.1　细菌培养基平板

依次称取蛋白胨 10 g、牛肉浸膏 3 g、氯化钠 5 g、琼脂 15 g～18 g，溶于 900 mL 蒸馏水中，置于电炉上加热，搅拌至完全溶解，加蒸馏水至 1 000 mL。以 1 mol/L 氢氧化钠溶液或 1 mol/L 盐酸溶液调节 pH 至 7.0～7.2。分装于 500 mL 三角瓶中，每瓶装 150 mL，塞上棉塞，经 121℃高压蒸汽灭菌 20 min，培养基温度降至约 50℃后倒入无菌培养皿中，每板约 15 mL。

A.4.2　真菌培养基平板

依次称取蛋白胨 5 g、葡萄糖 10 g、磷酸二氢钾 1 g、硫酸镁 0.5 g、琼脂 15 g～18 g、孟加拉红 0.03 g、氯霉素 0.1 g，溶于 900 mL 蒸馏水中，置于电炉上加热，搅拌至完全溶解，加蒸馏水至 1 000 mL。分装于

---

1)　本方法适用于细菌、真菌孢子等计数。但细菌、真菌孢子等计数不仅限于本方法。

500 mL 三角瓶中,每瓶装 150 mL,塞上棉塞,经 121℃高压蒸汽灭菌 20 min,培养基温度降至约 50℃后倒入无菌培养皿中,每板约 15 mL。

A.5 样品的处理

称取一定量的供试物,加入盛有适当无菌水的三角瓶中,通过振荡、超声等方法使供试物充分分散成单细胞,形成菌悬液,然后用容量瓶和无菌水定容,配置一定浓度的微生物悬浮母液备用。上述过程均应无菌操作。

A.6 样品母液的稀释涂布

用无菌刻度吸管吸取 1 mL 上述配制好的微生物悬浮母液到 9 mL 无菌水中,按 10 倍法依次稀释,细菌通常稀释到 10^{-8},并选择 $10^{-8}\sim10^{-6}$ 稀释菌悬液用于平板涂布;真菌通常稀释到 10^{-7},并选择 $10^{-7}\sim10^{-5}$ 稀释菌悬液用于平板涂布。吸取 100 μL 稀释液置于培养基平板表面,立即用无菌玻璃涂棒或接种针均匀涂抹于培养基表面,将涂布后的平板倒置于温度适宜的培养箱中黑暗培养。当用同一支吸管接种同一样品不同稀释浓度时,应从高稀释度(即低浓度菌悬液)开始,依次向较低稀释度的菌悬液顺序操作。

A.7 菌落计数

细菌培养基平板培养 2 d～3 d 后取出,选择细菌菌落数量 20～200 之间的培养皿进行计数。

真菌培养基平板培养 3 d～5 d 后取出,选择真菌菌落数量 10～100 之间的培养皿进行计数。

母液微生物浓度或含量按(A.1)计算。

$$C = N \times X \quad\cdots\cdots\cdots\cdots\cdots\cdots\cdots\cdots\cdots (A.1)$$

式中:

C——母液微生物浓度或含量,单位为菌落形成单位每克(CFU/g)或菌落形成单位每毫升(CFU/mL);

N——培养基平板微生物菌落平均数,单位为个;

X——母液稀释倍数。

附　录　B

（资料性附录）

血球计数板法[1]

B.1　方法原理

血球计数板法是将少量待测样品的悬浮液置于一种特别的具有确定面积和容积的载玻片上（血球计数板），于显微镜下直接计数，然后推算出数量的一种方法。

B.2　仪器设备

血球计数器。

显微镜。

锥形瓶。

滴管。

载玻片、盖玻片。

超净工作台等。

B.3　样品的制备

根据供试物浓度或含量，用无菌水稀释后形成供试物悬浮液用于血球计数板计数。血球计数板 5 个中格中微生物数量宜控制在 20～100。

B.4　样品的制片

取洁净的血球计数板一块，在计数区上盖上一块盖玻片。将稀释后的供试物悬液摇匀，用滴管吸取少许，从计数板中间平台两侧的沟槽内沿盖玻片的下边缘滴入一小滴，让悬液利用液体的表面张力充满计数区，并用吸水纸吸去沟槽中流出的多余悬液。静置片刻，使微生物沉降到计数板上。在显微镜下进行计数。

B.5　数量计数

计数时若计数区是由 25 个中方格组成，按对角线方位，数左上、左下、右下、右上、中间的 5 个中方格（即 80 小格）的微生物数。为了保证计数的准确性，在计数时，同一样品至少计数 2 次，对沉降在格线上微生物的统计应有统一的规定。如微生物位于大方格的双线上，计数时则数上线不数下线，数左线不数右线，以减少误差。即位于本格上线和左线上的微生物计入本格，本格的下线和右线上的微生物按规定计入相应的格中。

样品浓度或含量按式（B.1）计算。

$$C = N \times 25/5 \times 10 \times 10^3 \times X \cdots\cdots\cdots\cdots\cdots\cdots\cdots\cdots \text{（B.1）}$$

式中：

C——样品浓度或含量，单位为个每毫升（个/mL）；

---

[1]　本方法适用于体型较大的微生物，如真菌孢子、酵母、多角体病毒和原生动物等计数。但真菌孢子、酵母、多角体病毒和原生动物等计数不仅限于本方法。

N——5 个中方格的微生物总数；

X——样品稀释倍数。

附　录　C
（资料性附录）
荧光定量 PCR 法[1]

C.1　方法原理

SYBR Green 能结合于所有 dsDNA 双螺旋小沟产生极强荧光，其荧光信号强度与 dsDNA 的数量正相关。因此，根据荧光信号监测 PCR 体系存在的 dsDNA 的数量并绘制荧光信号累积曲线，最后通过参照标准曲线对未知模板进行定量分析。

C.2　试验试剂与材料

常规 PCR 体系：rTaq DNA 聚合酶、rTaq 10×buffer、dNTP、ddH$_2$O、扩增引物。

克隆体系：大肠杆菌 DH5α 感受态、pMD18T、ddH$_2$O、T4 连接酶、T4 连接酶 10×buffer。

qPCR 体系：SYBR Green Supermix、ddH$_2$O、扩增引物。

基因组提取试剂盒、质粒提取试剂盒等。

C.3　主要仪器

荧光定量 PCR 仪。

普通 PCR 仪。

超净工作台。

微量核酸定量仪（如 Nanodrop）或紫外可见分光光度计。

C.4　标准品模板的制备

C.4.1　目的基因片段的扩增与克隆

引物设计：寻找待测物种的物种特异基因（最好是单拷贝），按基本引物设计原则设计引物，使引物 T_m 值为 62℃～65℃，PCR 产物长度为 80 bp～150 bp。

样品基因组总 DNA 的提取：针对不同样品，购买基因组提取试剂盒，按照基因组提取试剂盒操作说明提取样品基因组总 DNA。

特异基因片段扩增：以提取的样品基因组总 DNA 为模板，PCR 扩增特异基因片段，采用两步法扩增，PCR 扩增体系如下：rTaq 酶 0.25 μL，rTaq 酶 10×buffer 2.5 μL，dNTP 2 μL（20 mmol/L），引物 1（P1）、引物 2（P2）各 1 μL，模板 1 μL，加 ddH$_2$O 补足体积至 25 μL；反应条件为：94℃预变性 5 min；（94℃变性，30 s；60℃退火延伸 30 s）30 个循环；72℃充分延伸 10 min；4℃保存。

电泳检测：PCR 产物使用 1% 琼脂糖凝胶电泳检测，确保无非特异性扩增并回收扩增片段。

TA 克隆：按照 TA 克隆标准步骤将回收后的扩增产物连接至 pMD18T 载体并转化至大肠杆菌 DH5α 感受态中；LB 抗性平板（Amp100）结合蓝白斑筛选，挑取单克隆转移至液体 LB（Amp100）中，37℃摇床培养 12 h，按照质粒提取试剂盒说明书提取质粒并送至测序公司进行测序验证，确定目的基因片段与载体相连且序列正确。

---

[1]　本方法适用于细菌、真菌和病毒等计数。但细菌、真菌和病毒等计数不仅限于本方法。

C.4.2 标准品模板的拷贝数确定

使用 Nanodrop 或其他仪器测定含目的基因片段的载体浓度,按式(C.1)计算目的基因拷贝数(Copies/μL)。

$$Q=6.02\times10^{23}\times C\times10^{-9}/L\times660 \quad\text{·····························} \quad (C.1)$$

式中:

Q——基因拷贝数,单位为拷贝数每微升(Copies/μL);

C——DNA 浓度,单位为纳克每微升(ng/μL);

L——DNA 长度,单位为碱基对(bp)。

将含目的基因片段的载体用 ddH_2O 进行 10 倍梯度稀释,稀释为 10 Copies/μL~10^8 Copies/μL,此即为标准品模板,$-20℃$保存样品。

C.5 标准曲线绘制与扩增效率计算

标准品模板的 qPCR 扩增:采用 20 μL qPCR 反应体系,两步法进行扩增,具体为:标准品模板2 μL,SYBR Green Supermix 10 μL,引物 1 和引物 2 各 1 μL,加无菌双蒸水补足体积至 20 μL;反应条件为:95℃预变性 5 min;(95℃变性,10 s;60℃退火延伸 30 s)40 个循环;溶解曲线采集程序以程序默认为准;其中,每个稀释度的样品做 5 个重复,阴性对照使用无模板的无菌双蒸水。

标准曲线的绘制:确定溶解曲线为单峰,且峰值温度在 80℃~90℃,确定溶解曲线峰值;并确定扩增生成 Ct 值在 15~35 区域间,同一个样品不同重复间的 Ct 值差异小于 0.5;在满足此条件的情况下,以标准品模板的拷贝数为横坐标,Ct 值为纵坐标,绘制标准曲线,并求出标准曲线线性方程。

扩增效率(E)计算:E 的范围应为 90%~110%,保证 qPCR 每完成一个循环,底物浓度扩增一倍;E按式(C.2)计算。

$$E=(10^{-1/k}-1)\times100 \quad\text{·····························} \quad (C.2)$$

式中:

E——扩增效率,单位为百分率(%);

k——标准曲线斜率。

C.6 样品微生物的定量

C.6.1 样品总基因组 DNA 的提取

根据基因组提取试剂盒说明书提取样品基因组总 DNA。

C.6.2 样品微生物计数

以提取的样品基因组总 DNA 为模板,进行 qPCR 反应。qPCR 反应条件与 C.5 一致,根据反应生成的 Ct 值和已建立的标准曲线,计算各目的基因片段的拷贝数,从而评估样品中待测物种的丰度。

参 考 文 献

[1]GB 4789.2—2010 食品安全国家标准 食品微生物学检验 菌落总数测定.
[2]NY/T 2743—2015 甘蔗白色条纹病菌检验检疫技术规程 实时荧光定量 PCR 法.
[3]SN/T 2358—2009 国境口岸炭疽芽孢杆菌荧光定量 PCR 检测方法.

——————————

ICS 65.020
B 17

中华人民共和国农业行业标准

NY/T 3152.3—2017

微生物农药 环境风险评价试验准则
第3部分：家蚕毒性试验

Risk assessment test guidelines for microbial pesticide—
Part 3：Silkworm toxicity test

2017-12-22 发布

2018-06-01 实施

中华人民共和国农业部 发布

前　　言

NY/T 3152《微生物农药　环境风险评价试验准则》分为 6 个部分：
——第 1 部分:鸟类毒性试验；
——第 2 部分:蜜蜂毒性试验；
——第 3 部分:家蚕毒性试验；
——第 4 部分:鱼类毒性试验；
——第 5 部分:溞类毒性试验；
——第 6 部分:藻类生长影响试验。

本部分为 NY/T 3152 的第 3 部分。

本部分按照 GB/T 1.1—2009 给出的规则起草。

请注意本文件的某些内容可能涉及专利。本文件的发布机构不承担识别这些专利的责任。

本部分由农业部种植业管理司提出并归口。

本部分起草单位:农业部农药检定所、环境保护部南京环境科学研究所。

本部分主要起草人:姜辉、卜元卿、杨鸿鹏、周欣欣、王宏伟、宋伟华、单正军。

微生物农药 环境风险评价试验准则
第3部分:家蚕毒性试验

1 范围

本部分规定了微生物农药对家蚕毒性试验的材料、条件、试验操作、质量控制、试验报告等的基本要求。

本部分适用于微生物农药登记而进行的家蚕毒性试验。

2 规范性引用文件

下列文件对于本文件的应用是必不可少的。凡是注日期的引用文件,仅注日期的版本适用于本文件。凡是不注日期的引用文件,其最新版本(包括所有的修改单)适用于本文件。

GB/T 31270.11 化学农药环境安全评价试验准则 第11部分:家蚕急性毒性试验

3 术语和定义

下列术语和定义适用于本文件。

3.1

微生物农药 microbial pesticides

是以细菌、真菌、病毒和原生动物或基因修饰的微生物等活体为有效成分,具有防治病、虫、草、鼠等有害生物作用的农药。

3.2

供试物 test substance

试验中需要测试的物质。

3.3

菌落形成单位 colony forming unit,CFU

由单个菌体或聚集成团的多个菌体在固体培养基上生长繁殖所形成的集落。

3.4

细菌芽孢、真菌孢子、细菌或原生动物孢囊 bacterial or fungal spore and bacterial or protozoan cyst

显微镜下一个完整的个体芽孢、孢子或孢囊,通常是指能在合适的培养基上形成单个CFU的一个完整的实体。

3.5

细菌营养体 vegetative bacterium

单个活的生物体,通常是指能在合适的培养基上形成一个CFU的实体。

3.6

原生动物 protozoa

原生动物门各个成员的一个完整的营养体、孢子或孢囊。

3.7

病毒 virus

显微镜下一个完整的病毒颗粒或包涵体。

3.8

最大危害暴露量 maximum hazard exposure level

微生物农药有效成分在环境中对非靶生物可能产生危害的最大暴露量,通常以预测暴露量与安全系数的乘积来表示。

3.9

毒性 toxicity

微生物和/或毒素引起受试生物中毒或病变的能力。其作用过程不一定同时发生微生物的感染、复制和生命活动。

3.10

致病性 pathogenicity

微生物感染宿主后,在宿主体内存活及繁衍,对宿主造成损伤或病变的能力,通常与宿主的耐受性或敏感性有关。

3.11

半数致死量 median lethal dose or concentration, LD_{50}/LC_{50}

在规定时间内,通过指定感染途径,使一定体重或年龄的受试生物半数死亡所需最小微生物数量或毒素量。

3.12

半数感染量 median infective dose or concentration, ID_{50}/IC_{50}

在规定时间内,通过指定感染途径,使一定体重或年龄的受试生物半数感染所需最小微生物数量或毒素量。

4 试验概述

在一定试验条件下,以一定的供试物浓度或剂量测试对受试生物的毒性和致病性等影响。当供试物最大危害暴露量试验出现对受试生物50%及以上的个体死亡或致病时,则还需进行剂量效应试验和致死(病)验证试验。致死毒性以 LD_{50}/LC_{50} 表征;致病性以 ID_{50}/IC_{50} 值表征。

5 试验方法

5.1 材料和条件

5.1.1 试验生物

家蚕(*Bombyx mori*),宜选用菁松×皓月、春蕾×镇珠、苏菊×明虎或其他有代表性的品系。以 2 龄起蚕作为受试虫,要求受试家蚕健康、大小、龄期一致。

5.1.2 供试物

5.1.2.1 类型

微生物母药、制剂产品等。

5.1.2.2 批次

通常情况下,试验中供试物应采用同一批次的产品。但在不得不使用另一批次产品时,应在试验报告中记录供试物的批次。

5.1.2.3 计数方法

计数方法如下:
——细菌可采用稀释平板菌落计数法、荧光定量 PCR 等测定;
——真菌孢子以 CFU 为计数单位,可采用稀释平板菌落计数法或血球计数板法等测定;
——原生动物以个体数目为计数单位,可采用血球计数板法等测定;

——病毒以包涵体等感染单位为计数单位,可采用荧光定量 PCR、血球计数板法等测定;

——其他单位,根据微生物的类型和特性选择最适当的计数方法。

以上推荐计数方法,参见附录 A、附录 B、附录 C。

5.1.3 主要仪器设备

超净工作台。

灭菌锅。

显微镜。

解剖镜。

分光光度计。

聚合酶链式反应仪。

温度计。

玻璃器皿。

天平等。

5.1.4 试验条件

一般情况下,温度为 20℃～30℃,相对湿度为 70%～85%。试验条件在满足家蚕生长条件下,应充分考虑供试物的生长和活性要求。

5.2 试验操作

5.2.1 试验方法

采用浸叶法进行试验。

5.2.2 处理组和对照组

试验设置供试物处理组、空白对照组和灭活对照组等。每组 4 个平行,每个平行 20 只家蚕。考虑微生物的传染性,各处理组及对照组应避免交叉污染。

5.2.3 效应观察

试验期间每日对受试家蚕的毒性症状、死亡情况进行观察和记录,化蛹结茧后观察化蛹、结茧情况并测定全茧量、茧层量。当家蚕不对刺激产生反应时,认为家蚕已死亡。

5.2.4 试验周期

试验周期从家蚕 2 龄起开始持续至家蚕化蛹。

5.2.5 最大危害暴露量试验

以 1.0×10^8 单位/mL 或供试物推荐田间施用量的 100 倍作为最大危害暴露量(两者均能达到时,取较高值作为最大危害暴露量),当因制剂剂型等条件限制,供试物溶液浓度不能达到最大危害暴露量时,则以供试物在水中能配制得到的最大浓度进行试验。将供试物菌悬液与去除粗脉的新鲜桑叶或人工饲料(配方参见附录 D)混合并自然晾干,喂食家蚕 24 h,此后每天喂以不含供试物的干净桑叶。试验开始后,每日观察并记录受试家蚕的中毒症状、死亡情况,化蛹结茧后观察化蛹、结茧情况,测定全茧量、茧层量,并计算化蛹率、结茧率、茧层率。当受试家蚕在试验期间未发生死亡,则无需进行剂量效应试验和致死(病)验证试验;当受试家蚕在试验期间出现 50% 及以上的个体死亡或致病时,则需进行剂量效应试验和致死(病)验证试验。

5.2.6 剂量效应试验

根据最大危害暴露量试验结果,按一定比例间距设置 5 组～7 组供试物系列浓度,将受试家蚕暴露于不同浓度的供试物下,试验开始后,每日观察并记录受试家蚕的中毒性症状、死亡情况,化蛹结茧后观察化蛹、结茧情况,测定全茧量、茧层量,并计算化蛹率、结茧率、茧层率。求出试验结束时供试物对家蚕的 LD_{50}/LC_{50} 值或 ID_{50}/IC_{50} 值及其 95% 置信限。

5.2.7 致死(病)验证试验

在无菌条件下解剖死蚕或病蚕,分离感染组织并接种至适合的培养基质中,将培养物置于适宜目标菌株生长条件下培养,分离纯化疑似菌株,疑似菌株经形态学、生理生化及核酸等方法鉴定并确认为目标菌株后,再以相同暴露途径感染健康的受试家蚕。如果受试家蚕出现与先前试验相同的病症,则证实目标菌株对受试家蚕具有致死(病)能力。

5.3 数据处理

5.3.1 统计方法选择

试验结果的数据处理可选择5.3.2、5.3.3中所述的统计学方法,也可根据试验情况选择其他合适的统计方法。

5.3.2 差异显著性检验

5.3.2.1 概述

差异显著性检验推荐采用独立样本 t 检验或单因子方差分析(One-Way ANOVA,LSD 检验)等。显著水平取 $p < 0.05$(差异显著)、$p < 0.01$(差异极显著)。

5.3.2.2 独立样本 t 检验

2组均值比较时可进行独立样本 t 检验。独立样本 t 检验按式(1)计算。

$$t = \frac{\overline{X}_1 - \overline{X}_2}{\sqrt{\dfrac{\sigma_{x_1}^2 + \sigma_{x_2}^2}{n-1}}} \quad \cdots\cdots\cdots\cdots\cdots\cdots\cdots\cdots\cdots\cdots\cdots\cdots\cdots (1)$$

式中:

$\overline{X}_1, \overline{X}_2$——分别为两样本平均数;

$\sigma_{x_1}^2, \sigma_{x_2}^2$——分别为两样本方差;

n——样本容量。

5.3.2.3 One-Way ANOVA 方差分析(LSD 检验)

3组及以上均值比较时可进行方差分析。LSD 检验按式(2)计算。

$$LSD_\alpha = t_{\alpha(df_e)} S_{\overline{x}_i - \overline{x}_j} \quad \cdots\cdots\cdots\cdots\cdots\cdots\cdots\cdots\cdots\cdots\cdots (2)$$

式中:

$t_{\alpha(df_e)}$——在 F 检验中误差自由度下,显著水平为 α 的临界 t 值;

$S_{\overline{x}_i - \overline{x}_j}$——均数差异标准误,按式(3)计算。

$$S_{\overline{x}_i - \overline{x}_j} = \sqrt{2MS_e/n} \quad \cdots\cdots\cdots\cdots\cdots\cdots\cdots\cdots\cdots\cdots\cdots (3)$$

式中:

MS_e——F 检验中误差均方;

n——各处理重复数。

5.3.3 半数致死量或半数感染量计算

家蚕半数致死浓度 LC_{50} 或半数感染浓度 IC_{50} 的计算可采用寇氏法、直线内插法或概率单位图解法估算,也可应用有关毒性数据计算软件进行分析和计算。具体计算方法见 GB/T 31270.11。

5.4 质量控制

质量控制条件如下:

——对照组受试家蚕死亡率不超过10%;

——实验室内应定期(蚕卵每批一次,同批蚕卵至少每2个月一次)进行乐果参比物质试验,以保证受试家蚕的稳定性。

6 试验报告

试验报告应包括下列内容:

——试验名称、试验单位名称和联系方式、报告编号；

——试验委托单位和联系方式、样品受理日期和封样情况；

——试验开始和结束日期、试验项目负责人、试验单位技术负责人、签发日期；

——试验摘要；

——供试物基本信息（例如，含量和组成信息，以及任何改变供试物生物活性物质的含量和组成信息，施用量、施用方法等）；

——受试生物的名称、来源、大小及饲养情况；

——试验系统的详细描述；

——试验条件，包括试验温度、相对湿度和光照条件等；

——试验结果。

附　录　A
（资料性附录）
稀释平板菌落计数法[1]

A.1　方法原理

将供试物经无菌水分散处理后，在固体培养基上由单个细胞生长并繁殖成一个菌落，因而可以根据形成的菌落数来计算供试物中微生物的数量。

A.2　试剂

　　蛋白胨。
　　牛肉膏。
　　氯化钠（NaCl）。
　　氢氧化钠溶液：1 mol/L。
　　盐酸溶液：1 mol/L。
　　葡萄糖。
　　磷酸二氢钾（KH_2PO_4）。
　　硫酸镁（$MgSO_4$）。
　　琼脂。
　　孟加拉红。
　　蒸馏水。
　　氯霉素。

A.3　仪器设备

　　高压蒸汽灭菌锅。
　　恒温培养箱。
　　超净工作台。
　　酸度计等。

A.4　固体培养基平板的制备

A.4.1　细菌培养基平板

　　依次称取蛋白胨10 g、牛肉浸膏3 g、氯化钠5 g、琼脂15 g～18 g，溶于900 mL蒸馏水中，置于电炉上加热，搅拌至完全溶解，加蒸馏水至1 000 mL。以1 mol/L氢氧化钠溶液或1 mol/L盐酸溶液调节pH至7.0～7.2。分装于500 mL三角瓶中，每瓶装150 mL，塞上棉塞，经121℃高压蒸汽灭菌20 min，培养基温度降至约50℃后倒入无菌培养皿中，每板约15 mL。

A.4.2　真菌培养基平板

　　依次称取蛋白胨5 g、葡萄糖10 g、磷酸二氢钾1 g、硫酸镁0.5 g、琼脂15 g～18 g、孟加拉红0.03 g、氯霉素0.1 g，溶于900 mL蒸馏水中，置于电炉上加热，搅拌至完全溶解，加蒸馏水至1 000 mL。分装于

---

1)　本方法适用于细菌、真菌孢子等计数。但细菌、真菌孢子等计数不仅限于本方法。

500 mL 三角瓶中，每瓶装 150 mL，塞上棉塞，经 121℃高压蒸汽灭菌 20 min，培养基温度降至约 50℃后倒入无菌培养皿中，每板约 15 mL。

A.5 样品的处理

称取一定量的供试物，加入盛有适当无菌水的三角瓶中，通过振荡、超声等方法使供试物充分分散成单细胞，形成菌悬液，然后用容量瓶和无菌水定容，配置一定浓度的微生物悬浮母液备用。上述过程均应无菌操作。

A.6 样品母液的稀释涂布

用无菌刻度吸管吸取 1 mL 上述配制好的微生物悬浮母液到 9 mL 无菌水中，按 10 倍法依次稀释，细菌通常稀释到 10^{-8}，并选择 $10^{-8}\sim10^{-6}$ 稀释菌悬液用于平板涂布；真菌通常稀释到 10^{-7}，并选择 $10^{-7}\sim10^{-5}$ 稀释菌悬液用于平板涂布。吸取 100 μL 稀释液置于培养基平板表面，立即用无菌玻璃涂棒或接种针均匀涂抹于培养基表面，将涂布后的平板倒置于温度适宜的培养箱中黑暗培养。当用同一支吸管接种同一样品不同稀释浓度时，应从高稀释度（即低浓度菌悬液）开始，依次向较低稀释度的菌悬液顺序操作。

A.7 菌落计数

细菌培养基平板培养 2 d～3 d 后取出，选择细菌菌落数量 20～200 之间的培养皿进行计数。
真菌培养基平板培养 3 d～5 d 后取出，选择真菌菌落数量 10～100 之间的培养皿进行计数。
母液微生物浓度或含量按（A.1）计算。

$$C = N \times X \quad\cdots\cdots\cdots\cdots\cdots\cdots\cdots\cdots\cdots\cdots\cdots (A.1)$$

式中：

C——母液微生物浓度或含量，单位为菌落形成单位每克（CFU/g）或菌落形成单位每毫升（CFU/mL）；

N——培养基平板微生物菌落平均数，单位为个；

X——母液稀释倍数。

附　录　B

（资料性附录）

血球计数板法[1]

B.1　方法原理

血球计数板法是将少量待测样品的悬浮液置于一种特别的具有确定面积和容积的载玻片上（血球计数板），于显微镜下直接计数，然后推算出数量的一种方法。

B.2　仪器设备

血球计数器。

显微镜。

锥形瓶。

滴管。

载玻片、盖玻片。

超净工作台等。

B.3　样品的制备

根据供试物浓度或含量，用无菌水稀释后形成供试物悬浮液用于血球计数板计数。血球计数板 5 个中格中微生物数量宜控制在 20～100。

B.4　样品的制片

取洁净的血球计数板一块，在计数区上盖上一块盖玻片。将稀释后的供试物悬液摇匀，用滴管吸取少许，从计数板中间平台两侧的沟槽内沿盖玻片的下边缘滴入一小滴，让悬液利用液体的表面张力充满计数区，并用吸水纸吸去沟槽中流出的多余悬液。静置片刻，使微生物沉降到计数板上。在显微镜下进行计数。

B.5　数量计数

计数时若计数区是由 25 个中方格组成，按对角线方位，数左上、左下、右下、右上、中间的 5 个中方格（即 80 小格）的微生物数。为了保证计数的准确性，在计数时，同一样品至少计数 2 次，对沉降在格线上微生物的统计应有统一的规定。如微生物位于大方格的双线上，计数时则数上线不数下线，数左线不数右线，以减少误差。即位于本格上线和左线上的微生物计入本格，本格的下线和右线上的微生物按规定计入相应的格中。

样品浓度或含量按式（B.1）计算。

$$C = N \times 25/5 \times 10 \times 10^3 \times X \cdots\cdots\cdots\cdots\cdots\cdots\cdots\cdots\cdots (B.1)$$

式中：

C——样品浓度或含量，单位为个每毫升（个/mL）；

---

[1]　本方法适用于体型较大的微生物，如真菌孢子、酵母、多角体病毒和原生动物等计数。但真菌孢子、酵母、多角体病毒和原生动物等计数不仅限于本方法。

N——5 个中方格的微生物总数；

X——样品稀释倍数。

附　录　C
（资料性附录）
荧光定量 PCR 法[1]

C.1　方法原理

SYBR Green 能结合于所有 dsDNA 双螺旋小沟产生极强荧光,其荧光信号强度与 dsDNA 的数量正相关。因此,根据荧光信号监测 PCR 体系存在的 dsDNA 的数量并绘制荧光信号累积曲线,最后通过参照标准曲线对未知模板进行定量分析。

C.2　试验试剂与材料

常规 PCR 体系:rTaq DNA 聚合酶、rTaq 10×buffer、dNTP、ddH₂O、扩增引物。

克隆体系:大肠杆菌 DH5α 感受态、pMD18T、ddH₂O、T4 连接酶、T4 连接酶 10×buffer。

qPCR 体系:SYBR Green Supermix、ddH₂O、扩增引物。

基因组提取试剂盒、质粒提取试剂盒等。

C.3　主要仪器

荧光定量 PCR 仪。

普通 PCR 仪。

超净工作台。

微量核酸定量仪(如 Nanodrop)或紫外可见分光光度计。

C.4　标准品模板的制备

C.4.1　目的基因片段的扩增与克隆

引物设计:寻据待测物种的物种特异基因(最好是单拷贝),按基本引物设计原则设计引物,使引物 T_m 值为 62℃～65℃,PCR 产物长度为 80 bp～150 bp。

样品基因组总 DNA 的提取:针对不同样品,购买基因组提取试剂盒,按照基因组提取试剂盒操作说明提取样品基因组总 DNA。

特异基因片段扩增:以提取的样品基因组总 DNA 为模板,PCR 扩增特异基因片段,采用两步法扩增,PCR 扩增体系如下:rTaq 酶 0.25 μL,rTaq 酶 10×buffer 2.5 μL,dNTP 2 μL(20 mmol/L),引物 1(P1)、引物 2(P2)各 1 μL,模板 1 μL,加 ddH₂O 补足体积至 25 μL;反应条件为:94℃预变性 5 min;(94℃变性,30 s;60℃退火延伸 30 s)30 个循环;72℃充分延伸 10 min;4℃保存。

电泳检测:PCR 产物使用 1%琼脂糖凝胶电泳检测,确保无非特异性扩增并回收扩增片段。

TA 克隆:按照 TA 克隆标准步骤将回收后的扩增产物连接至 pMD18T 载体并转化至大肠杆菌 DH5α 感受态中;LB 抗性平板(Amp100)结合蓝白斑筛选,挑取单克隆转移至液体 LB(Amp100)中,37℃摇床培养 12 h,按照质粒提取试剂盒说明书提取质粒并送至测序公司进行测序验证,确定目的基因片段与载体相连且序列正确。

---

1)　本方法适用于细菌、真菌和病毒等计数。但细菌、真菌和病毒等计数不仅限于本方法。

C. 4. 2 标准品模板的拷贝数确定

使用 Nanodrop 或其他仪器测定含目的基因片段的载体浓度,按式(C.1)计算目的基因拷贝数(Copies/ μL)。

$$Q = 6.02 \times 10^{23} \times C \times 10^{-9} / L \times 660 \quad\cdots\cdots\cdots\cdots\cdots\cdots\cdots\cdots\quad (C.1)$$

式中:

Q——基因拷贝数,单位为拷贝数每微升(Copies/ μL);

C——DNA 浓度,单位为纳克每微升(ng/ μL);

L——DNA 长度,单位为碱基对(bp)。

将含目的基因片段的载体用 ddH_2O 进行 10 倍梯度稀释,稀释为 10 Copies/ μL~10^8 Copies/ μL,此即为标准品模板,−20℃保存样品。

C. 5 标准曲线绘制与扩增效率计算

标准品模板的 qPCR 扩增:采用 20 μL qPCR 反应体系,两步法进行扩增,具体为:标准品模板2 μL,SYBR Green Supermix 10 μL,引物 1 和引物 2 各 1 μL,加无菌双蒸水补足体积至 20 μL;反应条件为:95℃预变性 5 min;(95℃变性,10 s;60℃退火延伸 30 s)40 个循环;溶解曲线采集程序以程序默认为准;其中,每个稀释度的样品做 5 个重复,阴性对照使用无模板的无菌双蒸水。

标准曲线的绘制:确定溶解曲线为单峰,且峰值温度在 80℃~90℃,确定溶解曲线峰值;并确定扩增生成 Ct 值在 15~35 区域间,同一个样品不同重复间的 Ct 值差异小于 0.5;在满足此条件的情况下,以标准品模板的拷贝数为横坐标,Ct 值为纵坐标,绘制标准曲线,并求出标准曲线线性方程。

扩增效率(E)计算:E 的范围应为 90%~110%,保证 qPCR 每完成一个循环,底物浓度扩增一倍;E 按式(C.2)计算。

$$E = (10^{-1/k} - 1) \times 100 \quad\cdots\cdots\cdots\cdots\cdots\cdots\cdots\cdots\quad (C.2)$$

式中:

E——扩增效率,单位为百分率(%);

k——标准曲线斜率。

C. 6 样品微生物的定量

C. 6. 1 样品总基因组 DNA 的提取

根据基因组提取试剂盒说明书提取样品基因组总 DNA。

C. 6. 2 样品微生物计数

以提取的样品基因组总 DNA 为模板,进行 qPCR 反应。qPCR 反应条件与 C.5 一致,根据反应生成的 Ct 值和已建立的标准曲线,计算各目的基因片段的拷贝数,从而评估样品中待测物种的丰度。

附 录 D

（资料性附录）

家蚕人工饲料配方

家蚕人工饲料配方见表 D.1。

表 D.1 家蚕人工饲料配方

组 分	含量,%
桑叶粉	40
脱脂大豆粉	35
玉米粉	12
柠檬酸	2
卡拉胶	5.4
混合无机盐	2
维生素 C	1.5
混合 VB	1
防腐剂	0.4
氯霉素	0.3
氯化胆碱	0.2
K_2HPO_4	0.5
没食子酸	0.5

参 考 文 献

[1]GB 4789.2—2010 食品安全国家标准 食品微生物学检验 菌落总数测定.
[2]NY/T 2743—2015 甘蔗白色条纹病菌检验检疫技术规程 实时荧光定量 PCR.
[3]SN/T 2358—2009 国境口岸炭疽芽孢杆菌荧光定量 PCR 检测方法.

—————————————

ICS 65.020
B 17

中华人民共和国农业行业标准

NY/T 3152.4—2017

微生物农药 环境风险评价试验准则
第4部分:鱼类毒性试验

Risk assessment test guidelines for microbial pesticide—
Part 4:Fish toxicity test

2017-12-22 发布

2018-06-01 实施

中华人民共和国农业部 发布

前　言

NY/T 3152《微生物农药　环境风险评价试验准则》分为 6 个部分：

——第 1 部分：鸟类毒性试验；

——第 2 部分：蜜蜂毒性试验；

——第 3 部分：家蚕毒性试验；

——第 4 部分：鱼类毒性试验；

——第 5 部分：溞类毒性试验；

——第 6 部分：藻类生长影响试验。

本部分为 NY/T 3152 的第 4 部分。

本部分按照 GB/T 1.1—2009 给出的规则起草。

请注意本文件的某些内容可能涉及专利。本文件的发布机构不承担识别这些专利的责任。

本部分由农业部种植业司提出并归口。

本部分起草单位：农业部农药检定所、环境保护部南京环境科学研究所。

本部分主要起草人：曲甍甍、卜元卿、田丰、周艳明、续卫利、瞿唯刚、姜锦林。

微生物农药 环境风险评价试验准则
第4部分:鱼类毒性试验

1 范围

本部分规定了微生物农药对鱼类毒性试验的材料、条件、试验操作、质量控制、试验报告等的基本要求。

本部分适用于微生物农药登记而进行的鱼类毒性试验。

2 规范性引用文件

下列文件对于本文件的应用是必不可少的。凡是注日期的引用文件,仅注日期的版本适用于本文件。凡是不注日期的引用文件,其最新版本(包括所有的修改单)适用于本文件。

GB/T 31270.12 化学农药环境安全评价试验准则 第12部分:鱼类急性毒性试验

3 术语和定义

下列术语和定义适用于本文件。

3.1

微生物农药 microbial pesticides

是以细菌、真菌、病毒和原生动物或基因修饰的微生物等活体为有效成分,具有防治病、虫、草、鼠等有害生物作用的生物农药。

3.2

供试物 test substance

试验中需要测试的物质。

3.3

菌落形成单位 colony forming unit,CFU

由单个菌体或聚集成团的多个菌体在固体培养基上生长繁殖所形成的集落。

3.4

细菌芽孢、真菌孢子、细菌或原生动物孢囊 bacterial or fungal spore and bacterial or protozoan cyst

显微镜下一个完整的个体芽孢、孢子或孢囊,通常是指能在合适的培养基上形成单个CFU的一个完整的实体。

3.5

细菌营养体 vegetative bacterium

单个活的生物体,通常是指能在合适的培养基上形成一个CFU的实体。

3.6

原生生物 protozoa

原生生物门各个成员的一个完整的营养体、孢子或孢囊。

3.7

病毒 virus

显微镜下一个完整的病毒颗粒或包涵体。

3.8

最大危害暴露量 maximum hazard exposure level

微生物农药有效成分在环境中对非靶生物可能产生危害的最大暴露量,通常以预测暴露量与安全系数的乘积来表示。

3.9

毒性 toxicity

微生物和/或毒素引起受试生物中毒或病变的能力。其作用过程不一定同时发生微生物的感染、复制和生命活动。

3.10

致病性 pathogenicity

微生物感染宿主后,在宿主体内存活及繁衍,对宿主造成损伤或病变的能力,通常与宿主的耐受性或敏感性有关。

3.11

半数致死量 median lethal dose or concentration,LD_{50}/LC_{50}

在规定时间内,通过指定感染途径,使一定体重或年龄的受试生物半数死亡所需最小微生物数量或毒素量。

3.12

半数感染量 median infective dose or concentration,ID_{50}/IC_{50}

在规定时间内,通过指定感染途径,使一定体重或年龄的受试生物半数感染所需最小微生物数量或毒素量。

4 试验概述

在一定试验条件下,以一定的供试物浓度或剂量测试对受试鱼类的毒性和致病性等影响。当供试物最大危害暴露量出现对受试生物50%及以上的个体死亡或致病时,则还需进行剂量效应试验和致死(病)验证试验。致死毒性以LD_{50}/LC_{50}表征;致病性以ID_{50}/IC_{50}表征。

5 试验方法

5.1 材料和条件

5.1.1 试验生物

推荐鱼种为斑马鱼(*Brachydonio rerio*)、鲫(*Carassius auratus*)、鲤(*Cyprinus carpio*)、虹鳟(*Oncorhynchus mykiss*)、青鳉(*Oryzias latipes*)或稀有鮈鲫(*Gobiocypris rarus*)等。受试鱼要求健康无病,未性成熟的当年生幼鱼,并采用满足其生理要求的驯养和试验条件。具体体长和适宜水温见附录A。并根据以下原则选择受试鱼:

——尽可能与微生物农药靶标宿主分类地位相近;

——选择以微生物农药靶标生物为食的鱼类;

——生物学资料丰富的鱼种;

——选择幼年期的试验物种,避开产卵期。

受试鱼类应在测试环境条件下驯养7 d～14 d,每日光照12 h～16 h,每天定时喂食1次～2次,及时清除粪便及食物残渣。试验前24 h停止喂食。

5.1.2 供试物

5.1.2.1 类型

微生物母药、制剂产品等。

5.1.2.2 批次

通常情况下,试验中供试物应采用同一批次的产品。但在不得不使用另一批次产品时,应在试验报告中记录供试物的批次。

5.1.2.3 计数方法

计数方法如下:

——细菌可采用平板菌落计数法、荧光定量 PCR 等测定;

——真菌孢子以 CFU 为计数单位,可采用平板菌落计数法或血球计数板法等测定;

——原生动物以个体数目为计数单位,可采用血球计数板法等测定;

——病毒以包涵体等感染单位为计数单位,可采用荧光定量 PCR、血球计数板法等测定;

——其他单位,根据微生物的类型和特性选择最适当的计数方法。

以上推荐计数方法,参见附录 B、附录 C、附录 D。

5.1.3 主要仪器设备

超净工作台。

灭菌锅。

显微镜。

解剖镜。

分光光度计。

聚合酶链式反应仪。

水质测定仪。

温湿度计。

玻璃器皿。

天平等。

5.1.4 试验条件

试验用水为去氯处理 24 h 的自来水(必要时经活性炭处理)或注明配方的人工稀释水。水质硬度在 10 mg/L～250 mg/L(以 $CaCO_3$ 计),pH 在 6.0～8.5,试验期间溶解氧不低于空气饱和值的 60%。试验条件在满足鱼类生长条件下,应充分考虑供试物的生长和活性要求。

5.2 试验操作

5.2.1 方法的选择

根据供试物特性选择静态试验法或半静态试验法。

5.2.2 暴露途径

根据供试物特性选择接触暴露途径、饲喂暴露途径或腹腔注射暴露途径。

5.2.3 处理组和对照组

试验设置供试物处理组、空白对照组和灭活对照组等。每组设置 4 个平行,每个平行 10 尾鱼。考虑微生物的传染性,各处理组及对照组应避免交叉污染。

5.2.4 效应观察

试验期间每日对受试鱼的饲料食用状况、异常行为、死亡等进行观察和记录。当鱼没有任何肉眼可见的活动,如鳃呼吸、碰触尾鳍无反应,即可判断该鱼已死亡。

5.2.5 试验周期

试验观察时间应持续 30 d。当在试验观察时间末期,处理组受试鱼开始出现死亡或明显病征,则需延长试验观察时间,直至受试鱼恢复正常或确定死亡。

5.2.6 最大危害量暴露量试验

以下列不同暴露途径分别设置供试物最大危害暴露量。当因制剂剂型、水质等条件限制,供试物溶液浓度不能达到最大危害暴露量时,则采用供试物在水中能配置得到的最大量进行试验。试验开始后,每日观察并记录受试鱼的中毒症状及死亡情况。当受试鱼在试验期间未发生死亡(病变)或死亡(病变)率不超过50%,则无需进行剂量效应试验和致死(病)验证试验。不同暴露途径供试物最大危害暴露量分为:

a) 接触暴露量。供试物最大危害暴露量试验浓度为10^6单位/mL,或按照供试微生物农药推荐施用量在15 cm水体中浓度的1 000倍计算设计最大危害暴露浓度。两者均能达到时,以较高浓度为最大危害暴露量。

b) 饲喂暴露量。供试物最大危害暴露量试验浓度为供试微生物农药推荐施用量在15 cm深水体中浓度的100倍,将供试物添加到饲料中连续饲喂5 d后,正常饲喂至试验结束。

c) 腹腔注射暴露量。供试物最大危害暴露量为供试微生物农药推荐施用量在15 cm深水体中浓度的10倍,注射量为每克体重0.01 mL。

5.2.7 剂量效应试验

根据最大危害暴露量试验结果,按一定比例间距设置5组~7组供试物系列浓度,将受试鱼暴露于不同浓度的供试物下,试验开始后,每日观察并记录受试鱼的中毒症状及死亡情况,求出试验结束时供试物对受试鱼类的LD_{50}/LC_{50}值或ID_{50}/IC_{50}值及其95%置信限。

5.2.8 致死(病)验证试验

在无菌条件下将死鱼或病鱼进行表面消毒后解剖,分离感染组织并接种至适合的培养基质中,将培养物置于适宜目标菌株生长条件下培养,分离纯化疑似菌株,疑似菌株经形态学、生理生化及核酸等方法鉴定并确认为目标菌株后,再以相同暴露途径感染健康的受试鱼。如果受试鱼出现与先前试验相同的病症,则证实目标菌株对受试鱼类具有致死(病)能力。

5.3 数据处理

5.3.1 统计方法选择

试验结果的数据处理可选择5.3.2、5.3.3中所述的统计学方法,也可根据试验情况选择其他合适的统计方法。

5.3.2 差异显著性检验

5.3.2.1 概述

差异显著性检验推荐采用独立样本t检验或单因子方差分析(F检验 One-Way ANOVA,LSD检验)等。显著水平取$p<0.05$(差异显著)、$p<0.01$(差异极显著)。

5.3.2.2 独立样本t检验

2组均值比较时可进行独立样本t检验。独立样本t检验按式(1)计算。

$$t = \frac{\overline{X}_1 - \overline{X}_2}{\sqrt{\dfrac{\sigma_{x_1}^2 + \sigma_{x_2}^2}{n-1}}} \quad\cdots\cdots\cdots\cdots\cdots\cdots\cdots\cdots\cdots\cdots\cdots\cdots\cdots\cdots\cdots \quad (1)$$

式中:

$\overline{X}_1, \overline{X}_2$——分别为两样本平均数;

$\sigma_{x_1}^2, \sigma_{x_2}^2$——分别为两样本方差;

n——样本容量。

5.3.2.3 One-Way ANOVA方差分析(LSD检验)

3组及以上均值比较时可进行方差分析。LSD检验按式(2)计算。

$$LSD_\alpha = t_{\alpha(df_e)} S_{\overline{x}_i - \overline{x}_j} \quad\cdots\cdots\cdots\cdots\cdots\cdots\cdots\cdots\cdots\cdots\cdots\cdots\cdots\cdots \quad (2)$$

式中:

$t_{\alpha(df_e)}$——在F检验中误差自由度下,显著水平为α的临界t值;

$S_{\bar{x}_i-\bar{x}_j}$——均数差异标准误,按式(3)计算。

$$S_{\bar{x}_i-\bar{x}_j} = \sqrt{2MS_e/n} \quad \cdots\cdots\cdots\cdots\cdots\cdots\cdots\cdots\cdots\cdots\cdots \quad (3)$$

式中:

MS_e——F 检验中误差均方;

n ——各处理重复数。

5.3.3 半数致死量或半数感染量计算

鱼类半数致死量 LC_{50}/LD_{50} 或半数感染量 IC_{50}/ID_{50} 的计算可采用寇氏法、直线内插法或概率单位图解法估算,也可应用有关毒性数据计算软件进行分析和计算。具体计算方法见 GB/T 31270.12。

5.4 质量控制

质量控制条件如下:

——预养期间受试鱼死亡率不超过 5%;试验期间,空白对照组受试鱼死亡率不超过 20%;

——试验期间,试验溶液的溶解氧含量应不低于空气饱和值的 60%;

——静态试验法和半静态试验法的最大承载量为每升水 1.0 g 鱼。

6 试验报告

试验报告应包括下列内容:

——试验名称、试验单位名称和联系方式、报告编号;

——试验委托单位和联系方式、样品受理日期和封样情况;

——试验开始和结束日期、试验项目负责人、试验单位技术负责人、签发日期;

——试验摘要;

——供试物基本信息(例如,含量和组成信息,以及任何改变供试物生物活性物质的含量和组成信息,施用量、施用方法等);

——受试生物的名称、来源、大小及饲养情况等;

——试验条件,包括温度、光照、氧含量、pH 等;

——试验系统的详细描述;

——试验结果。

NY/T 3152.4—2017

附　录　A
（规范性附录）
受试鱼体长要求及适宜温度条件

根据受试鱼的种类选择适宜体长的幼鱼及合适饲养的水温进行驯养（见表 A.1）。

表 A.1　幼鱼的体长和适宜的水温

鱼种	体长，cm	适宜水温，℃
斑马鱼	2.0±1.0	21～25
鲫	5.0±1.0	23～29
鲤	3.0±1.0	20～24
虹鳟	5.0±1.0	13～17
青鳉	2.0±1.0	21～25
稀有鮈鲫	2.0±1.0	21～25

附　录　B

（资料性附录）

稀释平板菌落计数法[1]

B.1　方法原理

将供试物经无菌水分散处理后,在固体培养基上由单个细胞生长并繁殖成一个菌落,因而可以根据形成的菌落数来计算供试物中微生物的数量。

B.2　试剂

蛋白胨。

牛肉膏。

氯化钠（NaCl）。

氢氧化钠溶液:1 mol/L。

盐酸溶液:1 mol/L。

葡萄糖。

磷酸二氢钾（KH_2PO_4）。

硫酸镁（$MgSO_4$）。

琼脂。

孟加拉红。

蒸馏水。

氯霉素。

B.3　仪器设备

高压蒸汽灭菌锅。

恒温培养箱。

超净工作台。

酸度计等。

B.4　固体培养基平板的制备

B.4.1　细菌培养基平板

依次称取蛋白胨10 g、牛肉浸膏3 g、氯化钠5 g、琼脂15 g～18 g,溶于900 mL蒸馏水中,置于电炉上加热,搅拌至完全溶解,加蒸馏水至1 000 mL。以1 mol/L氢氧化钠溶液或1 mol/L盐酸溶液调节pH至7.0～7.2。分装于500 mL三角瓶中,每瓶装150 mL,塞上棉塞,经121℃高压蒸汽灭菌20 min,培养基温度降至约50℃后倒入无菌培养皿中,每板约15 mL。

B.4.2　真菌培养基平板

依次称取蛋白胨5 g、葡萄糖10 g、磷酸二氢钾1 g、硫酸镁0.5g、琼脂15 g～18 g、孟加拉红0.03 g、氯霉素0.1 g,溶于900 mL蒸馏水中,置于电炉上加热,搅拌至完全溶解,加蒸馏水至1 000 mL。分装

---

1)　本方法适用于细菌、真菌孢子等计数。但细菌、真菌孢子等计数不仅限于本方法。

于 500 mL 三角瓶中,每瓶装 150 mL,塞上棉塞,经 121℃高压蒸汽灭菌 20 min,培养基温度降至约 50℃ 后倒入无菌培养皿中,每板约 15 mL。

B.5 样品的处理

称取一定量的供试物,加入盛有适当无菌水的三角瓶中,通过振荡、超声等方法使供试物充分分散 成单细胞,形成菌悬液,然后用容量瓶和无菌水定容,配置一定浓度的微生物悬浮母液备用。上述过程 均应无菌操作。

B.6 样品母液的稀释涂布

用无菌刻度吸管吸取 1 mL 上述配制好的微生物悬浮母液到 9 mL 无菌水中,按 10 倍法依次稀释, 细菌通常稀释到 10^{-8},并选择 $10^{-8}\sim10^{-6}$ 稀释菌悬液用于平板涂布;真菌通常稀释到 10^{-7},并选择 $10^{-7}\sim10^{-5}$ 稀释菌悬液用于平板涂布。吸取 100 μL 稀释液置于培养基平板表面,立即用无菌玻璃涂棒 或接种针均匀涂抹于培养基表面,将涂布后的平板倒置于温度适宜的培养箱中黑暗培养。当用同一支 吸管接种同一样品不同稀释浓度时,应从高稀释度(即低浓度菌悬液)开始,依次向较低稀释度的菌悬液 顺序操作。

B.7 菌落计数

细菌培养基平板培养 2 d~3 d 后取出,选择细菌菌落数量 20~200 之间的培养皿进行计数。
真菌培养基平板培养 3 d~5 d 后取出,选择真菌菌落数量 10~100 之间的培养皿进行计数。
母液微生物浓度或含量按(B.1)计算。

$$C=N\times X \quad\quad\quad\quad\quad\quad\quad\quad\quad\quad\quad\quad (B.1)$$

式中:

C——母液微生物浓度或含量,单位为菌落形成单位每克(CFU/g)或菌落形成单位每毫升(CFU/ mL);

N——培养基平板微生物菌落平均数,单位为个;

X——母液稀释倍数。

附　录　C
（资料性附录）
血球计数板法[1]

C.1　方法原理

血球计数板法是将少量待测样品的悬浮液置于一种特别的具有确定面积和容积的载玻片上（血球计数板），于显微镜下直接计数，然后推算出数量的一种方法。

C.2　仪器设备

血球计数器。

显微镜。

锥形瓶。

滴管。

载玻片、盖玻片。

超净工作台等。

C.3　样品的制备

根据供试物浓度或含量，用无菌水稀释后形成供试物悬浮液用于血球计数板计数。血球计数板5个中格中微生物数量宜控制在20～100。

C.4　样品的制片

取洁净的血球计数板一块，在计数区上盖上一块盖玻片。将稀释后的供试物悬液摇匀，用滴管吸取少许，从计数板中间平台两侧的沟槽内沿盖玻片的下边缘滴入一小滴，让悬液利用液体的表面张力充满计数区，并用吸水纸吸去沟槽中流出的多余悬液。静置片刻，使微生物沉降到计数板上。在显微镜下进行计数。

C.5　数量计数

计数时若计数区是由25个中方格组成，按对角线方位，数左上、左下、右下、右上、中间的5个中方格（即80小格）的微生物数。为了保证计数的准确性，在计数时，同一样品至少计数2次，对沉降在格线上微生物的统计应有统一的规定。如微生物位于大方格的双线上，计数时则数上线不数下线，数左线不数右线，以减少误差。即位于本格上线和左线上的微生物计入本格，本格的下线和右线上的微生物按规定计入相应的格中。

样品浓度或含量按式（C.1）计算。

$$C = N \times 25/5 \times 10 \times 10^3 \times X \quad\cdots\cdots\cdots\cdots\cdots\cdots\cdots\cdots\cdots \quad (C.1)$$

式中：

C——样品浓度或含量，单位为个每毫升（个/mL）；

---

[1] 本方法适用于体型较大的微生物，如真菌孢子、酵母、多角体病毒和原生动物等计数。但真菌孢子、酵母、多角体病毒和原生动物等计数不仅限于本方法。

N——5 个中方格的微生物总数；

X——样品稀释倍数。

附　录　D
（资料性附录）
荧光定量 PCR 法[1]

D.1　方法原理

SYBR Green 能结合于所有 dsDNA 双螺旋小沟产生极强荧光,其荧光信号强度与 dsDNA 的数量正相关。因此,根据荧光信号监测 PCR 体系存在的 dsDNA 的数量并绘制荧光信号累积曲线,最后通过参照标准曲线对未知模板进行定量分析。

D.2　试验试剂与材料

常规 PCR 体系:rTaq DNA 聚合酶、rTaq 10×buffer、dNTP、ddH$_2$O、扩增引物。
克隆体系:大肠杆菌 DH5α 感受态、pMD18T、ddH$_2$O、T4 连接酶、T4 连接酶 10×buffer。
qPCR 体系:SYBR Green Supermix、ddH$_2$O、扩增引物。
基因组提取试剂盒、质粒提取试剂盒等。

D.3　主要仪器

荧光定量 PCR 仪。
普通 PCR 仪。
超净工作台。
微量核酸定量仪(如 Nanodrop)或紫外可见分光光度计。

D.4　标准品模板的制备

D.4.1　目的基因片段的扩增与克隆

引物设计:寻找待测物种的物种特异基因(最好是单拷贝),按基本引物设计原则设计引物,使引物 T_m 值为 62℃～65℃,PCR 产物长度为 80 bp～150 bp。

样品基因组总 DNA 的提取:针对不同样品,购买基因组提取试剂盒,按照基因组提取试剂盒操作说明提取样品基因组总 DNA。

特异基因片段扩增:以提取的样品基因组总 DNA 为模板,PCR 扩增特异基因片段,采用两步法扩增,PCR 扩增体系如下:rTaq 酶 0.25 μL,rTaq 酶 10×buffer 2.5 μL,dNTP 2 μL(20 mmol/L),引物 1(P1)、引物 2(P2)各 1 μL,模板 1 μL,加 ddH$_2$O 补足体积至 25 μL;反应条件为:94℃预变性 5 min;(94℃变性,30 s;60℃退火延伸 30 s)30 个循环;72℃充分延伸 10 min;4℃保存。

电泳检测:PCR 产物使用 1%琼脂糖凝胶电泳检测,确保无非特异性扩增并回收扩增片段。

TA 克隆:按照 TA 克隆标准步骤将回收后的扩增产物连接至 pMD18T 载体并转化至大肠杆菌 DH5α 感受态中;LB 抗性平板(Amp100)结合蓝白斑筛选,挑取单克隆转移至液体 LB(Amp100)中,37℃摇床培养 12 h,按照质粒提取试剂盒说明书提取质粒并送至测序公司进行测序验证,确定目的基因片段与载体相连且序列正确。

---

[1]　本方法适用于细菌、真菌和病毒等计数。但细菌、真菌和病毒等计数不仅限于本方法。

D.4.2 标准品模板的拷贝数确定

使用 Nanodrop 或其他仪器测定含目的基因片段的载体浓度,按式(D.1)计算目的基因拷贝数(Copies/μL)。

$$Q=6.02\times10^{23}\times C\times10^{-9}/L\times660 \quad\cdots\cdots\cdots\cdots\cdots\cdots\cdots\cdots\cdots\text{(D.1)}$$

式中:

Q——基因拷贝数,单位为拷贝数每微升(Copies/μL);

C——DNA 浓度,单位为纳克每微升(ng/μL);

L——DNA 长度,单位为碱基对(bp)。

将含目的基因片段的载体用 ddH_2O 进行 10 倍梯度稀释,稀释为 10 Copies/μL~10^8 Copies/μL,此即为标准品模板,-20℃保存样品。

D.5 标准曲线绘制与扩增效率计算

标准品模板的 qPCR 扩增:采用 20 μL qPCR 反应体系,两步法进行扩增,具体为:标准品模板 2 μL,SYBR Green Supermix 10 μL,引物 1 和引物 2 各 1 μL,加无菌双蒸水补足体积至 20 μL;反应条件为:95℃预变性 5 min;(95℃变性,10 s;60℃退火延伸 30 s)40 个循环;溶解曲线采集程序以程序默认为准;其中,每个稀释度的样品做 5 个重复,阴性对照使用无模板的无菌双蒸水。

标准曲线的绘制:确定溶解曲线为单峰,且峰值温度在 80℃~90℃,确定溶解曲线峰值;并确定扩增生成 Ct 值在 15~35 区域间,同一个样品不同重复间的 Ct 值差异小于 0.5;在满足此条件的情况下,以标准品模板的拷贝数为横坐标,Ct 值为纵坐标,绘制标准曲线,并求出标准曲线线性方程。

扩增效率(E)计算:E 的范围应为 90%~110%,保证 qPCR 每完成一个循环,底物浓度扩增一倍;E 按式(D.2)计算。

$$E=(10^{-1/k}-1)\times100 \quad\cdots\cdots\cdots\cdots\cdots\cdots\cdots\cdots\cdots\cdots\text{(D.2)}$$

式中:

E——扩增效率,单位为百分率(%);

k——标准曲线斜率。

D.6 样品微生物的定量

D.6.1 样品总基因组 DNA 的提取

根据基因组提取试剂盒说明书提取样品基因组总 DNA。

D.6.2 样品微生物计数

以提取的样品基因组总 DNA 为模板,进行 qPCR 反应。qPCR 反应条件与 D.5 一致,根据反应生成的 Ct 值和已建立的标准曲线,计算各目的基因片段的拷贝数,从而评估样品中待测物种的丰度。

参 考 文 献

[1]GB 4789.2—2010 食品安全国家标准 食品微生物学检验 菌落总数测定.
[2]NY/T 2743—2015 甘蔗白色条纹病菌检验检疫技术规程 实时荧光定量 PCR 法.
[3]SN/T 2358—2009 国境口岸炭疽芽孢杆菌荧光定量 PCR 检测方法.

ICS 65.020
B 17

中华人民共和国农业行业标准

NY/T 3152.5—2017

微生物农药　环境风险评价试验准则
第5部分:溞类毒性试验

Risk assessment test guidelines for microbial pesticide—
Part 5:Daphnia toxicity test

2017-12-22 发布　　　　　　　　　　　　　　2018-06-01 实施

中华人民共和国农业部 发布

前　言

NY/T 3152《微生物农药　环境风险评价试验准则》分为6个部分：
——第1部分:鸟类毒性试验;
——第2部分:蜜蜂毒性试验;
——第3部分:家蚕毒性试验;
——第4部分:鱼类毒性试验;
——第5部分:溞类毒性试验;
——第6部分:藻类生长影响试验。

本部分为NY/T 3152的第5部分。

本部分按照GB/T 1.1—2009给出的规则起草。

请注意本文件的某些内容可能涉及专利。本文件的发布机构不承担识别这些专利的责任。

本部分由农业部种植业司提出并归口。

本部分起草单位:农业部农药检定所、环境保护部南京环境科学研究所。

本部分主要起草人:谭丽超、周艳明、卜元卿、续卫利、姜辉、陈朗、田丰。

微生物农药 环境风险评价试验准则
第5部分:溞类毒性试验

1 范围

本部分规定了微生物农药对溞类毒性试验的材料、条件、试验操作、质量控制、试验报告等的基本要求。

本部分适用于微生物农药登记而进行的溞类毒性试验。

2 规范性引用文件

下列文件对于本文件的应用是必不可少的。凡是注日期的引用文件,仅注日期的版本适用于本文件。凡是不注日期的引用文件,其最新版本(包括所有的修改单)适用于本文件。

GB/T 31270.13 化学农药环境安全评价试验准则 第13部分:溞类急性活动抑制试验

3 术语和定义

下列术语和定义适用于本文件。

3.1

微生物农药 microbial pesticides

是以细菌、真菌、病毒和原生动物或基因修饰的微生物等活体为有效成分,具有防治病、虫、草、鼠等有害生物作用的农药。

3.2

供试物 test substance

试验中需要测试的物质。

3.3

菌落形成单位 colony forming unit,CFU

由单个菌体或聚集成团的多个菌体在固体培养基上生长繁殖所形成的集落。

3.4

细菌芽孢、真菌孢子、细菌或原生动物孢囊 bacterial or fungal spore and bacterial or protozoan cyst

显微镜下一个完整的个体芽孢、孢子或孢囊,通常是指能在合适的培养基上形成单个CFU的一个完整的实体。

3.5

细菌营养体 vegetative bacterium

单个活的生物体,通常是指能在合适的培养基上形成一个CFU的实体。

3.6

原生生物 protozoa

原生生物门各个成员的一个完整的营养体、孢子或孢囊。

3.7

病毒 virus

显微镜下一个完整的病毒颗粒或包涵体。

3.8
最大危害暴露量 maximum hazard exposure level

微生物农药有效成分在环境中对非靶生物可能产生危害的最大暴露量,通常以预测暴露量与安全系数的乘积来表示。

3.9
毒性 toxicity

微生物和/或毒素引起受试生物中毒或病变的能力。其作用过程不一定同时发生微生物的感染、复制和生命活动。

3.10
半数抑制量 median effective dose or concentration,ED_{50}/EC_{50}

在规定时间内,通过指定感染途径,引起50%受试生物活动受抑制时所需最小微生物数量或毒素量。

3.11
活动抑制 immobilisation

轻晃试验容器,溞在15s内不能游动视为活动抑制,但允许附肢微弱活动。

4 试验概述

在一定试验条件下,以一定的供试物浓度或剂量测试对受试溞的活动受抑制情况。当供试物最大危害暴露量出现对受试生物50%及以上具有活动抑制时,则还需进行剂量效应试验和活动抑制验证试验。活动抑制以ED_{50}/EC_{50}表征。

5 试验方法

5.1 材料和条件
5.1.1 供试生物

推荐使用大型溞(*Daphnia magna* Straus),保持良好的培养条件,使大型溞的繁殖处于孤雌生殖状态。选用实验室条件下培养3代以上、出生24 h内的非头胎溞。受试溞应来源于同一母系的健康溞,未表现任何受胁迫现象(如死亡率高、出现雄溞和冬卵、头胎延迟、体色异常等)。

5.1.2 供试物
5.1.2.1 类型
微生物母药、制剂产品等。

5.1.2.2 批次
通常情况下,试验中供试物应采用同一批次的产品。但在不得不使用另一批次产品时,应在试验报告中记录供试物的批次。

5.1.2.3 计数方法
计数方法如下:
——细菌可采用稀释平板菌落计数法、荧光定量PCR等测定;
——真菌孢子以CFU为计数单位,可采用稀释平板菌落计数法或血球计数板法等测定;
——原生动物以个体数目为计数单位,可采用血球计数板法等测定;
——病毒以包涵体等感染单位为计数单位,可采用荧光定量PCR、血球计数板法等测定;
——其他单位,根据微生物的类型和特性选择最适当的计数方法。
以上推荐计数方法,参见附录A、附录B、附录C。

5.1.3 主要仪器设备
超净工作台。

灭菌锅。

显微镜。

解剖镜。

分光光度计。

聚合酶链式反应仪。

水质测定仪。

温湿度计。

玻璃器皿。

天平等。

5.1.4 试验条件

溞类的培养、驯化及试验推荐使用重组水,若选择其他水应参见附录 D 的规定。重组水推荐使用 ISO 标准稀释水、Elendt M4 培养液和 Elendt M7 培养液,配置方法参见附录 E。试验期间水质应保持稳定,满足 pH 在 6.0~9.0,溶解氧大于 3 mg/L。对于大型溞,水质硬度(以 $CaCO_3$ 计)在 140 mg/L~250 mg/L;对于其他溞类,可适当降低水质硬度。试验中光照周期(光暗比)为 16 h∶8 h,光照强度 1 000 lx~1 500 lx。定期使用充分浓缩的藻悬浮液进行喂食,藻类可选择普通小球藻(*Chlorella vulgaris*)、斜生栅列藻(*Scenedesmus obliquus*)或羊角月芽藻(*Selenastrum capricornutum*)等。喂食量应以提供每只溞有机碳数量为基础,推荐范围为 0.1~0.2 mg/(溞·d)。试验条件在满足溞类生长条件下,应充分考虑供试物的生长和活性要求。

5.2 试验操作

5.2.1 方法的选择

根据供试物特性选择静态试验法或半静态试验法等。

5.2.2 暴露途径

接触暴露途径。

5.2.3 处理组和对照组

试验设置供试物处理组、空白对照组和灭活对照组等。每组设置 4 个平行,每个平行 5 只受试溞。考虑微生物的传染性,各处理组及对照组应避免交叉污染。

5.2.4 效应观察

试验期间每日对受试溞的活动受抑制数和异常症状进行观察和记录。

5.2.5 试验周期

试验观察时间持续至 21 d。如果在试验观察时间末期,处理组受试溞开始出现活动抑制或明显异常,则要延长暴露时间,直至受试溞恢复或确定活动受抑制。

5.2.6 最大危害暴露量试验

水体接触暴露途径,供试物最大危害暴露量为 10^6 单位/mL,或按照供试微生物农药推荐施用量在 15 cm 水体中浓度的 1 000 倍设计最大危害暴露浓度。两者均能达到时,以较高浓度作为最大危害暴露量。当因制剂剂型、水质等条件限制,供试物溶液浓度不能达到最大危害暴露量时,则采用供试物在水中能配置得到的最大量进行试验。试验开始后,每日观察并记录受试溞的活动受抑制数和异常症状。当受试溞在试验期间未发生活动抑制,则无需进行剂量效应试验和活动抑制验证试验;当受试溞在试验期间出现 50% 及以上的活动抑制,则需进行剂量效应试验和活动抑制验证试验。

5.2.7 剂量效应试验

根据最大危害暴露量试验结果,按一定比例间距设置 5 组~7 组供试物系列浓度,将受试溞暴露于不同浓度的供试物下,试验开始后,每日观察并记录受试溞的活动受抑制数及异常症状,求出试验结束时供试物对溞类的 EC_{50} 值及其 95% 置信限。

5.2.8 活动抑制验证试验

将用无菌水清洗后的受试溞进行组织破碎,然后用无菌水冲洗破碎组织,取适量清洗液接种至选择培养基,将培养物置于适宜生长条件下培养,分离纯化疑似菌株,疑似菌株经形态学、生理生化及核酸等方法鉴定并确认为目标菌株后,再以相同暴露途径感染健康的受试溞。如果受试溞出现活动抑制,则证实目标菌株对溞类具有活动抑制能力。

5.3 数据处理

5.3.1 统计方法选择

试验结果的数据处理可选择 5.3.2、5.3.3 中所述的统计学方法,也可根据试验情况选择其他合适的统计方法。

5.3.2 差异显著性检验

5.3.2.1 概述

差异显著性检验推荐采用独立样本 t 检验或单因子方差分析(One-Way ANOVA,LSD 检验)等。显著水平取 $p<0.05$(差异显著)、$p<0.01$(差异极显著)。

5.3.2.2 独立样本 t 检验

2 组均值比较时可进行独立样本 t 检验。独立样本 t 检验按式(1)计算。

$$t = \frac{\overline{X}_1 - \overline{X}_2}{\sqrt{\dfrac{\sigma_{x_1}^2 + \sigma_{x_2}^2}{n-1}}} \quad\cdots\cdots (1)$$

式中:

$\overline{X}_1,\overline{X}_2$ ——分别为两样本平均数;

$\sigma_{x_1}^2,\sigma_{x_2}^2$ ——分别为两样本方差;

n ——样本容量。

5.3.2.3 One-Way ANOVA 方差分析(LSD 检验)

3 组及以上均值比较时可进行方差分析。LSD 检验按式(2)计算。

$$LSD_\alpha = t_{\alpha(df_e)} S_{\bar{x}_i - \bar{x}_j} \quad\cdots\cdots (2)$$

式中:

$t_{\alpha(df_e)}$ ——在 F 检验中误差自由度下,显著水平为 α 的临界 t 值;

$S_{\bar{x}_i - \bar{x}_j}$ ——均数差异标准误,按式(3)计算。

$$S_{\bar{x}_i - \bar{x}_j} = \sqrt{2MS_e/n} \quad\cdots\cdots (3)$$

式中:

MS_e ——F 检验中误差均方;

n ——各处理重复数。

5.3.3 半数抑制量计算

溞类半数抑制量 ED_{50}/EC_{50} 的计算可采用寇氏法、直线内插法或概率单位图解法估算,也可应用有关毒性数据计算软件进行分析和计算。具体计算方法见 GB/T 31270.13。

6 试验报告

试验报告应包括下列内容:

——试验名称、试验单位名称和联系方式、报告编号;

——试验委托单位和联系方式、样品受理日期和封样情况;

——试验开始和结束日期、试验项目负责人、试验单位技术负责人、签发日期;

——试验摘要;

——供试物基本信息（例如，含量和组成信息，以及任何改变供试物生物活性物质的含量和组成信息，施用量、施用方法等）；

——受试生物的名称、来源、大小及饲养情况等；

——试验条件，包括试验温度、光照、氧含量、pH 等；

——试验系统的详细描述；

——试验结果。

附　录　A

（资料性附录）

稀释平板菌落计数法[1]

A.1　方法原理

将供试物经无菌水分散处理后,在固体培养基上由单个细胞生长并繁殖成一个菌落,因而可以根据形成的菌落数来计算供试物中微生物的数量。

A.2　试剂

蛋白胨。

牛肉膏。

氯化钠（NaCl）。

氢氧化钠溶液:1 mol/L。

盐酸溶液:1 mol/L。

葡萄糖。

磷酸二氢钾（KH_2PO_4）。

硫酸镁（$MgSO_4$）。

琼脂。

孟加拉红。

蒸馏水。

氯霉素。

A.3　仪器设备

高压蒸汽灭菌锅。

恒温培养箱。

超净工作台。

酸度计等。

A.4　固体培养基平板的制备

A.4.1　细菌培养基平板

依次称取蛋白胨 10 g、牛肉浸膏 3 g、氯化钠 5 g、琼脂 15 g～18 g,溶于 900 mL 蒸馏水中,置于电炉上加热,搅拌至完全溶解,加蒸馏水至 1 000 mL。以 1 mol/L 氢氧化钠溶液或 1 mol/L 盐酸溶液调节 pH 至 7.0～7.2。分装于 500 mL 三角瓶中,每瓶装 150 mL,塞上棉塞,经 121℃高压蒸汽灭菌 20 min,培养基温度降至约 50℃后倒入无菌培养皿中,每板约 15 mL。

A.4.2　真菌培养基平板

依次称取蛋白胨 5 g、葡萄糖 10 g、磷酸二氢钾 1 g、硫酸镁 0.5 g、琼脂 15 g～18 g、孟加拉红 0.03 g、氯霉素 0.1 g,溶于 900 mL 蒸馏水中,置于电炉上加热,搅拌至完全溶解,加蒸馏水至 1 000 mL。分装于

1）　本方法适用于细菌、真菌孢子等计数。但细菌、真菌孢子等计数不仅限于本方法。

500 mL 三角瓶中,每瓶装 150 mL,塞上棉塞,经 121℃高压蒸汽灭菌 20 min,培养基温度降至约 50℃后倒入无菌培养皿中,每板约 15 mL。

A.5 样品的处理

称取一定量的供试物,加入盛有适当无菌水的三角瓶中,通过振荡、超声等方法使供试物充分分散成单细胞,形成菌悬液,然后用容量瓶和无菌水定容,配置一定浓度的微生物悬浮母液备用。上述过程均应无菌操作。

A.6 样品母液的稀释涂布

用无菌刻度吸管吸取 1 mL 上述配制好的微生物悬浮母液到 9 mL 无菌水中,按 10 倍法依次稀释,细菌通常稀释到 10^{-8},并选择 $10^{-8} \sim 10^{-6}$ 稀释菌悬液用于平板涂布;真菌通常稀释到 10^{-7},并选择 $10^{-7} \sim 10^{-5}$ 稀释菌悬液用于平板涂布。吸取 100 μL 稀释液置于培养基平板表面,立即用无菌玻璃涂棒或接种针均匀涂抹于培养基表面,将涂布后的平板倒置于温度适宜的培养箱中黑暗培养。当用同一支吸管接种同一样品不同稀释浓度时,应从高稀释度(即低浓度菌悬液)开始,依次向较低稀释度的菌悬液顺序操作。

A.7 菌落计数

细菌培养基平板培养 2 d～3 d 后取出,选择细菌菌落数量 20～200 之间的培养皿进行计数。

真菌培养基平板培养 3 d～5 d 后取出,选择真菌菌落数量 10～100 之间的培养皿进行计数。

母液微生物浓度或含量按式(A.1)计算。

$$C = N \times X \quad\quad\quad\quad\quad\quad\quad\quad\quad (A.1)$$

式中:

C——母液微生物浓度或含量,单位为菌落形成单位每克(CFU/g)或菌落形成单位每毫升(CFU/mL);

N——培养基平板微生物菌落平均数,单位为个;

X——母液稀释倍数。

附　录　B
（资料性附录）
血球计数板法[1]

B.1　方法原理

血球计数板法是将少量待测样品的悬浮液置于一种特别的具有确定面积和容积的载玻片上（血球计数板），于显微镜下直接计数，然后推算出数量的一种方法。

B.2　仪器设备

血球计数器。
显微镜。
锥形瓶。
滴管。
载玻片、盖玻片。
超净工作台等。

B.3　样品的制备

根据供试物浓度或含量，用无菌水稀释后形成供试物悬浮液用于血球计数板计数。血球计数板5个中格中微生物数量宜控制在20～100。

B.4　样品的制片

取洁净的血球计数板一块，在计数区上盖上一块盖玻片。将稀释后的供试物悬液摇匀，用滴管吸取少许，从计数板中间平台两侧的沟槽内沿盖玻片的下边缘滴入一小滴，让悬液利用液体的表面张力充满计数区，并用吸水纸吸去沟槽中流出的多余悬液。静置片刻，使微生物沉降到计数板上。在显微镜下进行计数。

B.5　数量计数

计数时若计数区是由25个中方格组成，按对角线方位，数左上、左下、右下、右上、中间的5个中方格（即80小格）的微生物数。为了保证计数的准确性，在计数时，同一样品至少计数2次，对沉降在格线上微生物的统计应有统一的规定。如微生物位于大方格的双线上，计数时则数上线不数下线，数左线不数右线，以减少误差。即位于本格上线和左线上的微生物计入本格，本格的下线和右线上的微生物按规定计入相应的格中。

样品浓度或含量按式（B.1）计算。

$$C = N \times 25/5 \times 10 \times 10^3 \times X \quad\cdots\cdots\cdots\cdots\cdots\cdots\cdots\cdots\cdots\cdots\cdots (B.1)$$

式中：

C——样品浓度或含量，单位为个每毫升（个/mL）；

---

[1]　本方法适用于体型较大的微生物，如真菌孢子、酵母、多角体病毒和原生动物等计数。但真菌孢子、酵母、多角体病毒和原生动物等计数不仅限于本方法。

N——5 个中方格的微生物总数；

X——样品稀释倍数。

附 录 C

（资料性附录）

荧光定量 PCR 法[1]

C.1 方法原理

SYBR Green 能结合于所有 dsDNA 双螺旋小沟产生极强荧光,其荧光信号强度与 dsDNA 的数量正相关。因此,根据荧光信号监测 PCR 体系存在的 dsDNA 的数量并绘制荧光信号累积曲线,最后通过参照标准曲线对未知模板进行定量分析。

C.2 试验试剂与材料

常规 PCR 体系:rTaq DNA 聚合酶、rTaq 10×buffer、dNTP、ddH₂O、扩增引物。

克隆体系:大肠杆菌 DH5α 感受态、pMD18T、ddH₂O、T4 连接酶、T4 连接酶 10×buffer。

qPCR 体系:SYBR Green Supermix、ddH₂O、扩增引物。

基因组提取试剂盒、质粒提取试剂盒等。

C.3 主要仪器

荧光定量 PCR 仪。

普通 PCR 仪。

超净工作台。

微量核酸定量仪(如 Nanodrop)或紫外可见分光光度计。

C.4 标准品模板的制备

C.4.1 目的基因片段的扩增与克隆

引物设计:寻找待测物种的物种特异基因(最好是单拷贝),按基本引物设计原则设计引物,使引物 T_m 值为 62℃~65℃,PCR 产物长度为 80 bp~150 bp。

样品基因组总 DNA 的提取:针对不同样品,购买基因组提取试剂盒,按照基因组提取试剂盒操作说明提取样品基因组总 DNA。

特异基因片段扩增:以提取的样品基因组总 DNA 为模板,PCR 扩增特异基因片段,采用两步法扩增,PCR 扩增体系如下:rTaq 酶 0.25 μL,rTaq 酶 10×buffer 2.5 μL,dNTP 2 μL(20 mmol/L),引物 1 (P1)、引物 2(P2)各 1 μL,模板 1 μL,加 ddH₂O 补足体积至 25 μL;反应条件为:94℃预变性 5 min; (94℃变性,30 s;60℃退火延伸 30 s)30 个循环;72℃充分延伸 10 min;4℃保存。

电泳检测:PCR 产物使用 1%琼脂糖凝胶电泳检测,确保无非特异性扩增并回收扩增片段。

TA 克隆:按照 TA 克隆标准步骤将回收后的扩增产物连接至 pMD18T 载体并转化至大肠杆菌 DH5α 感受态中;LB 抗性平板(Amp100)结合蓝白斑筛选,挑取单克隆转移至液体 LB(Amp100)中, 37℃摇床培养 12 h,按照质粒提取试剂盒说明书提取质粒并送至测序公司进行测序验证,确定目的基因片段与载体相连且序列正确。

---

1) 本方法适用于细菌、真菌和病毒等计数。但细菌、真菌和病毒等计数不仅限于本方法。

C.4.2 标准品模板的拷贝数确定

使用 Nanodrop 或其他仪器测定含目的基因片段的载体浓度,按式(C.1)计算目的基因拷贝数(Copies/μL)。

$$Q = 6.02 \times 10^{23} \times C \times 10^{-9} / L \times 660 \quad\cdots\cdots\cdots\cdots\cdots\cdots\cdots\cdots (C.1)$$

式中:

Q——基因拷贝数,单位为拷贝数每微升(Copies/μL);

C——DNA 浓度,单位为纳克每微升(ng/μL);

L——DNA 长度,单位为碱基对(bp)。

将含目的基因片段的载体用 ddH$_2$O 进行 10 倍梯度稀释,稀释为 10 Copies/μL～10^8 Copies/μL,此即为标准品模板,-20℃保存样品。

C.5 标准曲线绘制与扩增效率计算

标准品模板的 qPCR 扩增:采用 20 μL qPCR 反应体系,两步法进行扩增,具体为:标准品模板 2 μL,SYBR Green Supermix 10 μL,引物 1 和引物 2 各 1 μL,加无菌双蒸水补足体积至 20 μL;反应条件为:95℃预变性 5 min;(95℃变性,10 s;60℃退火延伸,30 s)40 个循环;溶解曲线采集程序以程序默认为准;其中,每个稀释度的样品做 5 个重复,阴性对照使用无模板的无菌双蒸水。

标准曲线的绘制:确定溶解曲线为单峰,且峰值温度在 80℃～90℃,确定溶解曲线峰值;并确定扩增生成 Ct 值在 15～35 区域间,同一个样品不同重复间的 Ct 值差异小于 0.5;在满足此条件的情况下,以标准品模板的拷贝数为横坐标,Ct 值为纵坐标,绘制标准曲线,并求出标准曲线线性方程。

扩增效率(E)计算:E 的范围应为 90%～110%,保证 qPCR 每完成一个循环,底物浓度扩增一倍;E 按式(C.2)计算。

$$E = (10^{-1/k} - 1) \times 100 \quad\cdots\cdots\cdots\cdots\cdots\cdots\cdots\cdots (C.2)$$

式中:

E——扩增效率,单位为百分率(%);

k——标准曲线斜率。

C.6 样品微生物的定量

C.6.1 样品总基因组 DNA 的提取

根据基因组提取试剂盒说明书提取样品基因组总 DNA。

C.6.2 样品微生物计数

以提取的样品基因组总 DNA 为模板,进行 qPCR 反应。qPCR 反应条件与 C.5 一致,根据反应生成的 Ct 值和已建立的标准曲线,计算各目的基因片段的拷贝数,从而评估样品中待测物种的丰度。

附　录　D
（资料性附录）
合格试验用水的部分化学特性

合格试验用水的部分化学特性参见表 D.1。

表 D.1　合格试验用水的部分化学特性

物　质	浓　度
颗粒物	<20 mg/L
总有机碳（TOC）	<2 mg/L
游离氨	<1 μg/L
残留氯	<10 μg/L
总有机磷农药	<50 ng/L
总有机氯农药与多氯联苯（PCB）	<50 ng/L
总有机氯	<25 ng/L
杂菌数量	<100 CFU/mL

附　录　E

（资料性附录）

重 组 水 的 配 置

E.1　标准稀释水配置

表 E.1 给出了 ISO 标准稀释水的配置方法。

表 E.1　ISO 标准稀释水

储备液（单一物质）		每升 ISO 标准稀释水中储备液的加入量，mL
物质	浓度，mg/L	
$CaCl_2 \cdot 2H_2O$	11 760	25
$MgSO_4 \cdot 7H_2O$	4 930	25
$NaHCO_3$	2 590	25
KCl	230	25
注：配置用水为纯水，如去离子水、蒸馏水或反向渗透水，其电导率<10 μS/cm。		

E.2　Elendt M4 和 Elendt M7 培养基配制

用超纯水分别配制储备液Ⅰ、储备液Ⅱ和混合维生素储备液。制备 Elendt 培养基时，用储备液Ⅰ（含所有微量元素的混合液）制备储备液Ⅱ，在使用前最后加入混合维生素储备液，见表 E.2～表 E.6。

表 E.2　储备液Ⅰ的制备（单一物质）

组分名称	水中加入量，mg/L	组分名称	水中加入量，mg/L
H_3BO_3	57 190	$ZnCl_2$	260
$MnCl_2 \cdot 4H_2O$	7 210	$CoCl_2 \cdot 6H_2O$	200
$LiCl \cdot H_2O$	6 120	KI	65
RbCl	1 420	Na_2SeO_3	43.8
$SrCl_2 \cdot 6H_2O$	3 040	NH_4VO_3	11.5
NaBr	320	$Na_2EDTA \cdot 2H_2O$	5 000
$Na_2MoO_4 \cdot 2H_2O$	1 260	$FeSO_4 \cdot 7H_2O$	1 991
$CuCl_2 \cdot 2H_2O$	335	2 L Fe-EDTA 溶液[a]	—
[a]　Fe-EDTA 溶液：将 Na_2EDTA 和 $FeSO_4$ 单独配制，混合在一起后立即灭菌。			

表 E.3　储备液Ⅱ的制备（单一物质）

组分名称	将储备液Ⅰ加入到水中的量，mL/L	
	M4	M7
H_3BO_3	1.0	0.25
$MnCl_2 \cdot 4H_2O$	1.0	0.25
LiCl	1.0	0.25
RbCl	1.0	0.25
$SrCl_2 \cdot 6H_2O$	1.0	0.25
NaBr	1.0	0.25
$Na_2MoO_4 \cdot 2H_2O$	1.0	0.25

表 E.3（续）

组分名称	将储备液 I 加入到水中的量，mL/L	
	M4	M7
$CuCl_2 \cdot 2H_2O$	1.0	0.25
$ZnCl_2$	1.0	1.0
$CoCl_2 \cdot 6H_2O$	1.0	1.0
KI	1.0	1.0
Na_2SeO_3	1.0	1.0
NH_4VO_3	1.0	1.0
Fe-EDTA 溶液	20.0	5.0

表 E.4 常量营养储备液的制备（单一物质）

组分名称	水中加入量，mg/L	总体积，mL
$CaCl_2 \cdot 2H_2O$	293 800	1 000
$MgSO_4 \cdot 7H_2O$	246 600	1 000
KCl	58 000	1 000
$NaHCO_3$	64 800	1 000
$Na_2SiO_3 \cdot 9H_2O$	50 000	1 000
$NaNO_3$	2 740	1 000
KH_2PO_4	1 430	1 000
K_2HPO_4	1 840	1 000

表 E.5 Elendt M4 和 Elendt M7 的制备

组分名称		加入储备液的量（mL/L）	
		M4	M7
储备液 II（微量元素混合液）		50	50
常量营养储备液 （单一物质）	$CaCl_2 \cdot 2H_2O$	1.0	1.0
	$MgSO_4 \cdot 7H_2O$	0.5	0.5
	KCl	0.1	0.1
	$NaHCO_3$	1.0	1.0
	$Na_2SiO_3 \cdot 9H_2O$	0.2	0.2
	$NaNO_3$	0.1	0.1
	KH_2PO_4	0.1	0.1
	K_2HPO_4	0.1	0.1
混合维生素储备液		0.1	0.1

表 E.6 混合维生素储备液的制备[a]

组分名称	水中加入量（mg/L）	总体积[b]，mL
盐酸硫胺（维生素 B_1）	750	
氰钴胺（维生素 B_{12}）	10	1 000
钙长石（维生素 H）	7.5	
[a] 混合维生素储备液以 5 mL 分装后冷藏。		
[b] 3 种维生素组分加入水中并标定到 1 000 mL。		

参 考 文 献

[1]GB 4789.2—2010 食品安全国家标准 食品微生物学检验 菌落总数测定.

[2]NY/T 2743—2015 甘蔗白色条纹病菌检验检疫技术规程 实时荧光定量 PCR 法.

[3]SN/T 2358—2009 国境口岸炭疽芽孢杆菌荧光定量 PCR 检测方法.

ICS 65.020
B 17

中华人民共和国农业行业标准

NY/T 3152.6—2017

微生物农药 环境风险评价试验准则
第6部分:藻类生长影响试验

Risk assessment test guidelines for microbial pesticide—
Part 6:Algae growth effect test

2017-12-22 发布
2018-06-01 实施

中华人民共和国农业部 发布

前　言

NY/T 3152《微生物农药　环境风险评价试验准则》分为 6 个部分：

——第 1 部分:鸟类毒性试验;

——第 2 部分:蜜蜂毒性试验;

——第 3 部分:家蚕毒性试验;

——第 4 部分:鱼类毒性试验;

——第 5 部分:溞类毒性试验;

——第 6 部分:藻类生长影响试验。

本部分为 NY/T 3152 的第 6 部分。

本部分按照 GB/T 1.1—2009 给出的规则起草。

请注意本文件的某些内容可能涉及专利。本文件的发布机构不承担识别这些专利的责任。

本部分由农业部种植业司提出并归口。

本部分起草单位:农业部农药检定所、环境保护部南京环境科学研究所。

本部分主要起草人:周欣欣、卜元卿、周军英、曲薆薆、姜锦林、杨鸿波、续卫利。

微生物农药　环境风险评价试验准则
第6部分:藻类生长影响试验

1 范围

本部分规定了微生物农药对藻类生长影响试验的材料、条件、试验操作、质量控制、试验报告等的基本要求。

本部分适用于微生物农药登记而进行的藻类生长影响试验。

2 规范性引用文件

下列文件对于本文件的应用是必不可少的。凡是注日期的引用文件,仅注日期的版本适用于本文件。凡是不注日期的引用文件,其最新版本(包括所有的修改单)适用于本文件。

GB/T 31270.14 化学农药环境安全评价试验准则 第14部分:藻类生长抑制试验

3 术语和定义

下列术语和定义适用于本文件。

3.1

微生物农药 microbial pesticides

是以细菌、真菌、病毒和原生动物或基因修饰的微生物等活体为有效成分,具有防治病、虫、草、鼠等有害生物作用的生物农药。

3.2

供试物 test substance

试验中需要测试的物质。

3.3

菌落形成单位 colony forming unit,CFU

由单个菌体或聚集成团的多个菌体在固体培养基上生长繁殖所形成的集落。

3.4

细菌芽孢、真菌孢子、细菌或原生动物孢囊的单位 unit of bacterial or fungal spore and bacterial or protozoan cyst

显微镜下一个完整的个体芽孢、孢子或孢囊,通常是指能在合适的培养基上形成单个CFU的一个完整的实体。

3.5

细菌营养体的单位 unit of vegetative bacterium

单个活的生物体,通常是指能在合适的培养基上形成一个CFU的实体。

3.6

原生动物 protozoa

原生动物门各个成员的一个完整的营养体、孢子或孢囊。

3.7

病毒 virus

显微镜下一个完整的病毒颗粒或包涵体。

3.8

最大危害暴露量　maximum hazard exposure level

微生物农药有效成分在环境中对非靶生物可能产生危害的最大暴露量,通常以预测暴露量与安全系数的乘积来表示。

3.9

半效应浓度　median effective concentration, EC_{50}

生长影响试验中,在规定时间内,使受试藻类生长量或生长率较空白对照组的差异为50%时的供试物浓度,用 EC_{50} 表示。本部分中,以藻类生长量变化百分率计算而得到的半效应浓度用 EyC_{50} 表示;以藻类生长率变化百分率计算而得到的半效应浓度用 ErC_{50} 表示。

3.10

平均生长率　average growth rate

一定暴露时间内藻类单位生物量增长的对数值,在本部分中用 μ 表示。

3.11

生物量增长　yield

一段暴露时间内藻类单位生物量的增加量,即暴露结束时的单位生物量减去暴露开始时的单位生物量,在本部分中用 Y 表示。

4　试验概述

在一定试验条件下,以一定的供试物浓度或剂量测试对受试藻类生长的影响。当供试物最大危害暴露量处理组中较对照组藻类生长影响达到50%及以上时,则还需进行供试物对藻类剂量效应试验,以测定 EC_{50} 值及其95%置信限。

5　试验方法

5.1　材料和条件

5.1.1　试验生物

受试藻可来自绿藻门、裸藻门、轮藻门和蓝藻门等,推荐普通小球藻(*Chlorella vulgaris*)、斜生栅列藻(*Scenedesmus obliquus*)或羊角月芽藻(*Selenastrum capricornutum*)等。

5.1.2　供试物

5.1.2.1　类型

微生物母药、制剂产品等。

5.1.2.2　批次

通常情况下,试验中供试物应采用同一批次的产品。但在不得不使用另一批次产品时,应在试验报告中记录供试物的批次。

5.1.2.3　计数方法

计数方法如下:

——细菌可采用稀释平板菌落计数法、荧光定量PCR等测定;

——真菌孢子以CFU为计数单位,可采用稀释平板菌落计数法或血球计数板法等测定;

——原生动物以个体数目为计数单位,可采用血球计数板法等测定;

——病毒以包涵体等感染单位为计数单位,可采用荧光定量PCR、血球计数板法等测定;

——其他单位,根据微生物的类型和特性选择最适当的计数方法。

以上推荐计数方法,参见附录A、附录B、附录C。

5.1.3 主要仪器设备

超净工作台。
灭菌锅。
显微镜。
解剖镜。
分光光度计。
聚合酶链式反应仪。
水质测定仪。
温湿度计。
玻璃器皿。
天平等。

5.1.4 培养基

不同受试藻类采用不同培养基进行繁殖培养，其中斜生栅藻宜用水生 4 号培养基，羊角月牙藻宜用 BG11 培养基，普通小球藻宜用 SE 或 BG11 培养基。培养基配方参见附录 D。

5.1.5 试验条件

藻类适宜的试验环境温度 21℃～24℃（单次试验温度控制在±2℃）；连续均匀光照，光照强度差异应保持在±15％范围内，光强 4 440 lx～8 880 lx。试验条件在满足藻类生长条件下，应充分考虑供试物的生长和活性要求。

5.2 试验操作

5.2.1 暴露途径

藻-水混合接触暴露途径。

5.2.2 处理组和对照组

试验设置供试物处理组、空白对照组和灭活对照组等，每组设置 3 个平行。考虑微生物的传染性，各处理组及对照组应避免交叉污染。

5.2.3 效应观察

试验期间每日对藻类生长情况进行观察和记录。在显微镜下用血球计数板准确计数藻类细胞数，同一样品至少计数 2 次。对数据进行数理统计，比较供试物处理组与对照组藻类生长差异。

5.2.4 试验周期

试验观察时间持续 96 h。

5.2.5 最大危害暴露量试验

藻-水混合接触暴露途径，供试物最大危害暴露量为 10^6 单位/mL，或按照供试微生物农药推荐施用量在 15 cm 水体中浓度的 1 000 倍。两者均能达到时，以较高浓度作为最大危害暴露量。当因制剂剂型、水质等原因，不能达到最大危害暴露量时，可采用供试物在水中能达到的最大量进行试验。试验开始后，每日记录藻类生长情况。当受试藻在试验期间未出现生长受影响情况，则无需进行剂量效应试验；当受试藻在试验期间生长影响达到 50％及以上时，则需进行剂量效应试验。

5.2.6 剂量效应试验

根据最大危害暴露量试验结果，按一定比例间距设置 5 组～7 组供试物系列浓度，试验观察期为 96 h，每隔 24 h 取样，在显微镜下用血球计数板准确计数藻细胞数，计算各处理浓度下藻类生长变化率，并据此计算半效应浓度 EC_{50} 值及其 95％置信限。

5.3 数据处理

5.3.1 统计方法选择

试验结果的数据处理可选择 5.3.2、5.3.3、5.3.4、5.3.5 中所述的统计学方法，也可根据试验情况选择其他合适的统计方法。

5.3.2 差异显著性检验

5.3.2.1 概述

差异显著性检验推荐采用独立样本 t 检验或单因子方差分析（One-Way ANOVA，LSD 检验）等。显著水平取 $p<0.05$（差异显著）、$p<0.01$（差异极显著）。

5.3.2.2 独立样本 t 检验

2 组均值比较时可进行独立样本 t 检验。独立样本 t 检验按式（1）计算。

$$t = \frac{\overline{X}_1 - \overline{X}_2}{\sqrt{\dfrac{\sigma_{x_1}^2 + \sigma_{x_2}^2}{n-1}}} \quad\cdots\cdots\cdots\cdots (1)$$

式中：

$\overline{X}_1, \overline{X}_2$——分别为两样本平均数；

$\sigma_{x_1}^2, \sigma_{x_2}^2$——分别为两样本方差；

n————样本容量。

5.3.2.3 One-Way ANOVA 方差分析（LSD 检验）

3 组及以上均值比较时可进行方差分析。LSD 检验按式（2）计算。

$$\text{LSD}_\alpha = t_{\alpha(df_e)} S_{\bar{x}_i - \bar{x}_j} \quad\cdots\cdots\cdots\cdots (2)$$

式中：

$t_{\alpha(df_e)}$——在 F 检验中误差自由度下，显著水平为 α 的临界 t 值；

$S_{\bar{x}_i - \bar{x}_j}$——均数差异标准误，按式（3）计算。

$$S_{\bar{x}_i - \bar{x}_j} = \sqrt{2MS_e/n} \quad\cdots\cdots\cdots\cdots (3)$$

式中：

MS_e——F 检验中误差均方；

n————各处理重复数。

5.3.3 生物量增长的影响百分率

处理组藻类生物量的影响百分率按式（4）计算。

$$I_y = \frac{Y_c - Y_t}{Y_c} \times 100 \quad\cdots\cdots\cdots\cdots (4)$$

式中：

I_y——处理组生物量变化百分率，单位为百分率（%）；

Y_c——空白对照组测定的藻类单位生物量，用细胞数表示时单位为个每毫升（个/mL）；

Y_t——处理组测定的藻类单位生物量，用细胞数表示时单位为个每毫升（个/mL）。

5.3.4 生长率的影响百分率

处理组藻类生长率的影响百分率按式（5）计算。

$$I_r = \frac{\mu_c - \mu_t}{\mu_c} \times 100 \quad\cdots\cdots\cdots\cdots (5)$$

式中：

I_r——处理组藻类生长率变化百分率，单位为百分率（%）；

μ_c——空白对照组生长率的平均值；

μ_t——处理组生长率的平均值。

其中，μ 按式（6）计算。

$$\mu_{j-i} = \frac{\ln X_j - \ln X_i}{t_j - t_i} \times 100 \quad\cdots\cdots\cdots\cdots (6)$$

式中：

μ_{j-i} ——在时间点 i 到时间点 j 之间的平均生长率，单位为百分率(%)；

X_j ——在时间点 j 时的藻类单位生物量，用细胞数表示时单位为个每毫升(个/mL)；

X_i ——在时间点 i 时的藻类单位生物量，用细胞数表示时单位为个每毫升(个/mL)；

t_i,t_j ——试验开始 i 点和观察 j 点的时间，单位为小时(h)，t_i 一般为0。

5.3.5 半数效应浓度

按藻类生物量变化百分率和藻类生长率变化百分率分别计算半数效应浓度 EyC_{50} 和 ErC_{50}。采用合适的统计学软件分析藻类数据，计算得到每一观察时间(24 h、48 h、72 h、96 h)的半效应浓度及其95%置信限。具体计算方法见 GB/T 31270.14—2014。

5.4 质量控制

——受试生物应是处于对数生长期的纯种藻；

——对照组和各浓度组的试验温度、光照等环境条件应按要求完全一致；

——试验起始斜生栅列藻浓度应控制在 2.0×10^3 个/mL~5.0×10^3 个/mL，羊角月牙藻应控制在 5.0×10^3 个/mL~5.0×10^4 个/mL，普通小球藻应控制在 1.0×10^4 个/mL~2.0×10^4 个/mL；

——试验开始后 72 h 内，对照组藻细胞浓度应至少增加 16 倍。

6 试验报告

试验报告应包括下列内容：

——试验名称、试验单位名称和联系方式、报告编号；

——试验委托单位和联系方式、样品受理日期和封样情况；

——试验开始和结束日期、试验项目负责人、试验单位技术负责人、签发日期；

——试验摘要；

——供试物基本信息(例如，含量和组成信息，以及任何改变供试物生物活性物质的含量和组成信息，施用量、施用方法等)；

——受试生物的名称、来源、大小及饲养情况等；

——试验条件，包括试验温度、光照、氧含量、pH 等；

——试验系统的详细描述；

——试验结果。

附　录　A
（资料性附录）
稀释平板菌落计数法[1]

A.1　方法原理

将供试物经无菌水分散处理后，在固体培养基上由单个细胞生长并繁殖成一个菌落，因而可以根据形成的菌落数来计算供试物中微生物的数量。

A.2　试剂

蛋白胨。

牛肉膏。

氯化钠（NaCl）。

氢氧化钠溶液：1 mol/L。

盐酸溶液：1 mol/L。

葡萄糖。

磷酸二氢钾（KH_2PO_4）。

硫酸镁（$MgSO_4$）。

琼脂。

孟加拉红。

蒸馏水。

氯霉素。

A.3　仪器设备

高压蒸汽灭菌锅。

恒温培养箱。

超净工作台。

酸度计等。

A.4　固体培养基平板的制备

A.4.1　细菌培养基平板

依次称取蛋白胨 10 g、牛肉浸膏 3 g、氯化钠 5 g、琼脂 15 g～18 g，溶于 900 mL 蒸馏水中，置于电炉上加热，搅拌至完全溶解，加蒸馏水至 1 000 mL。以 1 mol/L 氢氧化钠溶液或 1 mol/L 盐酸溶液调节 pH 至 7.0～7.2。分装于 500 mL 三角瓶中，每瓶装 150 mL，塞上棉塞，经 121℃高压蒸汽灭菌 20 min，培养基温度降至约 50℃后倒入无菌培养皿中，每板约 15 mL。

A.4.2　真菌培养基平板

依次称取蛋白胨 5 g、葡萄糖 10 g、磷酸二氢钾 1 g、硫酸镁 0.5 g、琼脂 15 g～18 g、孟加拉红 0.03 g、氯霉素 0.1 g，溶于 900 mL 蒸馏水中，置于电炉上加热，搅拌至完全溶解，加蒸馏水至 1 000 mL。分装于

---

[1]　本方法适用于细菌、真菌孢子等计数。但细菌、真菌孢子等计数不仅限于本方法。

500 mL 三角瓶中,每瓶装 150 mL,塞上棉塞,经 121℃高压蒸汽灭菌 20 min,培养基温度降至约 50℃后倒入无菌培养皿中,每板约 15 mL。

A.5 样品的处理

称取一定量的供试物,加入盛有适当无菌水的三角瓶中,通过振荡、超声等方法使供试物充分分散成单细胞,形成菌悬液,然后用容量瓶和无菌水定容,配置一定浓度的微生物悬浮母液备用。上述过程均应无菌操作。

A.6 样品母液的稀释涂布

用无菌刻度吸管吸取 1 mL 上述配制好的微生物悬浮母液到 9 mL 无菌水中,按 10 倍法依次稀释,细菌通常稀释到 10^{-8},并选择 10^{-8}～10^{-6} 稀释菌悬液用于平板涂布;真菌通常稀释到 10^{-7},并选择 10^{-7}～10^{-5} 稀释菌悬液用于平板涂布。吸取 100 μL 稀释液置于培养基平板表面,立即用无菌玻璃涂棒或接种针均匀涂抹于培养基表面,将涂布后的平板倒置于温度适宜的培养箱中黑暗培养。当用同一支吸管接种同一样品不同稀释浓度时,应从高稀释度(即低浓度菌悬液)开始,依次向较低稀释度的菌悬液顺序操作。

A.7 菌落计数

细菌培养基平板培养 2 d～3 d 后取出,选择细菌菌落数量 20～200 之间的培养皿进行计数。

真菌培养基平板培养 3 d～5 d 后取出,选择真菌菌落数量 10～100 之间的培养皿进行计数。

母液微生物浓度或含量按(A.1)计算。

$$C=N\times X \quad\quad\quad\quad\quad\quad (A.1)$$

式中:

C——母液微生物浓度或含量,单位为菌落形成单位每克(CFU/g)或菌落形成单位每毫升(CFU/mL);

N——培养基平板微生物菌落平均数,单位为个;

X——母液稀释倍数。

附　录　B

（资料性附录）

血球计数板法[1]

B.1　方法原理

血球计数板法是将少量待测样品的悬浮液置于一种特别的具有确定面积和容积的载玻片上（血球计数板），于显微镜下直接计数，然后推算出数量的一种方法。

B.2　仪器设备

血球计数器。

显微镜。

锥形瓶。

滴管。

载玻片、盖玻片。

超净工作台等。

B.3　样品的制备

根据供试物浓度或含量，用无菌水稀释后形成供试物悬浮液用于血球计数板计数。血球计数板5个中格中微生物数量宜控制在20～100。

B.4　样品的制片

取洁净的血球计数板一块，在计数区上盖上一块盖玻片。将稀释后的供试物悬液摇匀，用滴管吸取少许，从计数板中间平台两侧的沟槽内沿盖玻片的下边缘滴入一小滴，让悬液利用液体的表面张力充满计数区，并用吸水纸吸去沟槽中流出的多余悬液。静置片刻，使微生物沉降到计数板上。在显微镜下进行计数。

B.5　数量计数

计数时若计数区是由25个中方格组成，按对角线方位，数左上、左下、右下、右上、中间的5个中方格（即80小格）的微生物数。为了保证计数的准确性，在计数时，同一样品至少计数2次，对沉降在格线上微生物的统计应有统一的规定。如微生物位于大方格的双线上，计数时则数上线不数下线，数左线不数右线，以减少误差。即位于本格上线和左线上的微生物计入本格，本格的下线和右线上的微生物按规定计入相应的格中。

样品浓度或含量按式（B.1）计算。

$$C = N \times 25/5 \times 10 \times 10^3 \times X \quad\cdots\cdots\cdots\cdots\cdots\cdots\cdots\cdots\cdots\cdots\cdots (B.1)$$

式中：

C——样品浓度或含量，单位为个每毫升（个/mL）；

---

[1]　本方法适用于体型较大的微生物，如真菌孢子、酵母、多角体病毒和原生动物等计数。但真菌孢子、酵母、多角体病毒和原生动物等计数不仅限于本方法。

N——5 个中方格的微生物总数；

X——样品稀释倍数。

附　录　C
（资料性附录）
荧光定量 PCR 法[1]

C.1　方法原理

SYBR Green 能结合于所有 dsDNA 双螺旋小沟产生极强荧光，其荧光信号强度与 dsDNA 的数量正相关。因此，根据荧光信号监测 PCR 体系存在的 dsDNA 的数量并绘制荧光信号累积曲线，最后通过参照标准曲线对未知模板进行定量分析。

C.2　试验试剂与材料

常规 PCR 体系：rTaq DNA 聚合酶、rTaq 10×buffer、dNTP、ddH$_2$O、扩增引物。
克隆体系：大肠杆菌 DH5α 感受态、pMD18T、ddH$_2$O、T4 连接酶、T4 连接酶 10×buffer。
qPCR 体系：SYBR Green Supermix、ddH$_2$O、扩增引物。
基因组提取试剂盒、质粒提取试剂盒等。

C.3　主要仪器

荧光定量 PCR 仪。
普通 PCR 仪。
超净工作台。
微量核酸定量仪（如 Nanodrop）或紫外可见分光光度计。

C.4　标准品模板的制备

C.4.1　目的基因片段的扩增与克隆

引物设计：寻找待测物种的物种特异基因（最好是单拷贝），按基本引物设计原则设计引物，使引物 T_m 值为 62℃～65℃，PCR 产物长度为 80 bp～150 bp。

样品基因组总 DNA 的提取：针对不同样品，购买基因组提取试剂盒，按照基因组提取试剂盒操作说明提取样品基因组总 DNA。

特异基因片段扩增：以提取的样品基因组总 DNA 为模板，PCR 扩增特异基因片段，采用两步法扩增，PCR 扩增体系如下：rTaq 酶 0.25 μL，rTaq 酶 10×buffer 2.5 μL，dNTP 2 μL（20 mmol/L），引物 1（P1）、引物 2（P2）各 1 μL，模板 1 μL，加 ddH$_2$O 补足体积至 25 μL；反应条件为：94℃预变性 5 min；（94℃变性，30 s；60℃退火延伸 30 s）30 个循环；72℃充分延伸 10 min；4℃保存。

电泳检测：PCR 产物使用 1%琼脂糖凝胶电泳检测，确保无非特异性扩增并回收扩增片段。

TA 克隆：按照 TA 克隆标准步骤将回收后的扩增产物连接至 pMD18T 载体并转化至大肠杆菌 DH5α 感受态中；LB 抗性平板（Amp100）结合蓝白斑筛选，挑取单克隆转移至液体 LB（Amp100）中，37℃摇床培养 12 h，按照质粒提取试剂盒说明书提取质粒并送至测序公司进行测序验证，确定目的基因片段与载体相连且序列正确。

---

1)　本方法适用于细菌、真菌和病毒等计数。但细菌、真菌和病毒等计数不仅限于本方法。

C.4.2 标准品模板的拷贝数确定

使用 Nanodrop 或其他仪器测定含目的基因片段的载体浓度,按式(C.1)计算目的基因拷贝数(Copies/μL)。

$$Q=6.02\times10^{23}\times C\times10^{-9}/L\times660 \quad\cdots\cdots\cdots\cdots\cdots\cdots\cdots\cdots\cdots\cdots\text{(C.1)}$$

式中:

Q——基因拷贝数,单位为拷贝数每微升(Copies/μL);

C——DNA 浓度,单位为纳克每微升(ng/μL);

L——DNA 长度,单位为碱基对(bp)。

将含目的基因片段的载体用 ddH₂O 进行 10 倍梯度稀释,稀释为 10 Copies/μL～10^8 Copies/μL,此即为标准品模板,−20℃保存样品。

C.5 标准曲线绘制与扩增效率计算

标准品模板的 qPCR 扩增:采用 20 μL qPCR 反应体系,两步法进行扩增,具体为:标准品模板 2 μL,SYBR Green Supermix 10 μL,引物 1 和引物 2 各 1 μL,加无菌双蒸水补足体积至 20 μL;反应条件为:95℃预变性 5 min;(95℃变性,10 s;60℃退火延伸 30 s)40 个循环;溶解曲线采集程序以程序默认为准;其中,每个稀释度的样品做 5 个重复,阴性对照使用无模板的无菌双蒸水。

标准曲线的绘制:确定溶解曲线为单峰,且峰值温度在 80℃～90℃,确定溶解曲线峰值;并确定扩增生成 Ct 值在 15～35 区域间,同一个样品不同重复间的 Ct 值差异小于 0.5;在满足此条件的情况下,以标准品模板的拷贝数为横坐标,Ct 值为纵坐标,绘制标准曲线,并求出标准曲线线性方程。

扩增效率(E)计算:E 的范围应为 90～110,保证 qPCR 每完成一个循环,底物浓度扩增一倍;E 按式(C.2)计算。

$$E=(10^{-1/k}-1)\times100 \quad\cdots\cdots\cdots\cdots\cdots\cdots\cdots\cdots\cdots\cdots\text{(C.2)}$$

式中:

E——扩增效率,单位为百分率(%);

k——标准曲线斜率。

C.6 样品微生物的定量

C.6.1 样品总基因组 DNA 的提取

根据基因组提取试剂盒说明书提取样品基因组总 DNA。

C.6.2 样品微生物计数

以提取的样品基因组总 DNA 为模板,进行 qPCR 反应。qPCR 反应条件与 C.5 一致,根据反应生成的 Ct 值和已建立的标准曲线,计算各目的基因片段的拷贝数,从而评估样品中待测物种的丰度。

附 录 D
（资料性附录）
培养基配方

D.1 水生4号培养基配方

见表 D.1。

表 D.1 水生4号培养基配方

序号	组　　分	用　量
1	硫酸铵（NH₄）₂SO₄	2.00 g
2	过磷酸钙饱和液［Ca(H₂PO₄)₂·H₂O·(CaSO₄·H₂O)］	10.0 mL
3	硫酸镁 MgSO₄·7H₂O	0.80 g
4	碳酸氢钠 NaHCO₃	1.00 g
5	氯化钾 KCl	0.25 g
6	1%三氯化铁溶液 FeCl₃	1.50 mL
7	土壤提取液ᵃ	5.00 mL

注：以上成分用蒸馏水溶解并定容至1 000 mL，经高压灭菌(121℃,15 min)，密封并贴好标签，4℃冰箱保存，有效期2个月。该培养基用经高压灭菌(121℃,15 min)的蒸馏水稀释10倍后即可使用。

ᵃ 土壤提取液：取花园土未施过肥200 g置于烧杯或三角瓶中，加入蒸馏水1 000 mL，瓶口用透气塞封口，在水浴中沸水加热3 h，冷却，沉淀24 h，此过程连续进行3次。然后过滤，取上清液，于高压灭菌锅中灭菌后，在4℃冰箱中保存备用。

D.2 SE培养基配方

见表 D.2。

表 D.2 SE培养基配方

序号	组　　分		母液浓度	母液用量 mL
1	硝酸钠 NaNO₃		250 g/100 mL 蒸馏水	1
2	磷酸氢二钾 K₂HPO₄·3H₂O		75 g/100 mL 蒸馏水	1
3	七水硫酸镁 MgSO₄·7H₂O		75 g/100 mL 蒸馏水	1
4	二水氯化钙 CaCl₂·2H₂O		25 g/100 mL 蒸馏水	1
5	磷酸二氢钾 KH₂PO₄		175 g/100 mL 蒸馏水	1
6	氯化钠 NaCl		25 g/100 mL 蒸馏水	1
7	六水氯化铁 FeCl₃·6H₂O		5 g/100 mL 蒸馏水	1
8	EDTA 铁盐 EDTA-Feᵃ			
9	A₅ (Trace mental solution)	硼酸 H₃BO₃	2.86 g/L 蒸馏水	1
		四水氯化锰 MnCl₂·4H₂O	1.86 g/L 蒸馏水	
		七水硫酸锌 ZnSO₄·7H₂O	0.22 g/L 蒸馏水	
		二水钼酸钠 Na₂MoO₄·2H₂O	0.39 g/L 蒸馏水	
		五水硫酸铜 CuSO₄·5H₂O	0.08 g/L 蒸馏水	
		六水硝酸钴 Co(NO₃)₂·6H₂O	0.05 g/L 蒸馏水	
10	土壤提取液ᵇ		—	40

注：将以上各成分配制成相应母液浓度，并按照标明顺序依次将相应母液用量转移至1 000 mL容量瓶中，定容，经高压灭菌(121℃,15 min)，密封并贴好标签，4℃冰箱保存，有效期2个月。该培养基用经高压灭菌的蒸馏水稀释10倍后即可使用。

ᵃ 1 mol/L HCl：取4.1 mL浓盐酸用纯净水稀释至50 mL。0.1 mol/L EDTA-Na₂ 0.930 6 g溶解至50 mL蒸馏水中。称取FeCl₃·6H₂O 0.901 g溶于10 mL以上步骤已经配制完成的1 mol/L HCl中，然后与10 mL已经配制完成的0.1 mol/L EDTA-Na₂ 混合，加入蒸馏水稀释至1 000 mL。

ᵇ 取未施过肥的花园土200 g置于烧杯或锥形瓶中，加入蒸馏水1 000 mL，瓶口用透气塞封口，在水浴中沸水加热3 h，冷却，沉淀24 h，此过程连续进行3次。然后过滤，取上清液，于高压灭菌锅中灭菌后，在4℃冰箱中保存备用。

D.3 BG11 培养基配方

见表 D.3。

表 D.3 BG11 培养基配方

序号	组 分		母液浓度	母液用量 mL
1	硝酸钠 NaNO₃		15 g/100 mL 蒸馏水	10
2	磷酸氢二钾 K₂HPO₄·3H₂O		2 g/500 mL 蒸馏水	10
3	七水硫酸镁 MgSO₄·7H₂O		3.75 g/500 mL 蒸馏水	10
4	二水氯化钙 CaCl₂·2H₂O		1.8 g/500 mL 蒸馏水	10
5	柠檬酸 C₆H₈O₇		0.3 g/500 mL 蒸馏水	10
6	柠檬酸铁铵 FeC₆H₅O₇·NH₄OH		0.3 g/500 mL 蒸馏水	10
7	EDTA 钠盐 EDTA Na₂		0.05 g/500 mL 蒸馏水	10
8	碳酸钠 Na₂CO₃		1.0 g/500 mL 蒸馏水	10
9	A₅ (Trace mental solution)	硼酸 H₃BO₃	2.86 g/L 蒸馏水	1
		四水氯化锰 MnCl₂·4H₂O	1.86 g/L 蒸馏水	
		七水硫酸锌 ZnSO₄·7H₂O	0.22 g/L 蒸馏水	
		二水钼酸钠 Na₂MoO₄·2H₂O	0.39 g/L 蒸馏水	
		五水硫酸铜 CuSO₄·5H₂O	0.08 g/L 蒸馏水	
		六水硝酸钴 Co(NO₃)₂·6H₂O	0.05 g/L 蒸馏水	
注:将以上各成分配制成相应母液浓度,并按照标明顺序依次将相应母液用量转移至 1 000 mL 容量瓶中,定容,经高压灭菌(121℃,15 min),密封并贴好标签,4℃冰箱保存,有效期 2 个月。该培养基用经高压灭菌(121℃,15 min)的蒸馏水稀释 10 倍后即可使用。				

参 考 文 献

[1]GB 4789.2—2010 食品安全国家标准 食品微生物学检验 菌落总数测定.

[2]NY/T 2743—2015 甘蔗白色条纹病菌检验检疫技术规程 实时荧光定量 PCR 法.

[3]SN/T 2358—2009 国境口岸炭疽芽孢杆菌荧光定量 PCR 检测方法.

ICS 65.020.01
B 15

中华人民共和国农业行业标准

NY/T 3153—2017

农药施用人员健康风险评估指南

Guidance on health risk assessment of pesticide operators

2017-12-22 发布

2018-06-01 实施

中华人民共和国农业部 发布

前　言

本标准按照 GB/T 1.1—2009 给出的规则起草。

本标准由农业部种植业管理司提出并归口。

本标准起草单位：农业部农药检定所。

本标准主要起草人：张丽英、陶传江、孟宇晰、陶岭梅、刘然、周普国、闫艺舟、于雪骊、李重九、折冬梅、马晓东、高贝贝。

农药施用人员健康风险评估指南

1 范围

本标准规定了农药施用人员健康风险评估的程序和方法。

本标准适用于农药施用过程中相关操作人员的健康风险评估。

2 术语和定义

下列术语和定义适用于本文件。

2.1

未观察到有害作用剂量水平 no observed adverse effect level，NOAEL

在规定的试验条件下，用现有技术手段和检测指标，未能观察到与染毒有关的有害效应的受试物最高剂量或浓度。

2.2

观察到有害作用最低剂量水平 lowest observed adverse effect level，LOAEL

在规定的试验条件下，用现有技术手段和检测指标，观察到与染毒有关的有害效应的受试物最低剂量或浓度。

2.3

施用人员允许暴露量 acceptable operator exposure level，AOEL

施用人员在使用农药过程中暴露于某种农药，不会造成健康危害的量。

2.4

不确定系数 uncertainty factor，UF

在制定施用人员允许暴露量时，存在实验动物数据外推和数据质量等因素引起的不确定性。为了减少上述不确定性，一般将从实验动物毒性试验中得到的数据缩小一定的倍数得出 AOEL，这种缩小的倍数即为不确定系数。

2.5

暴露量 exposure

施用人员在特定场景中通过不同途径接触农药有效成分的量。

2.6

单位暴露量 unit exposure，UE

施用单位质量农药有效成分时，施用人员所接触的农药有效成分的量。

2.7

风险系数 risk quotient，RQ

暴露量与施用人员允许暴露量的比值。

3 评估程序

农药施用人员健康风险评估一般按危害评估、暴露评估和风险表征等程序进行。危害评估阶段在综合评价毒理学数据基础上，考虑实验动物和人的种间差异及人群的个体差异，运用不确定系数，推导施用人员允许暴露量；暴露评估阶段综合考虑剂型、施用方法和器械、作物特征、环境条件等因素的影响，根据特定的场景，采用单位暴露量法计算施用人员的暴露量；风险表征阶段通过综合分析比较危害评估阶段和暴露评估阶段的结果,得出施用过程中健康风险是否可以接受的结论。

农药施用人员健康风险评估采用从初级到高级的分级评估方式。初级风险评估阶段一般采用比较保守的估计和默认的参数。如果初级风险评估阶段结果显示农药施用人员健康风险不可接受,可从危害评估和暴露评估两方面,采用更加接近实际的参数开展更加符合实际的高级风险评估。具体工作中可根据产品实际情况进行分析和研究。本文件重点阐述初级农药施用人员健康风险评估方法。

4 评估方法

4.1 危害评估

4.1.1 全面评价毒性

全面分析和评估农药的毒理学资料,掌握农药的全部毒性信息。在毒性评价过程中,要特别关注农药是否存在致突变性、繁殖和发育毒性、致癌性、神经毒性等特殊毒性效应。评价过程中,可参考其他资料,如国际上权威机构或组织的相关评价报告、公开发表的有关文献等。

4.1.2 确定 NOAEL

一般情况下,可用于制定 AOEL 的资料为亚急性或亚慢性经皮和吸入毒性试验等数据,所选的试验项目应与暴露期限及暴露途径相匹配。通过分析和评价,获得敏感动物的敏感终点。根据敏感终点,选择最适合的试验,确定与制定农药 AOEL 有关的 NOAEL。

当缺乏某种特定暴露途径的试验数据时,可用相应期限的经口毒性试验数据替代。

4.1.3 选择不确定系数

4.1.3.1 在推导 AOEL 时,存在实验动物数据外推和数据质量等因素引起的不确定性,可采用不确定系数来减少上述不确定性。

4.1.3.2 不确定系数一般为100,即将实验动物的数据外推到一般人群(种间差异)以及从一般人群推导到敏感人群(种内差异)时所采用的系数。种间差异和种内差异的系数分别为10。

4.1.3.3 选择不确定系数时,除种间差异和种内差异外,还要考虑毒性资料的质量、可靠性、完整性,有害效应的性质以及试验条件与实际场景之间的匹配度等因素,再结合具体情况和有关资料,对不确定系数进行适当的放大或缩小。

4.1.3.4 选择不确定系数时,应针对具体情况进行分析和评估,并充分利用专家的经验。虽然存在多个不确定性因素,甚至在数据严重不足的情况下,不确定系数最大一般也不超过 10 000。推导 AOEL 过程中的不确定性来源及系数见表1。

表1 推导 AOEL 过程中的不确定性来源及系数

不确定性来源	系数
从实验动物外推到一般人群	1～10
从一般人群推导到敏感人群	1～10
从 LOAEL 到 NOAEL	1～10
从亚急性试验推导到亚慢性试验	1～10
出现严重毒性	1～10
试验数据不完整	1～10

4.1.4 计算 AOEL

4.1.4.1 NOAEL 除以适当的不确定系数,即可得到 AOEL。AOEL 按式(1)计算。

$$AOEL = \frac{NOAEL}{UF} \quad\quad\quad\quad\quad\quad (1)$$

式中:

AOEL ——施用人员允许暴露量,用施用人员单位体重允许的农药暴露量表示,单位为毫克每千

克(mg/kg);

    NOAEL ——未观察到有害作用剂量水平,用试验动物单位体重的染毒剂量表示,单位为毫克每千克(mg/kg);

    UF ——不确定系数。

4.1.4.2 施用农药过程中,操作人员的暴露途径主要为经皮暴露和吸入暴露两种,经口途径的暴露可以忽略。根据施用人员暴露特征,分别制定相应期限的经皮暴露和吸入暴露的 AOEL。

4.2 暴露评估

4.2.1 暴露影响因素

4.2.1.1 影响施用人员暴露的主要因素有:剂型、施用方法和器械、作物特征、环境条件、用药量、劳动效率、个人防护情况和操作习惯等。

4.2.1.2 鉴于暴露影响因素较多,参照国际通行方法,采用单位暴露量法计算施用人员暴露量。单位暴露量是一个与剂型、施用方法和器械、作物特征、环境条件、个人防护情况和操作习惯等因素有关,而与农药种类无关的量。

4.2.2 建立暴露场景

4.2.2.1 施用人员暴露评估应建立具有保护性的暴露场景。建立暴露场景时,主要考虑的因素有:剂型、施用方法和器械、作物特征、环境条件等。

4.2.2.2 在特定的场景下,按照实际情况施用农药,测定单位暴露量,获得相关基础数据,用于暴露评估。

4.2.2.3 对必须考虑环境条件影响的暴露场景,在单位暴露量测试时,宜选择不同区域的试验场所,并保证试验重复数量达到统计要求。

4.2.3 暴露量计算

4.2.3.1 用单位暴露量法计算农药施用人员暴露量。按式(2)计算。

$$Exposure = \frac{UE \times Rate \times Area}{BW} \quad\quad\quad (2)$$

式中:

Exposure ——暴露量,用施用人员单位体重的农药暴露量表示,单位为毫克每千克(mg/kg);

UE ——单位暴露量,单位为毫克每千克(mg/kg);

Rate ——单位面积的用药量,单位为千克每公顷(kg/hm²);

Area ——每天施用面积,单位为公顷(hm²);

BW ——施用人员体重,单位为千克(kg),一般取值为 60.6 kg。

4.2.3.2 除单位暴露量是通过试验测得外,单位面积的用药量可从产品登记信息或标签中获得;而每天施药面积是一个与施药方法和器械以及作物等因素相关的量,可通过开展调查或查询文献等方式获得。数据的选择应确保在初级评估阶段具有较好的保护性,保护性体现在对主要影响因素进行系统的调查研究后,选择现实中比较严苛的情况。

4.2.3.3 应分别计算配药过程和施药过程中的经皮暴露量和吸入暴露量,求得特定暴露场景下每种途径的总暴露量。如特定途径的 AOEL 是用替代数据制定的,在计算暴露量时,可采用相关吸收率对特定途径的暴露量进行校正。当无法通过试验或相关资料获得具体数据时,吸收率默认值为 100%。为便于计算和进行数据分析,可建立计算机模型软件辅助开展暴露量评估工作。

4.3 风险表征

4.3.1 风险表征阶段通过综合分析比较危害评估阶段和暴露评估阶段的结果,对施用人员健康风险是否可以接受做出判断。健康风险是否可以接受用风险系数进行判断,风险系数是暴露量与 AOEL 的比值,按式(3)计算。

$$RQ = \frac{Exposure}{AOEL} \quad\text{......................................(3)}$$

式中：

RQ——风险系数。

4.3.2 应根据式(3)分别计算经皮暴露、吸入暴露的风险系数，再视情况进行处理和判断。

4.3.3 一般情况下，应将经皮暴露和吸入暴露2种暴露途径的风险系数加和得到综合风险系数；若有资料表明2种暴露途径引起的毒性不同，则不应将2种暴露途径的风险系数进行加和。

4.3.4 农药施用人员健康风险是否可以接受的判定原则如下：

    a) 合并计算风险系数的，用综合风险系数进行判断。若综合风险系数≤1，则健康风险可接受；若综合风险系数>1，则健康风险不可接受。

    b) 未合并计算风险系数的，用单一暴露途径的风险系数进行判断。若各风险系数均≤1，则健康风险可接受；若任一暴露途径风险系数>1，则健康风险不可接受。

ICS 65.100
B 15

中华人民共和国农业行业标准

NY/T 3154.1—2017
代替 NY/T 2875—2015

卫生杀虫剂健康风险评估指南
第1部分：蚊香类产品

Guidance on health risk assessment of public health pesticides—
Part 1: Mosquito coil, vaporizing mat and liquid vaporizer

2017-12-22 发布　　　　　　　　　　　2018-06-01 实施

中华人民共和国农业部 发布

前　言

NY/T 3154《卫生杀虫剂健康风险评估指南》分为3个部分:
——第1部分:蚊香类产品;
——第2部分:气雾剂;
——第3部分:驱避剂。
本部分为NY/T 3154的第1部分。
本部分代替NY/T 2875—2015《蚊香类产品健康风险评估指南》。与NY/T 2875—2015相比,除编辑性修改外主要技术变化如下:
——修改了默认场景;
——补充了式(3)和式(4)中有效成分平均释放速率的解释说明;
——修订了式(6)活动中经皮暴露量计算方法;
——修订了式(8)睡眠中经皮暴露量计算方法;
——修订了式(10)和式(11)手至口暴露量计算方法;
——修订了式(12)物体至口暴露量计算方法;
——调整了附录A主要参数表中的部分参数值。
本部分按照GB/T 1.1—2009给出的规则起草。
本部分由农业部种植业管理司提出并归口。
本部分起草单位:农业部农药检定所。
本部分主要起草人:孟宇晰、陶传江、张丽英、陶岭梅、周普国、闫艺舟、李敏、刘然、马晓东、李重九、于雪骊、于洋。
本部分所代替标准的历次版本发布情况为:
——NY/T 2875—2015。

卫生杀虫剂健康风险评估指南
第1部分:蚊香类产品

1 范围

本部分规定了蚊香类产品居民健康风险评估程序和方法。

本部分适用于室内使用蚊香类产品(包括蚊香、电热蚊香片、电热蚊香液等)对居民的健康风险评估。

2 规范性引用文件

下列文件对于本文件的应用是必不可少的。凡是注日期的引用文件,仅注日期的版本适用于本文件。凡是不注日期的引用文件,其最新版本(包括所有的修改单)适用于本文件。

GB/T 19378—2017 农药剂名称及代码

3 术语和定义

GB/T 19378—2017 界定的以及下列术语和定义适用于本文件。

3.1

蚊香 mosquito coil

点燃(熏烧)后不会产生明火,通过烟将有效成分释放到空间的螺旋形盘状制剂。

[GB/T 19378—2017,定义 2.5.3.2]

3.2

电热蚊香片 vaporizing mat

以纸片或其他为载体,在配套加热器加热,使有效成分挥发的片状制剂。

[GB/T 19378—2017,定义 2.5.1.2]

3.3

电热蚊香液 liquid vaporizer

在盛药液瓶与配套加热器配合下,通过加热芯棒使有效成分挥发的均相液体制剂。

[GB/T 19378—2017,定义 2.5.1.3]

3.4

未观察到有害作用剂量水平 no observed adverse effect level,NOAEL

在规定的试验条件下,用现有技术手段和检测指标,未能观察到与染毒有关的有害效应的受试物的最高剂量或浓度。

3.5

观察到有害作用最低剂量水平 lowest observed adverse effect level,LOAEL

在规定的试验条件下,用现有技术手段和检测指标,观察到与染毒有关的有害效应的受试物最低剂量或浓度。

3.6

居民允许暴露量 acceptable residential exposure level,AREL

居民通过正常使用而暴露于某种卫生杀虫剂产品,不会造成健康危害的量。

3.7

不确定系数 uncertainty factor,UF

在制定居民允许暴露量时,存在实验动物数据外推和数据质量等因素引起的不确定性,为了减少上述不确定性,一般将从实验动物毒性试验中得到的数据缩小一定的倍数得出 AREL,这种缩小的倍数即为不确定系数。

3.8

暴露量 exposure

居民在特定场景中通过不同途径接触农药有效成分的量。

3.9

风险系数 risk quotient,RQ

暴露量与居民允许暴露量的比值。

4 评估程序

卫生杀虫剂健康风险评估一般按危害评估、暴露评估和风险表征等程序进行。危害评估阶段在综合评价毒理学数据基础上,考虑实验动物和人的种间差异及人群的个体差异,运用不确定系数,推导在一定时期内持续使用蚊香类产品,暴露于该环境下的居民允许暴露量。

综合考虑蚊香类产品理化参数、居民生活习惯、使用习惯、居室条件等因素,计算居民使用蚊香类产品过程中及使用后暴露量。成人和幼儿的身体、行为习惯之间存在明显的差异,应分别对成人及幼儿进行风险评估。暴露途径分为 3 种,即吸入暴露、经皮暴露和经口暴露(仅对幼儿)。

以风险系数(RQ),即暴露量与居民允许暴露量的比值,表征蚊香类产品对居民人体健康的风险。

风险评估可以采取分级评估的方式,从保守估算到更加接近实际。初级风险评估应具有足够的保护性,采用较多的默认参数。当初级风险评估结果显示风险不可接受时,可从危害评估和暴露评估两方面,采用更加接近实际的参数,开展更加符合实际的高级风险评估。具体工作中可根据产品实际情况进行分析和研究。本部分重点阐述蚊香类产品的初级健康风险评估方法。

5 评估方法

5.1 危害评估

5.1.1 全面评价毒性

全面分析和评估农药的毒理学资料,掌握农药的全部毒性信息。在毒性评价过程中,要特别关注农药是否存在致突变性、繁殖和发育毒性、致癌性、神经毒性等特殊毒性效应。评价过程中,可参考其他资料,如国际上权威机构或组织的相关评价报告、公开发表的有关文献等。

5.1.2 确定 NOAEL

一般情况下,可用于制定卫生杀虫剂 AREL 的资料为亚急性或亚慢性毒性试验等数据,所选的试验项目应与暴露期限及暴露途径相匹配。通过分析和评价,获得敏感动物的敏感终点。根据敏感终点,选择最适合的试验,确定与制定农药 AREL 有关的 NOAEL。对于蚊香类产品来说,一般选取亚慢性毒性试验数据。

当缺乏某种特定暴露途径的试验数据时,可用相应期限的经口毒性试验数据替代。

5.1.3 选择不确定系数

5.1.3.1 在推导 AREL 时,存在实验动物数据外推和数据质量等因素引起的不确定性,可采用不确定系数来减少上述不确定性。

5.1.3.2 不确定系数一般为 100,即将实验动物的数据外推到一般人群(种间差异)以及从一般人群推导到敏感人群(种内差异)时所采用的系数。种间差异和种内差异的系数分别为 10。

5.1.3.3 选择不确定系数时,除种间差异和种内差异外,还要考虑毒性资料的质量、可靠性、完整性,有害效应的性质以及试验条件与实际场景之间的匹配度等因素,再结合具体情况和有关资料,对不确定系数进行适当的放大或缩小。

5.1.3.4 选择不确定系数时,应针对具体情况进行分析和评估,并充分利用专家的经验。虽然存在多个不确定性因素,甚至在数据严重不足的情况下,不确定系数最大一般也不超过 10 000。推导 AREL 过程中的不确定性来源及系数见表1。

表 1　推导 AREL 过程中的不确定性来源及系数

不确定性来源	系数
从实验动物外推到一般人群	1~10
从一般人群推导到敏感人群	1~10
从 LOAEL 到 NOAEL	1~10
从亚急性试验推导到亚慢性试验	1~10
出现严重毒性	1~10
试验数据不完整	1~10

5.1.4　计算 AREL

5.1.4.1 NOAEL 除以适当的不确定系数,即可得到 AREL。AREL 按式(1)计算。

$$AREL = \frac{NOAEL}{UF} \quad\quad\quad\quad (1)$$

式中:

AREL ——居民允许暴露量,用居民单位体重的允许暴露量表示,单位为毫克每千克(mg/kg);

NOAEL——未观察到有害作用剂量水平,用试验动物单位体重的染毒剂量表示,单位为毫克每千克(mg/kg);

UF ——不确定系数。

5.1.4.2 使用蚊香类产品,主要暴露途径为经口、经皮和吸入 3 种,应分别制定 3 种暴露途径的 AREL。

5.2　暴露评估

5.2.1　确定主要影响因素

暴露量主要影响因素包括:

a) 蚊香类产品理化参数,包括有效成分含量、燃烧或使用时长、释放速率等;

b) 居民使用习惯,如使用时间、场所、使用时家庭成员是否回避、是否开窗等;

c) 居室状况,如居室的大小、空气交换率等。

5.2.2　建立暴露场景

暴露评估应建立具有保护性的暴露场景。保护性体现在对主要影响因素进行系统的调查、必要的测试后,选择现实中比较苛刻的情况,确保在初级评估阶段保证居民的安全。

建立的暴露场景描述如下:居民在相对较小的卧室内,在夜晚睡前开始使用蚊香类产品。开始使用后较短时间内进入睡眠,门窗关闭。此时有效成分持续挥发到空气中,空气中的有效成分一部分经室内外空气交换被带走,一部分均匀沉积在居室表面。起床后开窗通风,成人及幼儿在居室内活动一定的时间。

5.2.3　暴露量计算

按照暴露途径的不同,应分别计算吸入暴露量、经皮暴露量以及经口暴露量(针对幼儿)。如特定途径的 AREL 是用替代数据制定的,在计算暴露量时,可采用相关吸收率对特定途径的暴露量进行校正。当无法通过试验或相关资料获得具体数据时,吸收率默认值为100%。

暴露量计算应基于暴露场景,主要计算参数见附录A的表A.1。由于计算过程的复杂性,可以建立计算机软件辅助计算。

5.2.3.1 吸入暴露量

吸入暴露量的计算应包括2个阶段,一是居民睡眠过程中,以较低的呼吸速率吸入空气中的有效成分;二是室内活动过程中,以正常的呼吸速率吸入空气中的有效成分。按式(2)计算。

$$\text{Exposure}_{\text{inh}} = \frac{\text{IR}}{\text{BW}} \times \int_0^{\text{ET}} C(t)\,\mathrm{d}t \quad\cdots\cdots\quad (2)$$

式中:

Exposure$_{\text{inh}}$——吸入暴露量,用居民单位体重的吸入暴露量表示,单位为毫克每千克(mg/kg);

IR——呼吸速率,单位为立方米每小时(m³/h);

BW——体重,单位为千克(kg);

ET——暴露时长,单位为小时(h);

$C(t)$——某一时刻有效成分在空气中的浓度,单位为毫克每立方米(mg/m³);

t——自开始使用蚊香类产品后的某一时刻,单位为小时(h)。

综合以上参数,当释放速率不变时,$C(t)$的计算方式以蚊香类产品使用时长为界分为2个阶段:

a) 当 $t \leqslant \text{UL}$ 时,按式(3)计算。

$$C(t) = \frac{\text{ER}}{(\text{ACH}+\text{AdH}) \times V} \times \left[1 - e^{-(\text{ACH}+\text{AdH}) \times t}\right] \quad\cdots\cdots\quad (3)$$

式中:

ER——有效成分平均释放速率,即产品有效成分总量与使用寿命之比,单位为毫克每小时(mg/h);

ACH——空气交换率,单位为每小时(/h);

AdH——沉积比率,单位为每小时(/h);

V——房间体积,单位为立方米(m³)。

b) 当 $t > \text{UL}$ 时,按式(4)计算。

$$C(t) = \frac{\text{ER}}{(\text{ACH}+\text{AdH}) \times V} \times \left[1 - e^{-(\text{ACH}+\text{AdH}) \times \text{UL}}\right] \times e^{-(\text{ACH}+\text{AdH}) \times (t-\text{UL})} \quad\cdots\cdots\quad (4)$$

式中:

UL——产品的每日使用时长,单位为小时(h)。

5.2.3.2 经皮暴露量

经皮暴露量计算应包括2个阶段,一是室内活动过程中,接触到沉积在居室表面的有效成分;二是居民睡眠过程中,有效成分直接沉积在皮肤上。按式(5)计算。

$$\text{Exposure}_{\text{der}} = \text{Exposure}_{\text{der}}(\text{motion}) + \text{Exposure}_{\text{der}}(\text{sleep}) \quad\cdots\cdots\quad (5)$$

式中:

Exposure$_{\text{der}}$——经皮暴露量,用居民单位体重的经皮暴露量表示,单位为毫克每千克(mg/kg);

Exposure$_{\text{der}}$(motion)——活动中经皮暴露量,用居民单位体重的活动中经皮暴露量表示,单位为毫克每千克(mg/kg);

Exposure$_{\text{der}}$(sleep)——睡眠中经皮暴露量,用居民单位体重的睡眠中经皮暴露量表示,单位为毫克每千克(mg/kg)。

5.2.3.2.1 活动中经皮暴露量

室内活动过程中,经皮暴露量按式(6)计算。

$$\text{Exposure}_{\text{der}}(\text{motion}) = \sum_{t=\text{ST}+1}^{\text{ET}} \frac{\text{AdsR}(t) \times F_T \times \text{TC}}{\text{BW}} \quad\cdots\cdots\quad (6)$$

式中：

ST ——睡眠时长，单位为小时（h）；

F_T ——残留量可转移比例；

TC ——转移系数，单位为平方米每小时（m²/h）；

AdsR(t)——截至 t 时刻单位居室表面的有效成分总量，单位为毫克每平方米（mg/m²），按式（7）计算。

$$\text{AdsR}(t) = \frac{\text{AdH} \times V}{A} \times \int_0^t C(t)\,\mathrm{d}t \quad\cdots\cdots (7)$$

式中：

A——房间面积，单位为平方米（m²）。

5.2.3.2.2 睡眠中经皮暴露量

睡眠中经皮暴露量按式（8）计算。

$$\text{Exposure}_{\text{der}}(\text{sleep}) = \frac{\text{AdsR(ST)} \times \text{SA} \times 50\%}{\text{BW}} \quad\cdots\cdots (8)$$

式中：

AdsR(ST)——截至 ST 时刻单位居室表面的有效成分总量，单位为毫克每平方米（mg/m²）；

SA ——体表面积，单位为平方米（m²）。

5.2.3.3 经口暴露量

经口暴露包括手至口、物体至口 2 种途径，经口暴露总量为 2 种途径暴露量之和。按式（9）计算。

$$\text{Exposure}_{\text{oral}} = \text{Exposure}_{\text{HtM}} + \text{Exposure}_{\text{OtM}} \quad\cdots\cdots (9)$$

式中：

$\text{Exposure}_{\text{oral}}$ ——经口暴露量，用居民单位体重的经口暴露量表示，单位为毫克每千克（mg/kg）；

$\text{Exposure}_{\text{HtM}}$ ——手至口暴露量，用居民单位体重的手至口暴露量表示，单位为毫克每千克（mg/kg）；

$\text{Exposure}_{\text{OtM}}$ ——物体至口暴露量，用居民单位体重的物体至口暴露量表示，单位为毫克每千克（mg/kg）。

5.2.3.3.1 手至口暴露量

手至口暴露量按式（10）计算。

$$\text{Exposure}_{\text{HtM}} = \sum_{t=\text{ST}+1}^{\text{ET}} \frac{\text{HR}(t) \times (F_M \times \text{SA}_H) \times (\text{N\_Replen}) \times \left[1-(1-\text{SE})^{\frac{\text{Freq\_HtM}}{\text{N\_Replen}}}\right]}{\text{BW}} \cdots (10)$$

式中：

F_M ——手入口面积比；

SA_H ——单手表面积，单位为平方米（m²）；

SE ——唾液提取率；

Freq_HtM ——手-口接触频率，单位为每小时（/h）；

N_Replen ——残留更新次数，单位为每小时（/h）；

HR(t) ——截至 t 时刻手部因接触居室表面而携带的有效成分量，单位为毫克每平方米（mg/m²），按式（11）计算。

$$\text{HR}(t) = \frac{\text{Fai}_{\text{hands}} \times \text{AdsR}(t) \times F_T \times \text{TC}}{\text{SA}_H \times 2 \times \text{N\_Replen}} \quad\cdots\cdots (11)$$

式中：

$\text{Fai}_{\text{hands}}$——手部残留比例。

5.2.3.3.2 物体至口暴露量

物体至口暴露量按式(12)计算。

$$\text{Exposure}_{\text{OtM}} = \sum_{t=\text{ST}+1}^{\text{ET}} \frac{\text{OR}(t) \times \text{SAM} \times \text{N\_Replen}) \times \left[1 - (1 - \text{SE})^{\frac{\text{Freq\_OtM}}{\text{N\_Replen}}}\right]}{\text{BW}} \quad\cdots\cdots (12)$$

式中：

SAM ——物体入口表面积，单位为平方米(m²)；

Freq_OtM ——物体-口接触频率，单位为每小时(/h)；

OR(t) ——截至 t 时刻玩具等物体因接触居室表面而携带的有效成分量，单位为毫克每平方米(mg/m²)，按式(13)计算。

$$\text{OR}(t) = \text{AdsR}(t) \times F_T \quad\cdots\cdots\cdots\cdots\cdots (13)$$

5.3 风险表征

5.3.1 风险表征阶段通过综合分析比较危害评估阶段和暴露评估阶段的结果，对居民健康风险是否可以接受做出判断。健康风险是否可以接受用风险系数进行判断，风险系数是暴露量与 AREL 的比值，按式(14)计算。

$$\text{RQ} = \frac{\text{Exposure}}{\text{AREL}} \quad\cdots\cdots\cdots\cdots\cdots\cdots (14)$$

式中：

RQ ——风险系数；

Exposure ——暴露量，用居民单位体重的暴露量表示，单位为毫克每千克(mg/kg)。

5.3.2 应分别计算成人吸入、经皮风险系数，以及幼儿吸入、经皮、经口风险系数，最后以加和的方式分别计算成人及幼儿的综合风险系数。按式(15)计算。

$$\text{RQ} = \text{RQ}_{\text{inh}} + \text{RQ}_{\text{der}} + \text{RQ}_{\text{oral}} \quad\cdots\cdots\cdots\cdots\cdots (15)$$

式中：

RQ$_{\text{inh}}$——吸入暴露风险系数；

RQ$_{\text{der}}$——经皮暴露风险系数；

RQ$_{\text{oral}}$——经口暴露风险系数。

若综合风险系数≤1，即暴露量小于或等于居民允许暴露量，则风险可接受；若综合风险系数＞1，则风险不可接受。

如产品中存在 2 个以上有效成分，且毒理学作用机制相似，应以加和的方式计算混剂的风险系数。

附 录 A

（规范性附录）

暴露量计算的主要参数

暴露量计算的主要参数见表 A.1。

表 A.1 暴露量计算的主要参数

项目	参数名	参数英文缩写	推荐值
产品	蚊香单盘质量		以标签标注或产品规格为准
	蚊香有效成分含量		质量或百分含量,以标签标注为准
	蚊香使用寿命		8 h
	蚊香每日使用时长	UL	8 h
	电热蚊香片有效成分含量		质量,以标签标注为准
	电热蚊香片使用寿命		8 h
	电热蚊香片每日使用时长	UL	8 h
	电热蚊香液总质量		以标签标注或产品规格为准
	电热蚊香液有效成分含量		质量或百分含量,以标签标注为准
	电热蚊香液使用寿命		以标签标注为准
	电热蚊香液每日使用时长	UL	8 h
房间	房间体积	V	28 m³
	房间高度	H	2.5 m
	房间面积	A	11.2 m²
	空气交换率(关窗)	ACH	0.5/h
	空气交换率(开窗)	ACH	4/h
	沉积比率	AdH	0.1/h
	残留量可转移比例	F_T	0.08
成人	呼吸速率(睡眠)	IR	0.33 m³/h
	呼吸速率(活动)	IR	0.65 m³/h
	体重	BW	60.6 kg
	体表面积	SA	1.6 m²
	转移系数	TC	0.56 m²/h
	暴露时间	ET	12 h
	睡眠时间	ST	8 h
幼儿	呼吸速率(睡眠)	IR	0.15 m³/h
	呼吸速率(活动)	IR	0.24 m³/h
	体重	BW	11.2 kg
	体表面积	SA	0.52 m²
	转移系数	TC	0.18 m²/h
	暴露时间	ET	12 h
	睡眠时间	ST	8 h
	手入口面积比	F_M	0.127
	残留更新次数	N_Replen	1/h
	唾液提取率	SE	0.48
	手-口接触频率	Freq_HtM	1/h
	手部残留比例	Fai$_{hands}$	0.15
	单手表面积	SA$_H$	0.015 m²
	物体入口表面积	SA$_M$	0.001 m²
	物体-口接触频率	Freq_OtM	1/h

ICS 65.100
B 15

中华人民共和国农业行业标准

NY/T 3154.2—2017

卫生杀虫剂健康风险评估指南
第2部分:气雾剂

Guidance on health risk assessment of public health pesticides—
Part 2:Aerosol

2017-12-22 发布　　　　　　　　　　　　　2018-06-01 实施

中华人民共和国农业部 发布

前　言

NY/T 3154《卫生杀虫剂健康风险评估指南》分为3个部分：
——第1部分：蚊香类产品；
——第2部分：气雾剂；
——第3部分：驱避剂。
本部分为 NY/T 3154 的第2部分。
本部分按照 GB/T 1.1—2009 给出的规则起草。
本部分由农业部种植业管理司提出并归口。
本部分起草单位：农业部农药检定所。
本部分主要起草人：闫艺舟、陶传江、陶岭梅、张丽英、刘然、周普国、于雪骊、李敏、李重九、马晓东、林燕。

卫生杀虫剂健康风险评估指南
第2部分：气雾剂

1 范围

本部分规定了气雾剂健康风险评估程序、方法和评价标准。

本部分适用于室内使用气雾剂对居民的健康风险评估。

2 规范性引用文件

下列文件对于本文件的应用是必不可少的。凡是注日期的引用文件，仅注日期的版本适用于本文件。凡是不注日期的引用文件，其最新版本（包括所有的修改单）适用于本文件。

GB/T 19378—2017　农药剂名称及代码

3 术语和定义

GB/T 19378—2017界定的以及下列术语和定义适用于本文件。

3.1

气雾剂　aerosol dispenser

按动阀门在抛射剂作用下，喷出含有效成分药液的微小液珠或雾滴的密封罐装制剂。

[GB/T 19378—2017 定义 2.5.1.1]

3.2

未观察到有害作用剂量水平　no observed adverse effect level，NOAEL

在规定的试验条件下，用现有技术手段和检测指标，未能观察到与染毒有关的有害效应的受试物的最高剂量或浓度。

3.3

观察到有害作用最低剂量水平　lowest observed adverse effect level，LOAEL

在规定的试验条件下，用现有技术手段和检测指标，观察到与染毒有关的有害效应的受试物最低剂量或浓度。

3.4

居民允许暴露量　acceptable residential exposure level，AREL

居民通过正常使用而暴露于某种农药，不会造成健康危害的量。

3.5

不确定系数　uncertainty factor，UF

在制定居民允许暴露量时，存在实验动物数据外推和数据质量等因素引起的不确定性，为了减少上述不确定性，一般将从实验动物毒性试验中得到的数据缩小一定的倍数得出 AREL，这种缩小的倍数即为不确定系数。

3.6

暴露量　exposure

居民在特定场景中通过不同途径接触农药有效成分的量。

3.7

风险系数 risk quotient，RQ

暴露量与居民允许暴露量的比值。

4 评估程序

卫生杀虫剂健康风险评估一般按危害评估、暴露评估和风险表征等程序进行。危害评估阶段在综合评价毒理学数据基础上，考虑实验动物和人的种间差异及人群的个体差异，运用不确定系数，推导在一定时期内持续使用气雾剂，暴露于该环境下的居民允许暴露量。暴露评估阶段综合考虑气雾剂的理化参数、居民生活习惯、使用习惯、居室条件等因素，计算居民使用气雾剂过程中及使用后暴露量。以风险系数（RQ），即暴露量与居民允许暴露量的比值，表征气雾剂对居民人体健康的风险。

卫生杀虫剂风险评估采取从初级到高级的分级评估方式。初级风险评估阶段一般采用比较保守的估计和默认的参数。如果初级风险评估阶段结果显示居民健康风险不可接受，可从危害评估和暴露评估两方面，采用更加接近实际的参数开展更加符合实际的高级风险评估。具体工作中可根据产品实际情况进行分析和研究。本部分重点阐释了气雾剂的初级风险评估方法。

5 评估方法

5.1 危害评估

5.1.1 全面评价毒性

全面分析和评估农药的毒理学资料，掌握农药的全部毒性信息。在毒性评价过程中，要特别关注农药是否存在致突变性、繁殖和发育毒性、致癌性、神经毒性等特殊毒性效应。评价过程中，可参考其他资料，如国际上权威机构或组织的相关评价报告、公开发表的有关文献等。

5.1.2 确定 NOAEL

一般情况下，可用于制定卫生杀虫剂 AREL 的资料为亚急性或亚慢性毒性试验等数据，所选的试验项目应与暴露期限及暴露途径相匹配。通过分析和评价，获得敏感动物的敏感终点。根据敏感终点，选择最适合的试验，确定与制定农药 AREL 有关的 NOAEL。对于气雾剂来说，选择亚急性毒性试验数据。

当缺乏某种特定途径的试验数据时，可用相应期限的经口毒性试验数据替代。

5.1.3 选择不确定系数

5.1.3.1 在推导 AREL 时，存在实验动物数据外推和数据质量等因素引起的不确定性，可采用不确定系数来减少上述不确定性。

5.1.3.2 不确定系数一般为 100，即将实验动物的数据外推到一般人群（种间差异）以及从一般人群推导到敏感人群（种内差异）时所采用的系数。种间差异和种内差异的系数分别为 10。

5.1.3.3 选择不确定系数时，除种间差异和种内差异外，还要考虑毒性资料的质量、可靠性、完整性，有害效应的性质以及试验条件与实际场景之间的匹配度等因素，再结合具体情况和有关资料，对不确定系数进行适当的放大或缩小。

5.1.3.4 选择不确定系数时，应针对具体情况进行分析和评估，并充分利用专家的经验。虽然存在多个不确定性因素，甚至在数据严重不足的情况下，不确定系数最大一般也不超过 10 000。推导 AREL 过程中的不确定性来源及系数见表 1。

表 1 推导 AREL 过程中的不确定性来源及系数

不确定性来源	系数
从实验动物外推到一般人群	1~10
从一般人群推导到敏感人群	1~10
从 LOAEL 到 NOAEL	1~10

表 1 (续)

不确定性来源	系数
从亚急性试验推导到亚慢性试验	1~10
出现严重毒性	1~10
试验数据不完整	1~10

5.1.4 计算 AREL

5.1.4.1 NOAEL 除以适当的不确定系数,即可得到 AREL。AREL 按式(1)计算。

$$AREL = \frac{NOAEL}{UF} \qquad\qquad (1)$$

式中:

AREL ——居民允许暴露量,用居民单位体重的允许暴露量表示,单位为毫克每千克(mg/kg);

NOAEL ——未观察到有害作用剂量水平,用试验动物单位体重的染毒剂量表示,单位为毫克每千克(mg/kg);

UF ——不确定系数。

5.1.4.2 使用气雾剂时,居民的暴露途径主要为经口途径、经皮暴露和吸入暴露3种,根据居民暴露特征,分别制定相应期限的经口暴露、经皮暴露和吸入暴露的 AREL。

5.2 暴露评估

5.2.1 确定主要影响因素

暴露量主要影响因素包括:

a) 气雾剂理化参数,包括有效成分含量、释放速率等;

b) 居民使用习惯,如使用时间、场所、使用时是否开窗、使用量等;

c) 居室状况,如居室的大小、空气交换率等。

5.2.2 建立暴露场景

5.2.2.1 建立原则

暴露评估应建立具有保护性的暴露场景。保护性体现在对主要影响因素进行系统的调查、必要的测试后,选择现实中比较苛刻的情况,确保在初级评估阶段保证居民的安全。

建立的暴露场景分为空间喷雾场景和缝隙喷雾场景。初级风险评估时,应选取与产品使用方式对应的场景进行暴露评估;如果2种场景均适用,则应分别以2种场景进行暴露评估。

对于这2种场景以外的使用方法,如点喷,默认其暴露量远小于空间喷雾场景的暴露量,因此可不进行计算。

5.2.2.2 空间喷雾场景

居民在房间的空间中使用气雾剂,使有效成分在整个空间内弥散。

使用后居民立即离开房间,保持门窗关闭。

此时空气中的有效成分一部分经室内外空气交换被带走,一部分均匀沉积在房间表面。

经过一定的间隔时间之后,居民回到房间内,打开门窗,进行正常活动一定的时间。

5.2.2.3 缝隙喷雾场景

居民在房间内对着四周的墙角使用气雾剂。

使用时空气中存在一定的有效成分,使用后有效成分全部均匀沉积在房间墙角处的墙壁和地面上。

使用后居民随即进行正常活动一定的时间。

5.2.3 暴露量计算

5.2.3.1 暴露量计算的原则

本部分对成人及幼儿分别进行风险评估,并将暴露途径分为3种,即吸入暴露、经皮暴露以及经口暴露(针对幼儿)。

暴露量计算应基于上述2个暴露场景,主要计算参数见附录A的表A.1。由于计算过程的复杂性,可以建立计算机软件辅助计算。

如特定途径的AREL是用替代数据制定的,在计算暴露量时,可采用相关吸收率对特定途径的暴露量进行校正。当无法通过试验或相关资料获得具体数据时,吸收率默认值为100%。

5.2.3.2 空间喷雾场景

5.2.3.2.1 吸入暴露量

5.2.3.2.1.1 总体吸入暴露量

对于成人,吸入暴露量的计算应包括2个阶段,一是居民在使用气雾剂时吸入的空气中的有效成分;二是居民在使用气雾剂后在室内活动时吸入的空气中的有效成分,按式(2)计算。

$$\text{Exposure}_{inh} = \text{Exposure}_{inh}(\text{app}) + \text{Exposure}_{inh}(\text{post}) \quad\cdots\cdots\cdots\cdots\cdots\cdots\cdots (2)$$

式中:

Exposure_{inh} ——吸入暴露量,用居民单位体重的吸入暴露量表示,单位为毫克每千克(mg/kg);

$\text{Exposure}_{inh}(\text{app})$ ——使用气雾剂时吸入暴露量,用居民单位体重的使用气雾剂时吸入暴露量表示,单位为毫克每千克(mg/kg);

$\text{Exposure}_{inh}(\text{post})$ ——使用气雾剂后吸入暴露量,用居民单位体重的使用气雾剂后吸入暴露量表示,单位为毫克每千克(mg/kg)。

对于幼儿,吸入暴露量仅计算使用气雾剂后在室内活动时吸入的空气中的有效成分。

5.2.3.2.1.2 使用气雾剂时吸入暴露量

居民在使用气雾剂时,吸入暴露量按式(3)计算。

$$\text{Exposure}_{inh}(\text{app}) = \frac{\text{UE}_{inh}(\text{app}) \times \text{ER} \times \text{UL} \times \omega}{\text{BW}} \quad\cdots\cdots\cdots\cdots\cdots\cdots\cdots (3)$$

式中:

$\text{UE}_{inh}(\text{app})$ ——使用气雾剂单位吸入暴露量,单位为毫克每毫克有效成分(mg/mg a.i.);

ER ——气雾剂的释放速率,单位为毫克每秒(mg/s);

UL ——单次使用气雾剂的释放时长,单位为秒(s);

ω ——有效成分含量,单位为百分率(%);

BW ——体重,单位为千克(kg)。

5.2.3.2.1.3 使用气雾剂后吸入暴露量

居民在使用气雾剂后,在居室内活动的吸入暴露量按式(4)计算。

$$\text{Exposure}_{inh}(\text{post}) = \frac{\text{IR}}{\text{BW}} \times \int_0^{\text{ET}} C(t)\mathrm{d}t \quad\cdots\cdots\cdots\cdots\cdots\cdots\cdots (4)$$

式中:

IR ——呼吸速率,单位为立方米每小时(m³/h);

ET ——暴露时长,单位为小时(h);

$C(t)$——某一时刻有效成分在空气中的浓度,单位为毫克每立方米(mg/m³),按式(5)计算。

$$C(t) = C_0 \times \mathrm{e}^{-(\text{ACH}_C + \text{AdH}) \times \text{TI}} \times \mathrm{e}^{-\text{ACH}_O \times t} \cdots\cdots\cdots\cdots\cdots\cdots\cdots\cdots (5)$$

式中:

ACH_C ——关闭门窗时的空气交换率,单位为每小时(/h);

ACH_O ——打开门窗时的空气交换率,单位为每小时(/h);

AdH ——沉积比率,单位为每小时(/h);

TI ——使用气雾剂后居民回到房间的时间间隔,单位为小时(h);

t ——居民回到房间后的某一时刻,单位为小时(h);

C_0 ——有效成分初始浓度,单位为毫克每立方米(mg/m^3),按式(6)计算。

$$C_0 = \frac{ER \times UL \times \omega}{V} \quad\text{..}(6)$$

式中:

V——房间体积,单位为立方米(m^3)。

5.2.3.2.2 经皮暴露量

5.2.3.2.2.1 总体经皮暴露量

对于成人,经皮暴露量的计算应包括2个阶段,一是居民在使用气雾剂时接触的空气中的有效成分;二是居民在使用气雾剂后在室内活动时接触到房间表面的有效成分。按式(7)计算。

$$Exposure_{der} = Exposure_{der}(app) + Exposure_{der}(post) \quad\text{.....................}(7)$$

式中:

$Exposure_{der}$ ——经皮暴露量,用居民单位体重的经皮暴露量表示,单位为毫克每千克(mg/kg);

$Exposure_{der}(app)$ ——使用气雾剂时经皮暴露量,用居民单位体重的使用气雾剂时经皮暴露量表示,单位为毫克每千克(mg/kg);

$Exposure_{der}(post)$ ——使用气雾剂后经皮暴露量,用居民单位体重的使用气雾剂后经皮暴露量表示,单位为毫克每千克(mg/kg)。

对于幼儿,经皮暴露量仅计算使用气雾剂后在室内活动时接触到房间表面的有效成分。

5.2.3.2.2.2 使用气雾剂时经皮暴露量

对于成人,居民在使用气雾剂时,经皮暴露量按式(8)计算。

$$Exposure_{der}(app) = \frac{UE_{der}(app) \times ER \times UL \times \omega}{BW} \quad\text{.....................}(8)$$

式中:

$UE_{der}(app)$——使用气雾剂单位经皮暴露量,单位为毫克每毫克有效成分($mg/mg\ a.i.$)。

5.2.3.2.2.3 使用气雾剂后经皮暴露量

居民使用气雾剂后,在室内活动过程中的经皮暴露量按式(9)计算。

$$Exposure_{der}(post) = \sum_{t=TH+1}^{TH+ET} \frac{AdsR(t) \times F_T \times TC}{BW} \quad\text{.....................}(9)$$

式中:

F_T ——残留量可转移比例;

TC ——转移系数,单位为平方米每小时(m^2/h);

$AdsR(t)$——截至居民使用气雾剂后某一时刻单位居室表面的有效成分总量,单位为毫克每平方米(mg/m^2),按式(10)计算。

$$AdsR(t) = \frac{AdH \times V}{A} \times \int_0^t C(t)dt \quad\text{............................}(10)$$

式中:

A——房间面积,单位为平方米(m^2)。

5.2.3.2.3 经口暴露量

5.2.3.2.3.1 总体经口暴露量

经口暴露包括手至口、物体至口2种途径,经口暴露总量为2种途径暴露量之和。按式(11)计算。

$$Exposure_{oral} = Exposure_{HtM} + Exposure_{OtM} \quad\text{.....................}(11)$$

式中:

$Exposure_{oral}$——经口暴露量,用居民单位体重的经口暴露量表示,单位为毫克每千克(mg/kg);

Exposure$_{HtM}$——手至口暴露量,用居民单位体重的手至口暴露量表示,单位为毫克每千克(mg/kg);

Exposure$_{OtM}$——物体至口暴露量,用居民单位体重的物体至口暴露量表示,单位为毫克每千克(mg/kg)。

5.2.3.2.3.2 手至口暴露量

手至口暴露量按式(12)计算。

$$\text{Exposure}_{HtM} = \sum_{t=TH+1}^{TH+ET} \frac{HR(t) \times (F_M \times SA_H) \times N\_Replen \times [1-(1-SE)]^{\frac{Freq\_HtM}{N\_Replen}}}{BW} \quad \cdots\cdots (12)$$

式中:

F_M ——手入口面积比;

SA_H ——单手表面积,单位为平方厘米(cm^2);

N_Replen ——残留更新次数,单位为每小时(/h);

SE ——唾液提取率;

Freq_HtM——手-口接触频率,单位为每小时(/h);

HR(t) ——截至 t 时刻手部因接触居室表面而携带的有效成分量,单位为毫克每平方米(mg/m^2),按式(13)计算。

$$HR(t) = \frac{Fai_{hands} \times AdsR(t) \times F_T \times TC}{SA_H \times 2 \times N\_Replen} \quad \cdots\cdots\cdots\cdots\cdots\cdots (13)$$

式中:

Fai$_{hands}$——手部残留比例。

5.2.3.2.3.3 物体至口暴露量

物体至口暴露量按式(14)计算。

$$\text{Exposure}_{OtM} = \sum_{t=TH+1}^{TH+ET} \frac{OR(t) \times SAM \times N\_Replen \times [1-(1-SE)^{\frac{Freq\_OtM}{N\_Replen}}]}{BW} \quad \cdots\cdots (14)$$

式中:

SAM ——物体入口表面积,单位为平方厘米(cm^2);

Freq_OtM——物体-口接触频率,单位为每小时(/h);

OR(t) ——截至 t 时刻玩具等物体因接触居室表面而携带的有效成分量,单位为毫克每平方米(mg/m^2),按式(15)计算。

$$OR(t) = AdsR(t) \times F_T \quad \cdots\cdots\cdots\cdots\cdots\cdots\cdots\cdots\cdots\cdots (15)$$

5.2.3.3 缝隙喷雾场景

5.2.3.3.1 吸入暴露量

对于成人,居民在使用气雾剂时的吸入暴露量按式(16)计算。

$$\text{Exposure}_{inh} = \frac{UE_{inh}(app) \times ER \times UL \times \omega}{BW} \quad \cdots\cdots\cdots\cdots\cdots\cdots\cdots (16)$$

对于幼儿,该场景不存在吸入暴露。

5.2.3.3.2 经皮暴露量

5.2.3.3.2.1 总体经皮暴露量

对于成人,经皮暴露量的计算应包括 2 个阶段,一是居民在使用气雾剂时接触的空气中的有效成分;二是居民在使用气雾剂后在室内活动时接触到房间表面的有效成分。按式(17)计算。

$$\text{Exposure}_{der} = \text{Exposure}_{der}(app) + \text{Exposure}_{der}(post) \quad \cdots\cdots\cdots\cdots (17)$$

对于幼儿,经皮暴露量仅计算使用气雾剂后在室内活动时接触到房间表面的有效成分。

5.2.3.3.2.2 使用气雾剂时经皮暴露量

居民在使用气雾剂时,经皮暴露量按式(18)计算。

$$\text{Exposure}_{der}(\text{app}) = \frac{\text{UE}_{der}(\text{app}) \times \text{ER} \times \text{UL} \times \omega}{\text{BW}} \quad\quad\quad (18)$$

5.2.3.3.2.3 使用气雾剂后经皮暴露量

居民使用气雾剂后,在室内活动过程中的经皮暴露量按式(19)计算。

$$\text{Exposure}_{der}(\text{post}) = \frac{\text{AdsR} \times F_T \times \text{TC} \times \text{ET}}{\text{BW}} \quad\quad\quad (19)$$

式中:

AdsR——单位居室表面的有效成分总量,单位为毫克每平方米(mg/m²),按式(20)计算。

$$\text{AdsR} = \frac{\text{ER} \times \text{UL} \times \omega}{A} \times 50\% \quad\quad\quad (20)$$

5.2.3.3.3 经口暴露量

5.2.3.3.3.1 总体经口暴露量

经口暴露包括手至口、物体至口2种途径,经口暴露总量为2种途径暴露量之和。按式(21)计算。

$$\text{Exposure}_{oral} = \text{Exposure}_{HtM} + \text{Exposure}_{OtM} \quad\quad\quad (21)$$

5.2.3.3.3.2 手至口暴露量

手至口暴露量按式(22)计算。

$$\text{Exposure}_{HtM} = \frac{\text{HR} \times (F_M \times \text{SA}_H) \times (\text{N\_Replen} \times \text{ET}) \times [1-(1-\text{SE})^{\frac{\text{Freq\_HtM}}{\text{N\_Replen}}}]}{\text{BW}} \quad\quad\quad (22)$$

式中:

HR——手部因接触居室表面而携带的有效成分量,单位为毫克每平方厘米(mg/cm²),按式(23)计算。

$$\text{HR} = \frac{\text{Fai}_{hands} \times \text{AdsR} \times F_T \times \text{TC}}{\text{SA}_H \times 2 \times \text{N\_Replen}} \quad\quad\quad (23)$$

5.2.3.3.3.3 物体至口暴露量

物体至口暴露量按式(24)计算。

$$\text{Exposure}_{OtM} = \frac{\text{OR} \times \text{SAM} \times (\text{N\_Replen} \times \text{ET}) \times [1-(1-\text{SE})^{\frac{\text{Freq\_OtM}}{\text{N\_Replen}}}]}{\text{BW}} \quad\quad\quad (24)$$

式中:

OR——玩具等物体因接触居室表面而携带的有效成分量,单位为毫克每平方厘米(mg/cm²),按式(25)计算。

$$\text{OR} = \text{AdsR} \times F_T \quad\quad\quad (25)$$

5.3 风险表征

5.3.1 风险表征阶段通过综合分析比较危害评估阶段和暴露评估阶段的结果,对居民健康风险是否可以接受做出判断。健康风险是否可以接受用风险系数进行判断,风险系数是暴露量与 AREL 的比值,按式(26)计算。

$$\text{RQ} = \frac{\text{Exposure}}{\text{AREL}} \quad\quad\quad (26)$$

式中:

RQ ——风险系数;

Exposure ——暴露量,用居民单位体重的暴露量表示,单位为毫克每千克(mg/kg)。

5.3.2 应分别计算成人吸入、经皮风险系数,以及幼儿吸入、经皮、经口风险系数,最后以加和的方式分别计算成人及幼儿的综合风险系数。按式(27)计算。

$$\text{RQ} = \text{RQ}_{inh} + \text{RQ}_{der} + \text{RQ}_{oral} \quad\quad\quad (27)$$

式中:

RQ_{inh}——吸入暴露风险系数；

RQ_{der}——经皮暴露风险系数；

RQ_{oral}——经口暴露风险系数。

若综合风险系数≤1,即暴露量小于或等于居民允许暴露量,则风险可接受;若综合风险系数>1,则风险不可接受。

如产品中存在2个以上有效成分,且毒理学作用机制相似,应以加和的方式计算混剂的风险系数。

附　录　A

（规范性附录）

暴露量计算的主要参数

暴露量计算的主要参数见表 A.1。

表 A.1　暴露量计算的主要参数

项目	参数名	参数英文缩写	推荐值
产品	气雾剂有效成分含量	ω	百分含量，以标签标注为准
	气雾剂释放速率	ER	2 500 mg/s
	气雾剂单次使用释放时长（空间喷雾场景）	UL	11 s
	气雾剂单次使用释放时长（缝隙喷雾场景）	UL	30 s
房间	房间体积	V	28 m^3
	房间高度	H	2.5 m
	房间面积	A	11.2 m^2
	空气交换率（关闭门窗）	ACH_C	0.5/h
	空气交换率（打开门窗）	ACH_O	4/h
	沉积比率	AdH	2.45/h
	残留量可转移比例	F_T	0.08
成人	呼吸速率	IR	0.65 m^3/h
	体重	BW	60.6 kg
	转移系数	TC	0.56 m^2/h
	使用气雾剂后居民回到房间的时间间隔	TI	0.33 h
	暴露时间	ET	12 h
	使用气雾剂单位吸入暴露量	UE_{inh}	1.63×10^{-5} mg/mg a.i.
	使用气雾剂单位经皮暴露量	UE_{der}	1.59×10^{-3} mg/mg a.i.
幼儿	呼吸速率	IR	0.24 m^3/h
	体重	BW	11.2 kg
	转移系数	TC	0.18 m^2/h
	使用气雾剂后居民回到房间的时间间隔	TI	0.33 h
	暴露时间	ET	12 h
	手入口面积比	F_M	0.127
	残留更新次数	N_Replen	1/h
	唾液提取率	SE	0.48
	手-口接触频率	Freq_HtM	1/h
	手部残留比例	Fai_{hands}	0.15
	单手表面积	SA_H	150 cm^2
	物体入口表面积	SAM	10 cm^2
	物体-口接触频率	Freq_OtM	1/h

ICS 65.100
B 15

中华人民共和国农业行业标准

NY/T 3154.3—2017

卫生杀虫剂健康风险评估指南
第3部分：驱避剂

Guidance on health risk assessment of public health pesticides—
Part 3: Repellent

2017-12-22 发布

2018-06-01 实施

中华人民共和国农业部 发布

前　言

NY/T 3154《卫生杀虫剂健康风险评估指南》分为3个部分：
——第1部分：蚊香类产品；
——第2部分：气雾剂；
——第3部分：驱避剂。
本部分为 NY/T 3154 的第3部分。
本部分按照 GB/T 1.1—2009 给出的规则起草。
本部分由农业部种植业管理司提出并归口。
本部分起草单位：农业部农药检定所。
本部分主要起草人：刘然、陶岭梅、陶传江、张丽英、周普国、孟宇晰、闫艺舟、李重九、马晓东、林燕、于雪骊、蔡芸。

卫生杀虫剂健康风险评估指南
第3部分：驱避剂

1 范围

本部分规定了驱避剂健康风险评估程序和方法。

本部分适用于驱避剂（包括驱蚊液、驱蚊花露水、驱蚊霜、驱蚊露、驱蚊乳等）对居民健康的风险评估。

2 术语和定义

下列术语和定义适用于本文件。

2.1

驱避剂 repellent

直接用于涂抹皮肤的具有驱避昆虫作用的制剂。

2.2

未观察到有害作用剂量水平 no observed adverse effect level，NOAEL

在规定的试验条件下，用现有技术手段和检测指标，未能观察到与染毒有关的有害效应的受试物的最高剂量或浓度。

2.3

观察到有害作用最低剂量水平 lowest observed adverse effect level，LOAEL

在规定的实验条件下，用现有技术手段和检测指标，观察到与染毒有关的有害效应的受试物最低剂量或浓度。

2.4

居民允许暴露量 acceptable residential exposure level，AREL

居民通过正常使用而暴露于某种卫生杀虫剂，不会造成健康危害的量。

2.5

不确定系数 uncertainty factor，UF

在制定居民允许暴露量时，存在实验动物数据外推和数据质量等因素引起的不确定性，为了减少上述不确定性，一般将从实验动物毒性试验中得到的数据缩小一定的倍数得出 AREL，这种缩小的倍数即为不确定系数。

2.6

暴露量 exposure

居民在特定场景中通过不同途径接触农药有效成分的量。

2.7

风险系数 risk quotient，RQ

暴露量与居民允许暴露量的比值。

3 评估程序

卫生杀虫剂健康风险评估一般按危害评估、暴露评估和风险表征等程序进行。危害评估阶段在综合评价毒理学数据的基础上,考虑实验动物和人的种间差异及人群的个体差异,运用不确定系数,推导居民因使用驱避剂,暴露于该产品的允许暴露量。根据驱避剂产品理化参数,综合考虑居民使用习惯、人体参数等因素,计算居民使用驱避剂的实际暴露量。成人和幼儿的身体、行为习惯之间存在明显的差异,应分别对成人及幼儿进行风险评估。暴露途径分为2种,即经皮暴露和经口暴露(仅对幼儿)。以风险系数(RQ),即暴露量与居民允许暴露量的比值,表征驱避剂对人体健康的风险。

卫生杀虫剂健康风险评估采用从初级到高级的分级评估方式。初级风险评估阶段一般采用比较保守的估计和默认的参数。如果初级风险评估阶段结果显示健康风险不可接受,可以从危害评估和暴露评估两方面,采用更加接近实际的参数开展高级风险评估。具体工作中可根据产品实际情况进行分析和研究。本部分重点阐述驱避剂的初级风险评估方法。

4 评估方法

4.1 危害评估

4.1.1 全面评价毒性

全面分析和评估农药的毒理学资料,掌握农药的全部毒性信息。在毒性评价过程中,要特别关注农药是否存在致突变性、繁殖和发育毒性、致癌性、神经毒性等特殊毒性效应。评价过程中,可参考其他资料,如国际上权威机构或组织的相关评价报告、公开发表的有关文献等。

4.1.2 确定 NOAEL

一般情况下,可用于制定卫生杀虫剂 AREL 的资料为亚急性或亚慢性毒性试验等数据,所选的试验项目应与暴露期限及暴露途径相匹配。通过分析和评价,获得敏感动物的敏感终点。根据敏感终点,选择最适合的试验,确定与制定农药 AREL 有关的 NOAEL。对于驱避剂来说,一般可选亚慢性毒性试验数据。

当缺乏某种特定暴露途径的试验数据时,可用相应期限的经口毒性试验数据替代。

4.1.3 选择不确定系数

4.1.3.1 在推导 AREL 时,存在实验动物数据外推和数据质量等因素引起的不确定性,可采用不确定系数来减少上述不确定性。

4.1.3.2 不确定系数一般为100,即将实验动物的数据外推到一般人群(种间差异)以及从一般人群推导到敏感人群(种内差异)时所采用的系数。种间差异和种内差异的系数分别为10。

4.1.3.3 选择不确定系数时,除种间差异和种内差异外,还要考虑毒性资料的质量、可靠性、完整性,有害效应的性质以及试验条件与实际场景之间的匹配度等因素,再结合具体情况和有关资料,对不确定系数进行适当的放大或缩小。

4.1.3.4 选择不确定系数时,应针对具体情况进行分析和评估,并充分利用专家的经验。虽然存在多个不确定性因素,甚至在数据严重不足的情况下,不确定系数最大一般也不超过 10 000。推导 AREL 过程中的不确定性来源及系数见表1。

表 1 推导 AREL 过程中的不确定性来源及系数

不确定性来源	系数
从实验动物外推到一般人群	1～10
从一般人群推导到敏感人群	1～10
从 LOAEL 到 NOAEL	1～10
从亚急性试验推导到亚慢性试验	1～10
出现严重毒性	1～10
试验数据不完整	1～10

4.1.4 计算 AREL

4.1.4.1 NOAEL 除以适当的不确定系数,即可得到 AREL。AREL 按式(1)计算。

$$AREL = \frac{NOAEL}{UF} \cdots\cdots\cdots\cdots\cdots\cdots\cdots\cdots\cdots\cdots\cdots\cdots\cdots \quad (1)$$

式中:

AREL ——居民允许暴露量,用居民单位体重的允许暴露量表示,单位为毫克每千克(mg/kg);

NOAEL——未观察到有害作用剂量水平,用试验动物单位体重的染毒剂量表示,单位为毫克每千克(mg/kg);

UF ——不确定系数。

4.1.4.2 使用驱避剂过程中,暴露途径主要为经皮暴露和经口暴露 2 种,吸入途径的暴露可以忽略。根据不同暴露途径的评估需要,分别制定相应期限的经皮暴露和经口暴露的 AREL。

4.2 暴露评估

4.2.1 确定主要影响因素

暴露量主要影响因素包括:

a) 驱避剂产品的理化参数:包括有效成分、含量、保护时间等;

b) 居民使用习惯,如每天使用次数、用药量,使用驱避剂部位的总面积等。

4.2.2 暴露量计算

使用驱避剂造成的"使用时"和"使用后"暴露并非完全独立的事件,因为很多情况下都是对自己施药。因此,"使用时"的经皮暴露与"使用后"的经皮暴露可以放在一起考虑。目前,我国居民使用驱避剂常见方法为泵式喷雾和直接涂抹。由于使用过程短暂,且用做驱避剂产品的有效成分的蒸汽压通常较低,再经过室内外空气的稀释,其吸入暴露量远远低于经皮暴露量。所以一般情况下,使用时和使用后的吸入暴露量可以忽略不计。由于幼儿有吸吮手指的习惯,使用驱避剂后,皮肤上残留的驱避剂可通过手至口转移方式被食入。

因此,按照暴露途径的不同,应分别计算经皮暴露量以及经口暴露量(仅对幼儿)。

主要计算参数见附录 A。

4.2.2.1 经皮暴露量

经皮暴露量即为使用驱避剂后皮肤上的有效成分的量。本部分计算应考虑有效成分含量、单位面积用药量、每天使用次数及使用驱避剂部位的体表面积。

经皮暴露量可按式(2)计算。

$$Exposure_{der} = \frac{AR_F \times \omega \times N \times SA \times F_{Body}}{BW} \cdots\cdots\cdots\cdots\cdots\cdots\cdots\cdots \quad (2)$$

式中:

$Exposure_{der}$——经皮暴露量,用居民单位体重的经皮暴露量表示,单位为毫克每千克(mg/kg);

AR_F ——特定剂型的用药量,用单位面积皮肤的产品使用量表示,单位为毫克每平方厘米(mg/cm²);

ω ——产品的有效成分含量;

N ——使用频率,单位为次每天(次/d);

SA ——体表总面积,单位为平方厘米(cm²);

F_{Body} ——身体暴露比例,即体表暴露部分的面积/体表总面积;

BW ——体重,单位为千克(kg)。

4.2.2.2 经口暴露量

由于幼儿有吸吮手指的习惯,手部沾染的有效成分中的一部分会因此摄入到体内。本部分计算应考虑手部残留量、幼儿吸吮手指的频率、手的表面积以及唾液对手指上有效成分的提取效率。

经口暴露量可按式(3)计算。

$$\text{Exposure}_{\text{oral}} = \frac{\{HR \times (F_M \times SA_H) \times N \times [1-(1-SE)^{(\text{Freq\_HtM} \times ET/N)}]\}}{BW} \quad\cdots\cdots\cdots (3)$$

式中：

Exposure$_{\text{oral}}$——经口暴露量，用居民单位体重的经口暴露量表示，单位为毫克每千克(mg/kg)；

HR ——单位体表面积残留量，单位为毫克每平方厘米(mg/cm^2)，按式(4)计算；

F_M ——手入口面积比；

SA$_H$ ——单手表面积，单位为平方厘米(cm^2)；

ET ——暴露时间，单位为小时每天(h/d)；

SE ——唾液提取率；

Freq_HtM ——手-口接触频率，单位为每小时(/h)。

$$HR = AR_F \times \omega \quad\cdots\cdots\cdots\cdots\cdots\cdots\cdots\cdots\cdots\cdots\cdots\cdots (4)$$

4.2.2.3 如特定途径的 AREL 是用替代数据制定的，在计算暴露量时，可采用相关吸收率对特定途径的暴露量进行校正。当无法通过试验或相关资料获得具体数据时，吸收率默认值为100%。

4.3 风险表征

4.3.1 风险表征阶段通过综合分析比较危害评估阶段和暴露评估阶段的结果，对居民健康风险是否可以接受做出判断。健康风险是否可以接受用风险系数进行判断，风险系数是暴露量与 AREL 的比值，按式(5)计算。

$$RQ = \frac{\text{Exposure}}{\text{AREL}} \quad\cdots\cdots\cdots\cdots\cdots\cdots\cdots\cdots\cdots\cdots\cdots (5)$$

式中：

RQ ——风险系数；

Exposure——暴露量，用居民单位体重的暴露量表示，单位为毫克每千克(mg/kg)；

AREL ——居民允许暴露量，用居民单位体重的允许暴露量表示，单位为毫克每千克(mg/kg)。

4.3.2 应分别计算成人经皮风险系数，以及幼儿经皮、经口风险系数，最后以加和的方式分别计算成人及幼儿的综合风险系数。按式(6)计算。

$$RQ = RQ_{\text{der}} + RQ_{\text{oral}} \quad\cdots\cdots\cdots\cdots\cdots\cdots\cdots\cdots\cdots\cdots (6)$$

式中：

RQ$_{\text{der}}$——经皮暴露风险系数；

RQ$_{\text{oral}}$——经口暴露风险系数。

若综合风险系数≤1，即暴露量小于或等于居民允许暴露量，则风险可接受；若综合风险系数>1，则风险不可接受。

如产品中存在2个以上有效成分，且毒理学作用机制相似，应以加和的方式计算混剂的风险系数。

附 录 A

（规范性附录）

暴露量计算的主要参数

暴露量计算的主要参数见表 A.1。

表 A.1 暴露量计算的主要参数

项目	参数名	参数英文缩写	推荐值
产品	有效成分含量	ω	百分含量,以标签标注为准
成人	体重	BW	60.6 kg
	体表面积	SA	1.6 m^2
幼儿	体重	BW	11.2 kg
	体表面积	SA	0.52 m^2
	单手表面积	SA_H	150 cm^2
	暴露时间	ET	4 h
	手入口面积比	F_M	0.127
	手-口接触频率	Freq_HtM	1/h
	唾液提取率	SE	0.48
使用习惯	使用频率	N	通常认为使用频率为 1 次/d;如产品的保护时间低于 4 h,则需根据实际使用情况确定使用频率
	身体暴露比例	F_{Body}	37%
	用药量	AR_F	泵式喷雾:0.75 mg/cm^2
			涂抹:0.53 mg/cm^2

ICS 65.020
B 16

中华人民共和国农业行业标准

NY/T 3155—2017

蜜柑大实蝇监测规范

Guidelines for surveillance of Japanese orange fly
Bactrocera(*Tetradacus*)*tsuneonis*(Miyake)

2017-12-22 发布   2018-06-01 实施

中华人民共和国农业部 发布

前　言

本标准按照 GB/T 1.1—2009 给出的规则起草。

本标准由农业部种植业管理司提出并归口。

本标准起草单位：全国农业技术推广服务中心、云南省植保植检站、昭通市植保植检站、云南大学。

本标准主要起草人：冯晓东、李燕、杨毅娟、王晓亮、罗萍、刘慧、刘晓飞、李咏梅、李庆红。

蜜柑大实蝇监测规范

1 范围

本标准规定了蜜柑大实蝇 *Bactrocera*(*Tetradacus*)*tsuneonis*(Miyake)的监测区域、监测时间、监测方法、分级标准等内容。

本标准适用于蜜柑大实蝇的监测。

2 规范性引用文件

下列文件对于本文件的应用是必不可少的。凡是注日期的引用文件,仅注日期的版本适用于本文件。凡是不注日期的引用文件,其最新版本(包括所有的修改单)适用于本文件。

GB 15569 农业植物调运检疫规程

NY/T 2053 蜜柑大实蝇检疫检测与鉴定方法

SN/T 1384 蜜柑大实蝇鉴定方法

3 原理

利用蜜柑大实蝇引诱物对实蝇成虫的诱集作用,配合实蝇诱捕器,诱捕实蝇成虫;根据蜜柑大实蝇发生规律、产卵方式及危害特征进行幼虫调查。蜜柑大实蝇基本信息参见附录 A。

4 器材及试剂

4.1 引诱物及诱捕器

蜜柑大实蝇常用的引诱物为糖酒醋液(红糖:白酒:醋=6 g:25 mL:12 mL,之后用水定容至100 mL)。其中,红糖为粗制红糖,白酒约为 50%酒精,醋的总酸量为 4 g/100 mL。常用诱捕器为McPhail 诱捕器(参见附录 B),每诱捕器加入 200 mL 引诱物及 1%的敌百虫晶体或敌敌畏。

4.2 试剂

乙醇-甘油保存液:75%酒精 100 mL,加入 1 mL 甘油。

5 监测

5.1 监测区域

5.1.1 果园监测

蜜柑大实蝇发生区及周边地区柑橘类生产基地和果园。发生区果园为监测重点。

5.1.2 非果园监测

重点监测高风险区域,包括主要交通干线、来自疫情发生区的寄主植物及植物产品集散地和主要消费区、进口寄主植物产品集散地和主要消费区等。

5.2 监测时间

5.2.1 果园监测

成虫为花期至果实采收之前。幼虫为幼果期至果实采收期。

5.2.2 非果园监测

果实采收期及之后 3 个月。

5.3 监测方法

5.3.1 成虫监测

5.3.1.1 果园监测

每个发生县根据发生分布情况,设立 5 个监测点,每个监测点果园面积不小于 0.33 hm²,根据五点监测法悬挂诱捕器 5 个,平地挂园中,坡地挂园边。

5.3.1.2 非果园监测

选择高风险传播区域,每县(区)确定 3 个监测点,每个监测点挂 3 个诱捕器。

5.3.1.3 诱捕器管理

诱捕器悬挂于通风处,离地 1.0 m~1.5 m,避免阳光直射。诱捕器内引诱物每 7 d 更换一次,同时收集诱捕器内的实蝇成虫。

5.3.2 幼虫监测

5.3.2.1 果园监测

每县选择 4 个~5 个监测点,每监测点果园面积不小于 0.33 hm²,采用五点取样法调查 5 株果树,每 7 d 收集落果并解剖。果实采收时统计虫果并解剖。详细记录调查时间、调查地点、落果数、虫果数、幼虫数、虫果率等。

5.3.2.2 非果园监测

按照 GB 15569 的规定取样检测,详细记录监测情况。

6 鉴定

6.1 现场鉴定

根据成虫的形态特征以及作物的受害症状做出初步鉴定,鉴定特征参见附录 C。需要送检的标本,填写蜜柑大实蝇样本鉴定报告(见附录 D),请专家鉴定。

6.2 实验室鉴定

按照 NY/T 2053 或 SN/T 1384 的规定进行鉴定。将鉴定结果填入蜜柑大实蝇样本鉴定报告(见附录 D)。

7 监测报告

记录监测结果、填写蜜柑大实蝇监测记录表(见附录 E)。植物检疫机构每 7 d 对监测结果进行整理汇总并上报。

8 分级标准

8.1 虫情分级以诱捕器诱集成虫量为依据

1 级:7 d 诱虫量/诱捕器≤5 头;
2 级:7 d 诱虫量/诱捕器 6 头~10 头;
3 级:7 d 诱虫量/诱捕器 11 头~15 头;
4 级:7 d 诱虫量/诱捕器 16 头~25 头;
5 级:7 d 诱虫量/诱捕器>25 头。

8.2 危害程度分级以虫果率为依据

1 级:虫果率<5%;
2 级:5%≤虫果率<10%;
3 级:10%≤虫果率<15%;
4 级:15%≤虫果率<25%;

5级:虫果率≥25%。

9 标本保存

将采集到的成虫制作成针插标本或浸泡标本,幼虫直接浸泡于保存液,填写标本标签,连同标本一起妥善保存。

10 档案保存

详细记录、汇总监测区内调查结果。各项监测、鉴定的原始记录连同其他材料妥善保存于植物检疫机构。

附　录　A
（资料性附录）
蜜柑大实蝇基本信息

A.1 蜜柑大实蝇属双翅目（Diptera），实蝇科（Tephritidae）。主要危害芸香科（Rutaceae）柑橘属（Citrus）和金橘属（Fortunella）植物的果实，包括酸橙（Citrus aurantium）、甜橙（Citrus sinensis）、柑橘（Citrus reticulata）、温州蜜柑（Citrus unshiu）、柠檬（Citrus limon）、柚（Citrus maxima）、金柑（Fortunella japonica）和金橘（Fortunella margarita）。

A.2 蜜柑大实蝇最早发现于日本九州南部琉球群岛，现分布于日本、中国和越南，在中国分布于云南、四川、湖南等省。蜜柑大实蝇是柑橘类植物的重要害虫，以幼虫蛀食果肉危害柑橘果实。幼虫发育到3龄期时，被害果实的大部分已遭破坏。严重受害的果实，通常在收获前即出现落果从而导致减产。成虫产卵通常在1个产卵孔中1粒，少数个别的可达6粒不等，每一头雌虫的产卵数可达30粒～40粒，被产卵的果实，着卵处表皮周围黄色。

A.3 蜜柑大实蝇每年发生一代，以蛹在土壤中表层20 cm内越冬，多数在5 cm～10 cm内。在云南昭通，5月上旬蛹即开始羽化，6月为羽化高峰期。成虫通常在6月开始产卵，7月为产卵盛期。成虫发生期一直持续到9月底。老熟幼虫9月底开始入土化蛹，一直持续到12月底。

附 录 B
（资料性附录）
蜜柑大实蝇 McPhail 诱捕器示意图

B.1 引诱液槽

见图 B.1。

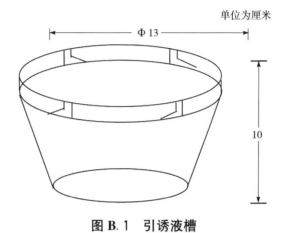

单位为厘米

图 B.1 引诱液槽

B.2 外壳

见图 B.2。

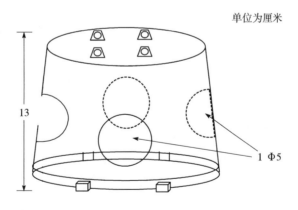

单位为厘米

说明：

1——外壳开孔。

图 B.2 外 壳

B.3 蜜柑大实蝇 McPhail 诱捕器组装效果

见图 B.3。

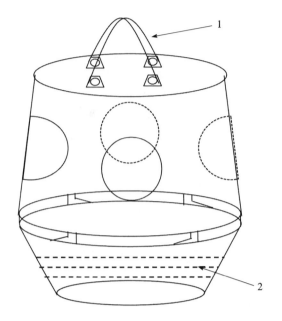

说明：
1——铁丝；
2——引诱物。

图 B.3 蜜柑大实蝇 McPhail 诱捕器组装效果

附　录　C

（资料性附录）

蜜柑大实蝇与柑橘大实蝇、橘小实蝇的鉴定特征

蜜柑大实蝇与柑橘大实蝇、橘小实蝇的特征比较见表 C.1 和图 C.1。

表 C.1　蜜柑大实蝇与柑橘大实蝇、橘小实蝇的特征比较

项目		蜜柑大实蝇	柑橘大实蝇	橘小实蝇
成虫		体型较大，体长 10mm 以上；无小盾前鬃，前翅上鬃 1 对～2 对	体型较大，体长 10 mm 以上；无小盾前鬃，无前翅上鬃	体型较小，长 7 mm～8 mm；具小盾前鬃 1 对，前翅上鬃 1 对
		肩鬃通常 2 对，中对较粗、发达、黑色	肩鬃通常仅具侧对，中对缺或极细微	无肩鬃，具肩板鬃 2 对
		雌虫产卵器基节呈瓶状，长度约等于腹部第四与第五节长度之和；产卵管端呈三叶状，长不足 2.5 mm	雌虫产卵器基节呈瓶状，长度约等于腹部第二至五节长度之和；产卵管端尖不呈三叶状，长达 3.5 mm 以上	雌虫产卵器短小，基节不呈瓶状，产卵管端尖，长 1.4 mm～1.6 mm
幼虫		成熟幼虫体长 11 mm～13 mm	成熟幼虫体长 14 mm～16 mm	成熟幼虫体长 7 mm～11 mm
		前气门宽阔呈丁字形，外缘较平直、微曲，有指突 33 个～35 个	前气门宽大、扇形，外缘中部凹入，两侧端下弯，约具指突 30 多个	前气门较窄小，略呈环柱形，前缘有指突 10 个～13 个
		后气门肾形，上有 3 个长椭圆形裂口，周围有细毛群 5 丛	后气门肾形，上有 3 个长椭圆形裂口，周围有细毛群 4 丛	后气门新月形，具 3 个长形裂口，外侧有 4 丛细毛群

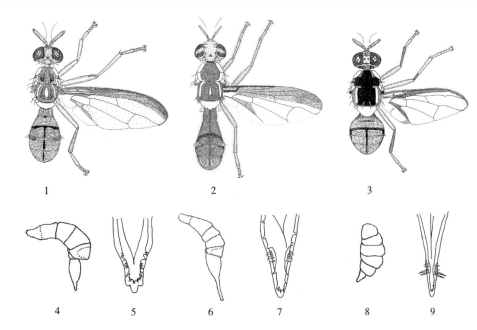

说明：

1——蜜柑大食蝇；
2——柑橘大实蝇；
3——橘小实蝇；
4——蜜柑大实蝇腹部♀（侧面）；
5——蜜柑大实蝇产卵管末端；

6——柑橘大实蝇腹部♀（侧面）；
7——柑橘大实蝇产卵管末端；
8——橘小实蝇腹部♀（侧面）；
9——橘小实蝇产卵管末端。

图 C.1　蜜柑大实蝇与柑橘大实蝇、橘小实蝇的形态图与产卵管末端

（仿 Drew&Romig, 2013；White&Wang, 1992；Wang, 1996）

附　录　D

（规范性附录）

蜜柑大实蝇样本鉴定报告

蜜柑大实蝇样本鉴定报告见表 D.1。

表 D.1　蜜柑大实蝇样本鉴定报告

植物名称				品种名称	
植物生育期		样品数量		取样部位	
样品来源		送检日期		送检人	
送检单位				联系电话	
检测鉴定方法：					
检测鉴定结果：					
备注：					
鉴定人(签名)： 审核人(签名)： 鉴定单位盖章： 　　　　　年　月　日					
注:本单一式三份,检测单位、受检单位和检疫机构各一份。					

附　录　E
（规范性附录）
蜜柑大实蝇监测记录表

蜜柑大实蝇监测记录表见表 E.1。

表 E.1　蜜柑大实蝇监测记录表

监测对象		监测单位	
监测地点		联系电话	
监测到有害生物（或疑似有害生物）的名称		数量	备注

监测方法：

疫情描述：

备注：

监测单位（盖章）：
监测人（签名）：
年　月　日

ICS 65.020.01
B 20

中华人民共和国农业行业标准

NY/T 3156—2017

玉米茎腐病防治技术规程

Technical code of practice for control of corn stalk rot

2017-12-22 发布

2018-06-01 实施

中华人民共和国农业部 发布

前　言

本标准按照 GB/T 1.1—2009 给出的规则起草。

本标准由农业部种植业管理司提出并归口。

本标准起草单位：山东省农业科学院玉米研究所、山东省农业科学院植物保护研究所、山东农业大学植物保护学院。

本标准主要起草人：贾曦、李向东、李长松、田延平、王璐、刘振林、殷复伟、王伟。

玉米茎腐病防治技术规程

1 范围

本标准规定了玉米茎腐病的术语和定义、防治原则、防治方法的技术要求。

本标准适用于由镰刀菌和腐霉菌引起的玉米茎腐病(参见附录A)的防治。

2 规范性引用文件

下列文件对于本文的应用是必不可少的。凡是注日期的引用文件,仅注日期的版本适用于本文件。凡是不注日期的引用文件,其最新版本(包括所有的修改单)适用于本文件。

GB 4285 农药安全使用标准

GB/T 8321 农药合理使用准则

3 术语和定义

下列术语与定义适用于本文件。

3.1

玉米茎腐病 corn stalk rot

由多种镰刀菌和腐霉菌单独或复合侵染玉米根系和茎基部、造成茎基部腐烂的一类病害的总称。一般在玉米灌浆中后期呈现症状,主要表现是植株叶片青枯或黄枯,果穗下垂,茎基部变褐腐烂。

4 防治原则

应遵循"预防为主、综合防治"的植保方针,根据玉米茎腐病的发生流行规律,综合考虑影响该病发生的各种因素,以抗病品种应用和农业防治为基础,化学防治和生物防治等措施协调进行。化学用药应符合 GB 4285 和 GB/T 8321 的要求。

5 防治方法

5.1 抗病品种

因地制宜选用适合当地种植的丰产、抗病玉米良种。

5.2 农业防治

5.2.1 适期播种

根据当地实际进行播期调整,使玉米易感病期避开多雨高湿季节。

5.2.2 合理轮作

重病田可选择与花生、谷子、大豆、水稻等作物进行2年～3年轮作。

5.2.3 合理密植

一般控制在每 667 m² 4 000 株～4 500 株。

5.2.4 肥水管理

应增施钾肥、锌肥,不宜偏施氮肥,发病严重地块可施硫酸钾 75 kg/hm²～100 kg/hm²、硫酸锌 25 kg/hm²～30 kg/hm²。确保田间排水畅通,雨后及时排出田间积水。灌溉时建议采取喷灌和滴灌,不宜大水漫灌。

5.2.5 清洁田园

生长季节发现病株要及时拔除并做无害化处理。玉米收获后及时清除病残体。秸秆还田地块可施用秸秆腐熟剂并进行深翻。

5.3 生物防治

可施用哈茨木霉、绿色木霉、芽孢杆菌等生物防治菌剂,在玉米播种时施入土壤或苗期灌根处理。

5.4 化学防治

5.4.1 种子处理

用含有咯菌腈、苯醚甲环唑、精甲霜灵、吡唑醚菌酯、福美双等杀菌剂成分的种子处理剂,根据产品推荐用量对种子进行处理。

5.4.2 预防施药

玉米大喇叭口期,可喷施含有苯醚甲环唑、戊唑醇、精甲霜灵、吡唑醚菌酯、多菌灵、甲基硫菌灵等有效成分的杀菌剂,根据产品推荐剂量使用。

附　录　A
（资料性附录）
玉米茎腐病的发生分布、症状、病原种类及发生规律

A.1　发生分布

玉米茎腐病是一种世界性的土传病害,美国、加拿大、印度、法国等数十个国家都有发生。我国的山东、河南、河北、安徽、湖北、山西、辽宁、广西、浙江等省（自治区）均有发生。一般年份病田发病率达10％～20％,严重年份可达20％～30％,个别地区高达50％以上;病株一般减产两成至三成,重者甚至绝收。

A.2　症状

玉米茎腐病分为青枯型和黄枯型两种类型。

青枯型茎腐病,也称急性型茎腐病。发病初期,整株叶片表现突然褪色、无光泽,似开水烫过,1周内发展为青灰色干枯,茎基部发黄变褐,内部空松,手捏即可辨别,根系水浸状或红褐色腐烂,果穗下垂,籽粒秕瘦,不易脱粒。

黄枯型茎腐病,也称慢性型茎腐病。叶片自上而下或自下而上逐渐变黄干枯,茎基部变软,果穗症状同青枯型茎腐病。剖秆检查,可见病节内部组织腐烂,褐腐或红腐,维管束丝状游离。根系腐烂破裂,须根减少,表面和内部色泽变为粉红色到褐色。

A.3　病原种类

玉米茎腐病病原复杂,主要由镰刀菌和腐霉菌引起。镰刀菌主要包括禾谷镰刀菌（*Fusarium graminearum* Schwabe）、拟轮枝镰刀菌［*F. verlicillioidess*（Sacc.）Nirenberg］和层出镰刀菌［*F. proliferatum*（Matsush.）Nirenberg］等;腐霉菌主要包括瓜果腐霉［*Pythium aphanidermatum*（Edson）Fitzpatrick］、禾生腐霉（*P. graminala* Subramanian）和肿囊腐霉（*P. inflatum* Matthews）等。黄枯型茎腐病病原以镰刀菌为主,青枯型茎腐病病原以腐霉菌为主。

A.4　发生规律

病原物以菌丝体或各种孢子在病株残体组织内外、土壤中、种子上越冬,成为翌年的初侵染源。在适宜的温湿度条件下,越冬的病原菌产生传播体,借风雨、灌溉、农事操作或昆虫等传播,从寄主根部的伤口或表皮直接侵入而引起全株发病。冰雹、虫害、各种原因造成的植株创伤等利于病菌侵染。玉米生育期和病害关系密切,乳熟期以后为发病高峰期。品种抗病性有显著差异,一般早熟品种和茎秆强度差的品种发病较重。玉米生育后期连续阴雨,特别是久雨暴晴,发病严重。施用未经腐熟的有机肥,多年连作田,过度密植,土壤贫瘠或偏施氮肥,均会加重病害的发生。

ICS 65.020.01
B 20

中华人民共和国农业行业标准

NY/T 3157—2017

水稻细菌性条斑病监测规范

Specification for surveillance of rice bacterial leaf streak

2017-12-22 发布

2018-06-01 实施

中华人民共和国农业部 发布

前　言

本标准按照 GB/T 1.1—2009 给出的规则起草。

本标准由农业部种植业管理司提出并归口。

本标准起草单位：全国农业技术推广服务中心、江苏省植保植检站、南京农业大学。

本标准主要起草人：李潇楠、龚伟荣、胡白石、秦萌、胡婕、刘凤权、朱莉、闫硕。

水稻细菌性条斑病监测规范

1 范围

本标准规定了水稻细菌性条斑病［rice bacterial leaf streak，病原为 *Xanthomonas oryzae* pv. *oryzicola*(Fang et al.)Swings et al.］的监测作物、监测区域、监测时期、监测方法和监测报告等。

本标准适用于水稻细菌性条斑病的田间监测。

2 规范性引用文件

下列文件对于本文件的应用是必不可少的。凡是注日期的引用文件，仅注日期的版本适用于本文件。凡是不注日期的引用文件，其最新版本（包括所有的修改单）适用于本文件。

GB 8371　水稻种子产地检疫规程

NY/T 2287　水稻细菌性条斑病菌检疫检测及鉴定

3 原理

水稻细菌性条斑病通过带菌种子和稻草等进行远距离传播。该病害主要危害水稻叶片。根据该病害的传播途径和典型症状，并结合室内鉴定进行田间监测。

4 病害监测

4.1 监测作物

主要监测作物为栽培水稻。

4.2 监测区域

4.2.1 繁育基地

重点监测水稻种子生产基地等高风险地区。主要监测田间是否有水稻细菌性条斑病典型症状。

4.2.2 未发生区

重点监测从病害发生区调入水稻种子的地区、杂交籼稻集中种植区等病害发生高风险区域。主要监测田间是否有水稻细菌性条斑病典型症状。

4.2.3 发生区

重点监测发生病害的代表性地块和周边区域。主要监测水稻种植区内有水稻细菌性条斑病发生历史的地块。监测水稻细菌性条斑病的发生动态和扩散趋势。

4.3 监测时期

在水稻拔节期至灌浆期进行调查。各地可根据当地的气候、种植方式和水稻的生育期确定具体时间。

4.4 监测方法

4.4.1 繁育基地

在水稻生长期按照 GB 8371 的规定对水稻种子生产基地进行踏查，调查面积应占水稻种子繁育面积的 50% 以上。踏查发现疑似病害的要进行逐块、逐株调查。

4.4.2 未发生区

4.4.2.1 访问调查

向农民、种子经销商、农药经销商、农技人员等询问当地发病史、种子来源、水稻叶片是否出现病害症状、用药情况，初步了解病害可能发生地点、时间、危害情况。

4.4.2.2 踏查

对访问调查过程中发现的可疑发生区和其他有代表性的水稻种植区，在生长期踏查 2 次～3 次，观察田间有无水稻细菌性条斑病典型症状。调查面积应占种植面积的 30% 以上。

4.4.3 发生区

4.4.3.1 发生范围监测

采取访问调查和踏查 2 种方法(具体方法见 4.4.2.1 和 4.4.2.2)，监测发生区的范围变化。

4.4.3.2 发生动态监测

田间见病后，采取定点调查法，每县(市、区)选 5 个调查点，每点随机调查 50 穴，调查全部株数，统计病穴率和病株率。每 2 周调查 1 次，整个生育期调查 4 次。

5 病原鉴定

5.1 采样

在田间踏查、定点调查中，发现水稻细菌性条斑病典型或疑似症状的叶片时(参见附录 A)，采集样品，带回实验室进行室内鉴定。详细记录样品采集地点、时间、采集人、水稻品种、发病面积、危害症状、种苗来源等。

5.2 室内鉴定

按照 NY/T 2287 的规定进行，将实验室检验鉴定结果填入《植物有害生物样本鉴定报告》(见附录 B)。

6 监测报告与档案保存

详细记录监测结果，记载调查时间、地点、水稻品种、发生面积、危害程度、种子来源、用药情况等，填入《水稻细菌性条斑病调查监测记录表》(见附录 C)。整理汇总水稻细菌性条斑病监测、病原鉴定过程中的各类信息和资料(包括照片、影像等资料)，形成监测报告，按要求逐级报送。同时，建立专门监测档案，妥善保存以备查。

附　录　A
（资料性附录）
水稻细菌性条斑病基本信息

A.1 分类地位

水稻细菌性条斑病菌［*Xanthomonas oryzae* pv. *oryzicola*（Fang et al.）Swings et al.］属原核生物界（Procaryotae）、薄壁菌门（Gracilicutes）、假单胞菌科（Pseudomonaceae）、黄单胞菌属（*Xanthomonas*）、稻黄单胞菌（*Xanthomonas oryzae*）种下的一个致病变种（稻黄单胞菌稻生致病变种），在稻属植物上引起细菌性条斑病（bacterial leaf streak）。

A.2 形态特征

菌体短杆状，大小（0.4~0.6）μm×（1.1~2.0）μm；无芽孢和荚膜，菌体外具黏质的胞外多糖包围，可产生黄色素；单细胞，很少成对，不呈链状；极生鞭毛一根；革兰氏染色阴性，好氧。

A.3 生物学特性

病菌最适生长温度25℃~28℃，生长温限8℃~38℃。在选择性培养基上开始生长3 d后观察菌落形态特征。在NA培养基上，菌落平滑，不透明，有光泽，圆形，凸起，边缘完整；初始为白色，后变为浅黄色，培养3 d后直径达到1 mm~2 mm。在NBY培养基（按照NY/T 2287的规定执行）上的菌落形态为浅黄色，圆形，凸起，黏液状。

A.4 田间症状特征

整个水稻生育期的叶片均可受害。病菌从水稻叶片气孔或伤口侵入，初期显症为暗绿色水渍状半透明小斑点，后沿叶脉扩展形成暗绿色或黄褐色纤细条斑，宽0.5 mm~1 mm，长3 mm~5 mm，单个病斑可扩大到宽1 mm、长10 mm以上。湿度大时，病斑上生出许多细小的串珠状深蜜黄色菌脓，干燥后呈鱼籽状。病斑通常被局限在叶脉之间，对光观察呈半透明状。病情严重时，多个条斑融合、连接在一起，形成不规则的黄褐色至枯黄色斑块，田间远看一片火红色。叶片典型症状、田间发生症状分别见图A.1、图A.2。

图A.1　水稻细菌性条斑病的叶片典型症状及串珠状菌脓

图 A.2　水稻细菌性条斑病的田间发生症状

A.5　水稻细菌性条斑病与水稻白叶枯病田间症状特征比较

水稻细菌性条斑病菌与水稻白叶枯病菌(*Xanthomonas oryzae* pv. *oryzae*(Ishiyama)Swings)同属黄单胞菌属(*Xanthomonas*)、稻黄单胞菌(*Xanthomonas oryzae*)种的致病变种,其在水稻上的田间症状主要区别见表 A.1。水稻白叶枯病田间症状见图 A.3。

表 A.1　水稻细菌性条斑病与水稻白叶枯病田间症状特征比较

项目	水稻细菌性条斑病	水稻白叶枯病
发病部位	叶面任何部位	从叶尖或叶缘开始
病斑形状	初为暗绿色针头状油点,后扩展成由黄绿色到黄褐色,受叶脉限制形成细条病斑	初为暗绿色短线状,继发展成黄绿色长条纹状,后为灰白色条斑,病健组织界线明显,分界处成波纹状
侵入部位	病菌主要从气孔及伤口侵入	病菌主要从伤口及水孔侵入
对光透视病斑	半透明	不透明
菌脓	田间湿度较低时,也可产生菌脓。蜡黄色、串珠状、较小而量多、不易脱落	田间湿度大时,产生菌脓。蜜黄色、珠状、大而量少、易脱落
发病时期	水稻整个生育期均可发病	水稻秧苗期一般很少出现症状

图 A.3　水稻白叶枯病的叶片典型症状及露珠状菌脓

附 录 B

（规范性附录）

植物有害生物样本鉴定报告

植物有害生物样本鉴定报告见表 B.1。

表 B.1 植物有害生物样本鉴定报告

植物名称				品种名称	
植物生育期		样品数量		取样部位	
样品来源		送检日期		送检人	
送检单位				联系电话	
检测鉴定方法：					
检测鉴定结果：					
备注：					
鉴定人（签名）： 审核人（签名）： 鉴定单位盖章： 年 月 日					
注：本单一式三份，检测单位、受检单位和检疫机构各一份。					

附　录　C
（规范性附录）
水稻细菌性条斑病调查监测记录表

水稻细菌性条斑病调查监测记录表见表C.1。

表C.1　水稻细菌性条斑病调查监测记录表

调查单位：　　　　　　　　　　　　　　　　　　　　　　　　　　　　　　　调查人：

调查地点：		县		乡（镇）	村	
调查时间：				种植面积，亩：		
田间调查	调查地块	1	2	3	4	5
	水稻品种					
	栽培方式					
	生育期					
	种苗来源					
	调查面积，亩					
	发生面积，亩					
	调查穴数，穴					
	发病穴数，穴					
	病穴率，%					
	调查株数，株					
	发病株数，株					
	病株率，%					
疑似症状/危害状：						
备注：						

ICS 65.020
B 16

中华人民共和国农业行业标准

NY/T 3158—2017

二点委夜蛾测报技术规范

Technical specification for forecast technology of *Athetis lepigone*(Mŏschler)

2017-12-22 发布   2018-06-01 实施

中华人民共和国农业部 发布

前　言

本标准按照 GB/T 1.1—2009 给出的规则起草。

本标准由农业部种植业管理司提出并归口。

本标准起草单位：全国农业技术推广服务中心、河北省省植保植检站、山东省植物保护总站。

本标准主要起草人：刘杰、姜玉英、刘莉、纪国强、邱坤、徐永伟、叶少锋。

二点委夜蛾测报技术规范

1 范围

本标准规定了二点委夜蛾主害代(即二代)在夏玉米田发生危害情况的预测预报方法,其中包括发生程度分级指标、成虫诱测、幼虫系统调查、幼虫及其危害普查、越冬虫源普查、预报方法、测报资料整理和汇报。

本标准适用于二点委夜蛾的调查和预报。

2 发生程度分级指标

发生程度分级指标以二点委夜蛾幼虫虫口密度、被害株率为依据,同时参考发生面积比率确定发生程度,划分为5级,即轻发生(1级)、偏轻发生(2级)、中等发生(3级)、偏重发生(4级)、大发生(5级),各级具体指标见表1。

表 1 二点委夜蛾发生程度分级指标

发生程度	轻发生 (1级)	偏轻发生 (2级)	中等发生 (3级)	偏重发生 (4级)	大发生 (5级)
虫口密度(Y),头/百株	$0.5 \leqslant Y \leqslant 5.0$	$5.0 < Y \leqslant 20.0$	$20.0 < Y \leqslant 50.0$	$50.0 < Y \leqslant 100.0$	$Y > 100$
被害株率(X),%	$0.5 \leqslant X \leqslant 2.0$	$2.0 < X \leqslant 5.0$	$5.0 < X \leqslant 10.0$	$10.0 < X \leqslant 30.0$	$X > 30$
发生面积比率(Z),%	$Z < 5$	$Z > 10$	$Z > 20$	$Z > 20$	$Z > 30$

3 成虫诱测

3.1 灯诱

4月1日开灯,9月30日结束。

灯具设在常年适于成虫发生的场所,要求其四周没有高大建筑物和树木遮挡,无强光源干扰。选用自动虫情测报灯(或普通黑光灯),灯管下端与地表面垂直距离为1.5 m,需每年更换一次新的灯管。每日统计一次成虫发生数量,分雌、雄(二点委夜蛾形态特征参见附录A)记载,记录当晚的气象要素。结果记入二点委夜蛾灯诱结果记载表(见附录B的表B.1)。

3.2 性诱

诱测时间:5月15日至7月15日。

选择常年适于成虫发生的场所设置,选用钟罩倒置漏斗式诱捕器,诱捕器设在准备种夏玉米、长势旺盛的小麦田或田边垄沟,分别以三角形或水平线设3个诱捕器,诱捕器相距至少50 m,离地面1 m左右或比植物冠层高出20 cm～30 cm。诱芯(二点委夜蛾性诱剂组分和含量参见附录C),每30 d更换一次。每日调查记录每个诱捕器内的诱虫数量,结果记入二点委夜蛾性诱结果记载表(见表B.2)。

4 幼虫系统调查

4.1 调查时间

调查时间在夏玉米出苗至9叶期,每3 d调查一次。

4.2 调查地点

调查田块选前茬为小麦且麦秸、麦糠多的夏玉米田3块,田块面积不小于0.33 hm²,固定为系统调查田。

4.3 调查方法

每块田对角线 5 点取样,每点调查 20 株,调查点应包括麦秸、麦糠集中堆积处或麦秸、麦糠多的玉米苗。调查时,扒开玉米植株周围 15 cm 内的麦糠和麦秸,查找幼虫,分龄期计数。同时,调查受害玉米植株数,调查结果记入二点委夜蛾幼虫系统调查记载表(见表 B.3)。由于调查破坏了害虫栖息生境,下次调查应重新选点。

5 幼虫及其危害普查

5.1 普查时间

当系统调查大部分幼虫为 2 龄~3 龄期时,立即组织一次普查;防治后或幼虫进入高龄(危害终止时),再进行第二次普查。

5.2 普查地点

普查田块选前茬为小麦、田间有麦秸和麦糠覆盖且生育期在 9 叶期以下的夏玉米田,普查区域涵盖本县(区、市)各乡镇,各乡镇依当地夏玉米种植面积多少定普查田块数,一般调查田块不少于 20 块,玉米种植面积较大的乡镇取样数应占玉米总田块的 5%以上。

5.3 普查方法

第一次普查重点调查虫口密度和危害情况,每块田随机取 5 点,每点调查 10 株,调查记载虫口密度、被害株数和死苗数,结果记入二点委夜蛾幼虫发生危害情况普查记载表(见表 B.4)。第二次重点调查并估算不同被害株率的发生面积、化学防治面积、补种面积及改种面积,将调查结果记入二点委夜蛾幼虫危害面积普查记载表(见表 B.5)。

6 越冬基数普查

6.1 普查时间

在 10 月下旬至 11 月中旬,每年调查时间相对固定。

6.2 普查田块

选当地末代二点委夜蛾主要寄主作物田(如玉米、棉花、花生、大豆、甘薯等)未翻耕的休闲田,每种寄主田不少于 5 块。

6.3 普查方法

每块地随机取 5 点,兼顾地边和中间,每点取样面积不少于 5 m²。扒开枯叶、秸秆或杂草处,调查记载幼虫和虫茧数量。根据普查情况估算虫源越冬面积。结果记入二点委夜蛾冬前基数调查表(见表 B.6)。

7 预报方法

7.1 发生期预报

7.1.1 期距法

在一代成虫出现始盛后,按当地卵、1 龄~2 龄幼虫历期(二点委夜蛾发育历期参见附录 D),即可做出 2 龄和 3 龄防治适期预测。

7.1.2 有效积温法

依据卵或幼虫等虫态发育起点温度、有效积温(二点委夜蛾发育历期、发育起点温度、有效积温参见附录 D),结合当地气象预报温度,由有效积温公式,按式(1)计算卵和幼虫等虫态发生历期,由此进行发生期预报。

$$d = \frac{K}{T - t} \quad \cdots\cdots\cdots\cdots\cdots\cdots\cdots\cdots\cdots\cdots\cdots\cdots\cdots\cdots\cdots\cdots\cdots \quad (1)$$

式中：

d——发生历期，单位为天（d）；

K——有效积温，单位为摄氏度（℃）；

T——气象预报温度，单位为摄氏度（℃）；

t——发育起点温度，单位为摄氏度（℃）。

7.2 发生程度预报

7.2.1 长期预报

每年秋末冬初，根据越冬虫源量和气象部门长期气候预测，综合分析做出翌年发生趋势长期预测。

7.2.2 中期预报

每年6月上中旬，根据一代成虫诱蛾量，结合当地玉米田麦秸麦糠覆盖量、玉米清理播种行和灭茬面积、玉米苗生育期、6月份气温、降水量，做出中期发生程度预报。

8 测报资料整理和汇报

8.1 主害代发生趋势预测表

各地根据一代成虫累计诱蛾量、6月份降水距平、9叶以下玉米苗期与二点委夜蛾幼虫发生吻合度、小麦秸秆还田面积、玉米清理播种行和灭茬面积比率等情况，整理数据资料，记入夏玉米二点委夜蛾发生趋势模式报表（见附录E的表E.1），于6月15日前报上级业务主管部门。

8.2 全年发生实况统计表

根据当年二点委夜蛾二代发生情况，整理数据资料，记入二点委夜蛾全年发生实况统计表（见表B.7），11月30日前报上级业务主管部门。

8.3 越冬基数调查和翌年发生预测表

根据越冬基数调查结果，整理数据资料，记入二点委夜蛾翌年发生趋势模式报表（见表E.2），于11月30日前报上级业务主管部门。

附　录　A
（资料性附录）
二点委夜蛾形态特征

属鳞翅目夜蛾科,学名[*Bthetis lepigone*(Möschler,1860)],各虫态形态特征如下:

A.1　成虫

翅展 20 mm。头、胸、腹灰褐色。前翅灰褐色,有暗褐色的细点;内线、外线暗褐色,环纹为 1 黑点;肾纹小,有黑点组成的边缘,外侧中凹,有 1 白点;外线波浪形,翅外缘有 1 列黑点。后翅白色微褐,端区暗褐色。腹部灰褐色。雄蛾外生殖器的抱器瓣端半部宽,背缘凹,中部有 1 钩状突起;阳茎内有刺状阳茎针。

A.2　幼虫

6 龄。不同龄期幼虫形态描述如下:

A.2.1　1 龄:头宽 0.27 mm～0.29 mm,体长 2.0 mm～3.4 mm。头部黄褐色,有光泽,前胸背板黄褐色,体色透明,中后期有一横排黑色毛瘤,腹部各节黑色毛瘤排列不规则。第 1、第 2 对腹足显微突,步行发呈半结式。

A.2.2　2 龄:头宽 0.34 mm～0.39 mm,体长 3.31 mm～6.8 mm。头部和前胸黄褐色,中后胸及腹部淡黄白色,各节有黑色毛瘤。第 1 对腹足已有突起,不如第二对明显,但第 2 对足仍小于第 3 对和第 4 对腹足。第 1、第 2 对腹足仍不具行走功能,步法为半结式。

A.2.3　3 龄:头宽 0.51 mm～0.62 mm,体长 6.72 mm～10.80 mm。头部黄褐色,头顶倒八字褐色斑纹明显,腹背各节呈现 4 个毛瘤。第 1、第 2 对腹足已长成,属正常行走步法。

A.2.4　4 龄:头宽 0.70 mm～0.82 mm,体长 10.10 mm～14.05 mm。头部黄褐色,胸腹灰褐色,亚背线褐色,边缘灰白,各节背部"V"字形斑纹,4 个褐色毛瘤排列和黑色气门明显,呈现出大龄幼虫特征。

A.2.5　5 龄:头宽 1.02 mm～1.18 mm,体长 13.2 mm～20.00 mm。头部黄褐色,头顶颅侧区两侧有黑褐色倒八字纹;胸部灰褐色,前、中、后胸腹面各具 1 对腹足;腹部灰褐色,腹背两侧各具 1 条深褐色边缘灰白色的亚背线,气门黑色,气门线白色,气门上线呈褐色;腹背各节有"V"字形斑纹和 4 个深褐色毛瘤,前 2 个较近,后 2 个较远。腹足分别位于腹面第 3 节、第 4 节、第 5 节、第 6 节、第 10 节,趾钩为单序缺环排列。臀板深褐色,下方有 8 根刚毛。

A.2.6　6 龄:头宽 1.40 mm～1.62 mm,体长 18.0 mm～25.0 mm。头部和体色斑纹同 5 龄。

A.3　卵

馒头状,上有纵脊。初产黄绿色,后土黄色。直径不到 1 mm。产在潮湿的麦秸下土表和土中。

A.4　蛹

老熟幼虫入土做一丝质土茧,包被内化蛹,或化为裸蛹。蛹长 10 mm,化蛹初期淡黄褐色,逐渐变为褐色。

附 录 B

（规范性附录）

二点委夜蛾调查资料表册

B.1 二点委夜蛾灯诱结果记载表

见表 B.1。

表 B.1 二点委夜蛾灯诱结果记载表

调查日期 月/日	雌蛾 头	雄蛾 头	合计 头	累计 头	天气 情况	备注

B.2 二点委夜蛾性诱结果记载表

见表 B.2。

表 B.2 二点委夜蛾性诱结果记载表

调查 日期 月/日	玉米生育期 叶龄	诱虫量 头/台					备注
		诱捕器 1	诱捕器 2	诱捕器 3	平均	累计	

B.3 二点委夜蛾幼虫系统调查记载表

见表 B.3。

表 B.3 二点委夜蛾幼虫系统调查记载表

调查 日期 月/日	玉米 生育期 叶龄	调查玉 米株数 株	各龄幼虫数 头							平均百 株虫量 头	被害 株数 株	被害 株率 %	备注
			1龄	2龄	3龄	4龄	5龄	6龄	合计				

B.4 二点委夜蛾幼虫发生危害情况普查记载表

见表 B.4。

表 B.4 二点委夜蛾幼虫发生危害情况普查记载表

调查 地点	调查 日期 月/日	玉米 生育期 叶龄	虫口密度 头		被害株率 %		死苗率 %		备注*
			平均	最高	平均	最高	平均	最高	
* 小麦秸秆覆盖情况。									

609

B.5 二点委夜蛾幼虫危害面积普查记载表

见表 B.5。

表 B.5 二点委夜蛾幼虫危害面积普查记载表

调查地点	调查日期月/日	不同被害株率的发生面积 hm²					化防面积 hm²	补种面积 hm²	改种面积 hm²	备注
		≤2%	2.1%~5.0%	5.1%~10.0%	10.1%~20.0%	>20%				

B.6 二点委夜蛾冬前基数调查表

见表 B.6。

表 B.6 二点委夜蛾冬前基数调查表

调查日期月/日	调查地点	调查作物	调查面积 m²	幼虫数头	茧数头	平均虫量头/m²	备注

B.7 二点委夜蛾发生实况统计表

见表 B.7。

表 B.7 二点委夜蛾发生实况统计表

地点	发生面积万 hm²	防治面积万 hm²	发生程度	危害盛期	主要发生区域	备注

附　录　C

（资料性附录）

二点委夜蛾性诱剂组分和含量

　　二点委夜蛾性信息素主要有效成分为顺9-十四碳烯乙酸酯、顺7-十二碳烯乙酸酯,配比为1:1,每枚诱芯有效成分含量1 000 μg,载体类型为橡皮头。

附　录　D
（资料性附录）
二点委夜蛾发育历期、发育起点温度及有效积温

温度对二点委夜蛾各虫态的发育历期有显著影响。在一定温度范围内，二点委夜蛾不同虫态的发育历期呈现随环境温度升高而缩短的趋势，且个体间发育差异较大，高温、低温均不利于其生存发育。刘玉娟等（2014）在变温条件下，测定了二点委夜蛾各虫态、世代的发育历期（见表 D.1）、发育起点温度和有效积温（见表 D.2）。

表 D.1　二点委夜蛾各虫态及世代发育历期

发育阶段	发育历期，d					
	20℃/24℃	20℃/28℃	20℃/32℃	24℃/28℃	24℃/32℃	28℃/32℃
卵	4.11±0.07	3.72±0.07	3.34±0.04	3.10±0.05	3.08±0.07	2.87±0.03
1龄幼虫	5.12±0.10	3.08±0.02	3.10±0.04	3.11±0.04	2.97±0.03	2.92±0.01
2龄幼虫	5.37±0.08	3.38±0.04	3.74±0.04	3.69±0.04	3.12±0.05	2.59±0.11
3龄幼虫	4.92±0.22	3.72±0.07	3.47±0.43	3.50±0.39	3.46±0.06	2.61±0.08
4龄幼虫	5.14±0.26	4.19±0.06	3.83±0.08	3.67±0.07	3.47±0.17	2.87±0.07
5龄幼虫	6.00±0.43	4.47±0.14	3.92±0.02	3.81±0.06	3.58±0.09	3.36±0.04
6龄幼虫	7.19±0.62	4.58±0.14	3.67±0.02	3.60±0.06	3.50±0.17	3.00±0.14
幼虫	35.01±0.42	23.58±0.51	21.12±0.51	19.12±1.59	16.95±0.34	14.59±0.10
预蛹	3.51±0.04	2.71±0.11	2.70±0.05	2.68±0.03	2.30±0.03	2.36±0.03
蛹	9.26±0.13	9.19±0.27	7.06±0.34	6.92±0.39	7.16±0.05	5.90±0.15
产卵前期	2.70±0.21	2.40±0.34	1.40±0.22	1.30±0.15	1.50±0.27	2.30±0.26
世代	58.05±1.28	48.06±0.45	42.60±1.09	41.58±0.66	37.10±0.78	34.61±0.27

表 D.2　二点委夜蛾各虫态及世代发育起点温度和有效积温

发育阶段	发育起点温度，℃	有效积温，℃
卵	5.73±1.00	67.26±3.28
1龄幼虫	13.77±0.34	39.83±1.01
2龄幼虫	14.97±0.44	38.30±1.90
3龄幼虫	14.44±1.97	40.05±7.00
4龄幼虫	11.82±1.44	52.90±5.09
5龄幼虫	11.47±1.28	59.29±4.71
6龄幼虫	16.00±0.70	39.10±2.63
幼虫	16.22±0.29	197.30±8.96
预蛹	8.31±0.51	47.06±1.76
蛹	11.31±1.94	108.79±16.33
产卵前期	10.37±0.22	663.17±14.58

附　录　E

（规范性附录）

二点委夜蛾测报模式报表

E.1　夏玉米田二点委夜蛾发生趋势模式报表

见表 E.1。

表 E.1　夏玉米田二点委夜蛾发生趋势模式报表

汇报时间：6 月 15 日前

序号	编报项目	编报内容
1	填报单位	
2	一代成虫灯诱累计虫量，头	
3	一代成虫灯诱累计虫量比历年平均值增减比率，±%	
4	一代成虫性诱累计虫量，头	
5	一代成虫性诱累计虫量比历年平均值增减比率，±%	
6	夏玉米播期比常年早晚天数，±d	
7	苗期与幼虫发生吻合度，(好/一般/差)	
8	小麦秸秆还田面积比率，%	
9	小麦秸秆还田面积比率比常年增减比率，±%	
10	玉米清理播种行和灭茬面积比率，%	
12	玉米清理播种行和灭茬面积比率比常年增减比率，±%	
13	预计发生程度，级	
14	预计发生面积，hm²	
15	预计发生区域	

E.2　二点委夜蛾翌年发生趋势模式报表

见表 E.2。

表 E.2　二点委夜蛾翌年发生趋势模式报表

汇报时间：11 月 30 日前

序号	编报项目	编报内容
1	填报单位	
2	查见越冬虫源县市区数，个	
3	估算越冬虫源面积，hm²	
4	越冬面积比历年平均值增减比率，±%	
5	平均虫口密度，头/m²	
6	最高虫口密度，头/m²	
7	平均虫口密度比历年平均值增减比率，±%	
8	预计翌年发生程度，级	
9	预计翌年发生面积，hm²	

ICS 65.020.01
B 20

中华人民共和国农业行业标准

NY/T 3159—2017

水稻白背飞虱抗药性监测技术规程

Technical code of practice for insecticide resistance monitoring of
Sogatella furcifera(Horváth)

2017-12-22 发布

2018-06-01 实施

中华人民共和国农业部 发布

前　言

本标准按照 GB/T 1.1—2009 给出的规则起草。

本标准由农业部种植业管理司提出并归口。

本标准起草单位:全国农业技术推广服务中心、南京农业大学、广西农业科学院水稻研究所。

本标准主要起草人:张帅、高聪芬、龙丽萍、吴顺凡、张巍、凌炎。

水稻白背飞虱抗药性监测技术规程

1 范围

本标准规定了稻茎浸渍法对水稻白背飞虱[*Sogatella furcifera*(Horváth)]抗药性的监测方法。
本标准适用于水稻白背飞虱对常用杀虫剂的抗药性监测。

2 试剂与材料

2.1 生物试材

试虫:白背飞虱 *Sogatella furcifera*(Horváth)。
供试植物:未接触任何药剂处理的感虫水稻品种,如汕优 63 或 TN1 等。

2.2 试验药剂

原药。

2.3 试验试剂

Triton X‑100(或吐温 80);丙酮(或二甲基甲酰胺);所用试剂为分析纯。

3 仪器设备

3.1 电子天平:感量 0.1 mg。

3.2 塑料杯:容量 550 mL,上口直径 7 cm,下口直径 6 cm,高 15 cm。

3.3 培养杯:直径 7 cm,高 20 cm。

3.4 移液管。

3.5 容量瓶。

3.6 量筒。

3.7 烧杯。

3.8 吸虫器。

3.9 移液器。

4 试验步骤

4.1 试材准备

4.1.1 试虫准备

4.1.1.1 试虫采集

选当地具有代表性的稻田(如不同品种)3 块~5 块,每块田至少随机选取 5 点采集生长发育较一致的白背飞虱成虫或若虫,每地采集虫量 1 000 头以上,供室内饲养。

4.1.1.2 试虫饲养

大田采集的成虫或若虫在室内扩繁 1 代~2 代,测试代(F_1 或 F_2)于 7 d 龄水培水稻苗饲养至 3 龄中期若虫供抗药性监测,饲养条件为(27±1)℃、湿度(75±5)%,光照周期 16 h:8 h(L:D)。

4.1.2 试验水稻准备

4.1.2.1 稻茎

连根挖取分蘖至孕穗初期、长势一致的健壮、无虫稻株,洗净,剪成 10 cm 长的带根稻茎,于阴凉处晾至表面无水痕,供测试用。

4.2 药剂配制

在电子天平上用容量瓶称取一定量的原药,用丙酮等有机溶剂(吡蚜酮用二甲基甲酰胺)溶解,配制成一定浓度的母液。用移液管或移液器吸取一定量的母液加入塑料杯中,用含有 0.1% Triton X‑100(或 0.1%的吐温 80)的蒸馏水稀释配制成一定质量浓度的药液供预备试验。根据预备试验结果,按照等比梯度设置 5 个～6 个系列质量浓度。每质量浓度药液量不少于 400 mL,盛装于 550 mL 的塑料杯中,用于稻茎浸渍。用不含药剂的溶液作空白对照。

4.3 处理方法

4.3.1 浸药

将供试稻茎在配制好的药液中浸渍 30 s,取出晾干,用湿脱脂棉包住根部保湿,置于培养杯中,每杯 3 株。按试验设计剂量从低到高的顺序重复上述操作,每处理设置 3 次以上重复。

4.3.2 接虫与培养

用吸虫器将试虫移入培养杯中,每杯 20 头,杯口用纱布或盖子罩住,在温度为(27±1)℃、相对湿度为(75±5)%、光周期 16 h∶8 h(L∶D)条件下饲养和观察。

4.4 结果检查

于处理后 2 d(有机磷酸酯类、氨基甲酸酯类及拟除虫菊酯类)、4 d(氯化烟酰类和苯基吡唑类)、5 d(昆虫生长调节剂类)或 7 d(吡啶甲亚胺杂环类)检查并记录存活虫数。

5 数据统计与分析

5.1 计算方法

根据调查数据,计算各处理的校正死亡率。按式(1)和式(2)计算,计算结果均保留到小数点后 2 位:

$$P_1 = \frac{N-K}{N} \times 100 \quad\cdots\cdots (1)$$

式中:
P_1——死亡率,单位为百分率(%);
N——表示处理总虫数,单位为头;
K——表示存活虫数,单位为头。

$$P_2 = \frac{P_t - P_0}{100 - P_0} \times 100 \quad\cdots\cdots (2)$$

式中:
P_2——校正死亡率,单位为百分率(%);
P_t——处理死亡率,单位为百分率(%);
P_0——空白对照死亡率,单位为百分率(%)。

若对照死亡率＜5%,无需校正;对照死亡率在 5%～20%,应按式(2)进行校正;对照死亡率＞20%,试验需重做。

5.2 统计分析

采用 POLO‑Plus 等统计分析软件进行概率值分析,求出每个药剂的 LC_{50} 值及其 95%置信限、斜率(b 值)及其标准误。

6 抗药性水平的计算与评估

6.1 白背飞虱对部分杀虫剂的敏感性基线

参见附录 A。

6.2 抗性倍数的计算

根据敏感品系的 LC_{50} 值和测试种群的 LC_{50} 值,按式(3)计算测试种群的抗性倍数。

$$RR = \frac{T}{S} \quad\cdots\cdots\cdots\cdots\cdots\cdots\cdots\cdots\cdots\cdots\cdots\cdots\cdots\cdots\cdots \quad(3)$$

式中:

RR ——测试种群的抗性倍数;

T ——测试种群的 LC_{50} 值;

S ——敏感品系的 LC_{50} 值。

6.3 抗药性水平的评估

根据抗性倍数的计算结果,按照表1中抗药性水平的分级标准,对测试种群的抗药性水平做出评估。

表 1　抗药性水平的分级标准

抗药性水平分级	抗性倍数(RR),倍
低水平抗性	$5.0 < RR \leq 10.0$
中等水平抗性	$10.0 < RR \leq 100.0$
高水平抗性	$RR > 100.0$

附 录 A

（资料性附录）

水稻白背飞虱对部分杀虫剂的敏感性基线

水稻白背飞虱对部分杀虫剂的敏感性基线见表 A.1。

表 A.1　水稻白背飞虱对部分杀虫剂的敏感性基线

药剂名称	斜率±标准误	LC₅₀（95％置信限）mg a. i. /L
毒死蜱	1.918±0.291	0.236(0.169～0.312)
噻嗪酮	1.580±0.265	0.044(0.032～0.059)
吡蚜酮	1.590±0.211	0.118(0.063～0.177)
吡虫啉	1.906±0.284	0.109(0.057～0.172)
烯啶虫胺	1.955±0.356	0.273(0.189～0.360)
啶虫脒	2.009±0.268	0.463(0.253～0.764)
噻虫嗪	2.364±0.507	0.175(0.112～0.231)
呋虫胺	2.035±0.269	0.201(0.155～0.254)
环氧虫啶	2.097±0.300	7.872(6.089～10.236)
氟啶虫胺腈	2.252±0.406	0.497(0.325～0.663)
异丙威	2.328±0.328	9.416(6.968～11.979)
丁硫克百威	2.279±0.375	10.379(7.473～13.177)
丁烯氟虫腈	2.080±0.282	1.655(1.234～2.106)
醚菊酯	2.641±0.382	34.606(20.283～52.756)
注：水稻白背飞虱敏感品系为 2006—2007 年采集于广西农业科学院南宁试验基地,在不接触任何药剂的情况下室内饲养。		

ICS 67.080.10
B 31

中华人民共和国农业行业标准

NY/T 3169—2017

杏病虫害防治技术规程

Technical code of practice for control of apricot diseases and pests

2017-12-22 发布

2018-06-01 实施

中华人民共和国农业部 发布

前　言

本标准按照 GB/T 1.1—2009 给出的规则起草。

本标准由农业部种植业管理司提出。

本标准由全国果品标准化技术委员会(SAC/TC 501)归口。

本标准起草单位：新疆维吾尔自治区优质农产品产销服务中心、新疆农业大学。

本标准主要起草人：廖康、努尔斯曼、古丽米热·阿不都秀库尔、徐方媛、孙栋、杨蕾蕾、居来提、王平、林星辉、李亚利、王磊。

杏病虫害防治技术规程

1 范围

本标准规定了杏园的主要病虫害防治原则及策略、主要病虫害防治方法。

本标准适用于全国杏栽培区。

2 规范性引用文件

下列文件对于本文件的应用是必不可少的。凡是注日期的引用文件,仅注日期的版本适用于本文件。凡是不注日期的引用文件,其最新版本(包括所有的修改单)适用于本文件。

GB/T 8321　农药合理使用准则

LY/T 2035　杏李生产技术规程

3 术语和定义

下列术语和定义适用于本文件。

3.1

饵木　traptree

利用昆虫对寄主植物具有较强的趋性行为,用于诱集昆虫的木质饵料。

3.2

安全间隔期　preharvest interval

指最后一次施药至收获(采收)前的时期,自喷药后到残留量降到最大允许残留量所需间隔时间。

4 主要病虫害防治原则及策略

4.1 防治原则

以农业防治和物理防治为基础,提倡生物防治,根据杏病虫害发生规律,科学安全地使用化学防治技术,最大限度地减轻农药对生态环境的破坏和对自然天敌的伤害,将病虫害造成的损失控制在经济受害允许水平之内。

4.2 防治策略

4.2.1 植物检疫

不定期地对杏产区进行疫情监测和控制,做好产地检疫工作。加强对杏树苗木的调运检疫,严格调入调出,严防杏病虫害的传播。

4.2.2 加强栽培管理

按照 LY/T 2035 的规定,选择健康、优质苗木建园,加强土肥水管理,及时整形修剪。

4.2.3 综合防治

提倡使用诱虫灯、黏虫板、防虫网等无公害措施,人工引移、繁殖释放天敌等技术和方法。优先使用生物源农药和矿物源农药。药剂使用按照 GB/T 8321 的规定执行,严格控制施药量、施药次数和安全间隔期,注意不同作用机理的农药交替使用和合理混用。

5 主要病害防治方法

5.1 细菌性穿孔病(*Xanthomonas arboricola* pv. *pruni*)

5.1.1 加强杏园管理，增施有机肥，避免偏施氮肥，增强树势，提高树体抗病力；合理修剪，保持杏园通风透光良好；冬春季休眠期清除园内枯枝落叶，集中烧毁或深埋，以消灭越冬病源。

5.1.2 落花展叶后，连续喷 2 次药，间隔 15 d 左右喷第 2 次药，喷施药剂为 20％叶枯唑可湿性粉剂 800 倍＋80％代森锰锌 800 倍液，或 70％丙森锌可湿性粉剂 800 倍液，或 72％农用链霉素可湿性粉剂 3 000 倍液＋70％代森联 800 倍液，或喷洒 5％菌毒清水剂 200 倍～300 倍液，或 50％乙烯菌核利可湿性粉剂 1 200 倍液等。

5.2 腐烂病(*Cytospora rubescens* Fr.)

5.2.1 加强栽培管理，疏花疏果合理负载，增强树势。

5.2.2 冬春季刮除树干老皮，清除各种病变组织和侵染点；剪除的病枝、病皮及田间残留病果，集中烧毁或深埋。

5.2.3 冬季树干涂白防冻害，涂白剂主要由生石灰 10 份、水 30 份、食盐 1 份、黏着剂（如黏土、油脂等）1 份、石硫合剂原液 1 份混合而成。

5.2.4 春季于病斑上抹泥土 3 cm 厚，并用塑料布包扎，可使病菌失去活性。

5.2.5 早春将病斑坏死组织彻底刮除，深达木质部，并刮掉病皮四周的一些健康皮，刮后涂抹 25％双胍辛胺水剂 300 倍液，或 5％菌毒清水剂 100 倍液，或 2％农抗 120 水剂 20 倍液，或腐必清原液，或 70％甲基硫菌灵可湿性粉剂 30 倍液，或 2.2％腐殖酸·铜水剂原液等，此法要连续进行 3 年～5 年。

5.3 流胶病

5.3.1 加强果园管理，改良土壤结构，增施有机肥和磷钾肥，少施氮肥，增强树势；合理修剪，减少枝干伤口。

5.3.2 及时防治小蠹虫及介壳虫等枝干虫害。

5.3.3 早春发芽前将胶体刮除，伤口涂抹石硫合剂原液或 9281 制剂 3 倍～5 倍液、843 康复剂等药剂。

5.3.4 冬春季树干涂白，涂白剂主要由生石灰 10 份、水 30 份、食盐 1 份、黏着剂（如黏土、油脂等）1 份、石硫合剂原液 1 份混合而成。涂白的部位在主干及主枝基部。

6 主要虫害防治方法

6.1 杏仁蜂(*Euryoma samaonovi* Wass)

6.1.1 用水淘除被害杏核，去除漂浮于水面的有虫杏核，予以销毁。

6.1.2 成虫羽化期，叶面喷施 40％毒死蜱乳油 300 倍～500 倍液或 20％氰戊菊酯乳油 2 000 倍液，也可选用其他低毒高效杀虫剂。安全间隔期一般为 15 d～20 d。

6.2 小蠹虫类(多毛小蠹 *Scolytus seulensis* Murayama；皱小蠹 *Scolytus rugulosus* Muller)

6.2.1 结合清园，锯除受害严重枝干，及时销毁。

6.2.2 成虫羽化前，每公顷放置 15 个～45 个长约 1.5 m，直径 15 cm 以上的饵木，诱集成虫产卵后集中销毁。

6.2.3 可用吡虫啉、啶虫脒掺入麦草及泥土，加水和成药泥涂抹树干，每千克药泥含药剂原液 0.2 g～0.5 g，从 3 月下旬开始涂抹，药泥厚度 1 cm 以上。

6.2.4 分别在 4 月下旬、7 月中旬和 9 月中旬 3 个成虫羽化高峰期，在枝干喷洒杀虫剂杀灭成虫，药剂可选择绿色微雷 200 倍～300 倍液等长持效期农药。安全间隔期一般为 15 d～20 d。

6.2.5 保护、利用四斑金小蜂、郭公甲等天敌，避免滥用农药。

6.3 蚜虫类(桃蚜 *Myzus persicae* Sulzer, 桃粉蚜 *Hyaloptera amygdali* Blanchard, 李短尾蚜 *Brachycaudus helichrysi* Kaltenbach)

6.3.1 利用蚜虫对黄色的趋性，采用黄板诱杀。

6.3.2 摘除虫梢,及时摘除销毁蚜虫集中为害的新梢。

6.3.3 落花后,及时喷施2.5%阿维菌素乳油3 000倍～4 000倍液。当虫口数量较大时,可用3%乙虫脒乳油2 000倍～3 000倍液,50%抗蚜威可湿性粉剂2 000倍液,10%氯氰菊酯乳油3 000倍液,0.3%苦参碱800倍～1 000倍液,10%吡虫啉可湿性粉剂2 000倍～3 000倍液喷施。安全间隔期一般为15 d～20 d。

6.4 食心虫类(梨小食心虫 *Grapholitha molesta* Busck,桃小食心虫 *Carposinidae niponensis* Walsingham,苹果蠹蛾 *Laspeyresia pomonella* L.)

6.4.1 结合清园,刮除老翘皮,清除和填补树干及枝条裂缝,消灭越冬幼虫。生长季节保持果园清洁,及时清理落果。

6.4.2 诱杀成虫,4月中下旬成虫羽化期,园中设置糖醋液制成的诱捕器诱杀,密度为60个/hm²～120个/hm²。糖醋液配方:白酒:醋:糖:水=1:3:6:10。或使用性诱剂制成的诱捕器诱杀,密度为15个/hm²～30个/hm²。8月下旬,树干捆绑诱集带(麻袋片等编织物),诱集越冬害虫后销毁。

6.4.3 4月中下旬成虫羽化高峰期,及时叶面喷药防治,药剂选用25%灭幼脲胶悬剂1 500倍～2 000倍液,20%甲氰菊酯乳油2 500倍～3 000倍液,50%西维因可湿性粉剂400倍液等。安全间隔期一般为15 d～20 d。

6.5 介壳虫类(吐伦球坚蚧 *Rhodococcus turanicus* Arch.;梨圆蚧 *Quadraspidiotus perniciosus* Comstock;糖戚蜡蚧 *Parthenolecanium corni* Bouche)

6.5.1 结合冬季修剪,剪除虫枝并销毁。

6.5.2 3月下旬,枝条上越冬虫体膨大后,人工抹除虫体。

6.5.3 早春萌芽前或秋季杏树落叶后,枝条喷施5波美度石硫合剂。

6.5.4 4月中下旬和7月中下旬喷施1次～2次。药剂可用40%杀扑磷乳油1 500倍液,25%蚧死净乳油1 000倍液喷施,95%蚧螨灵乳油100倍液,25%噻嗪酮可湿性粉剂1 500倍～2 000倍液。安全间隔期一般为15 d～30 d。

6.6 食叶害虫类[杨梦尼夜蛾(*Orthosia incerta* Hvfnagel)、黄刺蛾(*Cnidocampa flavescens* Walker)、黄斑长翅卷叶蛾(*Acleris fimbriana* Thunberg)、黄褐天幕毛虫(*Malacosoma neustria testacea* Motschulsky)、斑翅棕尾毒蛾(*Eupraetis karghalica* Moore)]

6.6.1 糖醋诱杀,根据预测预报,在成虫羽化期按每亩5个设置糖醋盆。糖醋液按白酒:醋:白糖:水=1:3:6:10比例配制。趋光诱杀,利用频振式杀虫灯引诱捕杀成虫。

6.6.2 幼虫为害期,用1.8%阿维菌素乳油3 000倍～4 000倍、25%灭幼脲悬浮剂600倍～800倍液等药剂进行防治。安全间隔期一般为15 d～20 d。

7 不同时期防治方法

杏园不同时期发生的主要病虫害的特点和规律,采用综合防治方法进行防治,参见附录A。

附 录 A

（资料性附录）

杏园主要病虫害防治历

杏园主要病虫害防治历见表 A.1。

表 A.1 杏园主要病虫害防治历

物候期	防控时间	主要病虫害	技术要点
休眠期	12月至翌年3月初	越冬螨类、吐伦球坚蚧若虫、蚜虫、流胶病	①杏树萌芽前喷洒5波美度石硫合剂,防控越冬螨类、蚧类、蚜类 要求全园全株喷施石硫合剂,做到喷布地表、田埂、防护林带,不留死角 ②冬季修剪:剪除病虫枝,改善杏园通风透光条件 ③树干涂白:涂白剂主要由生石灰10份、水30份、食盐1份、黏着剂(如黏土、油脂等)1份、石硫合剂原液1份混合而成
萌芽至开花期	3月中旬至4月初	桑白蚧成虫和若虫、梨园蚧若虫、吐伦球坚蚧若虫、桃蚜若虫、梨小食心虫成虫、苹果蠹蛾成虫、流胶病	①挂糖醋液诱杀梨小食心虫成虫,每亩挂4个;悬挂杀虫灯诱杀苹果蠹蛾成虫,每10亩挂1盏 ②果园内悬挂性信息素诱捕器,诱杀苹果蠹蛾、梨小食心虫成虫,每亩挂4个 ③使用铁刷或棍棒,刮除蚧类虫体 ④开花前,根据蚧类发生情况,喷施40%毒死蜱乳油1500倍液防治
落花至幼果期	4月中旬至5月上旬	杏仁蜂、梨小食心虫、苹果蠹蛾、蚧类若虫、蚜类、螨类	①落花后,喷洒1.8%阿维菌素乳油1500倍液、10%吡虫啉可湿性粉剂1500倍液、0.2%苦参碱水剂1000倍液 ②加强水肥及农业措施管理,增强树势,从而增强杏树抵抗力 ③果园内悬挂黄板诱杀蚜类,1块/株 ④5月,根据蚧类发生情况,喷施40%杀扑磷乳油1500倍液
果实膨大期	5月中下旬	多毛小蠹、皱小蠹成虫和幼虫、杏仁蜂幼虫、梨小食心虫幼虫、苹果蠹蛾幼虫、桑白蚧若虫、梨圆蚧若虫等蚧类、蚜类害虫及病害	①悬挂红板和黑板诱杀多毛小蠹、皱小蠹成虫;在果园内放置诱木诱集小蠹类成虫,每亩放4块,放置20d后集中销毁 ②喷施2.5%高效氯氰菊酯乳油1500倍液,或20%氰戊菊酯乳油2000倍液。安全间隔期15d～20d
果实成熟期	5月下旬至6月下旬	桑白蚧成虫和若虫、杏仁蜂幼虫、梨小食心虫幼虫、苹果蠹蛾幼虫、流胶病	①果园悬挂黄板,1块/株 ②刮除树体流胶部位组织,涂抹石硫合剂或果富康 ③用25%灭幼脲胶悬剂1500倍～2000倍液,20%甲氰菊酯乳油2500倍～3000倍液防治食心虫幼虫为害,安全间隔期15d～20d
恢复期至落叶前	7月上旬至10月下旬	蚧类、蚜类、螨类害虫,多毛小蠹和皱小蠹,各种病害	①果实采收后加强杏园肥、水管理,促进杏树营养积累,恢复树势 ②果园悬挂黄板,1块/株 ③每公顷放置15个～45个长约1.5m,直径15cm以上的饵木,诱集成虫产卵后集中销毁
落叶至休眠期	11月	蚧类、蚜类、螨类害虫,多毛小蠹和皱小蠹,各种病害	①彻底清除园内枯枝落叶,摘除病虫果,集中销毁 ②秋季结合修剪、清园,剪除病虫枝、细弱枝,刮除老翘皮,砍除残败树,集中销毁 ③树干及主枝涂白,有效阻止多毛小蠹、皱小蠹钻蛀为害,以及病害侵染

附录

中华人民共和国农业部公告
第 2540 号

一、《禽结核病诊断技术》等 87 项标准业经专家审定通过，现批准发布为中华人民共和国农业行业标准，自 2017 年 10 月 1 日起实施。

二、马氏珠母贝(SC/T 2071—2014)标准"1 范围"部分第一句修改为"本标准给出了马氏珠母贝〔又称合浦珠母贝，Pinctata fucata martensii(Dunker,1872)〕主要形态构造特征、生长与繁殖、细胞遗传学特征、检测方法和判定规则。"；"3.1 学名"部分修改为"马氏珠母贝〔又称合浦珠母贝，Pinctata fucata martensii(Dunker,1872)〕。"

三、《无公害农产品 生产质量安全控制技术规范第 13 部分：养殖水产品》(NY/T 2798.13—2015)第 3.1.1b)款中的"一类"修改为"二类以上"。

特此公告。

附件：《禽结核病诊断技术》等 87 项农业行业标准目录

农业部
2017 年 6 月 12 日

附　录

附件：

《禽结核病诊断技术》等87项农业行业标准目录

序号	标准号	标准名称	代替标准号
1	NY/T 3072—2017	禽结核病诊断技术	
2	NY/T 551—2017	鸡产蛋下降综合征诊断技术	NY/T 551—2002
3	NY/T 536—2017	鸡伤寒和鸡白痢诊断技术	NY/T 536—2002
4	NY/T 3073—2017	家畜魏氏梭菌病诊断技术	
5	NY/T 1186—2017	猪支原体肺炎诊断技术	NY/T 1186—2006
6	NY/T 539—2017	副结核病诊断技术	NY/T 539—2002
7	NY/T 567—2017	兔出血性败血症诊断技术	NY/T 567—2002
8	NY/T 3074—2017	牛流行热诊断技术	
9	NY/T 1471—2017	牛毛滴虫病诊断技术	NY/T 1471—2007
10	NY/T 3075—2017	畜禽养殖场消毒技术	
11	NY/T 3076—2017	外来入侵植物监测技术规程　大藻	
12	NY/T 3077—2017	少花蒺藜草综合防治技术规范	
13	NY/T 3078—2017	隐性核雄性不育两系杂交棉制种技术规程	
14	NY/T 3079—2017	质核互作雄性不育三系杂交棉制种技术规程	
15	NY/T 3080—2017	大白菜抗黑腐病鉴定技术规程	
16	NY/T 3081—2017	番茄抗番茄黄化曲叶病毒鉴定技术规程	
17	NY/T 3082—2017	水果、蔬菜及其制品中叶绿素含量的测定　分光光度法	
18	NY/T 3083—2017	农用微生物浓缩制剂	
19	NY/T 3084—2017	西北内陆棉区机采棉生产技术规程	
20	NY/T 3085—2017	化学农药　意大利蜜蜂幼虫毒性试验准则	
21	NY/T 3086—2017	长江流域薯区甘薯生产技术规程	
22	NY/T 3087—2017	化学农药　家蚕慢性毒性试验准则	
23	NY/T 3088—2017	化学农药　天敌(瓢虫)急性接触毒性试验准则	
24	NY/T 3089—2017	化学农药　青鳉一代繁殖延长试验准则	
25	NY/T 3090—2017	化学农药　浮萍生长抑制试验准则	
26	NY/T 3091—2017	化学农药　蚯蚓繁殖试验准则	
27	NY/T 3092—2017	化学农药　蜜蜂影响半田间试验准则	
28	NY/T 1464.63—2017	农药田间药效试验准则　第63部分:杀虫剂防治枸杞刺皮瘿螨	
29	NY/T 1464.64—2017	农药田间药效试验准则　第64部分:杀菌剂防治五加科植物黑斑病	
30	NY/T 1464.65—2017	农药田间药效试验准则　第65部分:杀菌剂防治茭白锈病	
31	NY/T 1464.66—2017	农药田间药效试验准则　第66部分:除草剂防治谷子田杂草	
32	NY/T 1464.67—2017	农药田间药效试验准则　第67部分:植物生长调节剂保鲜水果	
33	NY/T 1859.9—2017	农药抗性风险评估　第9部分:蚜虫对新烟碱类杀虫剂抗性风险评估	
34	NY/T 1859.10—2017	农药抗性风险评估　第10部分:专性寄生病原真菌对杀菌剂抗性风险评估	
35	NY/T 1859.11—2017	农药抗性风险评估　第11部分:植物病原细菌对杀菌剂抗性风险评估	

（续）

序号	标准号	标准名称	代替标准号
36	NY/T 1859.12—2017	农药抗性风险评估 第12部分:小麦田杂草对除草剂抗性风险评估	
37	NY/T 3093.1—2017	昆虫化学信息物质产品田间药效试验准则 第1部分:昆虫性信息素诱杀农业害虫	
38	NY/T 3093.2—2017	昆虫化学信息物质产品田间药效试验准则 第2部分:昆虫性迷向素防治农业害虫	
39	NY/T 3093.3—2017	昆虫化学信息物质产品田间药效试验准则 第3部分:昆虫性迷向素防治梨小食心虫	
40	NY/T 3094—2017	植物源性农产品中农药残留储藏稳定性试验准则	
41	NY/T 3095—2017	加工农产品中农药残留试验准则	
42	NY/T 3096—2017	农作物中农药代谢试验准则	
43	NY/T 3097—2017	北方水稻集中育秧设施建设标准	
44	NY/T 844—2017	绿色食品 温带水果	NY/T 844—2010
45	NY/T 1323—2017	绿色食品 固体饮料	NY/T 1323—2007
46	NY/T 420—2017	绿色食品 花生及制品	NY/T 420—2009
47	NY/T 751—2017	绿色食品 食用植物油	NY/T 751—2011
48	NY/T 1509—2017	绿色食品 芝麻及其制品	NY/T 1509—2007
49	NY/T 431—2017	绿色食品 果(蔬)酱	NY/T 431—2009
50	NY/T 1508—2017	绿色食品 果酒	NY/T 1508—2007
51	NY/T 1885—2017	绿色食品 米酒	NY/T 1885—2010
52	NY/T 897—2017	绿色食品 黄酒	NY/T 897—2004
53	NY/T 1329—2017	绿色食品 海水贝	NY/T 1329—2007
54	NY/T 1889—2017	绿色食品 烘炒食品	NY/T 1889—2010
55	NY/T 1513—2017	绿色食品 畜禽可食用副产品	NY/T 1513—2007
56	NY/T 1042—2017	绿色食品 坚果	NY/T 1042—2014
57	NY/T 5341—2017	无公害农产品 认定认证现场检查规范	NY/T 5341—2006
58	NY/T 5339—2017	无公害农产品 畜禽防疫准则	NY/T 5339—2006
59	NY/T 3098—2017	加工用桃	
60	NY/T 3099—2017	桂圆加工技术规范	
61	NY/T 3100—2017	马铃薯主食产品 分类和术语	
62	NY/T 83—2017	米质测定方法	NY/T 83—1988
63	NY/T 3101—2017	肉制品中红曲色素的测定 高效液相色谱法	
64	NY/T 3102—2017	枇杷储藏技术规范	
65	NY/T 3103—2017	加工用葡萄	
66	NY/T 3104—2017	仁果类水果(苹果和梨)采后预冷技术规范	
67	SC/T 2070—2017	大泷六线鱼	
68	SC/T 2074—2017	刺参繁育与养殖技术规范	
69	SC/T 2075—2017	中国对虾繁育技术规范	
70	SC/T 2076—2017	钝吻黄盖鲽 亲鱼和苗种	
71	SC/T 2077—2017	漠斑牙鲆	
72	SC/T 3112—2017	冻梭子蟹	SC/T 3112—1996

（续）

序号	标准号	标准名称	代替标准号
73	SC/T 3208—2017	鱿鱼干、墨鱼干	SC/T 3208—2001
74	SC/T 5021—2017	聚乙烯网片　经编型	SC/T 5021—2002
75	SC/T 5022—2017	超高分子量聚乙烯网片　经编型	
76	SC/T 4066—2017	渔用聚酰胺经编网片通用技术要求	
77	SC/T 4067—2017	浮式金属框架网箱通用技术要求	
78	SC/T 7223.1—2017	黏孢子虫病诊断规程　第1部分:洪湖碘泡虫	
79	SC/T 7223.2—2017	黏孢子虫病诊断规程　第2部分:吴李碘泡虫	
80	SC/T 7223.3—2017	黏孢子虫病诊断规程　第3部分:武汉单极虫	
81	SC/T 7223.4—2017	黏孢子虫病诊断规程　第1部分:几陶单极虫	
82	SC/T 7224—2017	鲤春病毒血症病毒逆转录环介导等温扩增（RT‑LAMP）检测方法	
83	SC/T 7225—2017	草鱼呼肠孤病毒逆转录环介导等温扩增（RT‑LAMP）检测方法	
84	SC/T 7226—2017	鲑甲病毒感染诊断规程	
85	SC/T 8141—2017	木质渔船捻缝技术要求及检验方法	
86	SC/T 8146—2017	渔船集鱼灯镇流器安全技术要求	
87	SC/T 5062—2017	金龙鱼	

中华人民共和国农业部公告
第 2545 号

《海洋牧场分类》标准业经专家审定通过，现批准发布为中华人民共和国水产行业标准，标准号 SC/T 9111—2017，自 2017 年 9 月 1 日起实施。

特此公告。

农业部

2017 年 6 月 22 日

中华人民共和国农业部公告
第 2589 号

《植物油料含油量测定　近红外光谱法》等 20 项标准业经专家审定通过,现批准发布为中华人民共和国农业行业标准,自 2018 年 1 月 1 日起实施。

特此公告。

附件:《植物油料含油量测定　近红外光谱法》等 20 项农业行业标准目录

农业部

2017 年 9 月 30 日

附件：

《植物油料含油量测定　近红外光谱法》等 20 项农业行业标准目录

序号	标准号	标准名称	代替标准号
1	NY/T 3105—2017	植物油料含油量测定　近红外光谱法	
2	NY/T 3106—2017	花生黄曲霉毒素检测抽样技术规程	
3	NY/T 3107—2017	玉米中黄曲霉素预防和减控技术规程	
4	NY/T 3108—2017	小麦中玉米赤霉烯酮类毒素预防和减控技术规程	
5	NY/T 3109—2017	植物油脂中辣椒素的测定　免疫分析法	
6	NY/T 3110—2017	植物油料中全谱脂肪酸的测定　气相色谱-质谱法	
7	NY/T 3111—2017	植物油中甾醇含量的测定　气相色谱-质谱法	
8	NY/T 3112—2017	植物油中异黄酮的测定　液相色谱-串联质谱法	
9	NY/T 3113—2017	植物油中香草酸等 6 种多酚的测定　液相色谱-串联质谱法	
10	NY/T 3114.1—2017	大豆抗病虫性鉴定技术规范　第 1 部分:大豆抗花叶病毒病鉴定技术规范	
11	NY/T 3114.2—2017	大豆抗病虫性鉴定技术规范　第 2 部分:大豆抗灰斑病鉴定技术规范	
12	NY/T 3114.3—2017	大豆抗病虫性鉴定技术规范　第 3 部分:大豆抗霜霉病鉴定技术规范	
13	NY/T 3107.4—2017	大豆抗病虫性鉴定技术规范　第 4 部分:大豆抗细菌性斑点病鉴定技术规范	
14	NY/T 3114.5—2017	大豆抗病虫性鉴定技术规范　第 5 部分:大豆抗大豆蚜鉴定技术规范	
15	NY/T 3114.6—2017	大豆抗病虫性鉴定技术规范　第 6 部分:大豆抗食心虫鉴定技术规范	
16	NY/T 3115—2017	富硒大蒜	
17	NY/T 3116—2017	富硒马铃薯	
18	NY/T 3117—2017	杏鲍菇工厂化生产技术规程	
19	SC/T 1135.1—2017	稻渔综合种养技术规范　第 1 部分:通则	
20	SC/T 8151—2017	渔业船舶建造开工技术条件及要求	

中华人民共和国农业部公告
第 2622 号

《农业机械出厂合格证　拖拉机和联合收割(获)机》等 87 项标准业经专家审定通过,现批准发布为中华人民共和国农业行业标准,自 2018 年 6 月 1 日起实施。

特此公告。

附件:《农业机械出厂合格证　拖拉机和联合收割(获)机》等 87 项农业行业标准目录

农业部
2017 年 12 月 22 日

附件：

《农业机械出厂合格证　拖拉机和联合收割(获)机》等87项农业行业标准目录

序号	标准号	标准名称	代替标准号
1	NY/T 3118—2017	农业机械出厂合格证　拖拉机和联合收割(获)机	
2	NY/T 3119—2017	畜禽粪便固液分离机　质量评价技术规范	
3	NY/T 365—2017	窝眼滚筒式种子分选机　质量评价技术规范	NY/T 365—1999
4	NY/T 369—2017	种子初清机　质量评价技术规范	NY/T 369—1999
5	NY/T 371—2017	种子用计量包装机　质量评价技术规范	NY/T 371—1999
6	NY/T 645—2017	玉米收获机　质量评价技术规范	NY/T 645—2002
7	NY/T 649—2017	养鸡机械设备安装技术要求	NY/T 649—2002
8	NY/T 3120—2017	插秧机　安全操作规程	
9	NY/T 3121—2017	青贮饲料包膜机　质量评价技术规范	
10	NY/T 3122—2017	水生物检疫检验员	
11	NY/T 3123—2017	饲料加工工	
12	NY/T 3124—2017	兽用原料药制造工	
13	NY/T 3125—2017	农村环境保护工	
14	NY/T 3126—2017	休闲农业服务员	
15	NY/T 3127—2017	农作物植保员	
16	NY/T 3128—2017	农村土地承包仲裁员	
17	NY/T 3129—2017	棉隆土壤消毒技术规程	
18	NY/T 3130—2017	生乳中L-羟脯氨酸的测定	
19	NY/T 3131—2017	豆科牧草种子生产技术规程红豆草	
20	NY/T 3132—2017	绍兴鸭	
21	NY/T 3133—2017	饲用灌木微贮技术规程	
22	NY/T 3134—2017	萨福克羊种羊	
23	NY/T 3135—2017	饲料原料　干啤酒糟	
24	NY/T 3136—2017	饲用调味剂中香兰素、乙基香兰素、肉桂醛、桃醛、乙酸异戊酯、γ-壬内酯、肉桂酸甲酯、大茴香脑的测定　气相色谱法	
25	NY/T 3137—2017	饲料中香芹酚和百里香酚的测定　气相色谱法	
26	NY/T 3138—2017	饲料中艾司唑仑的测定　高效液相色谱法	
27	NY/T 3139—2017	饲料中左旋咪唑的测定　高效液相色谱法	
28	NY/T 3140—2017	饲料中苯乙醇胺A的测定　高效液相色谱法	
29	NY/T 3141—2017	饲料中2,6-二甲基-3,5-二乙酯基-1,4-二氢吡啶的测定　液相色谱-串联质谱法	
30	NY/T 915—2017	饲料原料　水解羽毛粉	NY/T 915—2004
31	NY/T 3142—2017	饲料中溴吡斯的明的测定　液相色谱-串联质谱法	
32	NY/T 3143—2017	鱼粉中脲醛聚合物快速检测方法	
33	NY/T 3144—2017	饲料原料　血液制品中18种β-受体激动剂的测定　液相色谱-串联质谱法	
34	NY/T 3145—2017	饲料中22种β-受体激动剂的测定　液相色谱-串联质谱法	

（续）

序号	标准号	标准名称	代替标准号
35	NY/T 3146—2017	动物尿液中22种β-受体激动剂的测定　液相色谱-串联质谱法	
36	NY/T 3147—2017	饲料中肾上腺素和异丙肾上腺素的测定　液相色谱-串联质谱法	
37	NY/T 3148—2017	农药室外模拟水生态系统(中宇宙)试验准则	
38	NY/T 3149—2017	化学农药　旱田田间消散试验准则	
39	NY/T 2882.8—2017	农药登记　环境风险评估指南　第8部分:土壤生物	
40	NY/T 3150—2017	农药登记　环境降解动力学评估及计算指南	
41	NY/T 3151—2017	农药登记　土壤和水中化学农药分析方法建立和验证指南	
42	NY/T 3152.1—2017	微生物农药　环境风险评价试验准则　第1部分:鸟类毒性试验	
43	NY/T 3152.2—2017	微生物农药　环境风险评价试验准则　第2部分:蜜蜂毒性试验	
44	NY/T 3152.3—2017	微生物农药　环境风险评价试验准则　第3部分:家蚕毒性试验	
45	NY/T 3152.4—2017	微生物农药　环境风险评价试验准则　第4部分:鱼类毒性试验	
46	NY/T 3152.5—2017	微生物农药　环境风险评价试验准则　第5部分:溞类毒性试验	
47	NY/T 3152.6—2017	微生物农药　环境风险评价试验准则　第6部分:藻类生长影响试验	
48	NY/T 3153—2017	农药施用人员健康风险评估指南	
49	NY/T 3154.1—2017	卫生杀虫剂健康风险评估指南　第1部分:蚊香类产品	NY/T 2875—2015
50	NY/T 3154.2—2017	卫生杀虫剂健康风险评估指南　第2部分:气雾剂	
51	NY/T 3154.3—2017	卫生杀虫剂健康风险评估指南　第3部分:驱避剂	
52	NY/T 3155—2017	蜜柑大实蝇监测规范	
53	NY/T 3156—2017	玉米茎腐病防治技术规程	
54	NY/T 3157—2017	水稻细菌性条斑病监测规范	
55	NY/T 3158—2017	二点委夜蛾测报技术规范	
56	NY/T 1611—2017	玉米螟测报技术规范	NY/T 1611—2008
57	NY/T 3159—2017	水稻白背飞虱抗药性监测技术规程	
58	NY/T 3160—2017	黄淮海地区麦后花生免耕覆秸精播技术规程	
59	NY/T 3161—2017	有机肥料中砷、镉、铬、铅、汞、铜、锰、镍、锌、锶、钴的测定　微波消解-电感耦合等离子体质谱法	
60	NY/T 3162—2017	肥料中黄腐酸的测定　容量滴定法	
61	NY/T 3163—2017	稻米中可溶性葡萄糖、果糖、蔗糖、棉籽糖和麦芽糖的测定　离子色谱法	
62	NY/T 3164—2017	黑米花色苷的测定　高效液相色谱法	
63	NY/T 3165—2017	红(黄)麻水溶物、果胶、半纤维素和粗纤维的测定　滤袋法	

（续）

序号	标准号	标准名称	代替标准号
64	NY/T 3166—2017	家蚕质型多角体病毒检测　实时荧光定量 PCR 法	
65	NY/T 3167—2017	有机肥中磺胺类药物含量的测定　液相色谱-串联质谱法	
66	NY/T 3168—2017	茶叶良好农业规范	
67	NY/T 3169—2017	杏病虫害防治技术规程	
68	NY/T 3170—2017	香菇中香菇素含量的测定　气相色谱-质谱联用法	
69	NY/T 1189—2017	柑橘储藏	NY/T 1189—2006
70	NY/T 1747—2017	甜菜栽培技术规程	NY/T 1747—2009
71	NY/T 3171—2017	甜菜包衣种子	
72	NY/T 3172—2017	甘蔗种苗脱毒技术规范	
73	NY/T 3173—2017	茶叶中 9,10-蒽醌含量测定　气相色谱-串联质谱法	
74	NY/T 3174—2017	水溶肥料　海藻酸含量的测定	
75	NY/T 3175—2017	水溶肥料　壳聚糖含量的测定	
76	NY/T 3176—2017	稻米镉控制　田间生产技术规范	
77	NY/T 1109—2017	微生物肥料生物安全通用技术准则	NY 1109—2006
78	SC/T 3301—2017	速食海带	SC/T 3301—1989
79	SC/T 3212—2017	盐渍海带	SC/T 3212—2000
80	SC/T 3114—2017	冻螯虾	SC/T 3114—2002
81	SC/T 3050—2017	干海参加工技术规范	
82	SC/T 5106—2017	观赏鱼养殖场条件　小型热带鱼	
83	SC/T 5107—2017	观赏鱼养殖场条件　大型热带淡水鱼	
84	SC/T 5706—2017	金鱼分级　珍珠鳞类	
85	SC/T 5707—2017	锦鲤分级　白底三色类	
86	SC/T 5708—2017	锦鲤分级　墨底三色类	
87	SC/T 7227—2017	传染性造血器官坏死病毒逆转录环介导等温扩增（RT-LAMP）检测方法	

中华人民共和国农业部公告
第 2630 号

根据《中华人民共和国农业转基因生物安全管理条例》规定,《农业转基因生物安全管理术语》等 16 项标准业经专家审定通过,现批准发布为中华人民共和国国家标准,自 2018 年 6 月 1 日起实施。

特此公告。

附件:《农业转基因生物安全管理术语》等 16 项国家标准目录

农业部

2017 年 12 月 25 日

附件：

《农业转基因生物安全管理术语》等 16 项国家标准目录

序号	标准号	标准名称	代替标准号
1	农业部 2630 号公告—1—2017	农业转基因生物安全管理术语	
2	农业部 2630 号公告—2—2017	转基因植物及其产品成分检测　耐除草剂油菜 73496 及其衍生品种定性 PCR 方法	
3	农业部 2630 号公告—3—2017	转基因植物及其产品成分检测　抗虫水稻 T1c‐19 及其衍生品种定性 PCR 方法	
4	农业部 2630 号公告—4—2017	转基因植物及其产品成分检测　抗虫玉米 5307 及其衍生品种定性 PCR 方法	
5	农业部 2630 号公告—5—2017	转基因植物及其产品成分检测　耐除草剂大豆 DAS‐68416‐4 及其衍生品种定性 PCR 方法	
6	农业部 2630 号公告—6—2017	转基因植物及其产品成分检测　耐除草剂玉米 MON87427 及其衍生品种定性 PCR 方法	
7	农业部 2630 号公告—7—2017	转基因植物及其产品成分检测　抗虫耐除草剂玉米 4114 及其衍生品种定性 PCR 方法	
8	农业部 2630 号公告—8—2017	转基因植物及其产品成分检测　抗虫棉花 COT102 及其衍生品种定性 PCR 方法	
9	农业部 2630 号公告—9—2017	转基因植物及其产品成分检测　抗虫耐除草剂玉米 C0030.3.5 及其衍生品种定性 PCR 方法	
10	农业部 2630 号公告—10—2017	转基因植物及其产品成分检测　耐除草剂玉米 C0010.3.7 及其衍生品种定性 PCR 方法	
11	农业部 2630 号公告—11—2017	转基因植物及其产品成分检测　耐除草剂玉米 VCO‐1981‐5 及其衍生品种定性 PCR 方法	
12	农业部 2630 号公告—12—2017	转基因植物及其产品成分检测　外源蛋白质检测试纸评价方法	
13	农业部 2630 号公告—13—2017	转基因植物及其产品成分检测　质粒 DNA 标准物质定值技术规范	
14	农业部 2630 号公告—14—2017	转基因动物及其产品成分检测　人溶菌酶基因（hLYZ）定性 PCR 方法	
15	农业部 2630 号公告—15—2017	转基因植物及其产品成分检测　耐除草剂大豆 SHZD32‐1 及其衍生品种定性 PCR 方法	
16	农业部 2630 号公告—16—2017	转基因生物及其产品食用安全检测　外源蛋白质与毒性蛋白质和抗营养因子的氨基酸序列相似性生物信息学分析方法	

图书在版编目（CIP）数据

中国农业行业标准汇编.2019.植保分册／农业标准出版分社编.—北京：中国农业出版社，2019.1
（中国农业标准经典收藏系列）
ISBN 978-7-109-24894-6

Ⅰ.①中… Ⅱ.①农… Ⅲ.①农业—行业标准—汇编—中国②植物保护—行业标准—汇编—中国 Ⅳ.①S-65

中国版本图书馆 CIP 数据核字（2018）第 256812 号

中国农业出版社出版
（北京市朝阳区麦子店街 18 号楼）
（邮政编码 100125）
责任编辑 刘 伟 冀 刚

北京印刷一厂印刷 新华书店北京发行所发行
2019 年 1 月第 1 版 2019 年 1 月北京第 1 次印刷

开本：880mm×1230mm 1/16 印张：40.5
字数：1 400 千字
定价：380.00 元
（凡本版图书出现印刷、装订错误，请向出版社发行部调换）